Consciousness

意识的解释

[美] 丹尼尔·丹尼特 著

苏德超 李涤非 陈虎平 译

Explained

Daniel
C. Dennett

中信出版集团 | 北京

图书在版编目（CIP）数据

意识的解释 /（美）丹尼尔·丹尼特著；苏德超，
李涤非，陈虎平译 . -- 北京：中信出版社，2022.6（2025.1重印）
书名原文：Consciousness Explained
ISBN 978-7-5217-4205-3

Ⅰ . ①意⋯ Ⅱ . ①丹⋯ ②苏⋯ ③李⋯ ④陈⋯ Ⅲ .
①意识－通俗读物 Ⅳ . ① B842.7-49

中国版本图书馆 CIP 数据核字（2022）第 057366 号

意识的解释
著者： ［美］丹尼尔·丹尼特
译者： 苏德超 李涤非 陈虎平
出版发行：中信出版集团股份有限公司
　　　　（北京市朝阳区东三环北路 27 号嘉铭中心　邮编　100020）
承印者： 北京通州皇家印刷厂

开本：787mm×1092mm 1/16　　　印张：39.5　　　字数：490 千字
版次：2022 年 6 月第 1 版　　　　印次：2025 年 1 月第 4 次印刷
京权图字：01-2020-3560　　　　　书号：ISBN 978-7-5217-4205-3
定价：118.00 元

推荐与赞誉

丹尼尔·丹尼特是当下最优秀的哲学家，将会是下一个伯特兰·罗素。

马文·明斯基
"人工智能之父"

一个人能拥有如此多激励人思考的想法，这对其他人来说太不公平了。事实上，"激励人思考"这样的描述太轻描淡写了。《意识的解释》的每一章中都充满了许多惊人的新思想，在一个普通哲学家的笔下，每一个思想都足以——而且很可能将会——被扩展写成一本书。

理查德·道金斯
《自私的基因》作者

丹尼特巧妙地将哲学、神经科学和计算机科学的内容交织在一起，写出了一本深刻而重要，同时又明晰、诙谐而且令人兴奋的书。《意识的解释》是那类最好的哲学著作……虽然《意识的解释》不会是有关意识的终极解释，但我相信它将作为解开意识奥秘的重要一步而被人长期铭记。

侯世达

《哥德尔、艾舍尔、巴赫》作者

丹尼特是一个诙谐有趣又颇具天赋的科学说书人，《意识的解释》中充满了关于人类、动物和机器的迷人信息。书的内容很容易消化，是对相关领域的一次有益考察。

托马斯·内格尔

哲学家、《你的第一本哲学书》作者

《意识的解释》可能是对历史上研究意识的所有伟大思想家关注的核心思想和概念的最好介绍。

《卫报》

在过去数十年《科学美国人》书评版评价过的哲学著作中，《意识的解释》是最具说服力的一本。

《科学美国人》杂志

目　录

导读暨推荐序（I）

　　《意识的解释》是美国哲学家丹尼尔·丹尼特的代表作之一，是我个人心目中哲学专业的本科生与研究生的必读书籍之一。丹尼特本人也是我非常欣赏的一位老资格分析哲学家。坦率地说，当代英美分析哲学的发展已经出现了所谓"内卷化"现象：很多学者都围绕着文献树上的一个小树枝的修剪问题反复打笔仗，眼界却越来越狭窄，在"语言哲学""知识论""形而上学"等固定的学术生态位上皓首穷经。但丹尼特却是一个精神世界异常丰富的思想达人：他既是心灵哲学的大牛，同时也精通实验心理学、神经科学、人工智能、进化论，甚至在宗教研究方面也是一位好手（不过他本人是如假包换的无神论者）。同时，他的哲学论述方式生动有趣，隐喻丰富，牵涉到的知识面也非常广，毫无一般分析哲学文献带给人的枯燥感。《意识的解释》正是一部充分体现丹尼特如上论述风格的著作。

　　如果有人要问："这部著作的核心思想到底是什么？"我的回答是，这部书的书名就已经表述了作者想表达的思想：所谓意识，其实是被解释出来的！换言之，没有解释，就没有意识！对了，读者们会不会由此联想到另一本西方社科名著——本尼迪克特·安德森的《想象的共同体：民族主义的起源与散布》？是的，就像安德森试图论证民族共同体是集体想象的产物一样，丹尼特也想论证意识也是解释活动的产物！

　　丹尼特的观点听起来比安德森的观点还要极端。意识怎么是被解释出来的呢？假设我现在在听贝多芬的音乐，假设我现在在喝普洱茶，那么我对贝多芬的音乐以及普洱茶的味道的意识与体验就应当是真实的。笛卡儿不是告诉过我们吗？即使你所意识到的事物本身是不存在的（比如，我们可能在幻觉中意识到一张其实并不存在的大额支票），"我在进行意识活动"这件事仍然是毫无疑问的。难道这种意识的存在不是自明的而且不需要解释的吗？难道我不比任何别的人更清楚地意识到我自己的牙疼是什么感受吗？难道我对自己牙疼的言语解释要比牙疼体验本身来得更为直接与更为可靠吗？

丹尼特的这本书就试图颠覆大家的这种观点。他的颠覆活动其实是分为以下几个环节来进行的：

（一）否认在所谓"现象意识"（phenomenal consciousness）与"切入意识"（access consciousness）之间有什么界限。

在心灵哲学的历史上，做出这两种意识区分的是内德·布洛克。他将前一种意识视为在现象体验中被呈现出来的意识，比如一个暴躁的父亲在打了儿子耳光之后手部有灼痛感。至于后一种意识，指的是对于一个人的内部推理活动的自我意识，比如同一个父亲对于他体罚儿子的理由与动机的意识。很显然，我们的自然语言的模糊性似乎允许我们在某种游移的意义上交叉使用"意识"的这两重含义。比如，在"一片红色出现在了贾宝玉的意识中"这一语句中，我们是在"现象意识"的意义上使用"意识"的；而在语句"你意识到你究竟在干啥吗？"中，我们则是在"切入意识"的意义上使用"意识"的。尽管如此，在布洛克看来，从哲学的角度看，我们依然要将这两种意识间的界限厘定清楚。进行这种厘定的具体哲学意义在于，前一种意识涉及的是意识的主观面相，而后一种意识关到的则是意识的客观面相。作为二元论者的布洛克认为，一种彻底的物理主义理论只能解释意识的客观面相为何存在，却不能解释意识的主观面相为何存在。换言之，你能够用冷静的物理主义态度解释一个父亲为什么打儿子，却不能解释为什么他在打了孩子后会感到疼。

丹尼特是彻底的物理主义者，因此要给出一种对于意识的彻底的物理主义解释，他首先要做的便是破除掉二元论者在两种意识之间划下的上述楚河汉界。换言之，在他看来，意识的主观面相其实就是附着在其客观面相之上的。比如，父亲打儿子后自己的手部有灼痛感，本身就是附着在"他的手打击儿子身体的某一部位"这一物理活动之上的。请注意，在一种物理主义的意识模型中，疼痛本身是扮演着某种因果角色的：疼痛会促使你停止去做那些会导致你疼痛的事情，比如直接用手打儿子。

那么，为什么有那么多人对布洛克给出的意识二分法持认同态度呢？在丹尼特看来，这是因为很多人错误地将意识活动所负载的语义内容的丰富程度之间的差别解读为现象意识与切入意识之间的差别。[*]比如，被蚊子叮咬后产生的痒痛感是缺乏丰富的语义内容的（因为我们的确很难用语言清楚地描述这种感觉），而观察蚊子的结构时你所具有的意识则是有丰富的语义内容的（因为你很容易说清楚你在观察什么）。但这种差别毕竟是相对的，因为再贫乏的语义内容仍然是语义内容。打个比方，正因为所谓的"蒸馏水"中仍然有微量的细菌，所以我们不能将市售蒸馏水与自来水之间的差别视为彻底无菌的水与有菌的水之间的差别。同理，现象意识与切入意识之间的区别，也仅仅是语义内容比较少的意识与语义内容比较多的意识之间的差别罢了。因此，二者之间的差别是缺乏重大哲学意义的，一种对于这两种意识的统一解释模型便定然是存在的。

说明了这一点，我们也就能很容易地理解丹尼特意识理论的如下论题了。

---

* 　相关讨论参见：Daniel Dennett. "The Path Not Taken" in *The Nature of Consciousness*, Edited by Block. N., Flanagan. O., and Guzeldere. G., MIT Press, 1997, p. 417。

（二）我们的意识活动是由很多并行的信息处理流程构成的。

比如，我在读丹尼特的书的时候，突然感到手臂略略发痒（很可能是有蚊子叮了我一口），这就是两个平行的信息处理流程。需要注意的是，读书是一种语义信息负载很多的信息处理流程，而感到痒则是一种语义信息负载很少的信息处理流程，但是按照论题（一）的精神，丹尼特是不愿意在哲学层面上将其归类为两个不同的哲学范畴的。换言之，他在这里继承的是大卫·休谟的心灵理论的衣钵，即认为自我的本质是一束知觉，不存在将这些杂乱的知觉把握在一起的什么"统一者"。

不过，也因为上述这些分布的信息处理过程各自都带有多多少少的语义内容，所以这就牵涉到丹尼特的意识理论中的一个重要隐喻——"草稿"（drafts），并引出如下论题。

（三）上述这些不同的信息处理流程会自动产生不同的草稿。

"草稿"在丹尼特的文本里指的是对意识内容的某种语义解释。需要注意的是，不同草稿的产生机制本身是大脑所接触到的信息流的丰富性所导致的。换言之，信息流的不同面相会触发不同草稿的产生。比如，张三在驾车的时候如果同时在听车载电台的音乐，那么这就会产生两种不同的文本："在听音乐的时候开车"或者"在开车的时候听音乐"。很显然，这是两个不同的故事，正如"关羽温酒斩华雄"与"关羽喝了酒，顺便斩了华雄"是两个不同的故事一样。

那么，这么多不同的故事彼此竞争，谁会胜出呢？是看其中的哪一个版本能够得到某个"终极编辑者"的青睐吗？答案是否定的。

（四）这些草稿没有终极编辑者。

在这个问题上，丹尼特特别批评了一种受笛卡儿主义与康德主义影响的观点。这种观点认为，在各种经验表象的背后，有一个叫"自我"的东西将这些经验表象统合在一起。用隐喻化的术语来说，这种"自我"就是一名超级文本编辑者，它拥有终极编辑权，以便决定哪些事项需要被编入关于自我历史的"迷你《资治通鉴》"中。但在丹尼特看来，这种超级编辑者是不存在的，因为任何一种预设这种超级编辑者存在的理论都需要预设一个用以处理各种信息的"总编办公室"的存在。而在这个"总编办公室"内部，还存在一个所谓的"笛卡儿剧场"（Cartesian Theater），以便对我们的意识场进行全景式的照看。但这种预设却很难得到物理证据的支持，因为我们找不到这个"总编办公室"的地址（大脑中的神经基础）。此外，在丹尼特看来，终极编辑者的缺乏也完全不会影响自我意识表面上的统一性的形成，因为总有一些草稿会在与别的草稿的竞争中胜出，成为定稿。对这一点的阐述，又引出了下面的论题。

（五）哪一些草稿会胜出，取决于哪一些草稿会成为"探究"的内容对象，而"探究"活动本身是一种解释活动。

需要注意的是，这里所说的"探究"的动力往往来自社会活动，而不是自我的诉求。比如，当关羽被刘备要求仔细回忆"温酒斩华雄"的过程时，如果刘备关心的是曹操给关羽倒的酒是稻香酒还是菊花酒的话，那么关羽的注意力就会被引导到他在斩华雄后喝的酒的种类，而不是斩华雄这件事上。如果刘备与张飞在未来的二十年中反复询问关羽当时喝下的酒的种类，那么这种"探究"就会使关羽头脑中原本处在边缘地位的草稿"我在汜水关喝了一杯稻香酒，顺便斩了华雄"最终胜出而成为定稿。很显然，怎样的"探究"问题被提出，不是由意识主体，而是由意识主体之外的社会共同体决定的。

上述论题立即能帮助我们推出下面的结论（这也是丹尼特关于意识的理论论证的总结论）。

（六）如果我们将胜出的草稿视为"被意识到的手稿"的话，那么就意味着意识的确是被解释出来的。

有点欧陆哲学背景的读者应该能够从丹尼特的上述意识理论中读

到一些黑格尔哲学的味道。按照黑格尔的辩证法，自我意识的形成是在与他人的互动中形成的，因此共同体的规定会在根底上决定"我是谁"。丹尼特虽然不太引用黑格尔的话，但是他自己所喜欢使用的"他者现象学"（heterophenomenology）*这个概念依然带有明显的"从他者规定自我现象"的黑格尔式意蕴。而熟悉分析哲学中的形而上学研究现状的读者，或许还能从丹尼特的理论联想到一种叫作"虚构主义"的唯名论立场。根据这种立场，像"红色"这样的共相是不存在的，而我们之所以在日常生活中能够说"这朵花是红色的"，是因为我们在一种关于颜色的虚构性理论中将"红色"这个谓词指派给了某朵花。因为特定的虚构理论是社会共同体的语言习惯的产物，所以对于共相的讨论也就成为特定的语言习惯的产物。很明显，在丹尼特那里，他已然将一种关于共相的虚构理论替换为了一种关于意识的虚构理论，并由此将共同体的视角对于基础哲学问题的奠基意义延伸到了一个新的领域。

从上述分析来看，丹尼特的意识理论具有向一种更为丰富的社会科学哲学理论、伦理学理论甚至是美学理论进行拓展的潜力，正如作为黑格尔哲学的"好学生"萨特的意识理论也具有此类理论拓展能力一样。但可惜的是，这样的体系化努力并没有在主流的分析哲学界出现。因此，我非常希望《意识的解释》中文版能够激发中国读者在此类方向上多做出一些有意义的努力，由此真正促成科学形态的哲学研究与人文导向的哲学研究之间的大融合。

徐英瑾

复旦大学哲学学院教授

---

* 本书译者将这个术语译作"异现象学"。——编者注

理解意识
——从笛卡儿到丹尼特

1. 丹尼特其人其书

恭喜各位读者！你即将阅读的这本书是心灵哲学家、认知科学家丹尼尔·丹尼特的一部重要著作。你将跟随一位知识渊博的智者，从哲学与科学的双重角度，来探讨人类最深奥的问题：意识。

丹尼特，出生于 1942 年。17 岁在美国卫斯理大学就读时，他第一次接触到语言哲学家奎因的著作，大受触动，从而转学到哈佛大学学习哲学。经奎因推荐，他于 21 岁时赴英国伦敦，在牛津大学师从哲学家赖尔，攻读博士学位。

之后，丹尼特的博士论文在 1969 年，也就是 27 岁时以《内容与意识》为书名结集出版。丹尼特的博士论文昭示了他未来在心灵哲学与认知科学领域的三个主要研究方向：意向性（intentionality）、意识（consciousness）与自由意志（free will）。这三大概念也是心灵哲学与认知科学经常探讨的基本命题。

什么是意向性？即心灵代表或呈现事物、属性或状态的能力。在意向性上，丹尼特 1987 年出版的论文集《意向立场》，1996 年的科普著作《心灵种种——对意识的探索》，确定了主要思想。什么是意识？即对内部和外部存在的感知或知觉。在意识上，丹尼特 1991 年出版的《意识的解释》，也就是本书，确定了主要思想。什么是自由意志？即能在各种可能的方案中进行选择和决定行动的能力。在自由意志上，丹尼特 2003 年出版的《自由的进化》确定了主要思想。

在完成对意向性、意识与自由意志三大心灵现象的理论体系构建后，丹尼特开始将主要精力转向认知科学、进化论与宗教方面的研究，先后出版《达尔文的危险思想》《甜蜜的梦：意识科学的哲学障碍》《打破魔咒：作为自然现象的宗教》《无神论的未来》《科学和宗教》《直觉泵和其他思考工具》等书。

丹尼特的写作风格独树一帜，擅长旁征博引，哲学中的思想实验、语言分析、概念辨析常常与科学中的实验证据、模型模拟、理论推演同时出现。他关于不同心灵现象的论述还经常自引，处处互文。如此一来，加大了读者理解丹尼特思想的难度。本书也不例外，虽然是丹尼特最负盛名的一本著作，但对于第一次接触丹尼特思想的读者来说，理解并非易事。以下，结合丹尼特的主要著作，对他的意识理论做一番简单介绍，帮助各位读者理解。

2. 意识不是什么？

意识也许是人类最神秘的心智现象。为什么人会产生那些只属于自己并且难以言说的主观体验呢？那些有关视觉、听觉、嗅觉的意识，那些有关喜怒哀乐的意识。

一个颇具影响力的观点认为，意识源自身与心的交互，这就是法国哲学家笛卡儿在 1641 年首次发表的《第一哲学沉思集》中提出的身心二元论。

在笛卡儿看来，身体是物质实体，心灵是精神实体，两者是不一样的。一个非物质性的"心灵"和一个物质性的"身体"如何能够互动？笛卡儿认为，二者通过松果体互动。大脑接收躯体感官输入的信息，并对它们进行处理，然后通过松果体将信息发送给非物质性的"心灵"。"心灵"进行思考和推理，并决定要做什么，然后再通过松果体向大脑发送信号，指挥躯体以恰当的方式执行行动。这就是著名的身心二元论。*

丹尼特用形象的"笛卡儿剧场"来比喻这类观点。在我们的大脑中有一个中心"剧场"（松果体），所有感官收集到的视觉、触觉、嗅觉信息等都会汇聚到这里，按照到达的次序依次在剧场中"呈现"。同时，大脑中有个代表"自我"的小人（内在观察者）在执行观察任务，观察所有在特定时刻投射在屏幕上的感官信息（构成意识的内容），做出决定并发出命令。这个小人观察的，就是我们所意识的。

那么，意识在哪里呢？用"笛卡儿剧场"来理解，意识就是在某个时间节点上，大脑的某个位置对外界事物进行的内部再现。†这个结论实际包括四个要点‡：

（1）意识是某种"呈现过程"。好比我们用眼睛在观察外界事物，实际上，我们用"心灵之眼"在观察进入

---

* ［法］笛卡尔. 第一哲学沉思集［M］. 庞景仁，译. 北京：商务印书馆，1986.

† Zawidzki, T. Dennett[M]. Natl Book Network, 2007.

‡ 宋尚玮. 丹尼特的自然主义心智理论研究［D］. 太原：山西大学，2013.

"笛卡儿剧场"的感知觉信息。

（2）意识是"实在的表现"。在"笛卡儿剧场"，那个代表"自我"的小人看到的事物是对外界事物的完整"复制品"。

（3）意识具备精确的"时空坐标"。从时间上来说，更早进入"笛卡儿剧场"的事物更早被意识到，因此，意识具备时间坐标。从空间上来说，意识被汇总在中心"剧场"那里统一处理，因此，意识具备空间坐标。

（4）意识由你自己说了算。当别人对你的意识评判与你对自己的意识评判产生冲突时，你对你自己的意识拥有绝对权威，也就是说，你自己更能察觉你的意识。

这些观点听上去很有道理，在过去近400年里深深地影响了我们对意识的思考。然而，它们似是而非。丹尼特在本书中，对这四个要点都进行了精彩反驳。

首先，意识不是某种"呈现过程"。"呈现"并不意味着意识的产生。举个例子，一位贪玩的爸爸原本应该带孩子，结果他在聚精会神玩手机，虽然孩子在他的视野范围内，但是孩子并没有成为他的"意识"。

其次，意识不是"实在的表现"。我们人类对外界事物的"再现"并不是一步到位的，而是经历了漫长的演化过程。任何一种感觉通道，无论是视觉还是听觉，在人类进化早期都并不成熟，而是一步一步演变成今天成熟的视觉和听觉系统的。这就像你购买的电脑或手机，经历了一代又一代算力的提升。显然，在刚开始时，手机摄像头分辨率较低、算力有限，我们难以完整地再现外界事物。但难道那个时候人类就没有意识吗？并非如此。

再次，意识并不具备精确的"时空坐标"。先看时间坐标，当我们谈论的是小时以上这样的大时间尺度时，笛卡儿剧场模型成立，的确有一些事物更早被意识到。但如果我们将时间尺度缩小到毫秒呢？答案并不成立。比如放烟花时，按照严格的笛卡儿剧场模型，我们应该先看到光，再听到烟花爆炸的声音。但是实际上，在10米内，我们的感觉是同时看到光和听到烟花的爆炸声的。按照传播速度计算，声音传播10米大约需要30毫秒，光需要的时间则可以忽略不计。显然，在毫秒的时间尺度上，时间坐标开始变得混乱，出现了明显的分层，视觉信号的处理需要花费更久的时间，以平衡较快的光速传播。再看空间坐标。今天的认知科学的发展早已证实，松果体并不是大脑处理信息的中枢。

最后，意识并不是完全由你自己说了算。丹尼特将意识依赖个人内省的这种观念称为理解意识的"现象学"路径。所谓现象学，即我们的视觉、听觉、嗅觉等对外界事物产生的现象经验，或我们对体液流动等身体内部感受产生的现象经验。前者，一般被称为外感受；后者，一般被称为内感受 *。

与理解意识的"现象学"路径截然不同的是"异己现象学"（heterophenomenology）的路径。本书将其译作"异现象学"，徐英瑾将其译作"异类现象学"†，刘占峰将其译作"异己现象学"‡。我认为"异己现象学"更能突出丹尼特对不同人称的强调，因此采用该

---

* ［美］莉莎·费德曼·巴瑞特. 情 绪［M］. 周芳芳，黄扬名，译. 北京：中信出版社，2019.

† 徐英瑾. 丹尼特的"异类现象学"——新实用主义谱系中一个被忽略的环节［J］. 世界哲学，2012，05：131-140，161.

‡ 刘占峰. 解释与心灵的本质——丹尼特心灵哲学研究［M］. 北京：中国社会科学出版社，2011.

译法。

在丹尼特看来，以笛卡儿为代表的哲学家，在理解意识时采用的是"第一人称复数"。笛卡儿在著作《第一哲学沉思集》中假设读者只要与他进行类似的内省活动，就能产生与他类似的意识。也就是说，从"我"能推广到"我们"。

显然，这种纯粹现象学的理解意识的路径并不合理。心理学的行为主义对其进行了猛烈的攻击。以华生、斯金纳为代表的行为主义心理学家甚至认为，我们一上来就应该放弃研究诸如感觉、思维、推理、情感这样的心理过程，而直接去研究行为。斯金纳甚至认为自由意志是一种幻觉，他认为人类行为依赖于先前行为的后果，他将这一理论阐述为强化原则："如果行为的后果是坏的，那么该行为很可能不会重复；如果结果是好的，那么重复该动作的概率就会变大。"[*]

丹尼特倒不像斯金纳那么极端，但是他也深受行为主义的影响，因此提出"异己现象学"，认为人类从"第三人称角度获取第一人称信息"，这些信息之间可以彼此交流与共享。你的意识是私人的，但你用言语表达出来，参加心理学实验留下的数据，这些是可以客观记录的，并且可以在不同的人之间进行比较。最终，我们就获得了一个新的世界：异己现象学世界。假设你是一名心理学家，对你来说，参加你的心理学实验的被试相信的，他想要的以及他的信念与欲望留下的种种痕迹构成的世界，就是一个异己现象学世界。你是他的这个世界的观察者、记录者。

---

* ［美］B. F. 斯金纳 . 超越自由与尊严［M］. 方红，译 . 北京：中国人民大学出版社，
  2018.

3. 那么，意识究竟是什么？

在对以笛卡儿为代表的身心二元论者进行批判后，丹尼特显然需要回答一个问题：既然意识不是某种"呈现过程"，也不是"实在的表现"，也不具备精确的"时空坐标"，更不是完全由你自己说了算，那么，意识究竟是什么？答案就是他的多重草稿模型（Multiple Drafts model）。

什么是多重草稿模型？它是如何理解意识的？一句话来概括就是：意识是多重草稿相互竞争之后的结果。展开来说，这句话可以详细地拆解为以下四个问题及其答案：

第一，是谁撰写的草稿？

大脑并不存在一个中心枢纽。即使松果体已经从科学上被证伪，并不是大脑处理信息的中枢，但依然有很多科学家尝试用新的名词去取代它。这些草稿是由大脑中数百亿个神经元与神经递质相互作用形成的结果。

正如丹尼特所言，按照多重草稿模型，各种各样的知觉能在大脑中完成，靠的就是对感觉输入并行、多轨道的诠释和细化过程。进入神经系统的信息处在连续的"编辑修改状态"中。在编辑过程中，各种各样的内容增添、结合、校正与重写都可能以不同的顺序发生。我们实际经验到的，不是感官的刺激，而是感官信息经过加工和编辑后的结果。

第二，是否同时存在多份草稿？

很多份！很多份！很多份！只是，有的草稿处于激活状态，有的草稿处于沉默状态。你可以把它们分别理解为编辑中和已存档的草稿。笛卡儿剧场是串联的，在单一路径按时间顺序加工。

多重草稿模型是并行的,在多个路径同时异步加工。所以,笛卡儿剧场中大脑里的"小人"所做的工作是被分解的,并且在时间和空间上分布在大脑中的专门区域。

第三,多重草稿是如何转化为意识的?

类似"群魔混战"的竞争方式,谁力气大谁胜出。在笛卡儿剧场模型中,信息的处理是按照信息到达的次序依次进行的。而在多重草稿模型中,不同的"草稿"相互竞争,获胜的"草稿"被看见,其他草稿则消失。大脑内部没有剧场,也没有呈现,只是在进行信息加工。

但在"群魔混战"时,并不存在一个主管者!在多重草稿模型的多轨进行过程中,各种各样的内容增添、结合、校正与重写都可能以不同的顺序发生。随着时间的推移,会产生某种类似叙事流的东西,无限地延续到未来。

第四,多重草稿在什么时候转化为意识?

不存在特定的时间!笛卡儿剧场中意识的产生是在某个特殊的时间点,在这一刻,输入的感觉会产生意识。在多重草稿模型中,并不存在一个特定的时间点,在这一个时间点,一份"草稿"就从无意识转变为有意识。

哲学家大卫·L. 汤普森(David L. Thompson)有个视觉信息加工的例子,可以让你更形象地了解多重草稿模型。某个视觉信息输入后,大脑中的各种信息加工回路就会被激活。一个回路认知成一棵草,另一个回路认知成一个人,这两个回路同时加工,互相竞争之后,其他回路也陆续被激活,认知到的信息越来越多,渐渐地,认知为人的回路胜出,认知为草的回路败下消失。接下来,认知为人的回路再激活更多的信息回路,这些回路继续加工,互相竞争。最后区分出是男人还是女人，是老人还是小孩儿，等等。某一时刻"胜出"的草稿，就成为这一时刻的意识内容。

4. 意识从何而来？

从多重草稿模型出发，丹尼特继而讨论了人类的意识是如何产生的。他借用道金斯在《自私的基因》（*The Selfish Gene*）中的观点，将人类意识的产生看作一个从基因到模因（meme，也译为"文化基因""弥母"）的一层一层进化选择的过程。他发明了一个极其精彩的思想实验"机器人叛乱"来形容这一过程。

人是承载基因与模因的机器人，越在进化早期，基因的利益对生物的影响就越像一条短狗绳那样至关重要。随着漫长的时间演化，在进化后期，生物体本身的利益逐步背叛了基因的利益，最终就形成了模因。详情请参考认知科学家斯坦诺维奇的著作《机器人叛乱：在达尔文时代找到意义》，以及我为该书撰写的推荐序。*

最终，诞生了人类独特的心智架构。这就是丹尼特在他的著作《心灵种种——对意识的探索》里提出的"四种心智模型"。该模型把人类的大脑分成四种机制。†

第一层（底层）是达尔文心智。这层的我们像动物一样，受本能的驱动。比如你看到蛇会害怕，看到红色会兴奋，这是大脑经过漫长的演化习得的进化模块。丹尼特将大脑的这部分工作机制命名为达尔

---

* ［加］基思·斯坦诺维奇. 机器人叛乱：在达尔文时代找到意义［M］. 吴宝沛，译. 北京：机械工业出版社，2015.

† ［美］丹尼尔·丹尼特. 心灵种种——对意识的探索［M］. 罗军，译. 上海：上海科学技术出版社，2012.

文心智。

第二层是斯金纳心智。按照达尔文心智,老鼠看到猫本能会害怕。但如果在老鼠看到猫的时候给它一些甜头,老鼠会不断地去尝试,这种甜头就是刺激。从刺激到行为之间,既可以像巴甫洛夫一样,给予猫与老鼠之间的经典条件反射,也可以像斯金纳一样,赋予代币等操作。

第一层达尔文心智与第二层斯金纳心智是所有动物共有的。第三层波普尔心智和第四层格列高利心智是人类独有的心智。波普尔是科学哲学家,提出了著名的"可证伪"概念——通过可证伪的才叫科学。波普尔心智意味着你在头脑中对一些事情提前进行测试。这就是人类最重要的能力——对真实世界予以抽象,并在头脑中进行测试与预演。

你会发现你的思想可能对,也可能错。你放弃错的,挑选对的去执行。什么是对错呢?你有时依赖自己的判断,有时会依赖社会习俗去判断,也就形成了第四层格列高利心智。格列高利是一位英国认知科学家,丹尼特用他的名字来命名第四种心智。如果你将波普尔心智比喻成人类大脑模拟真实世界的那台虚拟机,那么格列高利心智这台虚拟机就不再是由人类个体而是由人类群体制造的了。

既然人难以举起自己,为什么低层级的心智会涌现出高层级的意识?实际上,丹尼特在本书中提出的多重草稿模型告诉我们,意识本质上是一个文化的举重机。一级一级、一层一层,一个虚拟机安装在另一个虚拟机之上,最终涌现人类复杂而迷人的心智。

阳志平

安人心智集团董事长、"心智工具箱"公众号作者

前　言

　　大学的第一年，我在阅读笛卡儿的《第一哲学沉思集》时，对身心问题着了迷。当时身心问题是一个神秘现象。我的思想和感觉，究竟是如何与构成我大脑的神经细胞和分子在同一个世界里相一致的？经过对此神秘现象30年的思考、谈论和写作，我想我如今已经取得一些进展。我认为我能够大致勾勒出一个解决方案、一个关于意识的理论，它可以对一些问题给出答案（或指出如何去寻找答案），这些问题一直都困扰着哲学家和科学家，也困扰着普通人。我得到过许多帮助。我有幸能从一些极为优秀的思想家那里，得到非正式的、不知疲倦的、高度冷静的教诲，你们会在书里见到这些人的名字。我要讲的故事，不是某个孤立的认识问题，而是一场跨越了许多领域的奥德赛式历险；上述问题的解决方案，与对话和提出异议的过程融在一起，无法分离。在这个过程中，我们从胆大冒失的错误中学到的东西，常常比从谨小慎微的回避中学到的要多。我确信，在这里我要提出的理论肯定还有许多错误，而我希望这些是大胆的错误，因为那样可以激发别人给出更好的回答。

　　本书的观念，经过多年敲打才成形，但本书的写作却是从1990

年 1 月开始的，一年写完，这要感谢一些优秀研究机构的慷慨资助，也要感谢许多朋友、学生和同事的帮助。比勒费尔德大学交叉科学研究中心（the Zentrum für Interdisziplinäre Forschung in Bielefeld）、巴黎综合理工学院的应用认识论中心（CREA at the École Polytechnique in Paris），以及洛克菲勒基金会在贝拉焦的塞尔贝罗尼别墅（the Rockefeller Foundation's Villa Serbelloni in Bellagio），为我前 5 个月的写作和讨论提供了理想的条件。我所在的塔夫茨大学（Tufts University），通过认知研究中心（the Center for Cognitive Studies）支持我的工作，让我可以在 1990 年秋季研讨班报告本书的倒数第二稿，这个研讨班吸引了塔夫茨大学以及大波士顿地区其他杰出大学的教员和学生。我还要感谢卡普尔基金会（Kapor Foundation）和哈克尼斯基金会（Harkness Foundation），感谢它们支持我们在认知研究中心的研究。

几年前，尼古拉斯·汉弗莱（Nicholas Humphrey）来到认知研究中心与我一道工作。他、雷·杰肯道夫（Ray Jackendoff）、马塞尔·金斯波兰尼（Marcel Kinsbourne）和我开始定期会面，讨论意识的各个层面和各种问题。虽然我们四个的研究思路迥然不同，但我们的讨论却富有成效，令人鼓舞。我要把这本书献给这些好朋友，感谢他们教给我的所有东西。另外两个与我长期共事的同事和朋友，凯瑟琳·埃金斯（Kathleen Akins）和布·达尔布姆（Bo Dahlbom），在影响我的思想方面也扮演了重要角色，对此我是永远感激的。

我还要感谢比勒费尔德大学交叉科学研究中心的成员，尤其是彼得·比厄里（Peter Bieri）、金在权（Jaegwon Kim）、戴维·罗森塔尔（David Rosenthal）、杰伊·罗森堡（Jay Rosenberg）、埃卡特·舍雷尔（Eckart Scheerer）、鲍勃·范久利克（Bob van Gulick）、汉斯·弗洛赫（Hans Flohr）和莱克斯·范德海登（Lex van der Heiden）；感谢巴黎综合理工学院的应用认识论中心的成员，特别是丹尼尔·安德勒

（Daniel Andler）、皮埃尔·雅各布（Pierre Jacob）、弗朗西斯科·瓦雷拉（Francisco Varela）、丹·斯佩贝尔（Dan Sperber）和戴尔德丽·威尔逊（Deirdre Wilson）；感谢"意识王子们"——爱德华多·比夏克（Edoardo Bisiach）、比尔·卡尔文（Bill Calvin）、托尼·马塞尔（Tony Marcel）和阿龙·斯洛曼（Aaron Sloman），他们参加了尼克、马塞尔、雷和我在3月的塞尔贝罗尼别墅里进行的高强度且富有成果的一周讨论研究。我也要感谢爱德华多，感谢其他参加6月在帕尔马举行的关于"忽视"的问题研讨会的成员。皮姆·莱维尔特（Pim Levelt）、奥德玛·诺伊曼（Odmar Neumann）、马文·明斯基（Marvin Minsky）、奥利弗·塞尔弗里奇（Oliver Selfridge）和尼尔斯·尼尔森（Nils Nilsson）也对本书的各个章节提出了有价值的建议。我还要感谢尼尔斯，他向我提供了沙克（Shakey）*的照片，感谢保罗·巴赫-伊-里塔（Paul Bach-y-Rita），他也提供了照片，并对修复性视觉设备提出了建议。

我感谢去年秋季研讨班的所有参加者，他们提供了许多建设性的批评意见，我永远也不会忘记这个研讨班，他们分别是：戴维·希尔伯特（David Hilbert）、克丽丝塔·劳勒（Krista Lawlor）、戴维·乔斯林（David Joslin）、辛西娅·朔斯伯格（Cynthia Schossberger）、卢克·福彻（Luc Faucher）、史蒂夫·温斯坦（Steve Weinstein）、奥克斯·斯波尔丁（Oakes Spalding）、米尼·贾库马尔（Mini Jaikumar）、利娅·斯坦伯格（Leah Steinberg）、简·安德森（Jane Anderson）、吉姆·贝蒂（Jim Beattie）、埃文·汤普森（Evan Thompson）、图尔汗·詹勒（Turhan Canli）、迈克尔·安东尼（Michael Anthony）、马丁娜·勒

---

* 沙克为20世纪70年代美国斯坦福研究所（现美国斯坦福国际咨询研究所）研制出的移动式机器人，详见第4章第7节。——编者注

普克（Martina Roepke）、贝丝·桑格利（Beth Sangree）、内德·布洛克（Ned Block）、杰夫·麦康奈尔（Jeff McConnell）、比约恩·兰贝格（Bjorn Ramberg）、菲尔·霍尔库姆（Phil Holcomb）、史蒂夫·怀特（Steve White）、欧文·弗拉纳根（Owen Flanagan）和安德鲁·伍德菲尔德（Andrew Woodfield）。一周又一周，这帮家伙以最具建设性的方式，让我备受"煎熬"。在本书最后修改的过程中，凯瑟琳·埃金斯、布·达尔布姆、道格·霍夫施塔特（Doug Hofstadter）和休·斯塔福德（Sue Stafford）提出了许多无价的建议。保罗·韦纳（Paul Weiner）把我绘制的粗糙草图改成了出色的插图和表格。

得益于凯瑟琳·怀恩斯（Kathryn Wynes）和安妮·范沃里斯（Anne Van Voorhis）非凡的工作，我和认知研究中心的一些同事可以从最近几年的繁杂事务中抽身；没有他们的工作效率和远见，这本书也许还需要很多年才能完成。最后也是最重要的，感谢我的家人，苏珊（Susan）、彼得、安德烈娅（Andrea）、马文和布兰登（Brandon），我爱你们。

丹尼特，塔夫茨大学
1991 年 1 月

第 1 章

序幕：幻觉如何可能？

1. 缸中之脑

假定在你睡觉的时候，一群邪恶的科学家把你的大脑移出体外，将它放到一个缸中的生命维持系统里。假定他们随后欺骗你，让你相信，你不只是一个放在缸中的大脑，而是健康如初，在真实世界中做着正常的活动。在许多哲学家的工具包中，这个缸中之脑的故事是一个很受欢迎的思想实验。它是现代版的"笛卡儿妖"（Descartes, 1641）*。所谓笛卡儿妖，是指一个想象出来的幻觉制造者，它在所有事情上——甚至在笛卡儿本人是存在的这个问题上——都欺骗着笛卡儿。但正如笛卡儿所见，就算恶妖有无限的能力，如果笛卡儿本身不存在，它也无法通过欺骗来让笛卡儿相信，笛卡儿本人是存在的，这就是"我思故我在"（cogito ergo sum）。今天的哲学家不太关心如何证明一个人自身是作为一个思维物而存在的（这也许是因为他们已经裁定：笛卡儿令人相当满意地解决了这个问题），他们更关心的是，原则上，我们从

---

* 本书括号中的日期对应参考文献中所列的著作。

我们的经验中，就我们的本质，就我们（貌似）生活于其中的那个世界的本质，能推论出一些什么。**也许**，除了是一个缸中之脑，你就什么也不是了？也许，你**一直**就是一个缸中之脑？如果这是真的，那你能不能设想一下你的困难处境呢（先不提如何确认你是一个缸中之脑）？

缸中之脑的思想实验生动形象地探讨了这些问题，可是我要用这个思想实验来干点别的。我想用它来揭露有关幻觉的一些奇怪事实，这些事实把我们带向一个关于人类意识的理论的开端，它将是一个在科学上受到尊重的经验理论。在标准的思想实验里，科学家显然要为你所有感官的神经末梢提供合适的刺激，这样才能制造骗局，而哲学家为了论证的需要则假定，不管这个任务在技术上多么困难，它也是"原则上可能的"。我们应该警惕这些原则上的可能性。修建一架通达月球的不锈钢梯，也是原则上可能的；按字母顺序写出所有可以理解的、不超过 1 000 个单词的英语对话，也是原则上可能的。但在实际上，它们根本不可能实现。我们将会看到，有些时候，**事实上的不可能性**，比原则上的可能性，在理论上更值得注意。

那么，让我们花点儿时间来思考一下，那些邪恶的科学家所面临的任务是如何叫人望而却步的。我们可以想象，他们从简单的东西着手，逐步转向困难的工作。他们从一个昏睡的大脑开始：这个大脑活着，却没有来自视神经、听觉神经、躯体感觉神经的所有输入，也不存在任何其他通向大脑的传入或输入路径。有时人们假设，这样一个"传入神经阻滞的"大脑会自然地一直处在昏睡状态，无须吗啡来保持它的休眠状态，但是，一些经验性的证据表明，在这些极端的条件下，大脑仍有可能自发地苏醒。我认为我们可以假设，要是你在这种情况下苏醒过来，你会发现自己处在可怕的困境中：什么也看不见，什么也听不到，完全麻木，不知身在何处。

科学家们不想让你感到恐惧，于是向你的听觉神经传送立体声音乐（其实是经过恰当编码的神经刺激）来唤醒你。然后他们又设法制造出一些信号，在正常情况下，这些信号来自你的前庭系统或内耳，它们表明你正仰面躺着，只是瘫痪了，没有知觉，眼睛也看不见。在不远的将来，这样的操作多数应该可以通过精湛的技术来完成——甚至在今天就可以。接着，这些科学家开始刺激通常控制着表皮的神经纤维束，来为表皮提供一些输入。在正常情况下，这些输入可以这样产生：用轻柔而温暖的风吹你的腹部；他们或许会刺激你的背部表皮神经，模拟出沙粒硌背的刺痛感（这样就更富想象色彩了）。"哦！"你对自己说，"原来我在这里，躺在海滩上，瘫痪了，什么也看不见，耳边飘着优美的音乐，但有晒伤的危险。我怎么到这里来了？我怎样才能呼救呢？"

现在假定，在完成上面所有工作之后，这些邪恶的科学家要解决更困难的问题：他们要让你相信，你不只是一颗"沙滩烤土豆"*，还是一个行为者，能够参与这个世界的某种活动。从一些小步骤开始，他们决定部分解除你那虚幻身体的"瘫痪"，让你可以把右手食指慢慢插进沙子中。他们允许你有移动手指的感觉经验，这是通过给你提供肌肉运动知觉的反馈实现的，这种反馈联系着你的神经系统的输出或传出部分中与意志或肌肉运动相关的信号。但是，他们也要设法消除你那虚幻手指的麻木感，并提供一些刺激，让你感觉到一些想象中的沙粒在你的手指周围移动。

突然之间，他们面临着一个马上就会失控的难题。因为你对沙粒的感觉如何，取决于你决定如何移动手指，所以难题就是，计算恰当的反馈，生成或合成这一反馈，然后实时地呈现给你。即使是运行速度最快的计算机，也很难计算出结果。如果这些邪恶的科学家预先计算所有可

---

* "沙滩烤土豆"（beach potato），指成天待在沙滩上晒太阳的人。——译者注

能的反应，然后"存入"计算机，通过重放对这些反应的计算结果来解决这个实时问题，那么，他们只不过是把一个不能解决的问题换成了另一个：可能性太多，以致无法储存。简单来说，一旦让你在想象的世界中具有真正的探索能力，这些邪恶的科学家就会被**组合爆炸** * 吞没。

组合爆炸是这些科学家常常会撞到的一面墙；在任何一款电子游戏叫人厌倦的老套模式中，我们都会看到它的影子。可供选择的行动分支，必须严格地——却不现实地——受到限制，以使表征世界者（world-representer）的任务保持在可行界限之内。如果这些科学家所能做的，至多也只是让你相信，你的一生注定只能玩《大金刚》（Donkey Kong）[†]，他们就真的太邪恶了。

这个技术问题有个一般的解决方法。在高拟真飞行模拟装置中，研究人员就是运用这个方法来减少运算负荷的：在模拟世界中使用各个组件的**复制品**。比如，使用真实的驾驶员座舱，同时使用液压升降机做推拉动作，而不是试图模拟飞行员在训练中的所有感觉输入。简言之，对你而言，要储存一个有待探索的想象世界的大量信息，随时可以利用的方式就只有这一种：用一个**实在的**（即使是微小的、人造的或用熟石膏做成的）世界，储存它自身的所有信息！如果你是那个

---

* **组合爆炸**这一术语来自计算机科学，但这一现象在计算机出现之前很久就被认识到了。例如，在一个传说中，一个皇帝同意这样奖励一位救过他性命的农夫：在国际象棋的第一个方格中放 1 粒谷粒，在第二个方格中放 2 粒，在第三个方格中放 4 粒，以此类推，在 64 个方格中每一格都比前一格的数量增加一倍。最后，他会给这个聪明的农民数以亿万计的谷粒（准确说是 $2^{64}-1$ 粒）。与这个例子类似的还有法国"偶然派"（aleatoric）小说家的处境，他们计划这样写小说：在读完第 1 章后，读者掷硬币来决定读第 2a 章或第 2b 章，读完之后再读第 3aa 章或第 3ab 章或第 3ba 章或第 3bb 章，以此类推，每读完一章都要掷硬币。这些小说家很快意识到，要是想避免小说出现组合爆炸，他们就得缩小选择点的数量，否则任何人都无法将这一整本"书"从书店带回家。

† 《大金刚》，任天堂公司开发的一款游戏。——译者注

恶妖，说自己已经在每样东西的存在方面都欺骗了笛卡儿，那么，上述情况也是"欺骗"，但使用复制品的确是一个办法，通过它，科学家不需要无穷的资源就能实际完成任务。

笛卡儿很聪明，他让他所想象的恶妖具有**无限的**欺骗能力。尽管这一任务严格说来不是无限的，但一个爱寻根究底的人在短时间内可以获得的信息量，还是大得惊人。工程师以每秒多少比特来测量信息流或者探讨信息流过通道的**带宽**。电视需要的带宽比收音机的大，高清晰度电视需要的带宽就更大一些。高清晰触屏电视所需的带宽还要大得多，**交互式的**触屏电视所需的带宽则会是一个天文数字，因为它在这个（想象的）世界中会不断地出现分支，分出成千上万条略微不同的轨迹。我们可以向持怀疑态度的人，抛出一枚可疑的硬币。就在一两秒内，在他拿起、刮擦、敲响、体验这枚硬币的过程中，只是简单地看看阳光如何在它的表面闪光，这位怀疑者所消耗的信息量，就比一台 CRAY 超级计算机*在一年内所能处理的信息还要多。制造一枚**实在的**假币易如儿戏，但不用别的，只用经过组织的神经刺激来制造一个**模拟硬币**，这却不是人类技术所能做到的，现在不行，而且恐怕永远都不行。†

由此我们可以得出的一个结论是，我们不是缸中之脑——免得你

---

* 这里指 CRAY 公司生产的系列巨型机。CRAY-1 巨型机每秒可处理 2.4 亿次计算，CRAY-2 巨型机每秒可处理 12 亿次计算。——译者注

† 用于娱乐与研究的"虚拟现实"系统的发展，如今正处于繁荣时期。目前的工艺水平令人印象深刻：电子操控手套提供用于"操纵"虚拟对象的可信界面，装在头上的视觉显示器则可让你查看相当复杂的虚拟环境。不过，这些系统的局限性相当明显，它们证实了我的观点：只有通过物理复制品与图式化（一种**相对**粗糙的表征）的种种组合，坚实的幻觉才得以维持。而且，它们充其量也不过是对虚拟**超现实**的经验，你不会在较长的时间里一直把它错当成实在的东西。要是真想糊弄一个人，让他以为自己跟大猩猩一起待在一个笼子中，那么，让一个身着大猩猩服饰的演员来帮忙，长期来看才是你最好的办法。

对这感到担心。而我们似乎可以得出的另一个结论是：强幻觉绝不可能！所谓强幻觉，是指对一个在真实世界中看似具体的、持续存在的三维对象的幻觉，它不是一闪而过的东西，不是几何失真、神秘光环（aura）、残像、转瞬即逝的幻肢经验，以及其他反常感觉。一个强幻觉也许是一个幽灵，它会回应你，可以让你触摸它，你会感觉到它的阻力，它还有坚固感，有阴影，你可以从任何角度看它，也许还可以围着它走上一圈，看看它的背后是什么样子。

我们可以从幻觉所具有的上述各个特征的强度差别，来对幻觉进行分级。有关**极**强幻觉的报告很少。我们现在可以看出，为什么这类报告的可信度在直觉上似乎与所报告的幻觉的强度成反比——这不是巧合。我们的确怀疑——也应该特别怀疑——关于非常强烈的幻觉的报告，因为我们不相信有幽灵，而我们又认为，只有一个实在的幽灵才能制造强幻觉。［正是因为卡洛斯·卡斯塔尼达（Carlos Castañeda）在他的《巫士唐望的教诲：踏上心灵秘境之旅》（*The Teachings of Don Juan: A Yaqui Way of Knowledge*, 1968）一书中所论述的幻觉之力量露出了马脚，科学家这才发现，这本书的内容是虚构的而非事实，尽管这个作者还是由于对唐望的研究而获得了加利福尼亚大学洛杉矶分校人类学的博士学位。］

虽然说没人知道**真正**强烈的幻觉是否发生过，但毫无疑问，人们常常会体验到一些可信的、具有多个感觉模态的幻觉。这些幻觉在临床心理学文献中已有很好的例证，它们往往是详细的幻想，其详细程度远远超出现有技术的生成能力。科学家和计算机动画师团队都觉得几乎不可能完成的工作，单凭一个大脑到底是怎么完成的呢？这类经验如果不是人们对心智"外部"的某个实在事物的真切或实在的知觉，它们必定就完全是在心智（或大脑）内部制造出来的，是拼凑出来的，却栩栩如生，足以愚弄拼凑它们的心智。

2．大脑里的恶作剧分子

思考这一问题的标准方法是，假定幻觉发生时，大脑中一定存在某种奇特的自主刺激，尤其是由大脑知觉系统的某些部分或层次完全内在地产生的刺激。17世纪的笛卡儿对此前景看得相当清楚，他曾讨论过幻肢。幻肢是一种惊人但又相当正常的幻觉，在这种幻觉下，截肢者似乎不只能够感觉到截去部分的存在，还可以感觉到那一部分发痒、受到刺激或疼痛。（常有这样的情况：手术之后的新截肢者完全无法相信，自己的一只胳膊或一条腿已经被锯掉，除非他们看见它真的已经不在；他们对截去部分仍然存在的感觉是非常生动和逼真的。）笛卡儿以拉铃做比喻。在电铃、内部通信系统和无线电话机发明之前，大户人家的屋里都装有精巧的绳索与滑轮系统，可以在任何一个房间召唤仆人。拉一下墙洞里垂着的天鹅绒带，就会牵动绳索。绳索通过滑轮一路运动到备膳房，摇响一个编有号码的铃铛，这样管家就会知道，是主人卧室、客厅还是台球室需要服务。这些系统很管用，但好像就是为了恶作剧量身定做的。在任何地方拉动客厅的绳子，管家都会急忙赶到客厅，他真的以为有人在客厅里叫他——可以说这是一个简单的小幻觉。与此相似，笛卡儿想到，既然知觉由神经系统中各种复杂的事件链条引发，这些事件链条最后又通到有意识心智的控制中心，那么，要是我们在任何一个地方干扰这一链条（例如在眼球和意识之间视神经的某处），拉动一些神经，让它正好产生一条事件链（与正常而真实地觉知到某物引起的事件链相同），就可以在心智的接收终端造成有意识知觉的效果。

大脑，或它的某个部分，无意中就对心智玩了这样的机械把戏。这就是笛卡儿对幻肢幻觉的解释。虽然幻肢幻觉相当生动，但按我们的术语来讲，它却相对微弱；它们是没有经过组织的痛和痒，而且全都属于一种感觉模态。截肢者不能看到、听到，或（就我所知）闻到自己的幻肢。因此，只要我们暂时撇开那个著名的难解之谜，即物质性的大脑如何能与非物质性的心智相互作用，像笛卡儿这样的解释就**还可以**是解释幻肢的正确方法。但我们可以看出，笛卡儿这种解释的纯机械部分，若是用来解释一个相对强烈的幻觉，也一定是错的；大脑作为幻觉的制造者，根本无法储存和操纵足够的虚假信息来愚弄一个爱寻根究底的人。大脑的确可以松弛一下，让真实世界提供过量的**真实**信息，但如果它开始企图让它的神经短路（或像笛卡儿说的，拉自己的绳子），结果就只会是出现最为微弱的、转瞬即逝的幻觉。（类似地，邻居的电吹风运转不良，可能会导致你家的电视上出现雪花点或静电噪声，或嗡嗡声和奇怪的闪光，但如果你看到一版伪造的晚间新闻，你就**知道**这假新闻的背后有一个精心组织的原因，而绝非一个电吹风所造成的。）

以下假设很有诱惑力：或许我们太容易被幻觉欺骗；或许一向发生的只是较轻的、瞬间的、微弱的幻觉，强幻觉从没有发生过，因为它们不可能发生！简略地回顾关于幻觉的文献后，我们可以肯定地指出：在发生频率与强度之间，存在一种大致的反比关系；在强度与可信度之间也是一样。但是，上述回顾也提供了一个线索，这个线索可以将我们引向另一种关于幻觉产生机制的理论。幻觉报告的一个普遍特征是，幻觉亲历者（victim）会谈到他面对幻觉时极不寻常的被动状态。产生幻觉的人通常会站定并感到惊讶。典型的情况是，幻觉亲历者感觉不到任何去探索、挑战和怀疑它的愿望，也不采取任何与离奇的幻影互动的措施。由于我们已经找到的那些原因，这种被动状态很可能不是幻觉的一个无关紧要的特征，而是任何具有适度细节并持续一阵的幻觉发生的一个必要前提。

不过，上文所描述的被动状态只是相对强烈的幻觉得以存续的一个特例。这些幻觉得以存续，是因为幻觉制造者（这里指的是任何造成这个幻觉的东西）能够"指望"幻觉亲历者沿特定路线探索；在完全被动的情况下，探索路线为零。只要幻觉制造者可以具体预测出哪条探索路线会被实际采纳，它只需做好准备，使幻觉维持"在幻觉亲历者会去看的方向上"就可以了。例如，电影的布景师要求提前知道摄像机的位置；如果摄像机不在固定的位置，布景师就要求提前知道摄像机移动的精确路线与角度，这是因为，他们接着只要准备足够的材料去覆盖观众实际观看的视角就行了。[拍摄真实电影（cinéma verité）时会广泛采用自由移动的手持摄像机，这可不是没有用意的。]在现实生活中，波将金（Potemkin）*曾用同样的原则来简化叶卡捷琳娜大帝在出巡时所要检阅的村落，因为叶卡捷琳娜大帝的出巡路线一直固定不变。

因此，强幻觉问题的一种解决方案是，假定在幻觉亲历者与幻觉制造者之间存在一种联系，这种联系让幻觉制造者有可能制造出一种幻觉，这种幻觉**依赖于**因而也能预料到幻觉亲历者的解释意向和决定。要是幻觉制造者无法"读出幻觉亲历者的心智"，它就无法获得上述信息。但是，幻觉制造者在现实生活中也还是有可能出现的（如舞台魔术师），他可以借助细微然而有力的"心理强制"，来**搭乘**某条特定的探索路线。一个扑克牌魔术师有许多让观众产生幻觉的标准方法，观众以为他在随意选择桌上被检查过的牌，可事实上只有一张牌可以翻过来。回到我们早先的思想实验。如果那些邪恶科学家能**迫使**缸中之脑产生一套特定的解释意向，那么，他们只需要准备预先料到的材料，就能解决组合爆炸问题；相应地，这一系统就只是**貌似交**

---

* 波将金，俄国军官及政治家，叶卡捷琳娜大帝的情人，后者在他的帮助下夺得俄国政权。——译者注

互的。与此类似，笛卡儿妖不必具有无限的能力来维持幻觉，只要他能维持幻觉亲历者自由意志的幻觉，他就可以精巧地控制幻觉亲历者对想象世界的考察。*

然而，还有一种更经济的（也更现实的）方法，可以在大脑中产生幻觉，这种方法利用了幻觉亲历者极为活跃的好奇心。我们可以用聚会游戏的比喻，来了解这种方法是怎样操作的。

3．聚会游戏："心理分析"

在这个聚会游戏中，有个被捉弄的人。有人告诉他，当他不在房间时，这次聚会中的一个参与者会被叫出来讲述最近做的一个梦。于是房间里的其他人都知道这个梦的内容。当被捉弄者回到房间，开始询问聚在一起的众人时，他会听到一组回答，做梦者的特征隐含其中。他的任务是，向聚会者提一些问题，这些问题必须用"是"或"否"来回答，直到他对梦境的细节有了一定的了解，这时，他就开始对做梦者进行心理分析，并运用分析识别出做梦者是谁。

一旦被捉弄者走出房间，主人就对其他人解释，你们谁也不要叙述梦境，只需按照以下简单规则来回答问题：如果问题的最后一个（英语）单词的最后一个字母位于字母表上半区，就给出肯定的回答，其他问题则给出否定的回答，但有一个限制条款——不矛盾规则，后面问题的答案不能与前面问题的答案矛盾。例如：

---

* 关于自由意志、控制、读心和预料的更详细的讨论，参见我的著作《行动余地：值得向往的自由意志之种种》(*Elbow Room: The Varieties of Free Will Worth Wanting*, 1984），特别是第 3、4 章。

问：这个梦是关于姑娘的吗？（Is the dream about a girl?）

答：是。

但是，如果我们这个健忘的被捉弄者后来又问：

问：在梦中有任何女性角色吗？（Are there any female characters in it?）

答：是（虽然最后字母是 t，但要按照不矛盾规则来回答）。*

被捉弄者回到房间后开始提问，他得到一系列"是"与"否"的回答，这些回答多多少少有些随机，或者至少是任意给出的。结果常常很有趣。有时，这个过程很快就会在荒谬中终结，比如，明眼人一眼就可看出如下情况的荒谬——第一个问题是："这个梦的故事情节与《战争与和平》的故事情节字字相同吗？"（Is the story line of the dream word-for-word identical to the story line of *War and Peace*?）接着问："在梦里有生物吗？"（Are there any animate beings in it?）† 更常见的结果是，回答者逐步引出一个离奇古怪、伤风败俗的滑稽故事，让所有人都笑了。最后被捉弄者会认为，不管做梦者是谁，都必定是一个病得不轻、麻烦不断的人。这时，所有聚会者都会开心地反驳他，说被捉弄者本人才是这个"梦"的作者。当然，这个回答严格来说并不对。但在某种意义上，他的确是这个"梦"的作者，因为是他提出了那些问题。（没有任何其他人提出把三个猛男和一个修

---

* 实际测试表明，以字母表的 P 和 Q 为界，做"是"或"否"的回答，只要你稍微偏向做出肯定的回答，这个游戏就**更有可能**产生一个**好故事**。

† 按照回答规则，由于头一个问题的最后一个单词以 e 结尾，所以应回答"是"；同理，后一个问题则应回答成"否"。这样的回答相当荒唐。——译者注

女放在一条船上。)但是,在另一种意义上,这个梦根本就没有作者,这才是重点。在这里,我们看到一个叙事产生的过程:细节在不断增加,但根本没有所谓的作者意图或计划——我们看到一个幻觉,却没有幻觉的制造者。

这个聚会游戏的结构,与一组广为人知的知觉系统模型的结构惊人地相似。例如,人们普遍认为,人的视觉不能被解释为一个**完全**由"数据驱动"的过程或者"自下而上"的过程,在最高层次上,它还需要几轮"由期望来驱动"的假设检验活动(或类似假设检验的事情)来补充。这组模型的另一个成员是知觉的综合分析(analysis-by-synthesis)模型,它假定知觉是在一个过程中被构造出来的,这个过程在两头来回编织:一头是由中枢产生的期望,一头是从外围产生的确认(与否认)信息(参见 Neisser, 1967)。这些理论的核心内容是:在知觉系统的早期层或外围层先有一定数量的"预处理",然后再通过生成与测试的循环(generate-and-test cycle)来完成知觉任务——对象被辨认、识别和分类。在这样一个循环中,知觉者的当前期望与兴趣会塑造一些假说,以供其知觉系统确认或否认,而这样一个假说生成与确认的高速序列,会生产出最后的产品,即知觉者正在运行的、及时更新的世界"模型"。这些知觉论述基于各种各样的考虑,其中既有生物学的,也有认识论的。虽然我不想说任何这样的模型已经得到证明,但受上述研究方法启发的实验确实已经出现。一些理论家甚至大胆宣称,知觉必定具有这种基本结构。

不管对这些知觉的生成与测试理论的最后裁决如何,我们可以看到,这些理论支持一种简单有力的幻觉解释。如果要一个原本正常的知觉系统进入幻觉模式,那么我们只需假定,上述生成与测试循环的假说生成方面(期望驱动方面)可以正常运行,而该循环的数据驱动方面(确认方面)却陷入一种毫无秩序、随机发生或随意进行的确认与否认的过程，就如在聚会游戏中发生的情况那样。换句话说，如果数据通道中的"噪声"被任意放大成"确认"或"否认"（就像在聚会游戏中任意用"是"或"否"来回答），那么，幻觉亲历者当下的期望、关注、困扰与担心就会引导着他去编造问题或假说，这些问题或假说的内容必定会反映出他的关切。这样一来，就会有一个"故事"在知觉系统中展开，但它却没有作者。我们不必假定这个故事已经提前写好，也不必假定在大脑制造幻觉的那一部分，信息已经存好或者写成。我们只需假定，幻觉制造者进入一个任意的确认模式，同时幻觉亲历者又通过发问提供内容。

这就以一种可能最直接的方式，在幻觉亲历者的情绪状态与所产生的幻觉内容之间建立起一种联系。我们知道，幻觉的内容通常与幻觉亲历者当下关注的东西相关；这种幻觉模型满足了这一特征，而没有诉诸一个内部故事讲述者的介入，这个故事讲述者具有令人难以置信的渊博知识，而且拥有一个关于幻觉亲历者心理的理论或模型。比如，在猎鹿季节的最后一天，一个猎人实际上在看一头黑色母牛或一位穿着橙色夹克的猎人，但他为什么会把这头母牛或这个猎人**看成**一头有着鹿角和白尾的鹿呢？因为他的内部提问者一直在问："那是一头鹿吗？"而且他得到的回答一直都是**否定的**，直到最后，系统中的一点儿噪声被错误放大成一个**肯定的**回答，于是带来灾难性的结果。

一些研究结果与关于幻觉的这种描述非常吻合。例如，大家都知道，幻觉是长期的感觉剥夺的正常结果（参见 Vosberg, Fraser and Guehl, 1960）。对此的一种合理解释是，在感觉剥夺状态中，假说生成与测试系统的数据驱动方面，由于缺乏数据而降低了噪声阈值，然后噪声就被放大成任意确认与否认的信号模式，结果就产生了细节清楚的幻觉。幻觉内容无非是焦虑的期望与随机的确认的产物。而且，大多数研究报告表明，幻觉只是逐渐得到细化的（不管是在感觉剥夺还是在药物作用的状态下）。刚开始时幻觉都很微弱（例如几何结构的幻觉），随后它们就越来越强（例如"客观的"或"叙事的"幻觉），而这种现象恰好是上述模型所预测的（可参见 Siegel and West, 1975）。

最后，还有一个事实也需要解释，那便是为何在神经系统中扩散的药物能够产生相当详细和丰富的幻觉。药物**本身**当然无法"包含一个故事"，即使某些太过天真的人喜欢这样想。这样的情况也不大可能出现：通过扩散活动，药物能够形成甚至开启一个精细的幻觉制造系统。但我们很容易看出，在假说生成系统中，药物可以怎样以任意的方式升高或降低确认的阈值，或者使之产生混乱，来直接发挥作用。

受聚会游戏启发而来的这种幻觉生成模型当然也能解释梦的形成。自弗洛伊德以来，很少有人怀疑，梦的主题内容是做梦者最深层的内驱力、焦虑感和关注点的有效征兆，但众所周知，梦所提供的线索完全被隐藏在层层符号和误导之下。有些梦的故事可以非常有效地、持续不断地表现做梦者的深层关注点，同时又把整个事情掩盖在层层隐喻和错位之中；什么样的过程才能产生这些故事呢？弗洛伊德主义者的标准回答是一个关于内部梦境的剧作家的夸张假说：这个剧作家为了自我（ego）的利益创造有着治疗作用的梦境，他极力掩盖这些梦境的真实意义，狡猾地让它们通过内部检查者的审查。（我们可以把这个弗洛伊德式的模型叫作哈姆雷特模型，它让人想起哈姆雷特的妙计——他让戏班子在克劳狄斯面前上演《捕鼠器》*；我们的确需要一个聪明的妖，来设计如此精巧的策略，但

---

* 哈姆雷特请叔叔克劳狄斯（丹麦国王）和王后看一出叫作《捕鼠器》的戏，戏中的琉西安纳斯由于觊觎权位而将贡扎古毒死，并设法得到了贡扎古妻子的爱。这个剧情影射丹麦国王、王后与去世国王之间发生的事。此描写出现在《哈姆雷特》的第三幕第二场。——译者注

是，如果相信弗洛伊德，我们就都会有这种讲故事的高超本领。）后面会看到，我们其实不必总是避开假设存在这种小人（homunculi，大脑中的"小人"）的理论，但是，如果我们喊这样的小人来帮忙，那他们最好是比较笨拙的仆人——可别像弗洛伊德式的杰出剧作家那样，每晚都为我们创造新的梦境！我们将要考虑的模型完全不设置剧作家，而只依靠"观众"（类似聚会游戏中的被捉弄者）来提供内容。观众当然不是蠢人，至少他不必对自己的焦虑形成一种理论，他只需在焦虑的驱使下提出问题。

顺便说说，有趣的是，在聚会游戏中有一个特征不是形成梦境或幻觉所必需的，这个特征就是不矛盾规则。由于人的知觉系统也许总在探索正在发生的情况（而非既成事实，也就是已经讲完的梦境叙述），因此这种机制可以用来这样解释后来出现的"矛盾的"确认情况：它标志着世界的新变化，而不是对梦境叙事者所知故事的修改。例如，我刚才看见这个鬼是蓝色的，现在它突然变绿了；它的手变成了爪子；等等。梦境和幻觉中的对象反复无常的形态变化，是这类叙事最突出的特征之一；而更为明显的是，这些被注意到的形态变化很少在我们做梦时"困扰"我们。佛蒙特州的农舍现在突然显现为波多黎各的银行；我骑着的马现在变成了一辆小车，而不是高速游艇；刚开始时同伴还是我的祖母，可现在却变成了教皇。这些事都可能在梦中发生。

这样的变化无常正好是我们所预期的；一个主动的提问者，在面对一系列随机的"是"或"否"的回答时，要是他的怀疑精神不足，就会产生这样的梦。同时，梦中的一些主题和对象持续存在，它们不变化也不消失，这也可以从我们的模型中得到漂亮的解释。让我们斗胆假设，大脑运用上面的字母表规则，并以英语来运行它的加工过程，这样我们就能想象，隐秘的提问活动如何创造一个让人抓狂的梦境：

> 问：梦是关于父亲的吗？（Is it about father?）
>
> 答：否。
>
> 问：它是关于一部电话的吗？（Is it about a telephone?）
>
> 答：是。
>
> 问：那好。它是关于母亲的吗？（Is it about mother?）
>
> 答：否。
>
> 问：它是关于父亲的吗？（Is it about father?）
>
> 答：否。
>
> 问：它是关于正在打电话的父亲的吗？（Is it about father on the telephone?）
>
> 答：是。
>
> 问：我**就知道**这个梦是关于父亲的！那他当时在对我讲话吗？（I *knew* it was about father! Now, was he talking to me?）
>
> 答：是……

很难说这个小小的理论草图就能证实（迄今为止）关于幻觉或梦境的什么观点。但是，它的确以比喻的方式表明，这些现象的机械论解释**可以**是怎样的。这确实是十分重要的序幕，因为有人受到失败主义的诱惑，认为科学"在原则上"无法解释心智的种种"神秘"。不过，目前描绘的草图甚至还没有触及我们关于梦境和幻觉的**意识**问题。而且，虽然我们已经驱除了一个不大可能存在的"小人"，即跟心智搞恶作剧的那个聪明的幻觉制造者／剧作家，但我们又用其他角色填补了他的位置，这些角色不仅可以是笨拙的问题回答者（也许我们能够证明这一角色可以"被机器取代"），也可以是相当聪明、尚未得到解释的提问者或"观众"。如果说我们已经消除了一个恶棍，那么我们关于幻觉亲历者的论述甚至都还没有开始。

当然，我们已经取得一些进展。我们已经看到，对一个心智现象的"工程学"要求加以关注，可以怎样引出新的、比较易于解答的问题，例如：什么样的幻觉模型可以避免组合爆炸？经验的内容是如何被（相对）无知觉、缺乏理解力的过程所细化的？诸多过程或系统之间的什么联系，可以解释这些过程或系统交互作用的结果？如果要构造一个关于意识的科学理论，我们就必须处理许多诸如此类的问题。

我们也已经知道接下来要做什么。在我们关于幻觉和梦如何可能的各种解释中都有一个关键要素：大脑必须做的唯一工作就是，无论如何都要**缓解认知饥渴**——满足各种形式的好奇心。如果幻觉亲历者对话题 x 比较消极或不感兴趣，如果他不去为有关话题 x 的任何问题寻找答案，那他就不必准备关于话题 x 的任何材料（不痒的地方就不要去挠）。这个世界提供了无穷无尽的信息，轰炸着我们的感官。在集中观察有多少信息进入大脑或者持续可用的时候，我们常常会屈从于一种幻觉，好像一切信息都必须用到，并且始终要用到。但是，我们运用信息的能力和我们的认知胃口是有限的。要是所有具体的认知饥渴一出现，我们的大脑就能满足它们，我们也就永远找不到抱怨的理由了。我们甚至永远都说不清楚，我们的大脑提供给我们的，是否就比这个世界所具有的东西要少。

到此为止，我们只是引进了但还没有确立这条节俭原则（thrifty principle）。下面我们会看到，大脑并不总是在任何情况下都利用这个选项，但重要的是不要忽略这种可能性。这条原则在消解古老难题上的力量还没获得普遍的承认。

4. 预览

在以下各个章节中我将力图解释意识。更准确地说，我将解释各种构成我们所谓的意识的现象，并指出它们何以成为大脑活动的物理结果，大脑的这些活动又是怎么演化的，以及它们如何产生关于自己的力量与特性的幻觉。很难想象，你的心智怎么能就是你的大脑呢？——但这并不是不可能的。为了想象这一点，你真的需要相当了解有关大脑如何工作的科学发现。但更重要的是，你必须学习新的思考方式。了解更多事实的确有助于你想象新的可能性，但神经科学的发现与理论还不够成熟，甚至神经科学家也常常为意识所困扰。为了拓展你的想象，除了相关的科学发现外，我还将提供一系列的故事、类比、思想实验及其他策略，目的在于为你提供新的视角，以打破旧的思考习惯，帮你把事实组织成一个连贯的见解，这个见解与我们倾向于信赖的有关意识的传统观点相去甚远。缸中之脑的思想实验以及心理分析游戏的类比，只是完成主要任务的热身练习，我们的主要任务在于勾勒一个关于生物学机制的理论**以及**一种关于这些机制的**思考方式**，它们将会让你**看到**，意识的传统悖论和神秘性可以通过怎样的方式被消除。

在本书的第一部分，我会简明扼要地考察有关意识的各种问题，确立某些方法。这比我们所以为的更加重要，也更加困难。其他理论遇到了许多问题，那都是因为它们建立在错误的出发点上，却又试图过早地推测出大问题的答案。我的理论的全新背景假设将在下文中起到很大的作用，由此我们就可以**延后**考虑许多传统的哲学难题，其他理论家已经在这些问题上栽了跟头。在此之前，我们先要勾勒一个以经验为基础的理论，这一理论将在第二部分提出。

第二部分所勾勒的意识的**多重草稿模型**，是传统模型的一种替代方案，我把传统模型叫作**笛卡儿剧场**。我的这个模型，需要我们相当激进地重新思考熟知的"意识流"观念，而且它从一开始就是严重反直觉的，但是，只要你弄明白它如何解释有关大脑的一些事实，你就会喜欢上它的，到现在为止，这些事实一直为哲学家和科学家所忽略。通过比较仔细地思考意识如何演化的问题，我们能够得到一些洞见，这些洞见将有助于我们理解心智之中那些原本令人困惑的特征。第二部分也提供了一项分析，分析语言在人类意识中的作用，分析**多重草稿模型**与另外一些更为习见的心智观念的关系，以及它与认知科学各学科的其他理论工作的关系。传统观点十分简洁，充满诱惑，但自始至终，我们都必须抵制这一诱惑，直到我们可以在新的基础上确立自己的观点。

在第三部分，有了指引想象的新方法作为武器，我们（最终）就能直面传统的意识神秘性："现象场"的奇特性质、内省的本质、经验状态的性质（或感质）、自身或自我（self or ego）的本质及其与思想和感觉的关系、非人类生物的意识。这样，我们就可以说，那些困扰传统哲学论战的悖论，只是缘于**想象力的失败**，而不是什么"洞见"。如此一来，我们就能消除意识的神秘性。

本书提出的理论，既是经验性的又是哲学化的，由于对此理论的需求相当不同，所以本书提供两个附录，简要处理分别来自科学视角和哲学视角的更为专业的挑战。在下一章，我们将转向这个问题：一个关于意识的解释会是怎样的呢？我们是否应该想去完全消除意识的神秘性呢？

第一部分

问题和方法

第 2 章

解释意识

1. 潘多拉的盒子：意识应该被揭秘吗？

这儿有树，我知道它们粗糙的树皮；这儿有水，我感觉到它的味道。野草的气息，深夜的星星，心情放松的夜晚——我能感觉到这个世界的力量与活力，我怎能否定这个世界的存在呢？然而世上所有的知识，都没有给我任何东西使我确信这个世界是我的。你向我描述这个世界，你教我对它进行分类。你列举这个世界的规律，在我渴望知识的时候，我承认这些规律是真的。你解剖它的机制，我的希望也随之增长……在如此多的努力中，我到底需要什么？这些山丘柔和的线条和抚平这颗受伤心灵的黑夜之手，教给我的反而更多。

——阿尔贝·加缪，《西西弗斯神话》

(Albert Camus, *The Myth of Sisyphus,* 1942)

甜美是大自然唱出的歌谣；

我们理智，我们惹事

扭曲了事物形式的美好：——

我们分析，我们凌迟。

——威廉·华兹华斯，《把书桌掀翻》

（ William Wordsworth, "The Tables Turned", 1798 ）

　　人类意识大概是最后尚存的谜团。所谓谜团，就是人们至今还不知如何去思考的现象。这个世界还有许多别的重大谜团：宇宙起源之谜，生命与繁殖之谜，在自然中发现的设计之谜，时间、空间和引力之谜。在过去，这些谜团并非只是科学无知的地带，也是令人感到十分困惑和惊奇的领域。对宇宙学、粒子物理学、分子遗传学和进化论方面的任何问题，迄今为止我们都还没有最后的答案，但我们确实知道如何思考它们。这些谜团虽未消失，但已被驾驭。它们不再摧垮我们思考这些现象的研究活动，因为现在我们知道如何分辨拙劣的问题和正确的问题，就算在目前公认的一些答案上，我们还犯有致命错误，但我们也知道如何着手去寻找更好的答案。

　　然而，对意识，我们却仍处在一种可怕的混乱状态之中。今天，唯有意识还是这样一个话题：它常常让哪怕是最为老练的思想家也张口结舌、无所适从。而且，与所有早先的谜团一样，还有许多人坚称并希望，意识绝不会被揭秘。

　　谜团毕竟是令人激动的，是生活中的一部分乐趣。没人会喜欢一个扫兴的人把电影情节透露给等候入场的观影者。一旦真相大白，你就再也不能重新获得那种一度让你心驰神往的美妙神秘状态了。所以，读者要小心啊。如果我成功地解释了意识，那些继续阅读本书的读者就会失去神秘感，得到有关意识的初级科学知识。这种交换对某些读者来说可不是一场合算的交易。因为有的人视揭秘为渎神，所以我预计他们一开始就会把本书看作对理智的恶意破坏和对人类最后避难所的攻击。我想改变他们的想法。

加缪说，他不需要科学，因为他可以从山丘柔和的线条和黑夜之手那里学到更多的东西。考虑到加缪向自己提出的问题，我不会去挑战他的说法。科学并不回答所有的好问题。哲学也是如此。但也正出于这个原因，我们不必保护意识现象，使之不被科学研究，或者不为我们正在从事的这类揭秘性质的哲学所研究；这个现象本身就令人迷惑，与加缪关注什么无关。有时，一些人由于害怕科学会像华兹华斯所说的那样，"我们分析，我们凌迟"，因而会受到一些哲学信条的吸引，这些信条据说可以提供这样那样的担保，抵挡科学的入侵。无论这些哲学信条是强是弱，他们的这些疑虑不安当然都有根据。的确**可能**发生这样的情况：揭秘意识将会造成巨大的损失。我的看法是，这种情况事实上**不会**出现：如果有什么损失，理解上的收益也完全可以抵消它；一个好的意识理论可以提供收益，既有科学的收益，也有社会的收益，既有理论的收益，也有道德的收益。

不过，意识的揭秘怎么**会**是令人遗憾的事情呢？或许它就像失去孩提时的天真，就算这种失去得到了很好的补偿，那也确实是一种损失。例如，考虑这种情况：当我们变得更加世故时，我们的爱会有什么变化。我们可以理解，为什么骑士时代的骑士会想献出自己的生命来捍卫公主的荣誉，哪怕他从未与公主说过什么话——这是我大概十一二岁时特别心醉神迷的想法，但这可不是今天的成年人随便想想就能进入的心理状态。人们过去谈论和思考爱的方式，如今几乎不可能再有了——当然，除了儿童和那些能以某种方式抑制成人识见的人。我们都爱告诉自己所爱的人，我们爱他们，我们都爱从他们那里听到，我们为他们所爱——当我们还是小孩子时，爱是很单纯的，但是作为成年人，我们不再像从前那样确信我们知道爱是什么意思。

伴随着这种视角转变，我们是过得好些了还是坏些了呢？当然，这种转变不是每个人都一样。天真的成年人继续追捧哥特式浪漫文学，使其成为畅销书排行榜的冠军，而我们这些世故的读者，却发现自己已经根本不会为这类书的预想效果所动：看到它们，我们会咯咯发笑，而不是失声痛哭。如果这种书真让我们哭了——有时它们的确会让我们在不知不觉间哭起来——我们会觉得很尴尬：自己还在为这些廉价的把戏所感动。原因是我们无法轻易地处在女主人公的心智状态，她整天都在担心自己是否已经找到"真爱"——好像真爱是某种不同的东西（就如黄金感情与黄铜感情一样不同）。这种成长不只体现在个体方面。我们的文化也已经变得更加复杂，或者说，无论这种复杂是否有价值，都至少在整个文化中得到了更为广泛的传播。这带来的结果是，我们对爱的看法已经改变，这些改变又带来感性的转变，这些转变让我们无法再拥有那些曾经令我们先辈激动过、挫败过或充满活力的经验。

意识的情况与此类似。今天，我们也谈论我们有意识的决定和无意识的习惯，谈论我们享受的有意识的经验（我们跟自动取款机不同，那些机器就不具有这种经验），但在说这些的时候，我们不再确信，我们是否知道我们的意思是什么。虽然还有思考者不依不饶地坚称，意识是一个真切的、珍贵的东西（就像爱，就像黄金），是一个"清楚明白的"、非常非常特别的东西，但是，人们的怀疑也在不断生长，我们怀疑这是一个假象。也许，共同诱发人们对某个神秘现象的感觉的各种现象，与让人认为爱是一种单纯的感觉的各种现象相比，也没有什么终极的或本质的统一性。

让我们把爱和意识与两个相当不同的现象——疾病和地震——相比较。我们关于疾病和地震的观念在过去的几百年里也经历了实质性的修改，但是，疾病和地震这些现象仍然在极大程度上（但并非完全）独立于我们看待它们的观念。改变我们的疾病观念，这本身不会让疾病消失或者减少它们发生的频率。不过，这种改变的确会引起医疗和公众健康方面的变化，从而从根本上改变疾病的发生模式。类似地，也许有一天，人类将在一定程度上控制地震，或者至少可以预测它，但总的来说，地震的存在不受我们看待它的态度或观念的影响。但爱却是另一回事。一个历尽沧桑的人不大可能再以从前可能的某些方式"坠入爱河"，这只是因为，他们已经无法相信那些坠入爱河的方式。例如，我不再可能有一场纯粹的青少年才有的那种热恋——除非我"回到青春期"，并在此过程中忘记或放弃我认为自己所知道的许多东西。幸运的是，还有其他类型的爱我可以去相信，可是，如果没有会怎样呢？暂时可以非常简单地这样讲：爱是其存在**依赖其概念**的现象之一。还有一些类似的现象，金钱就是一个明显的例子。如果每个人都忘了钱是什么，那就不会再有钱了。也许会有一堆堆的铜版印制的纸片、饰以浮纹的金属圆片、由计算机储存的账户余额记录、银行的花岗岩和大理石建筑，却不再有钱：没有通货膨胀、通货紧缩、汇率或利息，甚至没有**货币价值**。那些各式各样的铜版印制的纸片拥有一个特征，这个特征本来可以解释（除此之外，没有其他特征可以解释）为什么这些纸片会在各种交易和交换活动中来回易手，但它现在会人间蒸发。

按照我在本书中会逐步展开的意识观，我的基本结论是：与爱和金钱一样，意识这个现象也依赖与之相关的概念，而且依赖到了惊人的程度。虽然意识像爱那样拥有复杂的生物学基础，但又像金钱一样，它的一些重要特征来自文化，而不只是以某种方式内在于它的实例的物理结构。所以说，如果我是正确的，如果我成功地颠覆了其中一些概念，那么我就会危及所有依赖这些概念的意识现象。我们将要进入人类概念思考的后意识时代吗？这难道不可怕吗？这难道是可以设想的吗？

如果意识的概念要"开始变成科学"，我们关于道德行为和自由意志的观念又会怎样呢？如果意识经验以某种方式被"还原"为单纯的运动中的物质，我们对爱与痛、梦想与欢乐的感受又会怎样呢？如果有意识的人类"只"是一些有生命的实物，我们对其所做的任何事情，又怎么会有对错之分呢？这些令人担心的事，助长了那些反对解释意识的人的抵触情绪并分散了他们的注意力。

我确信这些令人担心的事具有误导性，但它们的误导并不明显。在跟本书就要开始的理论和论证进行的对抗中，这些令人担心的事把对抗的赌注抬高了。还有一些有力的论证完全没有这些担心，但它们还是摆好架势，反对我将提出的那种科学的、唯物主义的理论。我承认，我不仅要证明这些论点是错的，而且要证明我的意识观即使获得广泛接受，也不会带来上述可怕后果。（而且，如果我已经发现，我的理论很可能有这些后果，那我干吗还要研究下去呢？我根本不会写**这**本书。但超出本书讨论范围的事情，我就不知道了。）

让我们来看看光明的一面，我们要提醒自己，在早先揭秘工作的影响下发生了什么。我们发现，奇迹一点儿也没减少；相反，我们发现，宇宙的复杂性既美丽又炫目，其程度已经超过捍卫神秘者的设想。早期见解中的"魔法"很大程度上就是在百般掩饰想象力的许多明显失败，这种无趣的逃避做法无非就是诉诸经典的"解围之神"*。与

---

* "解围之神"的拉丁语为 deus ex machina（God from the machine）。在希腊或罗马戏剧中，当故事情节前后抵触时，往往会有一个突然从天而降的神，能够使所有不合理的事情变得合理。在演出中，这样的神总是通过舞台机关被送到台上，所以叫"deus ex machina"（后泛指解围的人或事件）。吉尔伯特·赖尔（Gilbert Ryle）在《心的概念》中用"the ghost in the machine"借指他所反对的一种观点：人类的思维和肉体是完全独立和分割的。——译者注

当代宇宙论引人入胜的奇异景象相比，驾金车穿过天空的火神只是连环漫画书中头脑简单的乘客；而DNA（脱氧核糖核酸）繁殖机制的递归复杂性，则使生命冲动（élan vital）就像超人所担心的氪星石（kryptonite）*一样好玩。当我们理解了意识，当意识不再神秘时，意识将会变得不同，但仍然会有美感，而人们对意识的敬畏之情也会获得更大的空间。

2．意识的神秘

那么，意识的神秘之处在哪里？每个人都是意识的经验主体、知觉和感觉的享有者、痛苦的承受者、观念的思考者和意识的沉思者，对我们来说，难道还有什么比这更明显或确定的吗？这看来不可否认，但意识本身到底是这个世界中的什么东西？这个物质世界中的生物个体为什么会产生这种现象？意识神秘，就神秘在这里。

意识的神秘有许多表现方式。最近一天早晨，当我坐在摇椅上看书时，这种神秘就以一种特别的力量再次打动了我。我当时只是抬头望望，一开始只是盲目地注视着窗外，陷入了沉思，这时周边的美景让我走出理论的冥想。在那个早春的日子里，透着绿意的金色阳光，透过窗子洒了进来；院子里枫树的成千上万根枝条，穿过绿芽织就的薄雾，仍然清晰可见，形成一幅奇妙而复杂的优雅图案。窗户玻璃已经有些年头，上面有着几乎察觉不到的细纹，当我使椅子来回摇动

---

* 超人出生在氪星（Krypton）上。氪星爆炸后产生的放射性物质，即氪星石，会让超人失去他所具有的超能力。现在该词多被用于指代某人或某物唯一的弱点。此处是说，这种活力论的观念在当今遗传学的时代毫无趣味。——译者注

时，从视觉上来看，玻璃上的这些不完美的细纹，引起同步摇晃的波浪，在枝丫构成的三角形间来回运动，这种规则的运动，给清风中的枝条闪动的微光平添了非凡的生动感。

随后我注意到，树枝所体现出的这种视觉节律，锁定在维瓦尔第协奏曲的旋律中，这是我看书时听的背景音乐。开始我以为，显然我必定在无意识地让我来回摇晃的节奏与音乐保持同步，就像我们会无意识地踩节拍一样。但是，摇椅的晃动实际上只有一个范围相当有限的、容易控制的摇动频率，所以，这种同步很可能只是一种巧合，也许因为我刚好有一种无意识的偏好，想要一种干净利落的状态，想要维持步调一致的状态，于是才对这种巧合做了轻微的修正。

在我心里，我飞速地掠过了一些只能模糊想象的大脑运作过程，这些过程或许可以解释，为什么我们能够无意识地调节自己的行为（包括我们的视觉行为和集中注意力的能力），以使"图画"和"音轨""保持一致"，但这些玄想接着又被突然的领悟打断。很难"建立一个模型"来说明**我当时的所作所为**（我从我特有的第一人称视角来描述的这种体验与思考之间的互动），这种难度甚至超过建立一个模型来说明无意识的后台过程，这些过程无疑也**在我身上发生着**，并在某种程度上成为我正在做的事情的因果条件。后台机制相对容易理解，令人困惑的倒是在前台和中心、在聚光灯下发生的事情。你看，我有意识的思考，特别是我在由和煦的阳光、温暖的维瓦尔第小提琴旋律、波纹般浮动的树枝组合而成的场景中所感受的那种愉悦，再加上我思考所有这些时享受的快乐，**这一切**怎会只是在我大脑中所发生的某些物理事件呢？我大脑中的电化学事件的组合，怎会使千百根枝条随着音乐的节奏晃动，从而形成这一令人愉快的情景呢？当阳光洒在我身上时，我大脑中的某个信息处理事件，怎会使我感觉到阳光的那种美妙的温暖呢？就此而言，我脑中的一个事件，又怎会把我脑中某些其他信息处理事件粗略地视觉化为我的心智图像呢？这似乎是不可能的。

的确，这些事件**作为**我有意识的思想和经验，似乎不可能是大脑里发生的事件，而必须是**某种其他的东西**，这种其他的东西是由大脑事件引起或产生的，但无疑，它还加了某些别的东西，而且所加的东西一定是由与此不同的原料组成的，位于不同的空间。嗯，为什么不呢？

3．心智素材的魅力

我们来看看，如果踏上这条无疑充满诱惑的道路，会发生什么。首先，我希望大家做一个简单的实验。闭上你的眼睛，想象某个东西，然后，一旦你形成你的心智意象，就仔细地检查它，再回答下面的问题。在阅读这些问题之前，请你首先遵从这条指令：闭上眼睛，尽可能详细地想象一头紫色母牛。

好了吗？现在看问题：

（1）你所想象的母牛是朝左、朝右，还是正对着你？
（2）它在咀嚼反刍的食物吗？
（3）你看得见它的乳头吗？
（4）它的紫色是比较浅，还是比较深？

如果你遵从上述指令，你大概就能回答这四个问题，而不必在回想中再添补。如果你觉得这四个问题要求太高，回答起来比较困难，那么你很可能根本没有想象一头紫色母牛，而只是懒惰地想——"我正在想象一头紫色母牛"，或"把这叫作想象一头紫色母牛"，或做某种类似的难以名状的事情。

现在让我们做第二个练习：闭上眼睛，尽可能详细地想象一头**黄色母牛**。

这回你大概可以毫不犹豫地回答前三个问题，而且你也可以自信地说出，你所想象的这个母牛身体的两侧是什么样的黄色，是浅黄、黄油黄，还是棕黄。但是，这次我想思考一个不同的问题：

（5）想象一头紫色母牛跟想象一头黄色母牛有什么区别？

答案是明显的：你想象的第一头母牛是紫色的，而第二头是黄色的。可能还有其他的区别，但这个是最本质的区别。麻烦在于，由于这些母牛只是想象出来的母牛，不是真实的母牛，也不是画在画布上的母牛，或显现在彩色电视屏幕中的母牛，所以很难看出，在第一种情况中什么是紫的，在第二种情况中什么又是黄的。在你的大脑中（或在你的眼球里），没有什么母牛形状的东西会在第一个例子中变成紫色，在第二个例子中又变成黄色，而且即使是这样，也没有太大的帮助，因为你的头盖骨里漆黑一片，再者，那里也没有可以看出颜色的眼睛。

你大脑中有一些事件，与你特定的想象密切相关，因此以下情况并非不可能：在不远的将来，神经科学家可以检查你大脑中因响应我的指令而发生的过程，并将之解码到可以确认或否认你对最初四个问题的回答：

那头母牛面朝左吗？我们认为是的。牛头的神经元兴奋模式与左上方视觉信号区的显示一致，我们观察到了 1 赫兹振荡的运动探测信号，这信号暗示牛在反刍，但我们没有在乳房复合表象群中检测到任何活动迹象，而且在用被试的颜色探测轮廓来校准诱发电位之后，我们认为，被试在颜色问题上撒了谎：想象中的母牛几乎确定无疑是棕色的。

假定这一切都是真实的，假定科学读心术已经成熟，但谜团似乎仍然存在：在你想象一头棕色母牛时，这个棕色是什么？它不是科学家通过你对棕色的经验所校准的大脑中的事件。不管是所涉及的神经元的类型与位置，还是这些神经元与大脑其他部分的连接，抑或是活动的频率或振幅以及所释放的神经递质的化学成分——所有这些特性都没有哪个正好是"你想象中的"母牛的那个特征。因为你的确在想象一头母牛（你没有撒谎——科学家甚至可以确认这一点），所以，一头想象的母牛在那时是存在的；在那一刻，在某个地方，确实有某个东西必定具有那些性质。这头想象的母牛，一定不能被认为是在大脑素材的介质（medium）中，而是在……心智素材（mind stuff）的介质中。它还可能是什么呢？

那么，心智素材必定是"梦所得以构成的东西"，并且它明显具有一些值得注意的特征。其中一个我们已经略微提及，却很难界定。首先，心智素材总有一个目击者。我们注意到，大脑事件的麻烦在于，不管与我们意识流中的事件多么"吻合"，它们都有一个明显的致命缺点：**没人在那里看着它们**。在你大脑中发生的事件，就像发生在你胃里或肝里的事件一样，在正常情况下是没人看到的，而且，有人看到和没人看到，它们发生的方式也没有什么差别。但是，意识中的事件，"按照定义"，就是被看到的；它们为**经验者**所**经验**，而且它们就是因为这样被经验，才成为它们：它们是有意识的事件。似乎一个被经验的事件，不能独自发生，它必须是**某人的**经验。一个思想要产生，得有某个人（某个心智）思考它才行；一处疼痛要发作，得有某个人感觉到它才行；一头紫色母牛要"在想象中"突然存在，也得有某个人想象它才行。

看来，大脑的麻烦在于，当你向它里面看时，你发现**那里没有人**。大脑中的任何部分都不是做此思考的思考者，或有此感觉的感觉者，而且，整个大脑似乎也不是这一特别角色的更好的候选者。这是一个难以捉摸的话题。大脑在思考吗？眼睛在看吗？还是人类用他们的眼睛看，用他们的大脑思考？这有区别吗？这只是一个微不足道的"语法"问题，还是说这揭示了混乱的一个主要来源？**自我**（或一个人，或一个灵魂）不同于一个大脑或一个躯体，这种观念深植于我们的说话方式之中，因此也深植于我们的思考方式之中。

我有一个大脑。

这样说似乎是一件完全没有争议的事情。而这似乎并不只是意味着：

这个躯体有一个大脑（和一个心脏、两个肺等）

或

这个大脑有它自己。

我们会很自然地把"自我及其脑"（the self and its brain, Popper and Eccles, 1977）看成两个不同的东西，有着不同的性质，不管它们有多么依赖彼此。如果自我不同于大脑，那它似乎就必定是由心智素材构成的。在拉丁文中，思维之物是"a res cogitans"，笛卡儿把这个术语变得赫赫有名，他提出了他认为不可动摇的证据，这证据表明，他，作为一个明显能思考的东西，不可能就是他的大脑。下文是他的证明的一部分，确实引人入胜：

> 接下来我就仔细地思考我是什么。我看出来了，虽然我能假装我没有躯体，世界也不存在，所以没有我所在的地方，但是我不能假装我不存在；相反，单从我在怀疑其他东西是否真实这一事实，就可以明白而确定地推出，我存在。另一方面，如果我只是停止思考，那么即使我曾想象过的其他任何东西都是真实的，我也没有理由相信我应该是存在的。由此我认识到，我是这样一个实体，我全部的本质或本性就是思考，我的存在既不需要地方，也不依赖物质性的东西。[《谈谈方法》(*Discourse on Method*, 1637)]

这样，我们已经发现了人们也许想用心智素材制造的两类东西：不在大脑中的紫色母牛和进行思考的东西。但是，还有别的一些特殊能力，我们或许也想将它们归功于心智素材。

假设一个葡萄酒酿造厂决定用机器来替代他们的人类品酒师。由一个基于计算机的"专家系统"来进行质量控制与酒品分级，这大概在现有技术的能力范围内。现在我们已经充分了解可以通过哪些相关的化学过程制造出传感器，它们能取代人的味蕾和上皮细胞中的嗅觉感受器（只要有味觉与嗅觉的"原材料"，也就是刺激输入）。这些输入如何结合并相互作用从而形成我们的经验，现在还不是非常清楚，但正在取得进展。视觉方面的工作则进展得更远。关于色觉的研究表明，虽然以机器的色彩判断构件来模拟人类的独特性、精细性和可靠性会是一个巨大的技术挑战，但这并不是不可能的。因此，我们很容易想象，运用这些感觉传感器及其相似机制的先进输出，来形成精细的分级、描述和评价流程。将样品酒倒入漏斗，几分钟或几小时之后，系统会打印出包括评语在内的化验报告——"精美的、香醇可口的比诺葡萄酒，不过口感并不持久"，或者其他类似的话。这种机器甚至能比人类品酒师更好地执行所有合理检测，其准确性和一致性，完全能达到酿酒师们所能设计的水平。但是，这种系统不管变得多么"灵敏"和"有识别力"，似乎都绝不可能拥有和享受**我们**在品尝葡萄酒时的感觉。

事实上，这真的如此明显吗？按照**功能主义**标签下的各种观念，如果你复制出了人类品酒师的味觉认知系统的**全部"功能结构"**（包括记忆、目标、天生的厌恶等），你也就复制出了**所有的**心理特征，包括享受、快乐，以及让我们中许多人喜欢饮酒的那种品味能力。功能主义者说，一个系统是由有机分子构成的还是由硅构成，这在原则上没有区别，只要它可以**做同样的事情**。人工心脏不一定要由有机组织组成，人工大脑也无须如此，至少在原则上可以这样说。如果人类品酒师大脑的所有控制功能，可以在硅片中复制出来，那么，对品酒的享受**本身**也就可以复制出来。

某种功能主义理论最终可能会取得胜利（事实上本书将为一种功能主义理论进行辩护），但乍一看，这似乎令人难以容忍。单纯一个机器，不管它可以多么精确地模拟人类品酒师的大脑过程，似乎都不能品尝美酒，也不能欣赏贝多芬钢琴奏鸣曲或篮球赛。要能够欣赏，你得有意识，而这是纯粹的机器所没有的。但是，大脑当然可以说是一个机器，就像心脏、肺或肾一样，这些器官的所有功能最终都可以从机械层面来解释。这就能让如下观点看起来令人信服：大脑不是可以进行欣赏的东西，**进行欣赏**是心智的责任（或特权）。所以，在硅基机器中复制出的大脑机制，并不能够进行真正的欣赏，而最多产生欣赏的幻觉或假象。

因此，有意识的心智并非只是人们所见证的颜色与气味存在的地方，也并非只是思考的东西。它是发生欣赏的地方。它是裁定事物为何重要的最终裁判员。也许，这一点甚至可以从如下事实中推出：有意识的心智也被认为是我们意向性行动的源头。如果**做重要的事情**是依赖意识的，那么**这里的所谓重要**（享受、欣赏、受苦、关心），应该也依赖意识。这是显而易见的，不是吗？一个梦游者"无意识地"造成伤害，他不必负责任，因为在一个重要的意义上**他**没有做出这种伤害的行为。他的躯体运动与导致这种伤害的因果链条有着复杂的联系，但是这些链条并不构成他自己的任何**行动**，这个情况就像他因为自己跌下床造成伤害一样。单纯的躯体共谋不能算作一个意向性行动，**受到大脑结构控制的**躯体共谋也不能算，因为梦游者的躯体就明显是受梦游者大脑结构控制的。必备的额外条件是意识，这个特殊的成分可以把单纯的**发生**变成**作为**（mere *happenings* into *doings*）。*

如果维苏威火山爆发使你所爱的人死亡，那并不是它的错，而怨恨（Strawson, 1962）或蔑视它，也不是可行的选择——除非你以某种方式说服自己，你认为维苏威火山是一个有意识的行动者，而这与当代人所持的观念不同。我们在悲痛时，把自己置于这些心理状态下，责骂飓风的"狂暴"、诅咒癌症不公平地"杀死"了一个小孩，或者"埋天怨地"，这的确具有一种奇怪的安慰效果。最初，人们说一个东西"有生命"而不是"无生命"，就是说这个东西有灵魂（拉

---

* 参见我在《行动余地：值得向往的自由意志之种种》第 4 章中对该主题的进一步讨论。

丁文是 anima）。把那些对我们造成强有力影响的东西想成有生命的，这不只具有安慰效果，它也许还是生物设计的一个深层技巧，是一条捷径，这条捷径可以帮助常感时间紧迫的大脑去组织和思考那些我们要活下去就必须思考的东西。

我们也许有一种天生的倾向，把每个不断变化的东西都首先看成有灵魂的（Stafford, 1983; Humphrey, 1983b, 1986），但是无论这种态度多么自然，我们现在都知道，把一个（有意识的）灵魂赋予维苏威火山，这就走得太远了。在何处划定界限，这是一个令人困扰的问题，后面我们将会回到这个问题上。现在，对我们来说，意识似乎恰好就是把我们与单纯的"自动机"区分开来的因素。单纯的躯体"反射"是"自动的"、机械的，它们也许与大脑中的回路有关，却无须有意识心智的介入。把我们的躯体想成"我们""从内部"控制的那种单纯的布袋木偶，这是十分自然的。我要让布袋木偶向观众挥手示意，我只要摇动手指即可；我要摇动我的手指，我只要……摇动灵魂就行吗？这种观点的确存在很大问题，但这并不妨碍它看起来还有些道理：我们一般认为，除非在行为背后有一个有意识的心智，否则就没有负责这个行为的**实在**行动者。当我们这样思考自己的心智时，我们好像就发现了那个"内在的我"，那个"实在的我"。这个实在的我，不是我的大脑，而是**拥有**我的大脑的东西（"自我**及其脑**"）。哈里·杜鲁门在白宫总统办公室的桌上放着一个牌子，上面有一行著名的文字："责任止于此。"（The buck stops here.）大脑的任何部分看来都不可能是**责任所止的地方**，这个地方据说应该在命令链条的开端，构成道德责任的最终源头。

此处总结一下：我们发现，有四个理由让我们相信心智素材是存在的。有意识的心智看起来不可能只是大脑或大脑的任何固有部分，因为大脑根本不可能：

（1）是紫色母牛所在的介质；

（2）是进行思考的东西，那个"我思故我在"之中的**我**；

（3）品尝美酒，憎恶种族偏见，爱一个人，成为**重要与否**的判断的来源；

（4）带着道德责任去行动。

一个可接受的人类意识理论必须解释这四项依据，它们是人们认为必定存在心智素材的基础。

4．为什么二元论失势？

心智不同于大脑，因为心智不是由普通物质组成的，而是由某种其他的特别材料组成的，我们将这种观点称为二元论，今天即使存在我们刚才仔细讨论过的那些有说服力的主张，它也理所当然已经名声不佳了。吉尔伯特·赖尔对他所称的笛卡儿的"机器中的幽灵教条"做过经典的攻击（Ryle, 1949），自那以后，二元论者就一直处于守势。*现在的主导观念是**唯物论**，虽然关于它的表达和论证各有不同，但核心观念都是：只存在一种东西，也就是**物质**，亦即物理学、化学和生理学的物质性的东西，而心智从某种角度来说不过是一个物质现

---

* 少数勇敢的家伙（他们肯定不能反对我们这样给他们归类）坚决反潮流：阿瑟·凯斯特勒（Arthur Koestler）以挑衅的标题为名的著作《机器中的幽灵》（*The Ghost in the Machine*, 1967）以及波珀（Popper）和埃克尔斯（Eccles）的著作《自我及其脑》（*The Self and Its Brain*, 1977），无疑由十分杰出的作者写成；另外两本捍卫二元论的著作，泽诺·万德勒（Zeno Vendler）的《思维之物》（*Res Cogitans*, 1972）和《心智的物质》（*The Matter of Minds*, 1984），离经叛道而又充满离奇洞见。

象。简言之，心智就是大脑。按照唯物论者的观点，利用物理原理、规律和自然状态下的物质，我们就可以解释放射性、大陆漂移、光合作用、繁殖、营养和生长；利用同样的东西，（原则上！）我们也能说明每个心智现象。本书的一个主要责任就是解释意识，同时不为二元论的迷人歌唱所动。那么，二元论错在哪里呢？为什么它失宠了呢？

反驳二元论的标准意见，17世纪的笛卡儿本人是再熟悉不过了；公正地说，不论是他还是后来的二元论者，都不曾令人信服地战胜过这些反对意见。如果说心智和躯体是不同的东西或实体，那么，它们仍然必须相互作用；躯体的感官必须通过大脑**通知**心智，必须把知觉、观念或某种类型的资料发送给或显示给心智；然后，心智在经过仔细考虑之后，必须**指挥**躯体以恰当的方式行动（说话也包括在内）。因此，这种观点常被称为笛卡儿相互作用论或相互作用的二元论。按照笛卡儿的表述，心智与躯体相互作用的位置是大脑中的松果体或称**脑上腺**（epiphysis）。在笛卡儿自己所绘的图中，松果体是头部中间那个放大的有尖角的椭圆体（见图2.1）。

只需把笛卡儿理论其他部分的要点也加入他的示意图（图2.2），我们就可以清楚地指出相互作用论的问题所在。

只有在大脑以某种方式把它的信息传输到心智之后，对箭头的有意识知觉才会产生；只有在心智对躯体下了命令之后，人的指头才会指向箭头。信息到底是怎样从松果体传输到心智的呢？由于我们（还）一点儿都不了解心智素材有什么性质，我们甚至（还）无法猜测，它怎么会受到以某种方式来自大脑的物理过程的影响，所以让我们暂时忽略这些上行信号，集中考察返回信号，也就是从心智到大脑的指令。按照假说，这些信号不是物理信号；它们不是光波、声波、宇宙射线、亚原子粒子流。这些信号与任何物理能量或质量都没有联系。

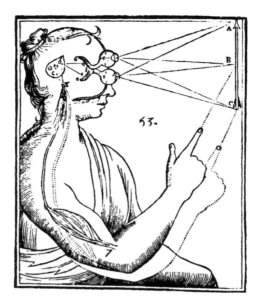

图 2.1

图 2.2

那么，如果心智要对身体有任何影响，上述信号如何可以发挥作用，以影响大脑细胞中所发生的事情呢？它们必须影响这些细胞才能发挥作用。物理学的基本原则是，任何物理实体轨迹上的任何改变，都是一种加速，而加速需要消耗能量，但这个能量又从何而来？正是能量守恒定律说明了为什么"永动机"在物理上是不可能的，而二元论明显违背了这个原则。自笛卡儿时代以来，关于标准物理学与二元论之间的这种对抗的讨论就从未停止过，而现在它也被广泛地视作二元论的一个不可回避的致命缺陷。

正如有人所预料的那样，确实有人基于仔细钻研相关物理学知识，巧妙地避免技术上的难题，在此方面进行探索和阐发，却没有吸引多少人改信归宗。在这里，二元论的窘境其实比我们引用相关物理学规律所指出的困难要简单一些。二元论这种不合逻辑的特性连小孩子都会注意到，他们在友好的幽灵"鬼马小精灵"（Casper）遭遇的那种情况（见图2.3）中就会发现这一点，不过在孩子们的幻想中，他们会乐于容忍这种无逻辑性。"鬼马小精灵"如何能够**既**穿过墙壁，**又**抓住正在下落的毛巾呢？心智素材如何能够**既**逃过所有的物理测量，**又**控制躯体呢？机器中的幽灵在我们的理论中是没有作用的，除非它是一个可以让物体动来动去的幽灵，就像一个搞恶作剧的吵闹鬼，可以打翻一盏灯或摔上一扇门，但任何可以移动一个物理实体的东西，本身也是一个物理实体（不过可能是一种奇怪的并且也从未得到研究的物理实体）。

那么，是否可以得出这样的结论：心智素材实际上是一种特别的物质？在维多利亚时代的降神会上，介质通常产自稀薄的空气，当时的人把后者称为"通灵物"，这是一种奇怪的黏胶物质，据说它就是精神世界的基础材料，但人们也可以把它捕获在玻璃瓶中，它可以泄漏、变湿、反射光线，就像日常的物质一样。这些欺人的观念陷阱不

图 2.3

应该阻碍我们冷静地追问：心智素材可否既是在构成大脑的原子和分子之上的、之外的东西，又是一种可以用科学来研究的物质？一般来说，一个理论的本体论，就是这个理论认为确实存在的事物及其种类的清单。过去，物理科学的本体论包括"热质"（构成热的东西）和"以太"（弥漫整个空间、作为光的振动媒介的东西，就像空气和水是声音振动的媒介一样）。现在，人们不再认真对待这些东西，而同时，中微子、反物质与黑洞则被纳入标准的科学本体论之中。也许有人会想，我们需要从根本上扩充物理科学的本体论，以便解释意识这个现象。

物理学家、数学家罗杰·彭罗斯在《皇帝新脑》（*The Emperor's New Mind*, 1989）一书中，就真的提出了这样一场物理学革命。虽然我本人并不认为他已经成功地证明了这是一场革命[*]，但重要的是要注意到，他很小心，不让自己掉进二元论的圈套。这里的区别在哪里？彭罗斯清楚地说明，他意在通过他所倡导的这场革命，让有意识的心智更容易（而非更难）为科学所研究。一些公开承认自己观点的二元论者，十分坦率和满意地宣称，他们没有任何关于心智如何运作的理论；他们坚称，心智完全在人的认识范围之外。[†]这绝非偶然。其中潜藏着以下感觉：心智素材保证会**如此**神秘，以至于永远把科学排斥在外，这才是它最具魅力的特征。

在我看来，二元论这种根本反科学的立场，是它最负面的特征，因此，在本书中我要采用一个明显独断的规则：**不惜一切代价**，避免二元论。这不是说，我认为我能给出一个压倒性的证据，证明一切形式的二元论都大错特错或者不能自圆其说，而只是说，由于二元论沉沦于神秘，所以**接受二元论就是认输**（如在图 2.4 中）。

对此，人们普遍达成了共识，但这种广泛存在的共识很肤浅，不过是用纸把唯物论墙壁上几个麻烦的裂缝糊了起来。科学家和哲学家本可以在赞成唯物论方面达成某种一致，但正如我们将会看到的，消除古老二元论的工作比当代唯物论者所设想的要困难。为传统二元论的图景找到合适的替代理论，这需要对我们习惯的思考方式做出相当惊人的调整，这些调整一开始无论对科学家还是对普通人来说都是反直觉的。

---

* 参见我对《皇帝新脑》这本书的评论，"Murmurs in the Cathedral"（Dennett, 1989c）。

† 埃克尔斯提出，非物理的心智由数以百万计的"心智粒子"组成，它们通过数以百万计的皮质"凸起"（锥体细胞束）相互作用；每个心智粒子大体对应着笛卡儿或休谟所称的观念，如红的观念、圆的观念或热的观念。但是，除了这个最小的分解结果以外，埃克尔斯完全没有提到这种非物理心智的各个部分、各种活动、各项行为的原则，或是其他特征。

"我觉得你应该在第二步这里更加明确一点。"

图 2.4

　　我的理论似乎一开始就与日常智慧相冲突，我并不认为这是什么不祥之兆。相反，我们不应该期待，一个好的意识理论可以让人读起来很舒服，可以直接让人感叹"完全赞同"，可以让我们激动得大叫，也许还会让人暗中带着几分骄傲："当然！我一直知道这个！它是很明显的，只要有人指出它来！"如果真有这样的理论，我们应该早就已经碰上它了。既然心智的神秘之处困扰人们如此之久，我们在这方面取得的进展如此之少，那么更有可能的情况是，我们往往一致认为相当明显的一些东西，其实并不是那么明显的。我将马上引入我的候选理论。

如今的一些大脑研究者（也许是这些人中沉默的大多数）还在继续妄言，在他们看来，大脑就像肾或胰脏一样，只是另一个器官，应该只用物理科学和生物科学最可靠的术语来描述与解释。他们从来没有想过在专业研究过程中提到心智或任何"精神的"东西。对在理论上更大胆的其他研究者而言，则有一个新的研究对象：心／脑（mind/brain, Churchland, 1986）。这个新的研究对象很好地表达了在这些研究者中流行的唯物论思想，他们乐于对世界和自己承认，大脑之所以特别让人着迷，也特别令人困惑，是因为大脑以这种或那种方式就是心智。但即便是在这些研究者当中，也不大有人愿意面对大问题，而只想延后考虑关于意识本质的那些令人困扰的问题。

虽然这种态度完全合乎情理，适度地肯定了"逐个击破"式研究策略的价值，但它也有负面的效果，即歪曲了在我们称为**认知科学**的学科里所出现的一些新概念。几乎所有的认知科学研究者，不管他们认为自己是神经科学家、心理学家，还是人工智能研究者，往往都延后考虑有关意识的问题，将他们的注意力限定在心／脑的"外围"或"从属"系统上，这些系统被认为在为某个含糊想象的"中心"输入信号，并服务于这个中心，"有意识的思想"和"经验"正好发生在这个中心。这样，留给"中心"去做的心智工作就太多了，而这就导致理论家们低估了大脑相对外围的系统所必须完成的"理解量"（Dennett, 1984b）。

例如，理论家们往往认为，知觉系统为某个中心思考区提供"输入"，这个中心思考区又把"控制"和"指令"提供给支配躯体运动的相对外围的系统。他们也认为，各种相对次要的记忆系统持有的材料，可以被这个中心思考区利用。有观点认为"长期记忆"和"推理"（或"计划"）这些假定的子系统之间存在着重要的理论划分，但这个观点恰恰是"逐个击破"式研究策略的人为结果，而不是在自然中发现的东西。正如我们很快就会看到的，只去注意心／脑的特定子系统的做法，常常会导致某种理论上的短视，以至于理论家们无法看出，他们的模型其实还是在预设，在心／脑的这个晦暗"中心"巧妙隐藏起来的某个地方，存在着一个笛卡儿剧场，"所有东西都在那里汇集"，意识也在那里产生。看起来这也许是一个好观点，一个无从避免的观点，但在我们比较详细地看出为什么其实它不是一个好观点之前，笛卡儿剧场还会继续吸引那群被幻觉迷惑的理论家。

5．挑战

在前一节中我曾指出，如果二元论就是我们所能得到的最好结果，我们就无法理解人的意识。有些人确信，我们无论如何都没办法理解意识。如今，在大量科学进展亟待探索的时期，这种失败主义在我看来是可笑的，甚至是可怜的。但我假设，它也许是一个令人伤心的真理。也许意识真的不能得到解释，但在尝试之前，我们又怎么会知道呢？我认为，这个谜题的许多片段——事实上是绝大多数片段——已经得到了很好的理解，只需我的一点儿帮助，它们就能组合到位。那些捍卫心智而反对科学的人，应该祝我在这次尝试中好运，因为如果他们是对的，我的计划就注定失败，但是，如果在此领域可以做的工作我都做了，那么我的失败就应该能够让人们明白，为什么科学始终棋差一步。他们最后就会拥有反对科学的论据，而我也就为他们干了所有的累活。

我的计划的基础规则是直截了当的：

（1）**不允许有任何奇迹组织**。我将在当代物理科学的框架内，尝试解释人类意识的每个令人困惑的特征；在任何一点上，我都不会诉诸任何无法解释的或未知的力量、实体或有机能力。换言之，我想看看，在标准科学的保守界限之内，可以做成什么，我只把发起唯物论方面的革命作为最后的手段。

（2）**不假装麻木**。据说，行为主义者就假装麻木，他们自称并不具有我们很清楚他们与我们共有的一些经验。如果我想说，意识的某个富有争议的特征是不存在的，我就有义务设法指出这一特征是假象。

（3）**不在经验性的细节上吹毛求疵**。我会试着正确把握我们如今所知的所有科学事实，但是，哪些令人激动的进展可以经受住时间的考验，这个问题还存在大量争议。如果我把自己的视野局限于"已经写入教科书的事实"，我就无法利用某些最有启发意义的新近发现（如果它们货真价实的话）。然而，如果借鉴近期的研究成果，我最后可能仍然会在无意中犯下一些错误。戴维·休伯尔（David Hubel）和托斯坦·维泽尔（Torstein Wiesel）因为在视觉方面有所"发现"而荣膺 1981 年的诺贝尔奖，而这些"发现"正遭受质疑；埃德温·兰德（Edwin Land）著名的"视网膜皮层"色觉理论，虽然 20 多年以来一直被多数心智哲学家和其他非专业人士视为确凿无疑的事实，但如今在视觉科学家中却没有得到多大认可。*

---

* 关于兰德的理论，有一项引人入胜的评论，可参见哲学家 C.L. 哈丁（C.L. Hardin）《哲学家眼中的颜色》（*Color for Philosophers: Unweaving the Rainbow*, 1988）一书中的一个附录。

因此，作为一个哲学家，我关心的是建立**可能性**（和反驳认为其不可能的主张），我将满足于勾画理论的草图，而不是给出成熟的、经过经验证实的理论。一个关于大脑**可能**如何运作的理论草图或模型，可以把复杂的情况转变为研究计划：如果这个模型不起作用，那么其他更加现实的类似模型会成功吗？（第 1 章解释幻觉产生的理论模型就是这样一个例子。）这样的模型显然容易直接受经验反证，但如果你想说，我的模型不是关于一个现象的**可能**解释，你就必须指出，**它肯定**漏掉了什么或**不能**做到什么；如果你只是说，我的模型在许多细节上是不对的，那么我会承认。例如，笛卡儿式的二元论之所以是错误的，不是因为笛卡儿选择松果体而没有选择比如说丘脑或杏仁核作为躯体与心智相互作用的场所，而是因为心／脑拥有一个交互作用的场所这种**观点本身**就是错的。当然，随着科学的进展，什么可以当作吹毛求疵，这也会发生改变，而且不同的理论家有不同的标准。我将宁可失之简单，也要提高与传统心智哲学的对比程度，而且还要为经验主义批评家提供可以攻击的更为清楚的靶子。

在本章中，我们已经遇到意识之谜的一些基本特征。意识的神秘性是意识的关键特征之一——甚至可能是意识离不开的特征，没有这一特征它就不复存在了。由于这一可能性被模糊却广泛地接受下来了，谨慎的人往往会接受那些甚至无意解释意识的学说，因为意识对我们来说实在重要。二元论者认为，大脑不可能是一个思考的东西，所以一个思考的东西也就不可能是大脑，这种观点十分诱人，其中的理由各式各样，但我们必须抵挡住诱惑；"接受"二元论，其实只是接受失败而不愿承认。接受唯物论，这本身不能消解有关意识的难题，这些难题也不会由来自脑科学的任何直截了当的推理来解决。通过某种方式，大脑必定就是心智，但是，除非我们能够较为详细地看出这如何是可能的，否则我们的唯物论就还是不能解释意识，而只不过许诺在某个美好的日子到来的时候，它会解释意识而已。我已经提出，这个许诺是无法兑现的，除非我们学会如何抛弃更多笛卡儿的遗产。同时，不管我们的唯物论理论可以解释其他什么，如果我们忽视了自己"从内心"非常真切地知道的有关经验的事实，这些理论就**无法解释意识**。在下一章中，我会列出这些事实的一个初步清单。

第 3 章

访问现象学公园

1. 欢迎来到现象学公园

假设有一个疯子，他说不存在动物这种东西。我们决定让他看到自己的错误，于是把他带到动物园，对他说："看！如果那些东西不是动物，那它们是什么？"我们不指望这样就可以治愈他，但至少我们会感到满意，因为我们自己弄清楚了他说的话是多么荒唐。但是，假设他这样回答："哦，我当然知道这里有这些东西——狮子、鸵鸟和蟒蛇，但你为什么觉得，这些被叫作动物的东西是**动物**呢？其实，它们都只是些披着毛皮的**机器**——哦，当然，其中有一些披着羽毛或鳞片。"这也许仍然很疯狂，但这种疯狂是不同的，也比较容易辩护。关于动物的终极本质，这个疯子刚好具有一种革命性的观念。*

---

* 事实上，笛卡儿就持有这种动物观。他认为，动物其实只是精细复杂的机器。人的躯体，甚至人的大脑，也都只是机器。唯有我们非机械性的、非物理性的心智才让人类（也只有人类）有智能、有意识。这在当时的确是一个精妙的观点，其中的大部分内容在今天仍然可以得到动物学家很好的辩护，但它对笛卡儿同时代的人来说太富有革命性了，这些人肆意歪曲这种观点，极尽嘲讽之能事。几个世纪以后，仍然有一些人在大肆宣扬这些对笛卡儿的诽谤，他们觉得，意识的机械论描述的前景是不可想象的，或至少是不能容忍的。（一项对此令人大开眼界的描述，可参见 Leiber, 1988。）

动物学家是动物终极本质研究方面的专家，动物学公园——简言之，动物园——服务于一个有用的教育目标：让普通人了解动物学家的专业知识。如果动物学家发现这个疯子是对的（在某种意义上），他们在试图解释自己的发现时，就会为动物园找到一个好用场。他们可以说："现在看来，大家所知道的动物，也就是我们在这个动物园都看过的那些熟悉的东西，并非我们过去所以为的东西。它们其实很不同，我们实际上不应该把它们叫作动物。所以，实际上**并不存在**通常意义上所说的那些动物。"

哲学家和心理学家常常把**现象学**这个术语用作一个总括性术语，它涵盖了一切居住在我们有意识经验中的东西——你也许会说这些东西是动物和植物，但它们还可以是思想、气味、痒、痛、想象的紫色母牛、预感，以及所有其他的东西。这一用法有几个稍有不同的来源值得留意。18 世纪，康德区分了"现象"（phenomena）和"本体"（noumena），前者是显现的事物，后者是自在的东西。在自然科学迅速发展的 19 世纪，**现象学**一词开始是指对（中性的或前理论性的）主体事物进行的纯描述性的研究。例如，威廉·吉尔伯特（William Gilbert）在 16 世纪就开始对磁现象进行研究，但是，要等到 19 世纪人们发现磁与电之间的关系，以及法拉第、麦克斯韦和其他人完成它们的理论工作之后，该现象才能得到解释。20 世纪早期，围绕着胡塞尔的工作，一种叫作**现象学**（Phenomenology，第一个字母大写）的哲学学派或哲学运动产生了，它指出在精确观察与理论解释之间存在分离。现象学的目标是，以一种特殊的内省技术为基础，为所有哲学（事实上也为所有科学）找到一个全新的基地，在此内省中，外部世界以及它的所有内涵和预设，都应该在一种被称为悬置（epoché）的特殊心智行动中"放入括号"。最终的结果则是心智的一种考察状态，在此状态下，现象学家会逐渐熟知有意识经验的纯粹对象，即**意向对**

象，这些对象没有被理论和实践的常见歪曲与修正玷污。还存在着像艺术中的印象主义运动，冯特、铁钦纳以及其他人的内省主义心理学这样的尝试，它们同样要剥去诠释，让意识的基本事实暴露在严格的观察之下。与这些努力一样，现象学并没有找到任何人都能同意的、唯一的固定方法。

因此，虽然存在动物学家，但实际上并不存在现象学家——研究在意识流中流动的事物之本性的无可争议的专家。但是，我们可以遵照近来的做法，把现象学这一术语，用作我们必须解释的意识经验中的各项内容的通名。

我曾发表过一篇题为《论现象学的缺席》（1979）的文章，该文尝试为第二种疯狂做辩护：构成意识的东西与人们的想象如此不同，以至于它们实在不应再使用过去的名称。但是，这种提法在某些人看来难以接受（"我们怎么可能在有关我们内在生活的方面出错呢！"），这些人往往觉得，这只是反映第一种疯狂的一个例子，所以对之不屑一顾（"丹尼特认为，不存在任何痛苦、芳香和白日梦！"）。这当然是一种歪曲，但它很有诱惑力。我的麻烦在于，我还没有一个唾手可得的现象学公园（简单来说就是现象公园），可以用在我的解释之中。我想说："事实上，在意识流中流动的事物，也就是大家都知道的——痛苦、芳香、白日梦和心智图像，以及突然的愤怒与欲望，这些都是现象公园的标准居民，它们跟我们从前所认为的不同。实际上，它们是很不同的，以至于我们必须找到一些新词来称呼它们。"

那么，让我们简单地逛逛这座现象学公园，以确认我们知道我们正在讨论的是什么（即使我们还不知道这些东西的终极本质）。这趟旅程只是我特意给出的一次浅层的引导之旅，目的在于指点且说出少数富含信息的词语，并提出若干问题，然后在本书余下的部分，我们再着手进行严肃的理论建构。由于我马上就会对日常思维发起根本性的挑战，所以我不想有人以为，我完全忽略了**他人心智中所有奇妙的东西**。

我们的现象分为三个部分：（1）**对"外部"世界的经验**，比如景象、声音、气味、光滑与粗糙的感觉、冷热的感觉，以及肢体位置的感觉；（2）**对纯"内在"世界的经验**，如幻想的形象，白日做梦与自言自语时的内部景象和声音，回忆，聪明的想法，还有突然的预感；（3）**对情绪（emotion）与"感受"（affect）的经验**（感受是心理学家喜欢用的一个怪词），包括身体方面的疼痛、痒、饥渴"感"，怒、喜、恨、窘、欲、惊等介于身体与心理之间的情绪风暴，还有骄傲、焦虑、悔恨、嘲讽、悲伤、敬畏和冷静等与身体关系最小的感受。

我并没有说，我自己就主张这种外部、内部和感受的三分法。就像动物园把蝙蝠与鸟放在一起、把海豚与鱼放在一起，上文这种分类法，更多要归之于表面的相似和可疑的传统，而不是各种现象之间的任何深层亲缘关系。但是，我们必须从某个地方开始；任何给我们指明方向的分类法，都有助于防止我们完全忽略种类（species）。

2．我们对外部世界的经验

让我们先谈谈最粗糙的外部感觉：味觉和嗅觉。大多数人都知道，我们的味蕾其实只对甜、酸、咸和苦有感觉，在很大程度上，我们"用鼻子辨味"，这就是我们感冒后食物就没有滋味的原因。鼻腔的上皮细胞掌管嗅觉，视网膜的上皮细胞掌管视觉。上皮细胞彼此之间很不相同，不同的上皮细胞对不同类型的空气传播分子的敏感程度不同。分子的**形状**最重要。分子飘进鼻孔，就像许多微小的钥匙一样，打开了上皮中的特定感觉细胞。分子往往可以在惊人的十亿分之几的低浓度中被轻易地检测到。其他动物的嗅觉比我们人类的嗅觉强得多，它们不仅可以在痕迹更微弱的条件下分辨更多的气味（大警犬就是一个我们熟悉的例子），而且对气味的时空解析能力也比我们的强。我们也许可以感觉到房间里低浓度甲醛分子的存在，但就算我们能做到这一点，我们也不能嗅出这些甲醛分子是在一条线状轨迹上，还是位于一个飘着某些可以闻到的个别特定分子的区域里；换句话说，整间屋子或至少屋子的某个角落里，似乎完全弥漫着这种气味。这种情况没有任何神秘之处：可以说，分子任意地逛进我们的鼻孔，它们到达上皮的特定位置，却没有提供多少信息来说明它们来自这个世界的哪个地方。就此而言，气味分子与光子不同，光子沿视觉上的直线流动，通过虹膜上的小孔，到达视网膜上的一个位置，这个位置从几何结构上映射一个外部的光源或光源路径。如果我们视觉的解析度像嗅觉的一样贫乏，那么，即便一只鸟从头顶飞过，我们也会觉得，一时间天空中**到处都是鸟**。[有些物种的视觉真有这么贫乏，也就是说，它们的视觉解析度与分辨力与此相差无几，但动物看东西的视觉如此贫乏会是什么样子（如果真有这回事），这是另外一回事，我们将在后面某一章中讨论。]

我们的味觉与嗅觉从现象学的角度结合在一起，我们的触觉与肌肉运动知觉，即对我们的肢体和身体其他部分的位置与运动的感觉，也是如此。我们"感觉"事物的方式很多，可以触摸、抓握和推挤，由此所产生的有意识的感觉，虽然于朴素的反省而言，似乎只是在直截了当地"翻译"皮下触觉感受器所受的刺激，但它们同样产生于一个复杂精细的过程，该过程整合了各个来源的信息。试试蒙上你的眼睛，手里拿根棍子（钢笔或铅笔也行）。用棍子触碰你周围的各种东西，留意你能否毫不费力地分辨出它们的质地，就像你的神经系统有传感器分布在棍子的末端一样。你得费特别大的劲儿——而且一般效果不佳——才能体会到你的指尖对棍子有着怎样的感觉，体会到在棍子与不同表面相接触时的颤动和阻力。棍子与皮下触觉感受器的交互作用（在多数情况下会得到几乎听不到的声音的帮助），可以提供一些信息，你的大脑会把这些信息整合为一种有意识的识别活动，识别出纸张、卡片、毛织品或玻璃的质地，但这些复杂的整合过程对意识来说绝不是透明的。也就是说，我们不会也无法注意到，"我们"是如何做到这一点的。举个比较间接的例子：想想在拐弯时，你如何能感觉到，车轮之下的公路油污位置比较滑。接触的现象学焦点就在橡胶轮胎与路面接触的地方，它不在你受神经支配的身体上，不在你这个在汽车座位上坐着的、穿着衣服的身体上，也不在你戴着手套握着方向盘的手上。

现在，还是蒙着眼，但丢下棍子，让人递给你一件瓷器、一件塑料制品，或几块经过细致打磨的木器和金属。它们确实极为光滑，你却不难分辨出它们不同的光滑程度，这可不是因为你的指尖有专门的瓷器触觉感受器或塑料触觉感受器。材质导热性能方面的差异才是最重要的因素，而这并不是它的本质属性：你自己也许都会惊讶，有时只用棍子去"感觉"它们，你也可以相当容易地区分这些不同物质的表面。你能成功办到这一点必定取决于你感觉到的棍子颤动，或者在敲击或刮擦物体时你听到的难以描述却可探测到的差别。但是，你的一些神经末梢**看起来就像**在棍子上，因为你在棍子的末梢**感觉**到了不同表面的差异。

接下来，我们考虑听觉。听的现象学包括我们所能听到的各种声音：音乐、说话声、砰砰声、口哨声、警报声、鸟叫声、嘀嗒声。思考听觉的理论家常常忍不住"奏响头脑里的小乐队"。这是一种错误的看法；为了确保我们可以识别并且避免这种错误，我要借助一个寓言来生动地说明它。

从前，大约在19世纪中叶，一个胡思乱想的发明家与一位意志坚定的哲学家进行了一场论战。这位发明家宣布，他的目标是设计一个装置，这个装置可以高保真地自动"记录"和"重放"管弦乐队和合唱团所表演的贝多芬第九交响曲。这个哲学家则说："胡说八道。那根本就不可能。我很容易就能设想出一个机械装置，它按顺序记录钢琴键的弹奏，然后又让这一顺序在钢琴上重现出来，例如，用一卷打孔纸也许就能做到这一点。但想想吧，在表演贝多芬第九交响曲时的声音与演奏模式，各式各样、变化多端！音域与音质各不相同的人声就有上百种，弦乐器、铜管、木管和打击乐器也有好几十种。一个设备如果能够同时重奏如此多样的声音，它一定会是一个笨重的怪物，最大的教堂管风琴在它面前也会相形见绌。如果它真能如你所提出的那样进行'高保真'表演，那么，它无疑就必须真的把一队人类奴隶合成一体，去操纵各个声音元件；要做到你所说的，去'记录'某次表演的所有细微动作，就必须有成百上千份分乐谱，每个音乐家一份，同时还要有数千甚至数百万个乐谱注释。"

奇怪的是，这位哲学家的论点居然在今天还有说服力；我们这个时代的一个惊人事实是，所有这些声音其实都可以通过一种傅里叶变换（Fourier transform）得到忠实的传达，这样就得到一条波形线，这条线可以刻入一个演奏时间很长的磁盘，或利用磁性复制到磁带上，或利用光学效果复制到胶片的声道上。更加令人吃惊的是，就那么一个锥形纸盒，通过单波形线驱动电磁铁带来前后振动，就能发出喇叭吹响、班卓琴拨动、人们说话以及完好的酒瓶在人行道上被摔碎的声音。哲学家想象不出任何具有如此能力的东西，于是错将自己想象力的失败，当作自己在必然性方面的洞见。

傅里叶变换的"魔力"为人们的思考打开了许多新的可能空间，但我们应该指出，它本身并没有消除那个困扰哲学家的问题，而只是推迟了问题。因为，虽然我们这些老油条可以嘲笑说，哲学家未能理解，刺激耳朵的空气的压缩与稀释模式可以怎样得到记录和复制，但是，只要我们想想下一个问题，这种自鸣得意的笑容马上就会从我们的脸上消失：一旦耳朵正确地接收了信号，信号会怎样？

从耳朵出发的、一组经过编码的调制信号序列（这些序列现在经过某种分析，被分解为若干平行的流，这让人不安地想起那个哲学家所说的成百上千份分乐谱）会向内前进，到达大脑黑暗的中心。这些信号序列既不是**听到的声音**，也不是磁盘上的波形线；它们是电化学脉冲序列，沿着神经元的轴突上行流动。在大脑里，难道就一定没有某个更靠近中心的地方，这些信号序列在这里控制着那台功能强大的心智剧场管风琴的演奏？这些无声的信号究竟是在什么时候最终被**翻译**成主体听到的声音的？

我们不想在大脑中找出像吉他弦一样振动的地方，就像我们不想在大脑里找到在我们想象一头紫色母牛时会变成紫色的地方一样。这些做法显然没有前途，赖尔（Ryle, 1949）将其称为范畴错误。但是，我们**要**在大脑里发现什么东西，才能使我们确认在此已经抵达听觉经验过程的终点了呢？*大脑里各个事件的物理特性的复合，如何就等于——甚至刚好就说明了——我们听到的各种声音的奇妙特性呢？

---

* 对一些人来说，这个修辞性问题就暗示了一个响亮的回答：什么也发现不了！例如，麦金（McGinn, 1989）就曾讨论过一些候选理论，以支持他的失败主义的回答，但他的这个回答，却有意忽视了我们将在后文章节中要展示的那些可能性。

乍一看，这些特性似乎不可分析，或用现象学家喜欢的一个形容词来说，**不可言传**（ineffable）。但是，在这些貌似不可再分的、同质的特性中，至少会有一些特性，在接受某种操作之后，可以转变成复合的和可描述的特性。拿起一把吉他，拨动低音 E 空弦（不要压在任何品柱上）。仔细听。这个声音有可以描述的组成部分吗？它有浑然一体、不可言传的吉他声吗？很多人会选择后一种方式来描述他们的现象学。现在再次拨动空弦，然后小心地把一个指头轻轻按在八度音品柱上，形成一个高音"和声"。你会突然听见一个新的声音：它可能"更纯"，当然也高了一个八度。有些人坚持认为，这是一个全新的声音，而另一些人则以别的方式来描述这种经验，他们说，"这个音符已经没有低音"——只有高音留下来了。然后第三次拨动空弦。这次你可以听到在第二次拨动中分离出来的和谐泛音，而且声音惊人地清晰。第一次拨动时听到的同质和不可言传的状态消失了，取而代之的是一种二元状态，就像任何和声一样，这个状态是直接可以理解的，也是可以清楚言传的。

这种经验方面的差异确实显著，但在第三次拨弦时你才能把握到这种复杂状态一直**存在于那里**（得到回应或区分）。已有研究表明，只有通过泛音的复杂模式，你才能分辨出声音是吉他发出的，而不是琵琶或大键琴的。这样的研究也许有助于我们**说明**各种听觉经验的不同性质，为此只需要分析信息成分和整合这些信息成分的过程，这样我们也许就能预测，甚至能以合成的方式唤起特定的听觉经验，但是，这类研究似乎仍然没有触及一个问题：这些特性**相当于什么**？为什么吉他发出的和谐泛音模式，听起来**是这样的**，而琵琶引起的模式，听起来又**是那样的**？即使我们指明，在起初不可言传的性质中，至少会有一些终究还是可以进行一定数量的分析和描述，我们也只是弱化了这个遗留的问题，而仍然没有解答它。*

有关听觉感知过程的研究表明，有一些专门机制，可以解码不同类型的声音，这些机制有点儿像那位哲学家所幻想的回放机器的组件。特别是说话的声音似乎就是由这样的机制来处理的，工程师会把它们称为专用机制（dedicated mechanism）。说话的知觉现象学表明，大脑中出现的输入的全盘重构活动，就像一个录音工程师的录音棚，不同的声道记录在此混合、增强并做出各种调整，以产生立体声"母版"，后续的不同介质的声音记录就是由此母版拷贝而来的。

例如，在听人用我们的母语讲话时，我们是把这些话听成一个不同词语的序列，这些词语之间有少数短暂的沉默空白。这就是说，我们对词语之间的分界有清晰的感觉，而这些分界不可能由色边或色线构成，似乎也不以嘀嗒声为标志，那么，这些分界除了是各种不同时长的沉默空白——就像莫尔斯电码里隔开字母与单词的空白一样——还能是什么？如果实验者以不同的方式要被试注意并评估单词之间的空白，被试做起来并不困难。空白看来是存在的。但是，如果我们看

---

* 比中央 C 低的 A 音，为什么与比中央 C 高的 A 音（高一个八度）**发音相似**？什么让它们都是 A 音？它们共有的不可言传的 A 调性是什么？如果任意两个音相距一个八度（这样我们听起来就是"同类，但又不同"），其中一个音的基频，就正好是另一个音的两倍。比中央 C 低的标准 A 音，每秒振动 220 次；而高一个八度的 A 音（协音 A），每秒振动 440 次。在一起发音时，相差一个或几个八度的音符就是协调的。这样是否就解释了这个不可言传的亲缘状态的神秘之处呢？"**丝毫没有**。为什么以那种方式协调的音符会以**这种**方式发音？"哦，不协调音就不以**这种**方式发音，但它们会以别的方式发音（比如不同的音质），并按照它们所产生的振动频率之间的关系，会有不同的解释。一旦我们描述了音符听起来相似和不同的种种方式，并根据它们的物理性质及它们在我们听觉系统中产生的不同效果来排列，我们甚至就可以较为准确地预言，一个新的音符（比如电子合成器产生的音符）听起来是什么样的。如果所有这些还不能解释音符间不可言传的亲缘关系，那么还有什么需要解释的呢？在第 12 章，我会稍微详细地讨论这个流行话题。

看输入信号的声音能量轮廓图，就会看到最低能量区（与沉默最为接近的时刻）根本就不能与单词的边界完全相符。分割说话声的活动，就是一个把边界加到声音上的过程，这些加上去的边界基于语言的语法结构，而不是声波的物理结构（Liberman and Studdert-Kennedy, 1977）。这就有助于解释，为什么在听别人用外语说话时，我们听到的是一串混乱的、没有分隔的声音激流：大脑"录音棚"的专用机制缺乏必要的语法框架来对语句进行正确的分隔，所以它们最多只能做到传递某种形式的输入信号，而这些信号大都未经修整。

当我们感知语言时，我们注意的不只是单词及其语法类型。（如果这是我们注意的所有东西，那么我们就无法分辨自己是在听还是在读。）单词可以得到清楚的划界、清楚的次序安排和清楚的意义确认，同时又都包裹在感性的外衣之下。例如，我刚听到我的朋友尼克·汉弗莱清晰的英格兰腔，他的声音气势略显逼人，但没有嘲笑之意。我仿佛**听到**他的笑声，而这在我的经验中包含的感觉是，那个发笑的人就在话语的背后，就如乌云之后的太阳，随时等着蹦出来。我们觉察到的这些性质，不只是语调升降，还包括粗声粗气、喘息、口齿不清，更不用说嘟囔的牢骚、害怕的抖音和沮丧的平音了。而且，就如我们在吉他的例子中所看到的，那些初看起来完全不可再分的、同质的性质，常常还是可以分析的，只要做少量的实验和分离就可以。我们能毫不费力地辨认问句的发问声音，辨认英式疑问句与美式疑问句的差别，但是，我们必须先做一些主题与变奏方面的实验，才能自信或确切地描述，产生那些不同的听觉味道（flavors）的语调声线到底存在什么差别。

在这里，"味道"似乎确实是一个正确的比喻，这无疑是因为，我们分析味道的能力太过有限。有许多常见但仍然令人吃惊的例证说明，我们是用鼻子来辨味的，这就表明，我们的味觉能力与嗅觉能力非常粗糙，我们甚至很难确定自己获得信息的途径。这种不知不觉的状态并不限于味觉与嗅觉；我们听到低频的声音，比如教堂管风琴所奏出的最低音，这种听觉发生的原因，主要是躯体对振动的感觉，而不是耳朵里的振动。我们惊讶地了解到，我们之所以能**听到**"比我能唱出来的最低的 F# 正好低两个八度的 F# 音阶"，实际上借助的是我的凭空摸索*而不是我的耳朵。

最后，让我们简要考察一下视觉。在眼睛睁开的时候，我们会有一个宽阔的场域感觉——通常被称为现象场域或视野，各种事物就在其中出现，它们有颜色，离我们有着不同的纵深或横向距离，或动或静。我们天真地以为，所有经验到的特征都是外在事物的客观性质，我们"直接地"观察到了它们。但是，甚至在孩提时代，我们就能很快地辨别出介于主观与客观之间的一些东西：眼花、闪烁、微光、模糊的边沿。我们知道，这些东西是对象、光线和我们的视觉器官以一定方式相互作用的结果。我们仍然认为这些东西是"在那里的"，而不是在我们身上的，但也有少数例外情况：直视太阳或在眼睛已习惯黑暗后突然看到亮光时我们会感到刺痛，或在眩晕时我们眼里的现象场域会令人恶心地旋转。这些情况似乎最好被描述为"眼睛里的感觉"，它们更像是在揉眼睛时我们能感受到的压力与发痒，而不是我们看到的事物所具有的正常的、在那里存在的性质。

图像也是我们在物理世界中看到的、在那里存在的东西。图像是要被看的东西，这如此明显，以至于我们往往会忘记，它们只是最近才被加到人类的可见环境中的，只有几万年的历史。得益于人类新

---

* "凭空摸索"来自 "the seat of my pants"（我的裤子与座位接触的地方），原指飞行员在天气状况欠佳时借助自己的感觉飞行。在这里，作者同时在使用这个短语的本意。——译者注

近的艺术和巧妙技艺，现在我们身边到处都是图画和表格，包括静态和动态的。这些物理图像本来只是视觉感知过程中的一种原材料，但现在它们已经变成视觉感知"终端产品"的一个几乎不可抗拒的模型——"头脑中的图像"。我们倾向于说："**视觉**的产物当然是头脑（或心智）中的图像。它还能怎样呢？当然不会是一种曲调或一种味道！"在我们继续前进之前，我们会以多种方式来处理这种奇怪但又普遍存在的想象力的混乱状况。但是，我们可以先从这样一个提醒开始：对盲人来说，画廊是一种资源浪费，所以，头脑中的图像也需要头脑中的眼睛去看（且不说采光要好）。假定头脑中有一双心智之眼看头脑里的图像。那么，由这些内在的眼睛所产生的图像，又有谁在看呢？我们如何才能避免图像与看图者的无穷倒退？只有发现某个看图者，他的知觉能够避免产生又一幅需要看图者的图像，我们才能打破这种倒退。也许，打破这个倒退的地方，就正好是最开始的第一步？

幸运的是，有一些独立的理由能够说明，为什么我们可以怀疑这种图像在头脑中的观点。如果视觉包含一些在头脑里的图像，我们（我们的内在自我）还特别熟悉这些图像，那么，画出这些画是否就容易一些呢？想想吧，画出一幅写实画是多么困难！比如画出瓶里的玫瑰。一枝与原物一样大小的玫瑰在你面前几尺远的地方，我们可以设想它就在你便笺簿的左边（我真希望你仔细地设想这种情况）。那枝真实玫瑰的所有可见细节，对你来说似乎都是生动的、鲜明的，而且还能亲身接近；但是，现在让你把它转为黑白的、二维的玫瑰画，向右调整几度，每个细节都不遗漏，这一看似简单的过程，其实极有挑战性，大多数人马上会放弃，觉得自己根本画不出来。将三维转换成二维对我们来说居然特别困难，这种情况有些令人吃惊，因为初看起来它不过是一次逆转换（把一个写实的二维图像**看成**三维的图像或者物体），做起来应该毫不费力，不知不觉就能完成。其实，正是因为我们在抑制这种逆向诠释时遇到了困难，所以复制一幅简单线条画的过程才成了一项要求很高的任务。

这不只是一个"手眼协调"的问题，因为能够相当灵巧地绣花或毫不费力地灵活组装怀表的人，在勾画线条画方面同样会相当吃力。有人也许会说，这里还有一个眼**脑**协调的问题。那些掌握这门技艺的人知道，这要求有特殊的注意力习惯和一些技巧，比如只要轻微地散去眼睛的焦点，我们就能以某种方式抑制自己**所知**信息的贡献（硬币是圆形的，桌子角是方形的），如此一来，我们才能注意到图像里线条的实际角度（硬币是椭圆形的，桌子角是梯形的）。以下这种做法常常也会有所帮助：架上一个想象的纵横网格或一对十字丝*，可以帮助我们判断所看见的线条的实际角度。学习画画在很大程度上就是学习推翻正常的视觉过程，这样，人在经验这个世界里的东西时，**就更像是在看一幅画**。当然这种经验绝不可能就只是在看一幅画，但是，一旦它向某个方向调整，人们就能通过更进一步的转换技巧，把所经验的东西多多少少地"拷贝"到纸上。

就粗浅的反思来看，视野似乎在细节上是均匀的，并以中心为焦点向边界扩散，但一个简单的实验表明，情况并非如此。取一副扑克牌，将其中一张牌的牌面朝下，这样你就不知道它是哪张牌。把它拿到你视野的左边缘或右边缘，让它正面朝你，小心地保持眼睛直视正前方（找个目标点，一直看着它）。你会发现，你甚至无法分辨，这张牌是红心、黑桃，还是一张人头牌。不过，要注意的是，你可以清楚地察觉到这张牌的任何快速移动过程。你看得见有东西在移动，却无法看见正在移动的东西的形状与颜色。现在，开始把牌移向你的视

---

* 光学仪器目镜焦点上有呈十字形交叉的两根细丝，帮助校准。——译者注

野中心，再次注意别转移你的视线。你在什么时候可以认出牌的颜色？在什么时候可以认出花色和数字？注意，你会先分辨出它是不是一张人头牌，之后你才能分辨出它是 J、Q，还是 K。你可能会吃惊：把牌拿到距你的视野中心如此近的地方，你还是不能认出它来。

我们的周边视觉（peripheral vision，盲点周围两到三度以外的所有视觉）就有这种令人震惊的缺陷，我们通常不了解这一点，这是因为我们的眼睛与电视摄像机不同，并不是静止地瞄准世界，而是做着毫不间断的且大多未被注意的视觉标签游戏，不断标记出视野里可能引起自身兴趣的东西。我们的眼睛或者平稳地追踪，或者**飞快地跳视**，为我们的大脑提供高清晰度的信息，以了解任何暂时占据视网膜中央凹处的东西（眼球中央凹处的分辨力比视网膜周边区域的分辨力约高 10 倍）。

我们的视觉现象学，或者说视觉经验的**内容**，在格式上与任何别的表征模式都不相同，这些内容既不是图片，也不是电影、句子、地图、比例模型和表格。考虑这种情况：当你扫视有成千上万名观众的体育场时，你的经验中会呈现出什么。一个个的人都离你太远，你认不出来，除非有些大尺度的明显特征帮助你来辨认（比如总统——是的，你真的能认出他来，就是他；他就是你正好可以辨认出来的，在红、白、蓝旗帜中央的那个人）。从视觉上，你可以辨别出那黑压压的一片都是人，因为他们以可见的、人类那样的方式在移动。你关于黑压压人群的视觉经验的确有全局性的要素（这群人看起来就像在那里的一堆东西，这就好像，透过窗户所见到的树的某一部分看起来就像榆树，或者一块地板看起来就像布满了灰尘一样），但你并非只是看到一个好像明确标记着"一群东西"的大圆球，你看到的是成千上万个具体的细节：晃动的红帽子和反光的眼镜，许多蓝队服，在风中摇晃的标语旗帜，还有高举的拳头。如果我们试图以"印象派的风格"来描绘出你的经验，那么，即使色块斑斓驳杂，你也不能捕捉到其中的内容；你没有关于色块斑斓驳杂的经验，就如在斜着看一个硬币时，你没有椭圆的经验一样。油画（二维彩色画）也许大致近似来自一个三维场景的视网膜输入，因此它们带给你这样一种印象：这幅画与你看现场时的视觉经验相似。但是，这样的画并不是关于由此造成的印象的描绘，而只是能够引起或激起这种印象的东西。

我们不可能像描绘正义、旋律或幸福那样画出一幅写实主义的视觉现象学的图像。但是，把人的视觉经验说成头脑中的画像，这种做法常常是方便的，甚至是无法抗拒的。这是我们的视觉现象学运转方式的一部分，所以它也是我们在以下几章中必须解释的部分内容。

3．我们对内在世界的经验

我们的内在生活的"原材料"是什么？我们用这些原材料做些什么？这些问题的答案应该不难找到，也许我们只要"留心观察"，然后把结果写下来就行了。

按照英国经验论者洛克、贝克莱和休谟如今依然强大的传统理论可知，感官是心智材料的入口港。这些材料一旦安全进入心灵中，就可以得到处理和无限制的组合，从而形成一个由想象的对象所构成的内在世界。你可以这样想象一头飞起来的紫色母牛：紫色来自你看见的葡萄，翅膀来自你看见的鹰，然后你把这些加到你从母牛那里看到的东西上面。这种看法不可能很正确。进入眼睛的是电磁辐射，**它**并不会因为进入眼睛就变得像各种色调一样，可以用来画出想象的母牛。我们的感觉器官遭到各种形式的物理能量的轰炸，在这些感觉器官中，能量在接触点被"传导"，从而成为神经冲动，然后向内进入大脑。这里没有别的，只有信息由外向内传输，虽然接收信息也许会**激起**一些现象学项目的产生（尽可能中立地说），但信息本身是抽象的，尽管会在某种经过调制的物理中介中获得具体的表达，我们仍然很难相信，它们可以**是**现象学的项目。不过，我们仍然有好的理由去承认英国经验论者的观点：内在世界的确**以某种方式依赖感官来源**。

视觉是一种感觉模态，我们人类思考者几乎总会将这种感觉模态作为我们知觉认识的主要来源，尽管我们实际上很容易借助触觉和听觉来确认眼睛告诉我们的东西。我们已经习惯通过视觉隐喻来看待心智中的一切东西（这句话已经两次屈从于这一习惯），这种习惯是扭曲与混淆的主要来源，我们将会看到关于这一点的证据。视觉几乎完全主导了我们的理智活动，以至于我们很难设想其他的方式。为了达到理解的目的，我们制作了视觉的图表，所以我们能"看见正在发生的事情"，而且如果我们想"看看某事是否可能"，我们就设法"在我们的心中"想象它。一个依赖听觉的盲人思考者，可以在心智耳朵里的音调、叮当声和粗厉叫声的帮助下，理解我们多亏心智"图像"才能理解的每样东西吗？

天生的盲人甚至也使用视觉词汇来描述他们的思想过程，不过现在还不清楚，这在多大程度上是因为他们屈从于从视力正常人那里学来的流行语言；抑或是因为即使他们与视力正常的人在思维过程上存在差异，他们仍然能够了解隐喻确实十分贴切，甚至是因为他们就跟视力正常的人一样，能够以大致相同的方式使用他们大脑里的视觉机制，即使他们缺乏正常的信息入口港。对这些问题的解答将有助于阐明正常人类意识的本性，因为意识的主要设备是视觉设备，这是意识的标志特征之一。

当有人向我们解释一个东西时，我们常常这样宣布新得来的理解——"我看出来了"（I see），而这并非只是一个死掉的隐喻。认知科学的研究者几乎完全忽略了理解的**现象学**的准视觉性质，人工智能的研究者更是这样，他们一直试图创建能够理解语言的计算机系统。为什么他们抛弃了现象学？也许这主要是因为他们深信，无论是实在的现象学还是想象的现象学，都是非功能性的——它是一只转动的轮子，但它并不涉及任何重要的理解机制的环节。

不同听众在对同样的话语做出现象学反应时，差别极大，甚至是**无穷之大**，但同时在理解或信息吸收方面又没有明显的不同。考虑一下，两个人在听到如下句子时可能会引起的心智意象（mental imagery）的变化：

　　　　昨天我叔叔解雇了他的律师。

　　吉姆一开始也许会想到他**昨天**的痛苦经历，同时还有一些一闪而过的念头，比如他与这个**男性长辈**是何种关系（他是父亲或母亲的兄弟，或父母亲的姊妹的丈夫），随后他又想到法院门外的阶梯和一个怒气冲冲的老头。而萨丽也许会略过"昨天"，没有想到任何图像，而把主要注意力放在她叔叔比尔的某种容貌变化方面，同时，她又想到一扇门"砰"的一声关上，想到某个穿着整洁的女人，一个叫作"律师"的女人，悄悄离去，几乎都没有"被人看到"。不管他们的心智意象如何，吉姆和萨丽对这句话可以理解得一样好，我们甚至可以通过后续的一系列解释与回答来证实这一点。而更有理论头脑的研究者将会指出，意象**不可能**是理解的关键，因为你无法画出一幅图，描绘叔叔、昨天、解雇和律师。小丑和消防队员的不同，可以通过视觉特征加以表征，而他们两人想象的叔叔，没有这样的视觉特征；他们两人想象的昨天则完全不像任何具体的东西。因此，理解的完成，不可能是通过把每件东西都转换成通用的心智图画，除非有一些类似附着标签的东西，可以识别所画的对象，但这些标签上写的东西还是一些需要理解的词语，这样我们就又回到了开始的位置。

我**听到**你所说的，这取决于你的言说活动发生在我清醒时，发生在我所能听到的范围之内，这样可以很好地保证我能听到它。我**理解**你所说的，这取决于很多东西，但它似乎与内在现象学的任何可识别元素无关；任何有意识的经验都不能保证我理解了你或误解了你。萨丽想出她的比尔叔叔的样子，这丝毫也不会妨碍她理解是说话者的叔叔而不是她的叔叔解雇了他的律师；她**知道**说话者所指的是什么；她只是顺带想到比尔叔叔的图像，于是有了一点儿混淆的风险，因为她对说话者的理解并不取决于她的心智意象。*

这样我们就不能通过引入伴随现象学（accompanying phenomenology）来说明理解是怎样的，但这并不意味着这里就真的没有现象学。特别是，这并不意味着，一个对现象学只字不提的理解模型将会诉诸我们对理解的日常直觉。人们普遍怀疑自然语言的"机器理解"，这种怀疑的一个主要来源当然就是，这类系统几乎永远不能利用任何像"视觉"工作区这样的东西来分解或分析输入。如果它们这样做了，就会大大增强一种感觉：它们真正理解自己所处理的东西（不管这是否仍然只是一种幻觉，就像有些人所坚持认为的那样）。即使如此，如果一台电脑在响应输入时说，"我看出你的意思来了"，那么人们还是会受到一种强大的诱惑，即把这句话当成明显的假话，不予

---

* 这一主题的经典发展以及对此主题所做的品质各异的后续支持论证，可参见维特根斯坦的《哲学研究》（*Philosophical Investigations*, 1953）。

考虑。

这种诱惑当然很吸引人。例如，很难想象，有人可以不借助心智意象就能理解笑话。两个朋友坐在酒吧小酌，其中一个人转向另一个人说："巴德，你喝高了吧——你的脸都喝模糊了！"现在，你难道不是在用某种形式的心智意象或瞬时图表，描画讲话者所犯的错误吗？这种经验向我们提供了一个例证，似乎可以说明**理解某个东西会是怎样的**：你待在那里，碰到有点儿复杂、深奥难懂或至少仍然未知的东西，这种东西以这样那样的方式引发你的一点儿认知欲，终于你冒出一句：**啊，我明白了！**理解出现了，被理解的东西被转换了；它变成有用的，明白的，在你的掌握之中。在时刻 t 之前，这个东西还没得到理解，过了时刻 t，它就被理解了：这是一次边界分明的状态转换，常常可以被精确地指出发生的时间。不过我们需要强调，这种转换是主体可以接近的、在内省上被发现的一种转变。如我们将会看到的，把这当作一切理解的模式是一种错误，但是，当理解的开端还有任何现象学的时候（在我们意识到我们正在理解某物时），它所具有的那种现象学还确实就是这样的。

心智意象的观念必定有对的地方，如果"头脑中的图像"这种思考心智意象的方式是错的，那么我们就必须找出更好的方法。心智意象有各种模态，并非只是视觉而已。想象一下《平安夜》这首歌，注意**不要**哼唱。你在你的心智耳朵里仍然"听到"了某个特定音调的曲调吗？如果你跟我一样，你就会。我的嗓子唱不了高音，所以我无法告诉你我刚才"在心里面"想象的调子，但如果有人现在用钢琴演奏《平安夜》，我就可以很有把握地说："是的，这正是我刚才想象的曲调。"或者我会说像这样的话："不，我刚才想象的还要高一个小三度。"*

我们不仅无声地对自己说话，有时还会用一种特别的"声音曲调"来这样做。有的时候好像有话语，但又**听**不到；还有的时候，只有话语的微弱影子或迹象，不知怎么地就"在那里"表达我们的思想。在内省论心理学的鼎盛时期，人们热烈地争论是否存在**完全**"无图像的"思想这回事。我们可以暂时不去回答这个问题，而只需注意，许多人现在自信地断言它存在，另外一些人则自信地断言它不存在。在下一章中，我们会提出一种方法来处理这样的冲突。无论如何，生动思想的现象学，并不限于**对自己说话**；在我们的心智之眼中，我们可以给自己画画，让自己驾驶一辆变速车，让自己抚摸丝绸或品味想象中的花生奶油三明治。

---

* 一个神经外科医生曾告诉过我一个年轻人做癫痫手术的事。按这种手术的惯例，病人处于清醒状态，只是局部麻醉，医生在谨慎地探查他外露的大脑皮质时，会有选择地对皮质进行电刺激，问病人经验到了什么，以此确保那些暂时被移出的部分不是生死攸关的。有一些刺激会引起视觉闪光或使病人举手报告，另一些则会引发嗡嗡的感觉，而某个部位的刺激会引发病人的高兴反应："那是我最喜欢的重金属乐队枪炮与玫瑰（Guns N' Roses）的'Outta Get Me'。"

我问这个神经外科医生，他有没有叫这个病人跟着音乐哼唱，因为也许我们会有兴趣了解，被引发的记忆在多大程度上是"高保真的"。它的音调与节拍同录音完全一样吗？这样的歌与《平安夜》不同，有一个权威版本，所以我们完全能拿病人的哼唱去对照这个权威版本，比较其结果。不巧的是，即便在手术时一直放着磁带录音机，那个外科医生也没有叫病人跟着哼唱。"为什么不呢？"我问。他回答说："我讨厌摇滚乐！"

在这次谈话的后半段，这位医生恰好提到，他要再次给这个年轻人做手术，于是我就表达了我的愿望：他可以检验一下能否引发病人关于摇滚乐的记忆，而且这次让病人跟着唱。"我做不到，"他回答说，"因为我已经把那一部分切掉了。""那是癫痫病灶所在吗？"我问道。他回答说："不，我已经告诉过你——我讨厌摇滚乐！"

这里所涉及的技术怀尔德·彭菲尔德（Wilder Penfield）在许多年前就曾探讨过，他的著作《有意识人类的可激活皮质》（*The Excitable Cortex in Conscious Man*, 1958）对此做过生动的描述。

英国经验论者曾经认为，这些纯粹想象的（或回忆的）感觉，只是"从外面进来的"原初感觉的模糊摹本；不管他们在这方面是否正确，他们会把高兴或受苦当作"真实的"感觉。正如任何一个做白日梦的人都知道的那样，色情幻想不可能令人完全满意地代替真实情况，但是，如果有某种东西妨碍他们拥有这种幻想，那么这些幻想又会让人怀念。它们不只是可以带来快乐，还能唤起真实的感觉和其他众所周知的身体反应。我们在读悲情小说时会哭，而小说家在写的时候可能也是这样。

我们都是想象痛苦与快乐的行家，许多人还认为，自己是编写这些让我们极为受用的情节的专家，但是我们也许仍然会吃惊地了解到，这种能力在经过严格训练之后可以变得多么强大。例如，我觉得以下这种能力就是十分惊人的：在音乐创作比赛中，参赛者常常并不提交其作品的磁带或录音（或现场表演）；他们提交的是书面乐谱，裁判仅仅基于看乐谱和**听他们心中响起的音乐**，就自信地做出他们的**审美判断**。最好的音乐想象可以达到什么样的程度呢？一个受过训练的音乐家是否只要扫一眼乐谱，就能分辨出双簧管和长笛在管弦乐队中不和谐的发音听起来会是怎样的？在这方面有许多奇闻逸事，但据我所知，这是一个相对来说无人探索的领域，正等待有才华的实验者们进场研究。

既然想象的感觉（如果我们可以这样称呼这些现象学项目）适合作为审美欣赏与判断的对象，那为什么真实的感觉依然更加重要呢？一个人为什么不愿意满足于自己回忆中的日落和自己期盼中的配上香蒜酱的意大利实心粉呢？许多与我们生活中的事件关联的苦与乐确实是跟预期和回忆捆绑在一起的，而单纯感觉的时刻只是对我们来说很重要的东西的一个微小部分。这些东西为何以及如何对我们来说重要，这将是后面章节的一个主题。但是，想象的、预期的和回忆的感觉，确实完全不同于**模糊的**感觉，而一个小小的自我试验就能轻松表达这个事实。这样，我们就来到了现象学公园第三部分的门口。

4. 感受

现在，闭上眼睛，想象有个家伙刚刚踢过你，这一脚踢得很重，踢在左胫骨上（离脚大约 30 厘米处），而且他是穿钢靴踢的。尽可能详细地想象那种钻心的剧痛；想象你痛得流泪、快晕过去，你所感觉到的锥心之痛猛扑过来，让你完全无法承受。你刚刚生动地想象了它，你感觉到了任何疼痛吗？也许，你很有理由向我抱怨，听从我的指令已经引起你的某种疼痛？我发现人们对此练习的反应相当不同，但还没有人报告说，这种想象力的练习真的引起了疼痛。有些人觉得它让人不舒服，有些人则觉得它是一次相当有趣的心智练习，_丝毫没有在胳膊上轻之又轻地掐一下所带来的那种不快，你会把后者称为痛_。

现在设想，你梦到同样的胫骨被踢的场景。这个梦可以让人如此不安，以至于使你从梦中惊醒。你也许还会发现，自己正抱着胫骨抽泣，眼角含着真正的泪花。但你的身体没有红肿，没有青紫，没有瘀伤，而且一旦你完全醒来，能够做出有把握的判断，这时你就会说，你的胫骨没有任何疼痛的痕迹——如果说刚才似乎还有一点儿的话。梦见的痛是真正的痛，还是一种想象的痛？还是介于这两者之间？由催眠暗示所引起的痛又属于哪一种呢？

至少，梦到的痛，还有由催眠引起的痛，是我们真正在乎的心智状态。拿它们跟你在睡觉时身上出现的这些状态（心智状态？）比一比：你翻身时无意中把你的手臂扭到一个不大舒服的位置，但你没有醒来，也没有觉察，又翻身到了一个让它舒服一点儿的位置。这痛吗？如果你醒着，在你身上由于这种扭曲所引发的状态就会是痛。有些人天生对痛不敏感，幸运的是这种人相当罕见。在你开始羡慕这样的人之前，你应该知道，由于在睡觉时（或在醒着的时候！）做不了这样的姿势纠正，他们有可能很快就会变成残疾，他们的关节会因为持续的不当使用而毁掉，没有什么警示可以减弱这种不当使用。他们会烧伤自己、割伤自己，并且由于机能维护的不当拖延，也会以别的方式缩短他们不幸的人生（Cohen et al., 1955; Kirman et al., 1968）。

毫无疑问，具有痛觉的神经纤维以及与之相连的大脑功能区，是演化的一项恩惠，即使这项恩惠意味着要付出一点儿代价：有时会响起一些警报，而我们却不能对此采取任何行动。*但是，疼痛为什么一定要如此之痛呢？比如，它为什么不可以是在心智耳朵里响起的铃声呢？

如果愤怒、恐惧和憎恨真有任何用处，那么它们的用处是什么？（我认为，我们无须为欲望在演化上的有用性进行辩护。）或者看一个更复杂的情况，我们来考虑同情（sympathy）。从词源上来讲，同情这个词语的意思是**共同遭受**。德文对应词是 Mitleid（**同痛**）

---

* 在关于从演化角度为痛辩护的文献中，充斥着许多短视得令人吃惊的论证。一位作者主张，不可能存在痛的演化解释，因为存在有些让人无法忍受的痛，比如胆结石引起的痛，虽然敲起警钟，但在现代医学产生之前无人能对它采取措施。史前石器时代没有一个穴居人能够从他们的胆结石痛中获得任何繁殖利益，所以痛，至少是某种痛，是演化之谜。这位作者所忽略的是一个简单事实：为了能够恰当地向你警告一些可以避免的危机，比如一只尖爪或一颗尖牙刺入你的腹部，你很可能会从一个向你警告你无力消解的危机的系统中得到一个赠品，你在很久以后才会认为它是赠品。出于同样的理由，相当多的内部状态都有助于我们今天弄清楚疼痛警报是关于什么的（比如关于癌症的发作），但我们都忘了这一点，而这很可能是因为，形成为此所需的神经网络，也许在我们过去的演化史中没有任何生存优势（如果它是因为突变才浮现的）。

或 Mitgefühl（同感）。或者考虑共振（sympathetic vibration）——乐器的一根弦因另一根弦的振动而发音，这根弦在它附近，与之关系密切，因为两者有着相同的自然谐振频率。设想一下，你看到你的孩子深受羞辱或深感尴尬的那一刻，你几乎无法忍受：你的心潮起伏，吞没了你的理智，打翻了你的沉着。你想打架，想大声叫，想砸东西。这是关于同情的极端例子。我们为什么会被设计成这样，让这些现象发生在我们体内呢？这些现象又是什么？

我们将在以后的若干章节中关注各种感受状态的适应意义（如果存在的话）。现在，我只想顺便提醒大家注意，感受有着无可否认的重要意义：它帮助我们确信意识是重要的。例如，考虑一下**快乐**（fun）。所有的动物都**想继续活着**，至少在多数情况下它们会竭力保全自己，但我们觉得，只有少数物种才能够**享受生命**或**拥有快乐**。我们想到的是在雪地里滑行的活泼好动的水獭、玩耍的幼狮以及我们养的猫和狗，我们不会想到蜘蛛和鱼。马至少在小的时候似乎从活着中得到了乐趣，但母牛和绵羊通常看来都是无趣的或漠然的。而你是否想过，飞翔对鸟来说简直有点儿浪费？因为能够**欣赏**它们飞行活动的美妙之处的鸟即便有也极少。快乐不是一个不足道的概念，但就我所知，它还未得到哲学家们的细心关注。意识让我们（只是我们吗？）可以享受快乐，而在说明它的这一作用之前，我们当然不会对意识做出完整的解释。要问的正确问题是什么？下面这个例子会帮助我们看清楚困难在哪里。

南美洲有一种灵长类动物，比大多数别的哺乳动物更爱群居生活，它们有一种古怪的行为。它们常常聚成或大或小的一群，在各种环境下相互呼叫，这时它们会进行不由自主的、惊厥式的呼吸，这是一种大声的、无助的、相互加强的集体喘息行为，有时非常严重，甚至停不下来。但是，这种行为一点儿也不令它们反感，这个物种的大多数成员似乎都想以这样的方式呼吸，其中一些成员看起来还很上瘾。

我们会忍不住想，如果我们知道从这个物种内部来看它们是怎样的，我们就会理解这种奇怪的上瘾行为。如果我们能"从它们的视角"来看这件事，我们就会知道它们为什么要这样做。然而，就此例而言，我们十分肯定，虽然我们也许会获得这种见识，但这仍然无助于破解这个神秘的问题。原因在于我们已经拥有我们所寻找的内部视角，这个物种其实就是我们智人（*Homo sapiens*，智人的确生活在南美洲，当然也生活在其他地方），而这里所说的行为就是笑 *。

没有任何别的动物会做这样的事。生物学家在碰到这种独一无二的现象时首先应该考虑，这样做是**为了什么**（如果它真的有什么目的），而且如果他们没有找到任何说得过去的分析，来说明这一行为可能保证的直接生物优势，那么他们就会忍不住把这种奇怪的、没有任何收益的**行为**，解释成因为其他某种获利而付出的代价。什么？我们这样做比不这样做又好在哪里？多亏携带这些直接生物优势的一些机制，所以我们容易发笑甚至对笑成瘾，这还成了一种值得付出的代价？笑能够以某种方式"减轻"我们在对我们的复杂社会生活的认知中所积累的"压力"吗？不过，为什么要用**有趣的**东西来减压呢？干吗不用**绿色的**或**扁平的**东西呢？或者，为什么**这种**行为就是减轻压力的副产品？我们为什么不喜欢坐在那里哆嗦或打嗝，或者互相挠背，或者哼哼，或者总擤鼻涕，或者兴奋地舔自己的手？

请注意，这种从内部出发的视角广为人知，也不会令人困惑。我们笑，是**因为我们被逗乐了**；我们笑，是因为事情**有趣**——发笑可以

---

* "火星人看到一个地球人笑的时候，它会怎么想？那必定是很可怕的：它看到极为激烈的表情，肢体乱颤、胸部乱扭并向上鼓起。"（Minsky, 1985, p. 280）

与有趣的事情相配，舔手就不行。我们为什么会笑，原因很明显（事实上**太**明显了）。我们笑，是因为高兴，因为快乐，因为感到幸福，因为某些事情让人轻松。如果说在某个解释中存在**催眠能力**（virtus dormitiva），那就是：我们笑是因为刺激引起了欢乐。*这当然是真的，没有任何别的原因可以解释，当我们在真心笑的时候，我们为什么笑。快乐是真笑的原因，就像痛是真痛的原因一样。因为这确实是真的，所以我们不能否认。

不过，我们需要一个关于笑的解释，这个解释能够超越这种显然的真理，就像痛和痛的行为的标准解释可以超越显然的真理一样。我们可以给出一个相当合理的生物学解释，来说明为什么会有痛和痛的行为（事实上，我们刚才正好绘出了这个解释的草图）；我们想要一个同样有根据的解释来说明为什么会有欢乐和笑声。

然而我们事先就能知道，即使我们真的找到这样一种解释，它也不能让每个人都满意！有些人认为自己是**反还原论者**，他们会抱怨，关于痛以及痛的行为的生物学论述，**遗漏了痛性**，遗漏了痛之为痛的"内在不快"。对我们所能获得的任何关于笑的论述，他们或许也都会发出同样的抱怨：它遗漏了内在的欢乐性。针对这些解释的经典抱

---

* 在莫里哀的最后一部戏剧，也就是经典喜剧《无病呻吟》（*Le Malade Imaginaire*, Molière, 1673）中，阿尔甘（Argan）这个疑病症患者最后通过"变成"医生来解决自己的问题，即能够自我治疗，而不再需要研究——只要一些扭曲的拉丁文就行。在一场滑稽的口试中，他展现了自己的技艺。考官问，为什么鸦片使人昏昏欲睡？这位医生候选人回答说，因为它具有一种"催眠能力"。合唱队唱道："Bene, bene, bene, bene respondere。"（拉丁文，意为"很好、很好、很好、很好的回答"。——译者注）回答得妙！多长见识！真是洞见！而且，按照当代的精神，我们也许会问：究竟是什么让谢丽尔·蒂格斯（20 世纪 70 年代美国最有名的模特之一。——译者注）照起相来如此好看？她很**上镜**。这就是原因（我总在想，这是为什么）。在第 12 章，我们将会更详细地讨论空洞的指责，把某个解释假定称为催眠能力的说法就暗含这样一种指责。

怨是这样的："你已解释的全部东西只不过是伴随**行为**和各种**机制**，但你遗漏了**事情本身**，后者才是真正让人感到不快的痛。"这会引起一些复杂的问题，我们将在第 12 章中详细考虑它们，但现在我们可以指出，任何关于痛的论述，如果最终**停留在**不快上，都只会是循环论述，而这种论述还有未被清除的**催眠能力**。类似地，对笑的真正论述，**必定**会遗漏那种所谓的内在的欢乐性、趣味性和可笑性，因为它们的存在只会推迟解答问题的工作进度。

笑的现象学被密封了：我们直接、自然、不用推理、非"直观"地清楚看到，笑与欢乐形影不离——笑是对风趣的"正确"反应。我们似乎可以对它进行分解：对有趣的东西的正确反应是娱乐（心智的一种内在状态），娱乐的自然表达（当掩饰或压制它无关紧要时）就是笑。我们现在似乎拥有了科学家所称的某种中间变量——娱乐性，它在刺激与反应之间，而且似乎在结构上与两端连在一起。也就是说，按照定义，娱乐性就是引起真实发笑的东西，同样按照定义，它也是被某种有趣的东西所引起的东西。所有这些都是显而易见的。就此而言，它似乎不需要任何进一步的解释。就像维特根斯坦所说的那样，解释必须在某个地方停止。但是，我们这里所拥有的一切，只是关于人类心理学的一个粗糙但又肯定可以解释的事实。如果我们想要解释现象学公园里的任何居民，我们就必须走出纯粹的现象学。

这些现象学的例子虽然多种多样，但它们似乎都有两个重要的特征。一方面，它们是我们最为亲密的熟知对象，我们对任何事情的了解，都不及对我们个人现象学里的项目的了解——也许如此。另一方面，它们以挑衅的姿态抵制唯物主义科学的进入，似乎再没有什么东西会比电子、分子或神经元，更不像**我现在看到日落的这种感受的**了——也许如此。这两个特征都让哲学家印象深刻，他们找到许多不同的方法来强调问题所在。一些哲学家认为，最大的疑难在于这种特殊的亲密状态：在这些现象学项目方面，我们如何可以是**不可矫正的**（incorrigible），或者可以拥有**访问特权**（privileged access），或者可以**直接把握**（directly apprehend）这些项目呢？我们与自己的现象学的认识关系，跟我们与外在世界的认识关系，有何不同？另一些哲学家则认为，最大的疑难在于我们现象学的种种不同寻常的"内在性质"，或用拉丁文来说，qualia（感质）；由物质粒子组成的东西，怎么能够是我所拥有的那种乐趣，或者，怎么能够与我想象的粉红的冰立方体有着"终极的同质性"（Sellars, 1963），又或者，怎么能够就像我的痛之于我一样重要呢？

　　找出一个唯物主义的论述，以公正地处理所有这些现象，这并非易事。不过，我们已经取得了一些进展。我们的简要清单已经包含一些例子，在这些例子中，一点点深层机制方面的知识，就能挑战甚至能够篡夺某种权威，而我们通常把这种权威赋予对内省来说非常明显的东西。我们比一般人更接近那些现象学公园中的展品，也能从多个角度去观察它们，我们已经开始解除魔法，破解现象学公园中的"魔术"了。

第 4 章

现象学的方法

1. 第一人称复数

你要做严肃的动物学研究，就不可能只是在动物园里逛来逛去，记这记那，好奇地看看稀奇古怪的东西。严肃的动物学要求精确性。这又取决于你是否拥有公认的描述与分析的方法，这样别的动物学家才能明白你说的是什么。严肃的现象学更需要一种清楚的、中立的描述方法，因为好像没有任何两个人会以同样的方式运用词汇，人人在这方面都是专家。我们非常吃惊地看到，现象学争论方面的"学术"讨论，经常会演变成捶桌子打板凳、大吵大闹，每个人都不管别人，自说自话。从某个意义上来讲，这是特别令人吃惊的，因为按照长久以来的哲学传统，**我们全都同意**在我们"向内部看"自己的现象学时我们所发现的是什么。

通常，做现象学似乎是一种可靠的公共实践，事关提取共有的观察结果。当笛卡儿把他的《第一哲学沉思集》写成第一人称单数的独白时，他显然希望读者会同意他的每个观察，并在各自的心智中做出他所描述的探索，得到与他一样的结果。英国经验论者洛克、贝克莱和休谟在写作时同样持有如下假设：他们多数时候所做的就是**内省**，而且读者可以很容易地复现他们的内省。在《人类理解论》（*Essay Concerning Human Understanding*, 1690）中，洛克把这个预设叫作"历史的、朴素的方法"——在他这里，没有深奥的演绎，也没有先验的理论推理，而只是记录观察到的事实，提醒读者对所有观察者来说什么是显然存在的。事实上，几乎每个写过意识问题的作者，都会提出我们所称的**第一人称复数预设**：不管意识多么神秘，**我们**（你——尊敬的读者，和我）都能在一起轻松自如地谈论我们共同的亲知，也就是我们在自己的意识流里都能找到的东西。而除了少数难以驾驭的例外，读者总是可以顺着作者的"阴谋"走。

这当然是好事，但很不幸，一个令人尴尬的事实是，争论和矛盾的出现，困扰着在相互同意的客气氛围下所提出的那些主张。我们一定是在某件事情上愚弄了自己。或许，我们愚弄自己的就是，我们在何种程度上基本相同。当人们首次碰到现象学思想的不同学派时，他们也许会加入他们觉得正确的那一派，而每个学派的现象学描述，在说明其成员的一般内在生活方面都是基本正确的，于是人们就会天真地做出一般概括，说出一些得不到支持的主张，并声称它如何如何适用于所有人。

或者，我们愚弄自己的也许就是内省的高度可靠性，内省是每个有意识的心智都具有的一种自我观察的个人能力。自从笛卡儿提出他的名句"我思故我在"以来，我们的这一能力就被认为是与错误绝缘的；我们拥有自己的思想与情感的访问特权，这种访问能力肯定比任何外来者的都要好。（"想象有人试图告诉你，你弄错了你正在思考和感觉的东西！"）我们要么是"不会错的"，总是被保证是正确的，要么至少是"不可矫正的"，不论对与错，都没有人可以纠正我们（Rorty, 1970）。

然而，这种不会犯错的信条可能恰好是一种错误，不管它多么根深蒂固。也许，即使我们在自己的现象学上都是基本相同的，一些观察者在他们试图描述它时也会弄错，但由于他们非常确信自己是正确的，所以相对来说，他们不会在任何修正面前示弱（他们是贬义意义上的不可矫正，也就是不可救药）。无论哪种情况，都会产生争议。此外，还有一种可能，我觉得它更接近事实：我们愚弄自己的是，我们以为"内省"活动**永远**只是"去看和看见"（looking and seeing）的问题。我怀疑，当我们声称自己正在运用内部**观察**能力时，我们其实是在进行某种即兴的**理论推理**。我们之所以是相当容易受骗的理论家，正是因为"观察"的东西太少，而武断的看法又是那么多，完全不管是否产生矛盾。当我们以共同的方式内省时，我们其实正好处于盲人摸象的境地。一开始，这好像是一个荒唐可笑的观点，但让我们来看看，可以为这个观点说些什么。

　　在前一章现象公园的游历中，你遇到过什么让你感到惊讶的东西吗？比如，直到那张扑克牌几乎就在你正前方，你才能认出是哪一张牌，对此你会很吃惊吗？我发现许多人对此都很吃惊，甚至包括那些知道边缘视觉的灵敏程度有限的人。如果这会让你吃惊，那就必定意味着：如果此前你就此话题说得滔滔不绝，那你很可能说错了。人们常常自称，自己直接地知道自己外围视野里的很多**内容**，而其实他们知道的没那么多。为什么人们会这样说？不是因为他们直接地、不可矫正地观察到了自己在享受这些外围视野的内容，而是因为他们这样说显得**顺理成章**。毕竟，在正常条件下，你不会注意到你的视野中的任何空白，同时，如果有个区域没有着色，你确实会看出这种不一致，除此之外，你看任何地方都会发现，那里的每样东西都有颜色，也很详细。如果你认为，你的主观视野基本上就是一个由彩色形状构成的内在图像，那么顺理成章的说法就是，画布的每一部分必定被染上了**某种**颜色，甚至画布原来就是**某种**颜色！但是，这个结论来自一个关于你的主观视野的可疑模型，而非你直接观察到的任何东西。

我是在说，我们对自己的意识经验完全没有访问特权吗？不，我说的是，我们往往会认为，我们不会那么容易犯错误，但实际情况并非如此。在自己的访问特权受到这类挑战时，人们通常承认，他们并没有任何特别的途径来访问自己有意识经验的**原因和结果**。例如，他们也许会惊讶地了解到，自己用鼻子辨味，凭脚来辨低音，但他们绝不会自称，自己在经验的来源或原因方面享有什么权威。他们说，自己只是在这些经验本身方面有权威，这些经验与它们的原因和结果是分离开来的。然而，虽然人们也许会**说**，他们所自称的权威只是针对自己经验的那些独立的内容，而不针对这些经验的原因和结果，但他们却常常越过自己设定的限制。例如，你愿意在如下命题上打赌吗？（其中至少有一个是我编出来的。）

（1）你能经验到一个斑点，它既全是红的又全是绿的，是一个同时具有**两种**颜色（不是混色）的斑点。

（2）如果你看着一个蓝色背景下的黄色圆圈（光线充足），黄色与蓝色的亮度调到一样，这时黄色与蓝色的边界就会消失。

（3）有一种声音，有时被称作听觉的理发店旋转标志彩柱（the auditory barber pole），它好像总是在音高上不断上升，但又从来没有真正升高。*

（4）有一种草药，如果服用过量，就会让你无法理解用母语

---

* 理发店标志牌错觉（barber's pole illusion）是一种运动效应。理发店门外的圆柱绕轴的旋转让人觉得条纹不是在绕轴平转，而是在向上转动，而且永远如此，但又没有真的转到高处。——译者注

说出的口语。在药效消失以前，你的听力未受损伤，没有模糊的地方，也没有多余的噪声，但你听到的话语，对你来说就像一种完全陌生的语言，即使你大概知道它们不是这样。

（5）如果你蒙上眼触摸自己的鼻子，同时一个振动器在你胳膊的某一点上振动，你就会觉得自己的鼻子像匹诺曹一样正在变长；如果振动器移到另一点，你就会有一种可怕的感觉，好像你把鼻子从里面挤出来了，同时你的食指就停在你头盖骨里面的某个地方。

事实上，第 4 个是我杜撰的，不过，据我所知，它可能是真的。在神经病理学中有一种经过充分研究的病症叫作面孔失认症，这种病的症状是，你的视觉完好无损，你也能用视觉轻易辨认绝大多数东西，但你却完全不认得最亲近的朋友和同伴的面孔。*再次强调，我的重点不在于你没有对自身意识经验的内容或本性的访问特权，我的重点在于，我们必须警惕在这个问题上过于自信。

在现象学公园的导游途中，我曾推荐过许多简单的实验请大家做。这不是出于"纯粹的"现象学精神。现象学家往往主张，**由于我们在自己现象学的生理原因与结果方面没有权威，所以在我们试图给出一个纯粹的、中立的、前理论的描述，来说明我们在日常经验进程中所发现的"被给予的"东西时，我们应该忽略原因和结果**。也许吧。但是，看看现象学公园中有多少好奇的居民，还有多少是我们

---

* 关于红绿斑点，参见 Crane and Piantanida, 1983 和 Hardin, 1988；关于逐渐消失的颜色边界、李伯曼效应（the Liebmann effect, 1927），参见 Spillman and Werner, 1990；关于听觉的理发店旋转标志彩柱，参见 Shepard, 1964；关于匹诺曹效果，参见 Lackner, 1988。关于面孔失认症的更多情况，参见 Damasio, Damasio and Van Hoesen, 1982; Tranel and Damasio, 1988; Tranel, Damasio and Damasio, 1988。

从未见过的啊！如果一个动物学家企图从对狗、猫、马、知更鸟和金鱼的观察视角出发，而后推广到整个动物科学，他就很有可能会漏掉一些东西。

2. 第三人称视角

由于我们将要尽情地投入**不纯粹的**现象学，因而在方法上我们要比以往更加小心。现象学家采用的标准视角是笛卡儿的**第一人称视角**，在这一视角里，**我**以独白（我让**你**可以听到这种独白）的形式来描述我在**我的**意识经验中所发现的东西，指望**我们**会达成一致。但是，我已试图指出，由此形成的**第一人称复数视角**的友好合作只是错误的危险孵化器。事实上，在心理学历史中，正是因为人们不断认识到上述方法论的问题，这才导致内省主义的衰落并促进了行为主义的兴起。行为主义者非常小心地避免推测在**我的、你的、他的、她的、它的**心智中发生了什么。实际上，他们倡导**第三人称视角**，在这一视角中，只有"从外部"收集到的事实才可以算作数据。你可以给行动中的人录像，然后测量与身体运动有关的任务的错误率，或者按下按钮或杠杆时的反应时间、脉率、脑电波、眼动、脸红程度（只要你有一台客观测量它的机器），以及皮肤电反应（由"测谎仪"测得的电导率）。你可以打开被试的头盖骨（运用外科手术方法或者使用大脑扫描装置），看看他们的**大脑**在发生什么，但是，只要你使用的是自然科学的主体间可证实的方法，你就千万不能对在他们的**心智**中发生什么做出任何**假设**，因为你就此不能获取任何数据。

这种观点的最简表述就是，由于你永远无法"直接看到"别人的心智，只能通过他们所说的话去了解其心智，因此任何像某些心智事件确实存在这样的事实——它们永远无法恰当地为客观方法所核实——都不可被列入科学的数据。今天，这种**方法论的**顾虑已经成为**所有**实验心理学和神经科学的主导原则（不只是"行为主义者"的研究才这样），它常常被提升为这种或那种**意识形态**原则，例如：

> 心智事件不存在。（句号！——这被称为"赤脚的行为主义"。）
>
> 心智事件存在，但它们没有任何效果，所以科学不能研究它们（副现象论——参见第12章第5节）。
>
> 心智事件存在，而且产生效果，但**这些**效果不能为科学所研究，科学只好满足于得到有关大脑的"外围的"或"低级的"效果和过程的理论。（这种观点在神经科学家中间很流行，特别是那些对"理论家"抱有怀疑态度的人。这实际上是二元论。这些研究者显然同意笛卡儿的观点，即心智**不**是大脑，而他们准备只拥有一个关于大脑的理论。）

这些观点全都跳到了某个缺乏根据的结论上。即使心智事件不属于科学的**数据**，这也并不意味着我们不能用科学来研究它们。黑洞和基因也不属于科学的数据，但我们已经发展出很好的科学理论来说明它们。这里的挑战则在于，用科学方法许可的数据去建构一个关于心智事件的理论。

这样一种理论必须从第三人称角度来建构，因为**所有的**科学都是从这个角度来建构的。有人会告诉你，这种关于有意识心智的理论是不可能的。最值得注意的是，哲学家托马斯·内格尔（Thomas Nagel）声称：

世界、生命和我们自己的某些东西，是无法从一个最大的客观立场出发得到充分理解的——不管这个立场可以把我们的理解从我们开始的地方推到多远。许多东西都同特定视角或视角的类型有着本质的联系，试图用与这些视角脱离的客观术语对世界做出一个完整的论述，这会导致各种错误的还原或粗暴的否定，否认某些可能实在的现象是存在的（Nagel, 1986, p.7）。

我们走着瞧。在弄明白一个理论实际说些什么之前，就去讨论它能够说明什么和不能说明什么，这是很草率的做法。但是，如果我们认真地倾听了一个理论，在面对这种怀疑时，我们就需要用一种中立的方法来**描述数据**——这个方法不会在这个问题上先入为主。这种方法似乎并不存在，但这样的中立方法其实是有的，我会先描述它，再采纳它。

3. 异现象学的方法 *

这节标题的说法不大吉利，不是现象学而是**异现象学**。它能是什么？其实大家对它都很熟悉，一般人与科学家在这方面不分高低，但在引进它时，我们必须极其小心，必须注意它所预设和暗含的东西，因为这意味着在理论上迈出巨大的一步。因此，忘掉所有充满诱惑的捷径；现在，这是一条**中立的**道路，它从客观的自然科学及其所坚持的第三人称视角出发，走向一种现象学描述方法，该方法（原则上）

---

* 本节和以下各节取自我以前对异现象学的方法论基础所做的论述（Dennett, 1978c, 1982a）。

可以公正地处理最私密的、最不可言传的主观经验，而同时又绝不放弃科学在方法论上的审慎态度。

我们希望有一个意识理论，但对于什么实体具有意识这个问题，人们却有争议。刚出生的小孩有吗？青蛙有吗？牡蛎、蚂蚁、植物、机器人、僵尸……有吗？目前我们当然应该对此类问题保持中立态度，但的确存在一类实体，其中每个都有意识，那就是我们这些成年人类。

现在，这些成年人中有些**也许**是僵尸——哲学家"专门"意义上的僵尸。**僵尸**这一术语显然来自海地的伏都教（Voodoo）传说，在伏都教传说里指的是一个"活死人"，因为某种不好的行为受到惩罚，注定要四处游荡，咕咕哝哝，眼睛直勾勾地看着，没头没脑地执行某个伏都教祭司或巫师的命令。我们在恐怖片中都曾看过僵尸，它们显然不同于正常人。（大致来说，海地僵尸不能跳舞，不能讲笑话，不能进行生气蓬勃的哲学讨论，不能在机智的谈话中坚持它们的目标——它们看上去糟透了。）*但是，哲学家用僵尸这个词来指一种想象出来的不同类型的"人"。按照哲学家的一致意见，僵尸实际上是或也许是这样一种"人"，它表现出相当自然、敏捷、健谈、活泼的

---

* 几年前，受训于哈佛大学的年轻人类学家韦德·戴维斯（Wade Davis）宣布，他已经破译了海地僵尸的秘密，他在《蛇与彩虹》（*The Serpent and the Rainbow*, 1985）一书中描述了伏都教专业人士准备的神经药理学的药，这些药据说能够把人置于一种像死人一样的状态；在被活埋几天之后，这些不幸的人有时会被挖出来，并被注射迷药，从而导致理智混乱和记忆缺失。因为迷药，或者被埋后缺氧导致的大脑损伤，这些"活死人"真的会像电影里的僵尸一样四处游荡，有时也许还会遭到奴役。因为戴维斯的说法耸人听闻（大体以他的小说为蓝本所制作的电影也起到了推波助澜的作用），所以他的发现在某些方面遇到了怀疑的暗流，但是，在他的学术味更重的第二本著作中，这些怀疑都被很好地反驳了：《黑暗之路：海地僵尸的民族生物学》（*Passage of Darkness: The Ethnobiology of the Haitian Zombie*, 1988）。另参见 Booth, 1988 和 Davis, 1988b。

行为，可实际上它根本没有意识，而只是某种自动机。哲学家的僵尸概念的全部要点就在于，你无法通过检查外部行为来区别僵尸和正常人。由于外部行为是我们在看自己的朋友或邻居时所能获得的全部，**因而你的某些最好的朋友也许就是僵尸**。无论如何，在一开始我必须对这个传统保持中立态度。我所描述的这种方法，没有对一个貌似正常的成年人的**实际意识**提出任何假设，但该方法所要集中考察的就是这类正常成年人，因为如果意识是存在的，那么它就肯定是在这些人身上。一旦我们看到人类意识理论的大致结构，我们就可以把注意力转向其他物种的意识（如果它们有意识的话），这就包括黑猩猩、海豚、植物、僵尸、火星人以及自动跳出式的面包烤炉（哲学家们在他们的思想实验中常常纵情幻想的东西）。

成年人类在许多学科中都得到了研究。生物学家、医学研究者、营养学家和工程师探讨成年人的躯体，其中工程师会问这样的问题：人的手指打字能有多快？头发的拉力是多少？心理学家和神经科学家也研究这些成年人，他们会把个体的人（称为被试）放在不同的实验环境下。在大多数实验中，首先要将被试分类，并让他们做好准备。研究者不仅要确定被试的年龄、性别、习惯用右手还是左手、知识程度如何等，还必须告诉被试**要做什么**。这是人类被试与一些研究对象之间最为显著的差别，比如生物学家的病毒培养物，工程师的特殊材料，化学家的溶液，以及动物心理学家的老鼠、猫和鸽子。

人是唯一一种在实验准备时一般（并不总是）需要语言交流的科学研究对象。这在部分程度上是一个科学伦理问题：若非知情同意，人不能被用于实验；而要获得知情同意，不借助语言交流简直是不可能的。但从我们的角度来看更为重要的事实却是，语言交流是用来设置和约束实验的。研究者要求被试完成各种智力任务、解决问题、找出显示项目、按键、做出判断等。多数实验的有效性取决于这种准备工作是否可以标准地、成功地完成。例如，如果把指令用土耳其语讲给只会英语的被试，实验肯定会失败。事实上，哪怕是对指令的细微误解，也会损害实验的效果，所以研究者比较关注的问题是，通过语言交流来对人类被试进行实验准备的做法必须确证有效。

与被试进行交谈的这种做法牵涉到什么呢？这是心理学实验中无法去除的因素，但它是否以被试的意识为先决条件呢？实验员难道不会最终就像内省论者一样，只能把被试的不可检验的话当作该被试所理解的东西？难道我们不是在冒着被僵尸、机器人和其他冒名顶替者所欺骗的风险吗？

我们必须更仔细地考察一般人类被试实验的细节。按照常常发生的情况，让我们假设，对整个实验做多种记录，比如使用录像带、录音带和脑电图等。任何不这样经过记录的材料都不作为数据。现在我们考察记录下来的声音［主要是嗓音（vocal sound）］，它们是在实验过程中由被试和实验员发出的。由于被试发出的声音是通过物理途径形成的，所以原则上就可以从物理上来解释和预测它们，这就像我们用同样的原理、法则和模型来解释并预测自动机械的声音或雷声一样。或者，由于这些声音是通过生理途径发出的，因此我们能够加上生理学原则，并尝试用这一学科的资源来解释这些声音，就像我们解释打嗝、打鼾、肚子咕咕叫和关节吱吱作响一样。但我们感兴趣的主要声音当然是嗓音，更具体地说只是其中的一类（我们略去不太常见的打嗝、打喷嚏、打哈欠），这类嗓音的语言学分析或语义分析**看上去**是很容易的。我们并不是始终都能明显地看出，什么声音可以包含在这一类中，但有个办法可以避免冒险：我们把录音带的副本发给三个受过训练的速记员，让他们独立地写出原始数据的**文字稿**。

这个简单的步骤充满暗示；通过这一步骤，我们从一个世界进入了另一个世界，从纯粹物理声音的世界进入了词语和意义、句法和语义的世界。这个步骤产生的结果则是，从根本上重新诠释数据，从它的声学性质和其他物理性质抽取词汇串（不过仍然配以精确的时间定位——关于这一点，可参见 Ericsson and Simon, 1984）。是什么在支配这种重新诠释呢？虽然在磁带上所记录的声波的物理特性与打字员听到然后转写成词汇的**音素**之间，也许存在着有规则的、可发现的关系，但我们仍然不能完全了解这些关系，所以也就不能详细地描述它们。（如果我们了解得足够多，制造一台能够听写的机器的问题就能得到解决。虽然我们在这方面已经取得了巨大进步，但仍然存在一些令人迷惑的重大难题。）在声学和语音学的研究完成之前，我们可以相信我们的文字稿就是数据的客观转译，只要我们对此比较小心。首先，要让速记员（而不是把这个工作转交给实验员）在准备文字稿的过程中，提防有意无意的先入之见和过度诠释。（法庭速记员扮演的是同样的中立角色。）然后，整理出三份独立的文字稿，这会给我们提供一个尺度，据此判断这个过程的客观程度。也许，如果录音的状况很好，那么除了极少的差别外，三份文字稿将会字字相同。凡是这些文字稿中不同的地方，只要我们愿意，我们就可以干脆扔掉这些部分，或者用其中两份一致的文字稿来确定唯一正确的文字稿。

严格来说，这份文字稿或文本不是作为原始数据**给出的**，因为我们已经看到，文字稿是通过把原始数据放入一个诠释过程中才得到的。这个诠释过程取决于你认为他说的是什么语言，也取决于说话者的一些意图。为了更清楚地理解这一点，我们来比较下面两个任务：其中一个是我们上文中所提到的交给速记员的任务，另一个任务是把鸟的歌声或猪的呼噜声的录音整理成文。如果人类说话者说"入果窝庸昨手暗见泥节亿吗"，所有的速记员都会同意他问的是，"如果我用左手按键你介意吗"——但这是因为速记员懂这个说话者所说的语言，正是这一点在语境中提供了意义。如果被试**说**"现在这个点正从着边移向右边"，我们会允许速记员将其调整为，"现在这个点正从左边移向右边"。而在转写鸟的歌声或猪的呼噜声的录音记录时，却不存在与此类似的调整策略——至少在研究者发现这类声音富有规则并设计出一个体系化的描述系统之前，不会有这样的调整策略。

在把这些声音流转换成文字的过程中，我们可以毫不费力地——其实是不知不觉地——"找出声音的意义"。（我们最好允许速记员把"从着边移向右边"改成"从左边移向右边"，因为他们很可能在改写时都没注意到这一点。）事实上，这个过程是高度可靠的，而且在正常情况下几乎没人注意。但我们不能因为这个事实就忽视整个过程的复杂性，即使这个过程没有进行到理解这一步，而是在辨别词语的地方倏然停下。速记员转写这样的话，"对我来说，我的预感中存在一种轰鸣的存在感，一种诱人的先行尝试与侮辱的暗流，一种揭示了表面背后的表面的预期确证的杂多"，这时他也许根本没有想过这是什么意思，但他相当确定：这些的确是说话者想说的话，而且他成功地说了这些话，不管它们指的是什么意思。

总有可能出现这种情况：说话者也不知道自己所说的话语指的是什么意思。被试也许恰好就是一具僵尸，或是一个穿着人的衣服的鹦鹉，或是一台运行语音合成程序的电脑。或者，不太夸张地说，被试也许已经昏了头了，或者受到某些理解不当的理论的控制，或者滔滔不绝地说出毫无意义的话语，试图欺骗实验员。现在，我是在说，从数据的记录到造出一份转写的文字稿或文本这个过程，对所有这些奇怪的可能性来说都是中立的，即使这个过程必须基于一个方法论的假设，即存在一份文本有待复原。如果没有文本可以复原，我们最好扔掉那个被试的原始数据重新开始。

到目前为止，我们所描述的方法都是很常见的，也没有什么争议。我们已经得到一个平淡无奇的结论：我们可以把录音带转写成文本，同时不必放弃科学。我们花了一些时间来确证这个结果，因为下一个步骤就可以创造以经验方式研究意识的机会，而且会产生许多障碍和困惑。我们必须超出文本，把文本诠释成**言语行为**（speech act）[*]的记录；这些言语行为不是单纯的发音或复述，而是断言、疑问、回答、允诺、评论、要求澄清、大声说出的沉思冥想以及自我警告。

这种诠释要求我们采取我所称的**意向立场**（Dennett, 1971, 1978a, 1987a）：我们必须把噪声施放者（noise-emitter）看成一个行动者，事实上他是一个理性行动者，他有信念、欲望以及其他心智状态，这些**状态显示出意向性**或"关于性"（aboutness），而且他的行为能够基于这些状态的内容得到解释（或预测）。这样一来，被试发出的噪声就要被解释为被试**想要说出的**东西，比如他们想要**断言的命题**，他们的**理由**还可能各不相同。其实，在对文本进行纯化处理时，我们已经依赖一些类似这样的假设。（比如，我们推理道：为什么一个人**会想说**"从着边移向右边"呢？）

无论我们对这些言语行为采取意向立场会有什么风险，这些都是我们必须付出的代价，只有这样，我们才能窥见我们在实验设计中所利用的那些可靠的自明真理。人们想说点儿什么的理由很多，但重要的是排除那些由实验设计所带来的一些理由。例如，有时人们想说点儿什么，不是因为他们相信要说的东西，而是因为他们相信听众想听这些东西。采取明确的步骤来减少这种愿望存在或生效的可能性，通常很重要：我们告诉被试，我们想听的就是**他们相信的任何东西**，我们很小心地不让他们知道，我们希望他们相信我们所说的这一点。换句话说，我们尽己所能，把他们置入一种情景，在这里，鉴于我们已经灌输给他们的一些欲求（比如合作、得到报酬、做一个好被

---

[*] Speech act 译为言语行为或言语行动。——译者注

试），他们除了努力地说出他们实际相信的东西之外，就没有更好的选择了。

如果我们要利用像按键这类有用的事件类型（event-type），就得用另一种方式把意向立场运用到我们的被试身上。一般来说，按键就是以一种方式执行某种约定的言语行为，比如，**断言**我看到的那两个图形**现在**好像叠加在一起，又如，回答说是：我快速且突然地判断（因为你告诉我速度很关键），我刚才听到的词语是我不久前听到过的。这样，就多数实验目的而言，我们都想了解这些按键的意思，并把它们作为一个要素吸收到文本中。一个特定的按键动作被认为是在执行哪个言语行为，这取决于如何从意向上诠释被试与实验员之间的互动，这些互动发生在为实验准备被试的时候。[不是所有的按键动作都是言语行为；其中一些按键动作也许就是模拟（make-believe）射击动作，或模拟火箭操纵动作。]

如果我们怀疑，被试是否说明了他所指的意思，是否理解了问题，或是否知道他所用的词语的意思，那么我们可以要求被试进行澄清。通常，我们可以消除这些疑问。在理想情况下，这些手段的作用就是要从实验的情景中消除造成含糊与不确定的所有可能来源，这样，对于文本（包括按键动作）的**一种**意向诠释，就不会有竞争对手。这个诠释就被视作一个**单一的、统一的被试**所做的诚实可靠的表达，表达了该被试的信念和意见。*不过，我们将会看到，有时这个

---

*　在《头脑风暴》（*Brainstorms*, 1978a）一书的"如何改变你的心智"一节中，我采用了"意见"（opinion）的传统用法，这让我可以区别严格意义上的信念和其他更会受到语言影响的状态，我将后者称为意见。没有语言的动物也可以有信念，但不可能有意见。人则两者都有，但如果你相信明天是周五，用我的术语来说就是，你的意见是明天是周五。如果没有语言，意见这种认知状态就不会存在。虽然我在此并未预设读者熟悉这一区分，但我希望我的主张都能适用于这两种类型。

预设会很成问题，尤其是在我们的被试表现出这种或那种病理反常的时候。例如，所谓的癔症性眼盲症患者会对看不见东西发出貌似真诚的抱怨，而有病感失认症的盲人也会对看不见东西做出貌似真诚的否认［不承认看不见或者称为安东综合征（Anton's syndrome）］。对此我们该如何处理呢？这些现象将在后面几章中得到考察。如果我们要了解这些人正在经验什么，这便不是单靠任何直接坦率的谈话就能解决的了。

4. 虚构世界和异现象学世界

除了由一些奇怪个案引起的特别问题外，似乎还有一个一般的问题。以这种方式诠释语言行为的做法，难道没有由于预设被试具有意识，因而回避了僵尸问题的实质吗？假设你遇到一台"说话的"电脑，又假设你成功地把它的输出诠释为表达其信念与意见的言语行为，也许还是"关于"它的有意识状态的言语行为。一个行为序列有一个单一连贯的诠释，这个事实不能确保这个诠释就是**对的**，有可能只是这个"被试"**好像**拥有意识，我们有被完全没有内在生命的僵尸欺骗的风险。通过这种诠释方法，你无法**确认**一台电脑意识到了什么东西。够了。我们无法确定我们所观察的言语行为是否表达了有关现实经验的真实信念，也许它们只是在表达关于不存在的经验的**表面**信念（apparent belief）。我们确实已经找到一个稳定的诠释去把某个实体的行为看成言语行为，但这个事实始终是值得关注的。如果有人找到一种主体间一致的方式，把微风中树的晃动诠释成"天气"对当前政治事件所做的"评论"，他就会说自己已经发现某种奇异的东西，而这个东西需要被解释，即使这个东西被发现是一些恶作剧的工程师造出的一个巧妙装置的结果。

令人高兴的是，我们手头有些类比可以帮助我们**描述**这样的事实，同时又不必自称能够**解释**它们：我们可以把异现象学家诠释被试行为的任务与读者诠释虚构作品的任务进行比较。一些像长篇小说和短篇小说这样的文本，大家知道或假定它们是小说，但这并不妨碍我们诠释它们的方式。事实上，在某些方面，它使诠释的任务变得更加简单，因为它取消或者推迟了有关诚实、真实和所指的困难问题。

考虑一下关于虚构作品语义学的一些无可争议的事实（Walton, 1973, 1978; Lewis, 1978; Howell, 1979）。一部小说讲述一个故事，但不是一个真实的故事，当然偶尔也有例外。虽然我们知道或者假设，所讲的故事并不真实，但我们能够说出，也的确说出了，**在这个故事中**哪些内容是**真实的**。"我们可以真心地说，福尔摩斯生活在贝克街，他爱炫耀自己的智力。我们可以真心地说，他是一个十分专心的居家男人，或者，他与警察密切合作。"（Lewis, 1978, p. 37）故事中的真实之处比文本中明确断定之处要多得多。福尔摩斯时代的伦敦的确没有喷气式飞机（虽然这一点没有在文本中被清楚写出，甚至在逻辑上都没有被包含进去），但确实有钢琴调音师（虽然就我的记忆而言，小说中既没有提到，也没有在逻辑上包含这些人）。除了故事中真真假假的内容以外，还存在一个巨大的未定区域：福尔摩斯和华生在某个夏日乘坐一辆中午 11 点 10 分的火车从滑铁卢车站到奥尔德肖特，这是真的，但至于那一天是不是周三，这就无法断言是真是假了［参见《驼背人》（"The Crooked Man"）］。

一些有趣的哲学问题讨论的是，我们在谈论虚构作品时，怎么才能（严格地）说出我们毫无疑惑地想要说出的所有东西？也许有人会对虚构作品中的人和物的形而上学地位深感迷惑，但我不会这样。

以我愉快的乐观主义来看，我并不认为，在我们从本体论上确定虚构作品结果的方式上，会有什么深刻的哲学问题。虚构作品就是**虚构**（fiction），**并不存在福尔摩斯**。因此，撇开各种复杂情节以及处理这些情节的聪明的专业建议不谈，我想请大家注意一个简单的事实：虚构作品的诠释工作无疑是可行的，而且有些结果还是无可争议的。首先，充实已有的故事，比如探索"福尔摩斯的世界"，这并非毫无意义或闲着无聊；通过了解小说**所描绘的世界**，我们可以学到关于小说、它的文本、它的意义、它的作者的许多东西，甚至还能学到关于真实世界的许多东西。其次，如果我们小心地识别和排除趣味判断或偏好判断（例如"华生是一个令人讨厌、自命不凡的家伙"），我们就可以累积大量关于所描绘世界的无可争辩的客观事实。所有的诠释者都同意福尔摩斯比华生聪明，客观性就在于这种彻底的明显状态。

最后，关于小说所描绘的世界的知识，可以独立于关于小说实际文本的知识——这个事实对研究者来说是巨大的安慰。我大概能写一篇合格的关于《包法利夫人》的学期论文，但我从没读过这部小说——甚至连英译本我都没读过。我看过英国广播公司（BBC）电视剧集，所以知道这个故事。我知道在那个世界里发生了什么。这里要说明的一般要点如下：与虚构作品世界相关的事实是关于这部虚构作品的纯粹**语义层次的**事实，它们独立于这个文本的句法事实（如果虚构作品是一个文本）。我们可以比较舞台音乐剧或电影《西区故事》和莎士比亚的戏剧《罗密欧与朱丽叶》，通过描述那些世界里的事情的异同，我们可以看出不同艺术作品的一些相似之处。有些术语适合于从语法上或文本上（甚至物理上）来描述虚构作品的具体实例，但上述相似之处无法用这些术语来描述。例如，一个事实是，在这两部作品虚构的世界中都有一对情人，他们分属不同的派系，但这个事实不涉及词汇、句子结构、长度（文字长度或电影帧数），也不涉及这些作品的任何具体物理载体的大小、形状和重量。

我们一般可以描述在一件艺术作品（如《包法利夫人》）中所表现出来的东西，而不需要描述这些表现活动是**怎样**完成的。（当然，通常我们不会做出这种分离，而是会把对所描写世界的评论与对作者完成描写的方式的评论混在一起，但这种分离是可能的。）我们甚至可以想象，如果对所描写的世界了解得足够多，也许能多到足以判断出一部虚构作品的作者，同时又对这部虚构作品的文本和任何旨在忠实翻译它的东西一无所知。在间接了解一部虚构作品中发生的事情之后，有人也许会说：只有沃德豪斯才能编出这种荒谬的不幸事件。我们认为，我们能够认出一些事件与境遇（而不只是对事件与境遇的**描述**）是卡夫卡风格的；我们还可能会宣称一些人物是纯粹莎士比亚式的。其中许多看似合理的信念无疑是错的（巧妙的实验也许会表明这一点），但它们并不都是错的。我提到它们只是想表明，人们可以在多大程度上从**所描写的东西**中收集信息，尽管他们不大知道**这样的描写**是**如何**完成的。

现在，让我们把这个类比应用到实验员所面对的困难上。实验员想要诠释由被试产生的文本，同时又不回避下面这样的问题：他的被试是否就是僵尸或电脑，是否撒谎，是否糊涂。考虑一下采用下面这种诠释策略的优点：把这些文本诠释为一般的虚构作品，当然不是作为文学作品，而是作为**理论家的虚构**（当然也许可以证明居然真有其事）的生成器。一部小说的读者让文本**构成**一个（虚构的）世界，该世界由文本授权决定，而且极尽可能地进行推广，在此之外就是不确定的。我们的实验员，也就是异现象学家，让被试的文本**构成**这个被试的**异现象学世界**，该世界由（所诠释的）文本授权决定，在此之外就是不确定的。这样，异现象学家就能推迟考虑一些难缠的问题，比如那个（虚构的）世界与真实世界之间的关系可能是怎样的。这样，理论家也能在细节上同意一个被试的异现象学世界是怎样的，同时又提出完全不同的论述，以说明这些异现象学的世界如何映射到大脑（或灵魂）中的事件上。被试的异现象学世界将是一个稳定的、主体间可证实的理论设定，这个世界与福尔摩斯的伦敦或盖普眼中的世界*，具有同样的形而上学地位。

就如在虚构作品中那样，言语文本的作者［表面作者（the apparent author）］说什么就是什么。更准确地说，表面作者所说的东西构成了一个文本；如果按照刚才提到的规则来诠释，这个文本会设定某个"世界"以何种方式**存在**。我们没有问柯南·道尔如何得知福尔摩斯觉得坐着舒服的椅子的颜色，我们也没有说出柯南·道尔犯错的可能性，但我们却会纠正印刷错误，或提出我们所能发现的最好的、最连贯的文本解读。类似地，我们不问被试（表面被试）如何知道他们所断言的东西，我们（在这时）甚至也不考虑他们犯错的可能性；我们根据他们的（经过诠释的）话来理解他们。我们也要注意，虽然小说常常包括一段文字，其大意是说其中内容无意描写任何现实人物，不管此人是活着还是已经过世，但是这种让文本构成一个世界的策略，不必限于其作者**有意**把它作为虚构的文学作品；我们可以描述某位传记作者写的维多利亚女王，或者描述基辛格的世界，而不必管它的作者自称有什么意图，他可能会说，他要讲出真相，他讲的（并非只是巧合）都是真实人物。

---

* 盖普眼中的世界（the world according to Garp），同名小说是约翰·欧文（John Irving）的名作。——译者注

5．人类学家的谨慎魅力

在正常情况下，我们不会像前文所述那样把人当作（理论家的）虚构作品的生成器。把构造作品的权威拱手**让给**人们的口头声明，这种做法只能算作屈尊施恩，只是在用假装的尊重代替真正的尊重。人类学家对异现象学的策略所做的略微不同的应用，就清楚地体现了这一点。有个例子可以说明其中要点。假设人类学家要探索一个部落，该部落信仰一个外人此前从未听说过的森林之神，名叫费诺曼（Feenoman）。这些人类学家在知道费诺曼之后就面临一个根本选择：他们要么改信这种原住民宗教，全心全意地相信费诺曼的真实存在及其善举，要么就用一种不可知论的态度来**研究这种异教**。考虑一下这条不可知论的研究路径。虽然人类学家不信费诺曼，但他们还是决定尽其所能，研究这些信徒的宗教并使这种研究系统化。他们记下由原住民提供的关于费诺曼的描述。他们寻找其中一致的地方，但并不总是找得到（一些人说费诺曼的眼睛是蓝色的，另一些人则说是褐色的）。他们试图解释和消除这些不一致，找出自作聪明者，忽略他们的意见，还与提供描述的原住民一起尝试重新表述，甚至可能去调解出现的争议。渐渐地，一个合乎逻辑的建构体浮现出来了：费诺曼是森林之神，一系列的特征、习惯和生平充实了他的形象。这些持不可知论的科学家（他们称自己为费诺曼学家）描述、组织、编录了这个由原住民信仰所构成的世界的一部分，（如果他们的诠释工作做得漂亮）他们还汇编出对费诺曼的**确定描述**。原住民信仰者（我们可以把他们称为费诺曼信徒）的信仰是权威性的（毕竟这是**他们的神**），但这只是因为，在不信仰费诺曼的人眼里，费诺曼**仅仅**是一个"意向对象"、一种纯粹的虚构，所以他完全是费诺曼信徒（真真假假的）信念的一种**创造结果**。由于信徒们的信念也许相互矛盾，费诺曼作为合乎逻辑的建构体，可能就有着人们归之于他的一些矛盾性质——但在费诺曼学家看来这没什么，因为在他们眼里他只是一个建构。费诺曼学家努力提出他们所能提出的最好的逻辑建构，但他们没有解决所有这些矛盾的重大义务。他们本来就有心理准备，发现信徒之间会有未解决的、不能视而不见的分歧。

当然，费诺曼信徒并不这么看——因为按照定义，对他们这些信徒来说，费诺曼并非只是意向对象，而是与你我一样的实在对象。对于自己在费诺曼的特征问题上的权威性，他们的态度其实（或说应该）是有点儿复杂的。他们的确相信，自己**知道**费诺曼的一切东西——他们毕竟是费诺曼信徒，谁能比他们知道得更多呢？不过，除非他们认为自己就像罗马教皇一样不会犯错，否则他们就得承认，原则上自己可能会弄错某些细节。他们可能只是通过别人的灌输才了解费诺曼的真实本性。例如，费诺曼本尊也许会在一些细节上纠正他们的错误。因此费诺曼信徒也许会不安地看到，进行研究调查的费诺曼学家完全轻信（在他们看来是这样）他们说的任何话，总是小心翼翼地按照他们的话来理解他们，从不挑战，从不怀疑，只是有礼貌地询问如何解决模棱两可的说法和明显的冲突。一个原住民费诺曼信徒如果遇到前来拜访的人类学家，并站在这些人类学家的立场上，他也许会与自己的信念（我们是否应该说这是他本人的**先天信念**？）保持一定的距离，或者采取中立的态度，而在这个过程中，他也许会脱离真正虔诚信徒的行列。

这个异现象学方法既不挑战被试的主张，也不全盘接受它们，而是维持一种建设性的、同情理解的中立态度，希望编纂出一套**确定**描述，去描述被试眼里的世界。任何被试在被赋予这种构造权威时都会很不自在，他们也许会抗议："不，**我说的是真的**！我向你描述的东西**完全都是真的**，它们确实具有我说的那些特征！"异现象学家的诚实回答也许是点点头，并向被试保证，他们的诚实当然不受怀疑。但是，一般来说信徒们要求的不只是这些，他们希望自己的断言有人相信，如果不行，他们就想知道是在什么时候自己的听众开始不相信他们的。因此，通常异现象学家更有政治智慧的一个策略是，避免别人注意到他们职业化的中立态度，无论是人类学家，还是在实验室里研究意识的实验学者，都要这样。

这种偏离正常人际关系的做法，是我们为意识科学所要求的中立性必须付出的代价。从职业层面上来说，我们必须仔细留意，我们面前的被试是不是说谎者、僵尸，或是穿着人类衣服的学舌鹦鹉，但我们不必大张旗鼓地说出实情，令他们心烦。此外，这种保持中立的策略，只是研究征途中的一个临时站点，我们最终的目标是设计并确证一个经验性理论，该理论在原则上也许可以证明被试的真假。

6．发现某个人实际上在说什么

确认被试对他们自己的现象学的信念，这会是怎么一回事呢？借助类比我们可以更好地看到这些可能的情况。考虑一下，我们如何确认某部"小说"其实是一本真实的（或大体真实的）传记。开始我们也许会问：作者在现实世界中的哪个熟人是这个角色的原型？这个角色真的是作者母亲的再现吗？作者孩提时的哪个真实事件被改编成了小说情节？作者**实际上**想说什么？直接问作者也许不是解答这些问题的最好方法，因为作者可能并不真的知道。有时以下说法也是合理的：作者在无意中不得不以讽喻或隐喻的方式表达自己。作者唯一可利用的表达资源，（不管出于什么原因）不允许他以一种直接的、真实的、非隐喻的方式去描述他想描述的事件，他所编写的故事其实是一种妥协或净效应。于是，如果经过大幅度的重新诠释（如果必要，别管作者恼怒的抗议），就可能会揭露出一个真实的故事，一个关于真人真事的故事。也许有人主张，一个如此这般的小说角色具有这些特征，这一定不是巧合，所以我们可以重新诠释描写这个角色的文本，这样在我们看来，这个文本中的语词所指的（在真实、非虚构的意义上）就是一个真实人物的特征和行动。在诠释者眼里，作者把小说人物莫丽描写成一个荡妇，这其实就是在诋毁现实生活中的波丽，因为所有关于莫丽的说法**实际上**说的就是波丽。作者对该看法的抗议会让我们相信（不管是对还是错），这种诽谤无论如何都不是其有意或刻意为之，但弗洛伊德和其他人早就告诉我们，小说作者与我们其他人一样，通常也不明白自己意图的更深层源泉。如果能有无意识的诽谤，那就必定也有无意之中的所指与之对应。

　　或者，回到我们的另一个类比。想想这样会如何：一个人类学家确认，真的有个叫作费诺曼的蓝眼家伙，他会治病，也能像人猿泰山一样在树林里荡来荡去。他不是神，不能飞，也不能同时出现在两个地方，但他无疑仍然是费诺曼信徒耳闻目睹的绝大多数奇迹、传说与信念的真正源头。这件事自然会使信徒在痛苦中失去信念，一些人也许会支持经过修改和缩减的信条，另一些人则继续坚持正统信条，即便这意味着让那个"真实的"费诺曼（他的超自然性质原封不动）与他在这个世界上的有血有肉的代理人同时存在。人们可以理解，正统派一定拒不承认他们在费诺曼的问题上还会弄错。除非人类学家发现的费诺曼教义所指的真实候选人，在性质和行为上都与传说构建出的费诺曼惊人地相似，否则他们就没有理由提出任何这样的发现。［比较："我发现圣诞老人真有其人。他其实就是一个又高又瘦的小提琴家，住在迈阿密，名叫弗雷德·达德利（Fred Dudley）；他讨厌小孩，而且从来不买礼物。"］

接下来，我建议，如果我们可以找到在人们大脑中真实发生的事件（real goings-on），它们与占据在这些人的异现象学世界里的项目有**足够**多的、相同的"界定性"特征，这时我们就有理由提出，我们已经发现他们**实际**上在说什么——即使他们一开始并不承认我们的判断。如果我们发现真实发生的事件与异现象学项目只有较少的相似之处，我们就有理由宣布，这些人弄错了自己所表达的信念，虽然他们都很真诚。就像顽固的费诺曼信徒一样，可能总是有人会坚持，真实的现象学项目**伴随着**大脑中发生的事件，同时又不等同于它们，但是，这一主张是否可信则是另一回事。

与人类学家一样，我们可以在探索这个问题时保持中立态度。这种中立态度也许看起来毫无意义——难道就不可以想象，科学家发现的神经生理学现象，也许**就是**被试在其异现象学中所展示的项目吗？大脑事件似乎与现象学的项目大不相同，以至于这些事件不可能是我们在内省报告中所表达的信念的真实所指。（就如我们在第1章中所看到的那样，心智素材似乎必须是想象中的紫色母牛以及诸如此类的心理想象产物得以构成的材料。）我怀疑，也许大多数人仍然会觉得真实世界与心理世界之间的这种同一前景是完全不可想象的，但是，我不会承认它因此就是不可能的，我会试图更多地扩展我们的想象力，再讲一个故事。这个故事主要针对一个令人特别困惑的现象学项目：**心智意象**（the mental image）。这个故事的优点是，它基本上是一个真实的故事，只是经过稍微的简化和修饰。

7. 沙克的心智意象

原斯坦福研究所位于美国加利福尼亚州的门洛帕克，在20世

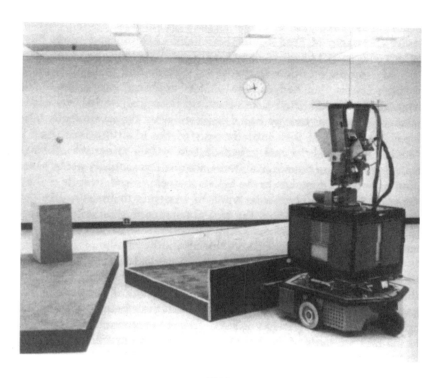

图 4.1

纪60年代末期，这里的尼尔斯·尼尔森、伯特伦·拉斐尔（Bertram Raphael）和他们的同事一道制造出了机器人沙克（见图4.1）。沙克在机器人的短暂历史中有着传奇的地位，这不是因为它做什么事做得特别好，也不是因为它对人的某种心理学特征做了特别逼真的模拟，而是因为它以独特的方式展现了思维的某些可能性，同时宣告了其他可能性的不可能（Raphael, 1976; Nilsson, 1984）。它是哲学家会赞赏的那种机器人，它是一个可以争论不休的东西（a sort of rolling argument）。

沙克是一个装有轮子的箱子，装着电视眼（电视摄像机），它的大脑并不在它自己身上，它是通过无线电通信与大脑（那时也就是一台巨大的固定计算机）相连的。沙克住在好几个房间，里面只有几样东西：几个盒子、棱锥、斜坡和平台。这些东西的颜色是精心涂过的，还发着光，这样沙克就比较容易看见它们。人们在与沙克的计算机大脑相连的终端敲入一些信息就能跟它通信，这些信息只是一部分受到严格限制的英语词汇。敲入"把盒子推出平台"（PUSH THE BOX OFF THE PLATFORM），沙克就会找到盒子，定位斜坡，把斜坡推到位，从斜坡滚到平台，然后把盒子从平台上推出去。

沙克是如何做到这一点的？也许有个小人在沙克内部看着电视屏幕按控制键？设定这个聪明的小人也许是一种方法，一种欺骗性的方法。另一种方法也许是，人类操纵者站在沙克外面用远距离无线电控制它。这是笛卡儿式的解决方案，在沙克内部有一个发送／接收器扮演松果体的角色，无线电信号则是笛卡儿非物理的灵魂信息的非奇迹替身。这些"解决方案"显然是空洞的，但一种不空洞的解决方案会是怎样的呢？初看起来这种方案不可想象，或者复杂到了不可想象的地步，但我们需要面对和克服的正是想象力方面的障碍。沙克如何可以不借助**机器中的人**的力量就完成它的行动，其实这远比你所想象的要简单。

具体来说，沙克如何借助自己的电视眼来区别盒子和棱锥呢？答案对于观察者来说相当明显，观察者可以看到这个过程就发生在计算机显示器上。带有"雪花"噪点的单帧电视画面——比如一个盒子的图像——会显示在显示器上。接着图像会以各种方式得到提纯、校正和增强，然后盒子的边界就会奇迹般地被勾勒出来——整个图像变成一幅线条画。（见图 4.2）

再然后，沙克会分析这幅线条画。它会确定，每个顶点要么是 L，要么是 T，要么是一个箭头，要么是 Y。如果发现的是一个 Y 顶点，

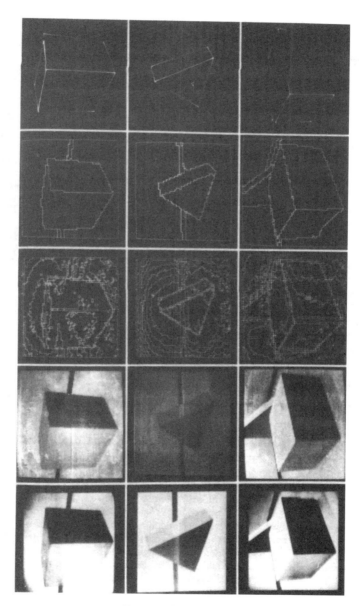

图 4.2　区域分析的步骤（横向）

那么对象就必定是盒子，而不是棱锥；从任何一种视角来看，棱锥都不会投影成一个 Y 顶点。（见图 4.3）

上述过程当然是过度简化的，但它表明了这里所依据的一般原则。沙克有一个"线条语义学"程序，该程序运用这些一般原则来确定显示器上的图像对应哪种对象类型。如果观察者最终看到，显示器上的东西很奇怪，那么他们大概会感到头昏眼花——他们看到的是显示器上的图像转换过程，**但沙克并没有在看这个过程**。此外，沙克也没有看任何别的会转换和分析同样图像的显示器。在硬件中没有任何别的显示器，观察者所看的显示器其实可以被关掉或切断电源，这对沙克的知觉分析过程不会造成损害。这台显示器是骗人的吗？它对谁有利呢？只对观察者有利。那么观察者在显示器上看到的事件，与在沙克内部发生的事件又有什么关系呢？

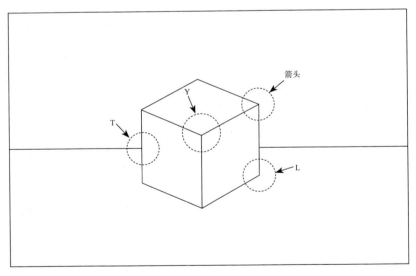

图 4.3

显示器是为观察者而设的，但是设置显示器这个**想法**也是为了方便沙克的设计者。想一想，他们所面临的任务几乎是不可想象的：你究竟如何才能从一个简单的电视摄像机中得到输出，再以某种方式从中提取出可靠的盒子识别动作呢？在摄像机传送给计算机的天文数字般的可能图像中，只有很少一部分是盒子的图像；每一帧图像都是纯由黑白像素排列构成的，这些排列或连或断，用 0 与 1 表示。应该怎样写程序才能认出盒子的所有图像，而且只认出盒子的图像呢？我们可以做很简化的处理：假设摄像机的感光部分是一个 1 万像素的格栅（100×100），于是每帧图像就是 1 万个 0 与 1 的可能序列中的一个（见图 4.4）。要可靠地连成一个盒子，0 与 1 需要排成什么样的模式呢？

首先考虑将所有这些 0 与 1 排成一个阵列，其实就是复制摄像机的空间图像，就像显示器上的可视像素的排列一样。从左向右给每行像素编号，就像书页上的文字那样（与商业电视不同，商业电视是之字形扫描）。然后注意，黑暗区域主要由 0 组成，明亮区域则主要由 1 组成（见图 4.5）。而且，左边明区与右边暗区之间的**垂直边界**，可以用 0 与 1 的序列来简单描述：一个主要由 0 构成的序列一直到像素 n，紧接着是主要由 1 构成的序列，后面又跟着正好 100 个数位（在下一行），这 100 个数位是主要由 0 构成的序列，一直到像素 n+100，在这之后又有一个主要由 1 构成的序列，以此类推，以 100 的倍数来变化。

如果一个程序能够搜寻来自摄像机的数据流中的这种周期特征，它就能够定位这样的垂直边界。一旦找到，再小心地把 1 换成 0 并把 0 换成 1，这种边界就能转换成漂亮的垂直白线，这样一来，像 00011000 的信息就恰好出现在序列每百位一行的位置上。

水平的明暗边界也容易定位：在这个位置上的序列是一组连续的 0 在 100、200、300……个数字后跟着一组连续的 1。（见图 4.6）

00001000001000001000001101110111111011111111011
0010000100000010000001110101111011110110110111
01000000001010000000100111110101110101111111101
000001000001000000000110101111111111101111110
01000001000001000000110101111101111111111011
00000000001000000000011111101111111111011111
00000000100000000000111011111111111111011111
00000000000001000000011111111011111111111111
00000000100000000000101111111111110111111111
00001000000000000000011111111111011111111110
00000000000000000001001111011111111111111111111
00000010000010000000011111111111011111111111

图 4.4

0000000000000000000000011000000000000000000000
0000000000000000000000011000000000000000000000
0000000000000000000000011000000000000000000000
0000000000000000000000011000000000000000000000
0000000000000000000000011000000000000000000000
0000000000000000000000011000000000000000000000
0000000000000000000000011000000000000000000000
0000000000000000000000011000000000000000000000
0000000000000000000000011000000000000000000000
0000000000000000000000011000000000000000000000
0000000000000000000000011000000000000000000000
0000000000000000000000011000000000000000000000
0000000000000000000000011000000000000000000000

图 4.5

0001000000000100000000000100000000010000000000
0000000000010100000000000001000000000000000001
0000000001000000000000100000000000100000000010
0000100000000000010000000000100000010000001000
0000000001000000000100000001000000000000000000
0000000000000000001000000001000000000000000000
1111111110111111111111111101111111111110011111
1111111111111110111111111111111110111111111111
1111111111111111111111110111111111111111101111
1011111111111111111111111111111111111111111111
1111111111111111111101111111111111111111111111
1111111101111111111111111111111101111111111111

图 4.6

倾斜的边界只是稍微复杂一点儿，计算程序必须寻找序列中出现逐渐增长的地方。一旦所有边界的位置确定并以白线画出，线条画就完成了。然后，更为复杂的下一步就将取而代之：把"模板""放在"小块线段上，这样就能识别出顶点。一旦找到顶点，用线条语义学程序对图像中的对象进行归类就是直截了当的事了——在有些情况下，这就像找一个孤立的 Y 顶点一样简单。

这个过程的若干特征对我们来说很重要。首先，每个子过程都是"愚蠢的"、机械的。这就是说，计算机的任何部分都不必理解它在做什么或为什么要这样做，而每个步骤如何可以机械地完成，也没有什么神秘之处。但是，把这些"愚蠢"而机械的过程比较聪明地组织起来，就会产生一种可以**取代**有知识的观察者的设备。（把整个视觉系统放到"黑箱"里，其任务是"告诉沙克它需要知道的"在它面前的东西的"信息"，这些信息都基于作为输入信号的电视图像。一开始我们也许倾向于认为，能够做到这一点的唯一办法是把一个小人放到黑箱中，由小人来观察屏幕。现在我们找到了一种方法，按此方法，机器就可以取代这个任务有限的小人。）

一旦我们明白这是如何完成的，我们就能看到，虽然这个过程与实际观看（画线、擦除）屏幕黑白点的过程极为**类似**，但是，把 0 变成 1 或者把 1 变成 0 这些个别操作，在计算机中的什么位置发生，这并不重要，只要作为个别数字的临时"地址"的数字可以对像素之间谁与谁相邻的信息进行编码就行。假设我们关掉显示器，然后，即使没有（或者不必有）任何实际的二维图像可以在计算机内部的空间中定位（比如作为"硬件中的激发模式"），这些操作也与我们在显示器上看到的事件是同构的（平行的）。这些事件是真正图像化的：受激的磷光点所组成的二维表面会形成一定的形状，这个形状有着特定的大小、颜色、位置与方向。因此从**某种**严格的意义上来看，沙克不是通过一系列的图像转换来发现盒子的；在此过程中的最终真实图像是在摄像机的接收域上聚焦的图像。但是，在另一个严格而隐喻的意义上，沙克**的确**是通过一系列的图像转换来发现盒子的，这就是刚才描述的过程，该过程把黑白边界变成线条画，然后再对顶点进行分类。这个严格的意义同时又是隐喻的，这样来看这一事实就很清楚：我们注意到，人们预期任何**真实**图像都会具有的多种性质，由沙克所转换的"图像"都不具备——它们没有颜色，没有大小，没有方位。（我们可以依据这类图像打一个不错的谜语：我想到一个图像，它不比《蒙娜丽莎》画像大，也不比它小，它既不是彩色的，也不是黑白的，而且不朝向指南针所指的任何方向。它是什么？）

   沙克从周围光线中提取对象信息的过程，与人类的视觉过程几乎完全不同，也与任何生物的视觉过程很不相同。但是，我们可以暂时忽略这种差别，这样我们就能看出一种相当抽象的可能性：人类被试报告的心智意象如何可以在大脑中被发现。上文关于沙克视觉系统的论述极为简化，这样可以把一些基本的理论要点生动地呈现出来。现在我们进行一些科幻想象，以便提出另一个要点：假设我们将沙克与另一个人工智能名角进行对照，这个名角就是特里·威诺格拉德（Terry Winograd, 1972）设计的沙德鲁（SHRDLU），沙德鲁控制（想象的）积木，然后回答它在做什么和为什么这样做的问题。沙德鲁的回答多是"预制的"：它们是储存下来的现成句子和句子模板，由威诺格拉德编写而成。沙德鲁的重点在于抽象地探索任何一个对话者所会面临的一些信息处理任务，而非真实地为人类话语的生成建模，而这也正是我们思想实验的精神。（在第8章中我们会看到更多更现实的话语生成模型。）我们可以重新设计沙克，让它有个更复杂的口头行动指令集。与这个新版沙克的交流也许是这样的：

你为什么要移动斜坡？

这样我就能滚动着上平台。

那你为什么要这样做呢？

我要把盒子推下去。

那你又为什么要这样做呢？

因为你叫我这么做。

但是，假设我们然后又问沙克：

你如何区别盒子与棱锥？

我们应该设计沙克在回答时"说"什么呢？有三种可能性：

（1）我浏览了我的摄像机上的每个由 0 和 1 组成的 10 000 位长的序列，寻找某些序列模式，比如……吧啦吧啦吧啦吧啦（如果我们让沙克详细回答，那么答案就会**很长**）。

（2）在我的脑海里，我发现了明暗的边界，我围绕它们画出白线；接着我寻找顶点；如果我发现一个 Y 顶点，我就知道我看见的是一只盒子。

（3）我不知道，一些东西看上去就像盒子一样。我就是想到了。这全凭**直觉**。

沙克要说哪句才是正确的？每个答案都有对的地方；这些回答描述的是不同深度或晶粒层次的信息处理活动。我们应该设计沙克能够给出哪个答案，这在很大程度上是一个做什么决定的问题，我们要决定，沙克的表达能力（它的 SHRDLU 黑箱）拥有多少访问它的知觉过程的途径。也许会有很好的工程学理由，否定它有访问中间分析过程的深层的（详细的、耗时的）途径。但是，无论我们赋予沙克怎样的自我描述能力，它关于它内部发生的活动以及它正在做的事情的可表达"知识"，在其深度与细节方面始终存在一个限度。如果它能给出的最好回答是上述第三种方式，那么，它就没办法回答它怎么区分棱锥与盒子的问题，就跟我们也没办法回答自己如何区分"桑"与"商"的问题一样，我们并不知道自己是如何做出这种区分的。一个字听起来像"桑"，而另一个则像"商"，这就是我们所能做到的最好状态。如果我们设计沙克用第二种方式来回答，那也仍然会有别的问题它无法回答，比如："你是如何在你的心智意象上画白线的？"或者"你是如何把一个顶点识别为箭头的？"

假设我们设计沙克是通过第二种方式来访问它的知觉分析过程的，当我们问它是怎么做的时，它就告诉我们它所做的图像转换。我们拔掉显示器插头，不让它知道。我们有资格告诉它我们知道得更多吗？它没有真的在处理图像，但它会认为它在处理吗？（它**说**自己在处理，这样，按照异现象学的策略，我们就认为这是它的信念的一次表达。）如果它是某个人的现实模拟，它大可以反驳说，我们完全没有资格告诉它在它自己的心智中发生的事情。它知道自己在做什么，知道它**真的**在做什么。如果沙克更复杂一些，它或许会承认，它正在做的事情，只可以在比喻的意义上被描述为图像处理——虽然它觉得自己绝对倾向于这样来描述正在发生的事情。在这种情况下，我们就可以告诉它，它的隐喻表达方式是完全恰当的。

另一方面，如果我们更邪恶一些，我们就可以操纵沙克，让它以完全虚假的方式说它正在做的事情。我们可以把它设计成想说一些在它内部发生的事情，而这些事情又与实际发生的事情没有符合规则的联系。（"我用我的电视输入来驱动一把内部的凿子，它在一块心智黏土中凿出一个三维形状。然后，如果我的小人可以坐在上面，它就是盒子；如果小人掉了下来，它就是棱锥。")这种报告没有保真诠释；沙克也许只是在**虚谈**（confabulating）——它编造了一个故事，但自己没有"意识"到。

我们自己身上的这种可能性，说明了我们为什么绕来绕去，费劲地先把异现象学当作与虚构作品诠释类似的东西。正如我们已经看到的，在有些情况下，人们正好搞错了他们正在做什么以及他们是如何做的。这不是说，他们在实验的时候**撒谎了**，而是说，他们在虚谈；他们填补空白、猜测、思辨，错把理论推理当成事实观察。他们说的话和驱使他们说这些话的东西之间的关系，是极度模糊的，不论对我们这些**外部的**异现象学家，还是对被试本人来说，都是如此。**他们没有任何方法"看出"**（也许借助内在之眼）支配他们说话的过程，但这并不妨碍他们的确有真心实意的意见要表达。

总而言之，被试是虚构作品的无意的创造者，但说他们是无意的，这就等于承认，他们所说的实际上是或者可以是一种论述，这种论述说的是**在他们看来情况确实是怎样的**。他们告诉我们，解决问题、做出决定、认出对象这些活动在他们看来**会是怎样的**（what it is like to them）。因为他们是真心这样想的（看来如此），所以我们承认，那必定是在他们看来的情况。但是，由此可以推论，他们眼中的情况，最多只是对在他们内部发生的情况不确定的向导。有时也许可以指明我们的被试无意之中创造的虚构是真的，但这有个条件：我们必须允许某种比喻措辞，就像沙克用第二种方式来回答那样。例如，认知心理学家近期关于心智意象的研究显示，我们对自己所欣赏的心智意象（无论是紫色母牛还是棱锥）的内省报告，并非完全错误（Shepard and Cooper, 1982; Kosslyn, 1980; Kosslyn, Holtzman, Gazzaniga and Farah, 1985）。对这一点我们在第 10 章中会进行更详细的讨论，我们将会看到，如何**可以**诠释我们关于心智意象的内省报告，使之最终成真。但是，就像尘世之中的那个费诺曼一样，他其实既不能飞，也不能同时出现在两个地方，同样，我们在大脑中发现的、**认为**就是心智意象的真实事物，也不具有被试自信地赋予它们的图像的所有奇妙特征。沙克的"图像"提供了一个例子，可以用来说明一个其实根本不是图像的东西如何可以成为某人以图像的名义谈论的东西。虽然大脑中支撑人类心智意象的过程很可能与沙克的过程不太相同，但我们毕竟打开了一个原本难以想象的可能性空间。

8．异现象学的中立性

本章一开始我就承诺要描述一种方法，即一种异现象学的方法，这一方法在许多争论方面都要保持中立态度，比如现象学的研究途径应该是主观的还是客观的，现象学项目是物理实在还是非物理实在。让我们来回顾这个方法，以确保它是可以中立的。

首先，在僵尸问题上它的表现如何？相当简单，异现象学方法本身不能区分僵尸与真实的有意识的人，所以也不自称能够解决僵尸问题，或者简单打发这个问题。**按照假设**，僵尸的行为就跟真人一样，同时，由于异现象学是一种诠释行为（包括大脑内部的行为等）的方法，所以佐伊（Zoe）和僵尸佐伊（她的无意识"孪生姐妹"）都能到达完全一样的异现象学世界。僵尸确实有一个异现象学的世界，但这只是意味着，当理论家去诠释僵尸时，他们可以成功地完成完全一样的任务，运用完全一样的方法，就如我们运用完全一样的方法来诠释我们的朋友一样。当然，如前文所述，我们的一些朋友也许是僵尸。（讲这些话时，我很难做到面不改色，但因为一些认真的哲学家在认真地看待僵尸问题，所以我也只好照做。）

承认僵尸有一个异现象学的世界，这样做确实没有什么错，也没有不中立的地方，因为这种承认所保证的东西非常之少。这是异现象学的形而上学的最简纲领。这种异现象学方法描述的是一个世界，一个主体的异现象学世界，在这个世界中可以找到各种**对象**（用哲学行话来说，意向对象），在这些对象上也会发生各种事情。如果有人问："那些对象是什么，它们是由什么**做成的**？"答案**也许就是**："什么也不是！"匹克威克先生由什么做成？不由什么做成！匹克威克先生是一个虚构的对象，而异现象学家描述、命名、提及的对象也是如此。

"但作为一个理论家，你承认自己说的只是虚构的实体，是不存在的事物，这难道不难堪吗？"一点儿也不。文学理论家们在描述虚构的实体时做的是有价值的、诚实的脑力工作，研究各种文化中的神灵与巫师的人类学家也是这样。其实物理学家也是如此，如果有人问物理学家，重心由什么组成，那么他们会说："不由什么组成！"与重心或赤道一样，异现象学的对象是**抽象物**，而不是**具体物**（Dennett, 1987a, 1991a）。它们不是无聊的幻想，而是辛勤工作的理论家虚构的东西。而且，与重心不同，这一方法保持开放态度，可以把虚构的东西换成**具体物**，只要经验科学的进展为后者提供保障。

研究诺亚洪水可以有两种方法：你可以假设，它是纯粹的神话，但仍然是非常值得研究的神话；你也可以追问，在洪水背后是否有某种真实的气象或地质灾难。两种研究方法都可以是科学的，但第一种方法推测色彩较少。如果你想沿着第二条路线来推测，你首先应该做的事就是，按照第一种方法仔细研究，收集存在的蛛丝马迹。类似地，如果你想研究现象学的项目如何是（或甚至**是否**就是）大脑中的真实事件，你首先应该做的事就是，仔细地对异现象学的对象编目。

这也许会冒犯被试（就像研究费诺曼的人类学家也许会冒犯为他们提供信息的人一样），但这是我们避免"直觉"之争的唯一途径，否则直觉之争就会假冒现象学。

那么，又该如何看待这种反对意见，即异现象学从第三人称视角出发，并未触及意识的**实际**问题？正如我们所看到的，内格尔就坚持这种反对意见；约翰·塞尔也是，他明确反对我的方法，他警告说："记住，在这些讨论中，始终要坚持第一人称视角。当我们试图搞明白我们如何**知道**在别人看来会是怎样的时候，操作主义的花招就出现了。"（Searle, 1980, p. 451）但是，这并非实际发生的情况。请注意，当你处在异现象学的关键时刻时，**你掌握着最后话语权**。你可以毫无限制地编辑、修改和反悔，但是，只要你想避免做出自以为是的**理论推理**去说明你所报告的项目的原因或形而上学地位，你坚持的任何东西就会被赋予构成性的权威，可以确定在你的异现象学世界里发生了什么。你就是那个小说家，你说什么就是什么。你还可以要求更多吗？

如果你要我们**相信**你关于你自己的现象学所说的一切，你就不只会要求我们认真地对待你，而且会要求我们把你看成像教皇一样永不出错，后者就太过分了。你可没有权威去判定在你内部发生了什么，你只有权威去判定在你内部**看来**发生了什么，而我们的确认为，你在以下两个方面享有全部的甚至专制的权威：在你看来那是怎样的，以及**你觉得你自己是什么样子的**。如果你抱怨说，"在你看来那是怎样的"当中的有些部分不可言传，那么我们这些异现象学家也会同意你的说法。我们相信你不会描述某个事物的最好依据就是：（1）你没有描述它；（2）你承认你不能描述它。当然，你也许是在撒谎，但我们也会先相信你。如果你反驳说："我并非只是说**我**不能描述它，我是说，它是不可描述的！"我们这些异现象学家就会指出，至少你现在还不能描述它，由于你是唯一可以描述它的人，所以它在这个时候是不可描述的。也许以后你就能够描述它了，但在那个时候，**它**当然就是某个不同的东西了，是某个可以描述的东西了。

当我宣布异现象学的对象是理论家虚构的东西时，你也许会忍不住来抨击这个说法（我发现许多人都是这样），你说：

> 那**正好**就是真实现象学对象与异现象学对象之间的区别所在。我的**自我**现象学（autophenomenology）对象，不是虚构的对象——它们是完全**真实的**，虽然我不知道怎样去说它们是由什么构成的。我真诚地告诉你，我正在想象一头紫色母牛，这个时候，我并不是仅仅完全无意识地制造出了带有那个意思的词语串（像沙克那样），狡猾地设法使之与我大脑里所发生的某些稍微相似的物理过程同时进行，而是有意识地、刻意地报告，某个**真的存在在那里**的东西是存在的！在我看来它并非只是理论家虚构的东西！

仔细想想这个说法。你说你并非完全无意识地制造出了你说的一个词语串。那好，你**是**无意识地制造出了一个词语串；你无法知道你是如何这样做的，或者有什么东西进入了这个制造过程。但你坚持认为，你不只**是**在做这个；你知道**为什么**你在做它；你**理解**这个词语串，**你的意思就是指**它。我同意。这就解释了为什么你所说的完全可以构成一个异现象学世界。如果你只是比较随意地、鹦鹉学舌地说几个字，那么产生这样一种诠释的词语序列的概率，就是一个天文数字。关于你如何说出以及为什么说出你所做的，这的确是有一个很好的解释，这个解释可以说明，在只是说出某个东西和说出它而且意思就是指它，这两者之间有什么差别，**但你现在还没有这个解释**，至少没有它的全部内容。（在第 8 章中我们会探讨这个问题。）很有可能你是在说某个真实的东西，至少大部分时间如此。让我们看看，我们是否能发现这个东西是什么。

这些让人安心的保证对一些人来说还不够。有些人就是不想按照这些规则行事。例如，只要跟他们说话的人多次暗示**也许**存在某种替代性的真正的宗教，一些虔诚的宗教人士也许就会觉得受到冒犯。在这些人眼里，不可知论不是中立，而是冒犯，因为他们信奉的一个信条就是，不信本身就是有罪的。只有相信这点的人才有资格信他们的信仰，也才有资格（如果这是一个正确的词）感受到他们在遇到怀疑论者或不可知论者时的那种受伤的情感；在得知有人（还）没有相信他们所说的东西时，他们会很焦虑，但是，除非他们能够控制这种焦虑，否则他们会把自己排除在学术探讨之外。

在这一章中，我们发展出了一种用于研究和描述现象学的**中立方法**。这种方法是说，从（貌似）说话的**被试**那里提取和纯化文本，并运用这些文本生成理论家虚构的东西，生成被试的**异现象学世界**。这个虚构的世界中含有被试（貌似）真诚地相信存在于他或她（或它）的意识流中的所有东西：图像、事件、声音、气味、直觉、预感和情感。经过最大限度地扩展之后，这个世界其实就以中立的态度，描绘出**作为那个被试是什么样子**（what it is like to be that subject）——并且是用被试自己的语言，而这就是我们所能掌握的最好诠释了。

在提取这样一种异现象学之后，理论家随后就可以转到这个问题：什么能够极尽详细地解释这个异现象学的**存在**。这种异现象学是存在的，就像小说和其他虚构作品的存在一样无可争议。毫无疑问，人们的确相信自己拥有心智意象、痛苦、知觉经验和所有其他的东西，而且**这些**事实——人们相信什么，他们在表达自己的信念时报告了什么——是任何关于心智的科学理论所必须解释的现象。我们把自己有关这些现象的数据组织成理论家虚构的东西，组织成异现象学世界中的"意向对象"。然后，这样描绘的异现象学项目是否作为大脑中或心智中的真实对象、事件和状态而存在呢？这个问题是一个需要研究的经验性课题。如果发现合适的、真实的候选事物，我们就可以把它们确定为我们一直在找的被试现象学项目的所指；如果没有发现，我们就必须解释为什么在被试看来这些项目是存在的。

既然我们的方法论预设已经就位，那么我们就可以转向意识本身的经验性理论了。我们首先会处理有关我们意识流项目的时间先后与顺序排列问题。在第 5 章中，我会提出这个理论的初步草图，展示它如何处理简单的情况。在第 6 章中，我们会看到这个理论如何允许我们重新诠释一些更为复杂的现象，这些现象曾让许多理论家感到困惑。在第 7 章到第 9 章中，我将会发展这个理论，超出最初的理论草图，避开错误的诠释，击退反对的意见，并以例子进一步说明它的长处。

第二部分

心智的经验性理论

第 5 章

多重草稿 vs 笛卡儿剧场

1. 观察者的视点

> 大脑中没有任何细胞或细胞群在结构或功能上具有如此突出的地位，似乎是整个体系的拱顶石或重心。

> ——威廉·詹姆斯
> (William James, 1890)

沿着崎岖的海岸驾船游玩的人，通常要确保在驶向目标的路上没有什么危险。他们发现在想去的方向上有个可见但是遥远的浮标，于是他们检查海图，确定在目标与他们现在所处位置之间的直线上没有隐蔽的障碍物，然后便一路直驶过去。在一个小时或更长的时间内，船长的目标就是校正所有偏斜，直指目的地。但偶尔会发生这种情况：船长为维持航向过于投入了，结果忘记在最后关头拐弯，于是这艘船真的一头撞上那个浮标！这是因为，他们虽然在向浮标前进这个小目标上取得了一些令人欣慰的成绩，却因此分散了注意力，忘了不出事故这个大目标。在本章中我们将会看到，一些最令人困惑的意识悖论，可能就是因为太长时间坚持某种良好的思想习惯而产生的，虽然这种习惯通常能让我们远离麻烦。

哪里有有意识的心智，哪里就有**视点**。这是我们关于心智或者意识的最基本观念之一。一个有意识的心智是一个观察者，能够接收存在的全部信息的一个有限子集。观察者接收在宇宙的一个特定且（大致）连续的时空序列上可得到的信息。就多数实际目的来说，我们可以认为，一个特定的有意识主体的视点就是一个在时空中移动的点。例如，考虑物理学和宇宙学表示多普勒频移或光线弯曲的引力效应的标准图解（见图 5.1）。

图 5.1 中的观察者固定于地球表面的某点。对处于宇宙中不同位置的观察者来说，情况看起来则会有所不同。一些比较简单的例子是大家都熟悉的。我们用声音和光线具有不同的传播速度来解释在听到远处焰火的声音和看到它的光焰之间存在的惊人时间间隔。它们在不同的时间**到达**观察者所在的位置，即使它们是在同一时间离开源头的。

不过，如果我们向观察者逼近，试图更加准确地标出其视点的位置，把该视点当作在个体**之内**的一个点，那会怎样？这时，在大尺度上可以良好运作的那些简单假设就会开始崩溃。*在脑中不存在把所有信息都向其集中的一个点，这个事实会导致一些绝非显然的，实际

---

* 这让人想起物理学家处理**奇点**时所遇到的困难，由于奇点具有无维性，因而各种量都是无穷大的（鉴于它们的定义如此）。黑洞存在这个问题，诠释比较普通的东西时也会受其影响。罗杰·彭罗斯曾经讨论如何把洛伦茨方程和麦克斯韦方程组应用于粒子的情况。"洛伦茨方程告诉我们要做的是，检查带电粒子所在的某个**精确**点的电磁场（实际提供在该点的'力'）。如果粒子是有限尺度的，那么这一点应该取在何处？我们应该把这个粒子的'中心'当成这个点吗？还是我们对表面上的所有点的场（'力'）取平均数？……也许我们把粒子看成点粒子会好一些。但这会导致另一个问题，因为如果那样，粒子自身的电场便会在它的紧邻处变得**无穷大**。"（Penrose, 1989, pp. 189-190）

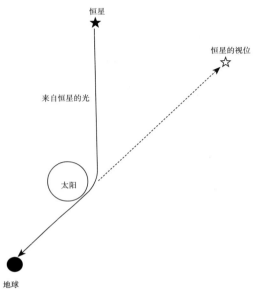

恒星

来自恒星的光

恒星的视位

太阳

地球

图 5.1

上还相当反直观的结果。

因为我们会考虑在一个相对微观的时空尺度上发生的事件，所以重要的是对所涉及的数量级有清晰的认知。我们将要考虑的一切实验所涉及的时间间隔，都以毫秒或说千分之一秒来度量。如果你对 100 毫秒或 50 毫秒是多长（或多短）有大致的印象，那会有点儿帮助。人每秒可以说出 4 或 5 个音节，所以 1 个音节大约会占用 200 毫秒的时间。标准的电影每秒前进 24 帧，所以胶片每 42 毫秒前进一帧（实际上每个画面都是静止的，并在 42 毫秒内曝光 3 **次**，每次持续 8.5 毫秒，每次之间大概有 5.4 毫秒的黑暗间隔）。（在美国）电视每秒走 30 帧，或说大约每 33 毫秒走一帧（实际上每帧分两次传送，与前一帧部分重叠）。如果你尽可能快地用手指开关秒表，那么你花的时间大约是 175 毫秒。用铁锤砸自己的手指，快的（有髓鞘的）神经纤维将信号传给脑，大约会用 20 毫秒；慢的、无髓鞘的 C 纤维把同样的痛信号传输同样的距离，花费的时间要长得多——大约要 500 毫秒。

下面给出一些重要的持续时间的近似毫秒值。

说 "one, Mississippi"	1 000 毫秒
无髓鞘纤维，从指尖到脑	500 毫秒
击球手击出的快球，以每小时约 140 千米的速度飞到约 30 米外的本垒板	458 毫秒
说出一个音节	200 毫秒
启动并停止秒表	175 毫秒
电影胶片每前进一帧	42 毫秒
电视画面的一帧	33 毫秒
快的（髓鞘）纤维，从指尖到脑	20 毫秒
神经元的基本循环时间	10 毫秒
一台个人电脑的基本循环时间	0.000 1 毫秒

笛卡儿是最先严肃思考如下问题的人之一：如果我们更仔细地去看观察者的身体内部，那会发生什么。他阐述过一个想法，这个想法在表面上如此自然，如此具有吸引力，以至于从那以后它就一直渗透在我们关于意识的思考中。我们在第 2 章中看到，笛卡儿判定人脑**的确**有一个中心——松果体，它是通往有意识心智的大门（见图 2.1）。松果体是脑中唯一位于中线的器官，它不是成对的，不是左右各有一个。16 世纪伟大的解剖学家维萨里（Vesalius）在一幅图里用 "L" 来标志它（见图 5.2）。它比一粒豌豆还小，孤零零地立在它细长的支撑物上，与脑后部中央的剩余神经系统相连。由于它的功能相当难以捉摸（我们现在仍然不清楚松果体在做什么），笛卡儿就为它指定了

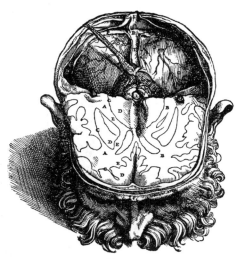

图 5.2

一个角色：一个人要对某个东西有意识，从感官传来的信息就必须到达这个站点，松果体在这里促成了一种特别的、魔力般的互动，即人的物质性大脑与非物质心智之间的互动。

在笛卡儿看来，不是所有的身体性反应都要求有意识心智的介入。他完全注意到了现在我们所称的反射，而他假定，反射由纯粹机械的回路完成，这些回路完全绕开松果体，因此反射是无意识地完成的。

不过，笛卡儿弄错了细节（见图 5.3）：他以为是火在让皮肤移动，从而牵动一条细线，细线再打开脑室的一个小口（F），这个小口导致"动物灵魂"通过中空的导管流出，而这又造成腿的肌肉膨胀，引起脚的收缩（Descartes, 1664）。这原本是个好想法。可笛卡儿把松果体的作用看成意识的十字转门（我们可以称之为笛卡儿式瓶颈），这就不能说是个好想法了。这种观念，也就是笛卡儿式二元论，全然错了。我们在第 2 章中已经看到了这一点。然而，虽然这样或那样的物质论现在已是几乎得到公认的意见，但即使是最为老练的物质

图 5.3

论者今天也常常忘记，如果笛卡儿的幽灵般的**思维之物**被抛弃，人脑就不再会有中央大门的角色，甚至没有**功能**中心的角色。不但松果体不是发往灵魂的传真机，不是脑的总统办公室，脑中的任何其他部分也都不是这样的地方。脑的确是**总部**，是终极观察者所在的地方，但是，我们没有理由认为，人脑本身还具有更高的总部、内在的密室，而到达这样的地方才是有意识经验的充分条件或必要条件。简而言之，人脑内部没有任何观察者。*

---

* 不承认头是总部，这是一个疯狂的想法，但也并非没有先例。菲利普·皮内尔（Phillipe Pinel）报告过一个古怪的病例，在 1800 年，有个人陷入"因害怕革命而引发的真实谵妄中。他的理智颠倒具有一个特点：他相信他被处斩了，他的头被胡乱地接到另一个受害者的头上，而那些法官对自己的残酷行为后悔得太迟，命令把这些头重新接到它们各自所属的躯体上去。不过，由于某种错误，他们不幸地把另一个人的头放在了他的脖子上。他的头被换掉了，这个想法日夜困扰着他……'看我的牙！'他不停地唠叨，'它们过去是好好的，可现在的这些却是坏的！**我的**口腔过去是健康的，可**现在的这个**却被感染了！这头发与我换头前所拥有的是多么不同啊！'"（*Traité médico-philosophique sur l'aliénation mentale, ou la Manie.* Paris: Chez Richard, Caille et Ravier, 1800, pp.66-67)。[感谢多拉·韦纳（Dora Weiner）让我注意到这个有趣的病例。]

焰火的例子提醒我们，光的传播速度比声音的传播速度快，但我们现在知道，与处理听觉刺激相比，人脑处理视觉刺激所花的时间要长一些。正如神经科学家厄恩斯特·珀佩尔（Ernst Pöppel, 1985, 1988）所指出的，由于有这些抵消平衡的差异，"同时视野"（the "horizon of simultaneity"）**大约**为 10 米远：声与光在距观察者感官约 10 米远的地方离开同一点，其所产生的神经反应，就会在同一时间"到达中枢"。我们可以把这个情况讲得更精确一点儿吗？这里有个问题。问题并非只在于测量从外部事件到感官的距离，也不在于光与声在各种介质中的传播速度，甚至不在于要考虑个体间的差异。更根本的问题是，确定哪里可以算作脑中的"终点线"。珀佩尔是通过比较行为测量结果得出上述结论的：比较人对声与光刺激的平均反应时间（按键动作）。这两种反应时间的差异分布在 30 毫秒到 40 毫秒的范围内，这是声音传播大约 10 米的时间（而光传播 10 米几乎不需要花任何时间）。珀佩尔用的是一条外围终点线，也就是外部行为，但我们的自然直觉会以为，对声与光的**经验**，是在它们引起的振动刺激我们感官的时间与我们按下标志该经验的按键时间**之间**发生的。它发生**在中枢的**某个地方，发生在脑内的、在感官与手指之间的兴奋通道上的某个地方。看来，我们如果可以**确切地**说出这种经验到底在哪里发生，也就可以确切地说出这种经验在什么时间发生。反之亦然：我们如果能够确切地说出有意识的经验发生的时间，也就能说出它位于脑中的什么地方。

让我们把这种大脑中枢驻地（centered locus）的观点称为**笛卡儿式物质论**；如果你抛弃笛卡儿二元论，却又无法放弃一个中心（但是物质的）剧场的意象，你就会得到这种观点——"所有的东西都汇聚在这个中心"。松果体是这种笛卡儿剧场的候选者，但人们也提出了其他的候选地：前扣带回（the anterior cingulate）、脑部网状结构、额叶的各个地方。笛卡儿式物质论认为，在脑中的某个地方存在一条关键的终点线或边界，它标出一个位置，在这个位置，信息到达的次序就等于在经验中"呈现"的次序，因为在**这里所发生的**就是你所意识的。也许，今天没有人明确地赞同笛卡儿式物质论。许多理论家会坚持说，他们早就明确地拒绝了这样一种显然比较糟糕的观点。但我们会看到，笛卡儿剧场颇具说服力的意象总是会回来困扰我们，无论是普通人还是科学家都不能幸免——哪怕是在这个剧场的幽灵般的二元论遭到谴责与驱逐之后。

笛卡儿剧场是一个喻象，它描绘的是有意识的经验如何出现在脑中。初看起来，这似乎只是在毫无害处地推断我们熟悉的、不可否认的事实：**在日常的、宏观尺度的时间间隔上**，我们的确可以把事件分成"尚未观察到的"与"已经观察到的"两类。为此我们可以这样做：确定观察者所在的点，标出信息载体相对于该点的运动情况。但是，当我们试图**延伸**这种方法，用它解释只有极短时间间隔的现象时，就面临一个**逻辑**难题：如果观察者所在的视"点"被涂抹在观察者脑中相对大的体积里，观察者自己关于顺序与同时性的主观感受，就**必定是**由某种不同于"到达次序"的东西所决定的，因为在指定相关的终点之前，我们是不能完全确定到达者的次序的。如果对一条终点线来说 A 先于 B 到达，而对另一条终点线来说则相反，那么，是哪个结果在确定意识中的主观顺序呢？（见 Minsky, 1985, p.61）珀佩尔说，存在一些时刻，这时声与光在脑中成为"中枢神经可利用的"，但"中枢神经可利用"的哪一点或哪些点可以"**算作**"经验顺序的决定者？为什么？当我们试图回答这些问题时，我们将不得不抛弃笛卡儿剧场，而代之以新的模型。

脑中有个特殊中心的观点是一种最顽固的坏想法，一直困扰着我们的意识研究。正如我们将会看到的，它会不断出现，每次都会换上新的伪装，也有各种各样看似强大的理由。这样开始说吧：我们个人会在内省中欣赏一种"意识的统一性"，它给我们带来这样一种印象，"在这里面"（in here）和"在那外面"（out there）之间的区分是存在的。"我"与"外部世界"之间最为朴素的边界是我的皮肤（和我眼睛的晶状体），可是，随着我们越来越了解自己身体里的事件怎样"对我们来说"是不可接近的，外部世界蚕食的地方也就越大。"在这里面"，我能试着抬起胳膊，但"在那外面"，如果身体已经"睡着"或瘫痪，胳膊就不会动；从**我**所在的任何地方到控制我胳膊的神经机制的通信线路，已经被做了手脚。如果我的视神经不知何故被切断了，我就不会期望自己还能看见东西，即使我的眼睛还完好无损；而拥有视觉的经验，表面上是发生在我的眼睛的**内侧区**（inboard），也就是发生在我的眼睛与当我告诉你我看到的东西时我发出的声音这两者之间的某个地方。

由此，是否就可以依据**几何学的必然性**推出这样的结论：我们有意识的心智位于所有**输入**过程的**终结点**，同时又恰好在所有引起我们行动的**输出**过程的**发动点**之前？从某一外围出发，例如沿着眼睛的输入通道，我们上行到视神经，再向上通过视皮质的各个区域，然后……？通过沿着肌肉与控制它们的运动神经元逆流而上，我们从另一外围出发到达大脑皮质的辅助运动区，然后……？这两条路线朝着彼此前进，沿着斜坡而上，一个是输入，一个是输出（见图5.4）。不管实际确定脑中的**大陆分水岭**（Continental Divide）的准确位置有多么困难，这里难道不应该有一个根据纯几何学推断而得到的最高点、转折点吗？在该点的一侧所有的窜改活动都是**前经验的**，而在另一侧的窜改活动都是**后经验的**？

在笛卡儿的图解中，这对于视觉内省明显可见，因为所有东西都会到达松果体，然后又从那里出发。因此，也许情况是这样的：如果

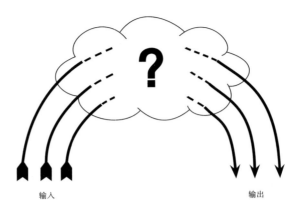

图 5.4

我们要给大脑做一个更为流行的模型，我们应该可以用颜色来编码我们的探索活动，例如用红色标识输入，用绿色标识输出；我们的颜色突然发生改变的任何地方，就是伟大的**心智分水岭**（Mental Divide）的功能中点。

这个有着奇怪说服力的论点听起来很耳熟。它是一个同样虚假的论证的孪生姊妹，这个论证最近太有影响力了，即暴得大名的拉弗曲线（Arthur Laffer's Curve）。这条曲线是里根经济政策的思想基础（如果我可以不太严格地这样说）。

如果政府的税率为0%，它就没有收入，如果税率在100%，那么没有人会为工资工作，所以政府也没有收入。如果税率在2%，那么政府收入大约为1%时的两倍，以此类推（见图5.5）。但是随着税率的上升，会出现回报递减，税收会成为沉重负担。看看图5.5的另一头，99%的税收与100%的税收在充公的程度上几乎没有差别，政府收入也几乎没有任何增加；税率在90%时政府的日子会好过一点儿，而在更有吸引力的80%时就更加好过。这条曲线的那些具体的斜率也

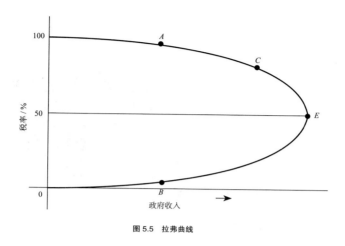

图 5.5 拉弗曲线

许如图 5.5 所示，但是，难道一定就存在一个地方，由于几何学的必然性，曲线在这里就会拐弯，也就是说在这里的税率可以将政府收入最大化？拉弗的想法是，由于当前的税率处在拉弗曲线的上坡地带，因而降低税率就会增加收入。这是一个很有诱惑力的想法，对许多人来说它对得不能再对了。但就如马丁·加德纳（Martin Gardner）所指出的，单单因为曲线的两个终端是清楚的，就说这一曲线中间区域的未知部分必须是平滑的，这没道理。他以讽刺的口气提出另一个"新拉弗曲线"（见图 5.6），在"新拉弗曲线"中，不是只有一个"极大值"；是否可以获得其中任何一个极大值，这取决于历史和环境的复杂状况，而不是任何单个变量的改变所能决定的（Gardner, 1981）。

对于输入输出外围区域迷雾重重的内侧区，我们也应该提出同样的警告：外围区域的清晰并不能保证，同样的清楚区分就可以**一路适用到底**。加德纳为上述经济学所设想的这种"技术扭曲"本身，与脑中更靠近中心的区域所发生活动的复杂状态相比，是简单的。我们必须停止这样看待大脑，即好像它有这样一个功能的最高点或中心

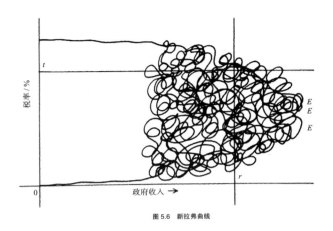

图 5.6　新拉弗曲线

点。这不是一条毫无害处的捷径，而是一个真正的坏习惯。为了打破这种思维上的坏习惯，我们的确需要考察思维活动坏习惯的一些例子，但我们还需要有一个好的图像来取代它。

2．引入多重草稿模型

我在这里提出这种坏习惯的取代者——意识的多重草稿模型——的第一个版本。我预计它看起来会相当古怪，一开始很难想清楚——这是因为笛卡儿剧场的观念根深蒂固。按照多重草稿模型，各种各样的知觉（其实就是各种各样的思想或心智活动）能在大脑中完成，靠的就是平行的、多轨道的、对感觉输入的诠释和细化过程。进入神经系统的信息处在连续的"编辑修改状态"。例如，头部只要移动一点儿，眼睛就会移动很多，所以你视网膜上的图像一直在游移，就像无法让镜头保持不动的人所拍的家庭影片中的图像一样。但我们所看到的世界却不是这样晃来晃去的。人们常常会惊讶地了解到，在正常情况下，人眼飞快地扫视，每秒大概要动 5 次，而这个运动就像头部运动一样，在从眼球到……意识的加工过程的早期就被删除了。心理学家已经相当了解实现这些正常结果的机制，他们也发现了一些特效，例如，对随机点体视图所做的深度的诠释（Julesz, 1971）。（见图 5.7）

图 5.7

如果你通过立体幻灯机来看这样两个略有不同的正方形（或者稍微对眼，盯着这两个正方形，直到这两幅图像融合成一幅——有的人不借助任何视觉装置就能做到），你最终就会看到，一个三维图像的形状浮现出来，这归功于大脑里的一种令人印象深刻的编辑过程，该过程负责比较和对照来自每只眼睛的信息。大脑不必先让每个数据列都经过一个精细的特征提取过程，就能完成找出全局最优记录的工作。显著特征（随机点体视图里个别的点）的最低层次的巧合多到足以产生一种解决方案。

大脑的编辑过程制造这样的效果需要花相当长的时间，而另一些特效则可以很快地被做出来。麦格克效应（McGurk and Macdonald, 1979）就是一个很好的例子。当法国电影配上英语配音时，观众所看到的嘴型动作与他们所听到的声音之间是有差别的，然而在大多数时间里，观众不会意识到这种差别，除非配音很马虎。但是，如果除了一些有意为之的辅音错配外，声道与图像配合得很好，那会怎样？（让我们的老朋友来帮新忙，我们可以设想电影中人的口型表达的是"从左边移向右边"，而声道里发出的声音则是"从着边移向右边"。）人们会经验到什么？他们会**听成**"从左边移向右边"。在来自眼与来自耳朵的信息贡献之间，在这种人为引入的编辑竞争中，眼睛会胜出——在这个例子中是这样。*

这些编辑过程在不到一秒的时间内发生，在这段时间里，各种各样的内容增添、结合、校正与重写都可能以不同的顺序发生。我们并不会直接经验到什么发生在我们的视网膜上，什么发生在我们的耳朵里和我们的皮肤表面。我们实际经验到的，从效果上来说，是许多诠释过程的产物，即许多编辑过程的产物。它们接收相对来说未予加工的片面表征，产生经过比较、修改和提升的表征；它们发生在各种活动流里，这些活动也在脑中不同部分发生。这一点其实所有的知觉理论都承认了，但我们要冷静地接受多重草稿模型的新特征：特征检测或区分（feature detections or discriminations）**只需进行一次**。那就是说，一旦对某一特征的"观察"已经被大脑一个特定的、局域化的部分所完成，由此而被固定下来的信息就不必再发送到别的地方，让

---

* 一个更加惊人的例子是这样一个实验。在实验中，被试受到镜子的欺骗，以为他在观察自己的手画一条线，其实他正在观察的是另一个人的手。在这个例子中"眼睛胜出"，是因为大脑里的编辑过程受到欺骗，从而得出结论，认为被试的手是在被迫移动；被试声称，他感觉到一种"压力"在阻止"他的"手向它应该去的地方移动（Nielsen, 1963）。

某个"最重要的"区分者**再次**区分。换句话说，区分并不会使大脑重新表征已经区分的特征以施恩于笛卡儿剧场里的观众——因为没有笛卡儿剧场。

大脑里这些按时空分布的固定内容，可以在时间和空间上被精确定位，但是，它们的发动**并不**标志着对它们的内容的意识的发动。这样得到区分的任何特定内容，最后是否会表现为意识经验的一个要素？这始终是一个开放的问题。我们将会看到，去问**什么时候对它有了意识**，这是一种混乱的想法。这些分布于各处的内容区分，随着时间的推移，产生了某种**很像**叙事流或叙事序列的东西，我们可以认为这个东西必须受制于分布在脑中各处的许多过程的连续编辑，而且可以不定限地延续到未来。这个内容流更像一个叙事，因为它具有多重性；在任何时间点上，脑中各个地方的编辑过程的各个阶段，都有叙事残片的多重"草稿"。

在不同的时间和位置来探察这个流，会产生不同的结果，加速促成来自主体的不同叙事。如果我们将此探察推迟太久（比如隔夜才看），结果很可能就是根本没有留下什么叙事——也可能有个叙事流已经被消化或者"得到理性重构"，直到它不再具有完整性。我们如果探察得"太早"，就可能收集到一些说明大脑可以在多早的时候完成一个特定区分的数据，但我们要付出一定的代价，即扰乱原本存在的多重流的正常进程。最重要的是，多重草稿模型可以避免一个诱人的错误：以为这里必定有一个单一叙事（你可以说它是"最后的"或"出版的"草稿），它是权威的，它就是被试的**实际的**意识流，不管实验员（甚至被试）是否能够访问它。

现在，这个模型在你看来也许没有什么道理，因为你依据自己的亲身经验得知，意识好像不是这样的。这是因为，你仍然如此安心地把你的意识想成是在笛卡儿剧场里发生的。打破这个令人舒服的自然习惯，并让多重草稿模型变得生动可信，这还需要做一些工作，而且还是很怪异的工作。这确实是本书中最难的部分，但它是整个理论所必不可少的，不可以跳过！谢天谢地，这里并不涉及数学。你只需要仔细地、生动地想象，确保在你心中得到的是正确的图像，而不是诱人的错误图像。这里将有各式各样简单的思想实验，帮助你沿着这条曲折之路进行想象。因此，请你准备好进行一些艰苦的练习。最后你会找到关于意识的新观点，这一观点意味着我们思考大脑的方式的一次重大变革（但不是彻底的改变）。［相似的模型，可参见威廉·卡尔文（William Calvin, 1989）的"剧情编造"（scenario-spinning）的意识模型。］

理解新理论的一个好办法是，看它如何处理一个相对简单的而旧理论又无法解释的现象。示例 A 是关于似动现象（apparent motion）的发现，我很高兴地说，这个发现是由一位哲学家提出的问题引起的。电影与电视通过呈现一个"静止"图像的快速序列来产生似动现象，自电影时代以来心理学家就在研究这种现象，第一个系统研究该现象的马克斯·韦特海默（Max Wertheimer, 1912）将之称为 Φ。按最简单的情况来看，如果两个或更多的小点在视角上分开 4 度，快速交替闪烁，那么就好像是唯一的一个点在来回移动。人们曾经研究 Φ 的许多变种，对其中最引人注目的变种之一进行研究所得出的报告，是由心理学家保罗·科勒斯（Paul Kolers）和迈克尔·冯·格吕瑙（Michael von Grünau, 1976）完成的。哲学家纳尔逊·古德曼（Nelson Goodman）曾经问科勒斯：如果这两个闪烁的点颜色不同，那么 Φ 现象还会持续存在吗？如果存在，那么在"这个"点移动时"它"的颜色会有什么变化？运动的幻觉会消失吗？会被两个分开闪烁的点取代吗？一个在幻视下"移动的"点会逐渐从一种颜色变成另一种颜色吗？就好像在追踪一条穿过有色球体（一个绘上所有颜色的三维球体）的轨迹线？（在继续阅读之前，你也许想做出自己的预测。）当科勒斯和冯·格吕瑙完成实验时，答案出人意料：两个不同颜色的点各自闪烁 150 毫秒（间隔 50 毫秒）；第一个点好像开始移动，然后**在它通向第二个位置的幻视通道的中间**，突然改变颜色。古德曼很惊讶："我们如何能够……**在第二次闪光发生之前，沿着从第一个闪光点到第二个闪光点的路径，在中间的地方和时间填上东西呢？**"（Goodman, 1978, p. 73）

对任何 Φ 现象当然都可以提出同样的问题，但科勒斯的色彩 Φ 现象生动地体现了这个问题。假设第一个点是红色的，替代它位置的第二个点是绿色的。除非大脑里有"提前认知"（这是一个我们会无限推延的夸张假说），否则**在中途红色变成绿色**这个幻觉内容的产生，就一定要等到第二个绿色的点的识别工作在大脑中发生**之后**。但是，如果第二个点已经"在有意识的经验中"，那么，把幻觉内容插在对红点的意识经验与对绿点的意识经验之间，这难道不是太迟了吗？大脑是如何完成这个诡计的？

原因必定先于结果，这个原则适用于完成脑中编辑工作的多重分布过程。任何特定的过程，如果需要来自某个来源的信息，实际上都必须等待那个信息，只有信息到了它才能开始。就是这一点排除了对色彩转换的 Φ 现象所做的"魔法式的"或提前认知的诠释。要说**绿点**这个内容是属于任何事件的（不管是有意识的还是无意识的事件），就必须等到从这个绿点来的光已经到达眼睛，并引起视觉系统的正常神经活动，直到对绿色的区分在一定的活动水平上完成。因此，那个（幻觉中的）关于红变成绿的区分，只能发生**在区分出绿点之后**。但是，由于你有意识地经验到的**首先是红色，然后是红变成绿，最后是绿色**，这就（"显然"）可以推出，你对整个事件的意识必须延迟到绿点被（无意识地？）知觉到以后。如果你发现这个结论有说服力，那么就表明你仍然被困在笛卡儿剧场里。有一个思想实验可以帮助你逃出来。

3．奥威尔式修改与斯大林式修改

> 我真的无法确定，是否别人不能感知到我，或者，是否在我的面孔同他们的视野接触后的几分之一秒里，在他们把目光投向我之后的百万分之一秒里，他们就已经开始把我从他们的记忆中洗掉；在到达记忆力不足的、悲伤的天使长那里之前就已经忘记了我。

——阿里尔·多尔夫曼

（ Ariel Dorfman, *Mascara,* 1988 ）

假设我篡改你的大脑，在你的记忆中插入一个虚假的女人（见图5.8），她戴着帽子，但其实在那里（如在周日的聚会上）并无此人。如果你周一回忆这场聚会时记起了她，虽然你找不到任何内在资源去怀疑你记忆的真实性，但我们还是会说，**你的确从来没有**经验到她；就是说，在周日的聚会上没有这个人。当然你随后对（虚假的）回忆的经验可以是极其生动的，而且在周二我们当然会同意，你的确是有过生动的有意识的经验，意识到在那次聚会上有一个戴着帽子的女人，但我们会坚持说，**第一次**这样的经验是在周一，不是在周日（虽然对你来说好像不是这么回事）。

我们没有通过神经外科手术来插入虚假记忆的能力，但有时我们的记忆会欺骗我们，所以我们通过外科手术还做不到的事情会在脑中自行发生。有时我们好像能回忆起甚至能生动地回忆起从未有过的经

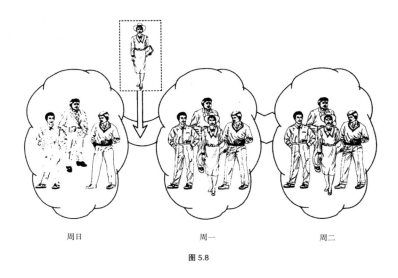

周日　　　　　　　　周一　　　　　　　　周二

图 5.8

验。奥威尔在其名著《一九八四》中，对负责真理的部门进行了叫人倒抽凉气的描写：它们忙碌地改写历史，让所有后来的人都无法接触（真实的）过去。那么，就让我们把这类后经验的记忆污染或记忆修改称为奥威尔式修改吧。

后经验的（奥威尔式）修改的可能性，从一个方面显示了我们的一个最基本的区分：现象与实在之间的区分。因为我们认识到奥威尔式修改确有可能（至少在原则上是这样），认识到从"这是我所记得的"推出"这是过去真正发生的"这种推理存在风险，所以我们有充分的理由抵制任何恶魔般的"操作主义"，后者试图让我们相信，我们所记得的（或者档案中的历史记录）**就是**实际所发生的。*

---

* 操作主义（近似地）是这样的观点或策略，"如果你找不到不同，就没有不同"，或者像人们常常听到的那样，"如果它像鸭子一样叫，像鸭子一样跑，那么它就是鸭子"。（对操作主义的优点与缺点的再思考，参见 Dennett, 1985a。）

奥威尔式修改是愚弄后人的一种方式。另一种方式是做出公审的样子，按照精心编写的文稿，宣读虚假的证词和供状，其中充斥着假冒的证据。让我们把这种策略称为**斯大林式的**。请注意，即使我们通常都很确定，哪种作假模式在试图欺骗我们，是奥威尔式的还是斯大林式的，这也只是一个幸运的意外。在任何一场**成功的**虚假报道的运动中，如果要问，报纸中的陈述是以奥威尔的方式在陈述并未发生的审判，还是在真实地陈述作秀的冒牌公审，那么我们也许无法察觉到其中的差别。如果**所有的迹象**——报纸、录音带、个人传记、碑文、活着的证人——要么被删除，要么被修改，我们就没有任何办法知道，所发生的是哪一种情况：是**首先**捏造，最终做出一场故意安排的审判，我们所看到的只是这次审判的确切历史，还是在立刻处决**之后**，用伪造的历史掩盖了实际的行为——任何形式的审判**其实**都没有发生过。

奥威尔式方法与斯大林式方法都能生成起误导作用的档案。这两种方法之间的区别，在宏观的时间尺度上和日常世界中，毫无疑问是存在的。有人也许会认为，它也可以毫无问题地**一路向内**运用，但这只是一种幻觉；我们可以在一个思想实验中实际抓住这种幻觉，这个思想实验与刚才考虑的情况只在时间尺度方面有所不同。

假设你站在角落里，一个长发女人快速地从你面前经过。大概在**一秒之后**，关于一个更早一点儿见到的女人的底层记忆—— 一个戴着眼镜的短发女人的记忆——扰乱了你对刚才所见女人的记忆：一分钟后我们问你刚才所看到的女人的详细情况，你诚实地却错误地回答说，她戴着眼镜（见图 5.9）。就如关于在那个聚会上戴帽子的女人的情况一样，我们会倾向于说，你最初的**视觉**经验与几秒后关于这个经验的记忆是不同的，**没有**一个女人戴着眼镜。但是，因为随后出现记忆污染，所以在你看来，真的就好像在你看见她的第一时间，你对

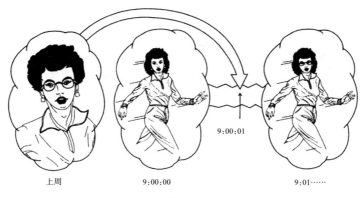

上周　　　　　9:00:00　　　　　　　　9:01……

9:00:01

图 5.9

她戴眼镜的样子有印象。在这里发生了一次奥威尔式修改：曾有那么一瞬间，在记忆的污染发生之前，在你看来她**的确没有**戴眼镜。在那个短暂的瞬间，你的有意识经验的**实际情况**是一个**没有戴**眼镜的长发女人，但这个历史事实已经有了惰性；由于在瞥见她一秒之后出现了记忆污染，因而这个历史事实没有留下任何痕迹。

　　然而，另一种替代论述会危及你对所发生情况的这种理解。你对那个戴眼镜女人的更早的底层记忆，也许早就在**上行路线**上，也就是在"先于意识"发生的信息处理过程中，污染了你的经验，所以在你经验的开始处，实际上就**有了**她在戴眼镜的**幻象**（见图 5.10）。在这种情况下，你关于更早的戴眼镜女人的强大记忆，就对你玩了一个斯大林式的把戏，在经验中演了一场虚设的公审，然后你才在稍后的时间里通过你记忆中的记录又准确地记起了它。就朴素的直觉而言，这两种情况要有多不同就有多不同。按第一种方式（图 5.9）来讲述，在那个女人快速经过时，你没有产生幻象，只是被随后的记忆幻象害苦了；你拥有的是关于你现实的（"实在的"）经验的虚假记忆。按第二种方式（图 5.10）来讲述，在那个女人快速经过时，你已经在

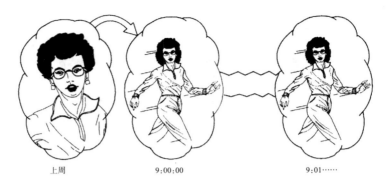

上周　　　　　　　9：00：00　　　　　　　9：01……

图 5.10

产生幻象，从此就准确地记住了这个幻象（幻象"的确发生在意识中"）。无论我们在时间上做出多么精细的划分，这两种情况肯定是不同的可能性——对吗？

不。知觉的修改与记忆的修改之间的区别，虽然在其他尺度上可以干脆利落地发挥作用，却不能保证它在这里还有意义。我们已经进入模糊地带，主体的观察视点在此遭到时空方面的涂抹，询问修改是**奥威尔式的还是斯大林式的**，这个问题也失去了意义。

在长发女人匆匆经过并刺激你的视网膜时，有一个时间窗口被打开了，而在你对自己或他人表达你最后的信念说她戴着眼镜时，这扇窗又关上了。在此期间的某个时间点上，**戴眼镜**这个内容被错误地添加到**长发女人**那里。我们可以假设（最终也许可以详细证明），曾经有一段很短的时间，**长发女人**这个内容在大脑中已经被区分出来了，此时**戴眼镜**的内容**还没有**错误地与之"联结"起来。事实上，我们也许可以合理地假设，关于一个**长发女人的**这种区分，触发了早先关于戴眼镜的女人的记忆。但我们不会知道，这个错误的联结发生"在事实之前还是之后"——这里的事实是指所谓的"实际的有意识的

意识的解释　　146

经验"。到底是哪种情况？你先意识到一个不戴眼镜的长发女人，然后又意识到一个戴眼镜的长发女人，这个在后的意识扫除了早先经验的记忆？还是说，就在有意识的经验出现的那一刹那，它就已经错误地包括了戴眼镜的信息？

如果笛卡儿式物质论是正确的，这个问题就必定有一个答案，即使我们——还有你——不能通过任何实验以回溯的方式来确定它。"首先冲过终点线"的内容，要么是**长发女人**，要么是**戴眼镜的长发女人**。但是，几乎所有理论家都坚称笛卡儿式物质论是不对的。可是，他们没有认识到，这就意味着不存在一个优先的终点线，所以区分的时间次序也就不可能拿来固定经验中的主观次序。这个结论当然不容易接受，但是，如果坚持传统观点，你会遇到许多困难，而通过考察这些困难，我们可以让这一结论更加富有吸引力。

考虑科勒斯的色彩 Φ 现象。被试**报告说**看到那个移动点的颜色在轨迹的中途由红色变为绿色。科勒斯巧妙地运用了一个指示器设备，让被试在回溯中尽快地把指示点叠加到幻觉移动点的轨迹上，从而使这个移动点的文本报告变得更加明确：他们通过摆放指示点来完成一个言语行为，其内容为"这个点就是在**这里**变色的"（Kolers and von Grünau, 1976, p. 330）。

在被试的异现象学世界里，在轨迹中途有一次色彩转换，而转换成什么颜色（以及往什么方向移动）的信息则必定来自某个地方。回想古德曼所表达的困惑："我们如何能够……**在第二次闪光发生之前**，沿着从第一个闪光点到第二个闪光点的路径，在中间的地方和时间填上东西呢？"也许一些理论家认为，这个信息来自**先前的经验**。也许就像巴甫洛夫的狗，铃一响就期待有食物，这些被试也是一看到第一个闪光点，就期待看到第二个闪光点；由于习惯的力量，他们在表征这种颜色改变时，心里其实会期待得到关于这个特殊情况的任何信息。但是，这个假说已被证伪。甚至在第一次做实验时（也就是说，没有任何条件反射的机会），人们就会经验到Φ现象。此外，在以后的实验中，即使第二个点的方向与颜色随机变化，实验结果也不会出现偏差，所以，大脑必定以某种方式利用了来自第二个点的（颜色与位置）信息，这才产生了被试所报告的"编辑过的"版本。

首先考虑一个假说，即斯大林式机制是存在的：在脑中的编辑室、这个位于意识之前的编辑室里，存在一种延迟、一种休止回路，就像在"现场"节目广播中所用的录音带延迟一样，它可以给控制室里的检查员几秒钟的时间，在信号播出之前剔除有伤风化的内容。**在这个编辑室里**，首先，代表红点的画面A到达，然后，当代表绿点的画面B到达时，就可以创造出一些中间插入的画面（C与D），然后（按A、C、D、B的顺序）把它们移接到影片之中，这时影片就在意识剧场播放。当这个"最终产物"到达意识中时，它就已经有了插入的幻觉成分（见图5.11）。

还有一个假说认为，奥威尔式机制是存在的：在意识到第一个点和第二个点（根本没有似动幻觉）之后不久，一个所谓的修正主义历

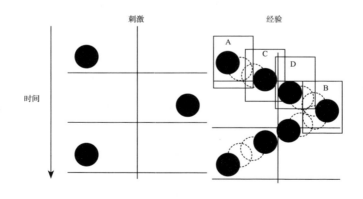

图5.11

史学家，待在大脑记忆图书馆的接收室里，他注意到，在这种情况下，还没消失的历史并不足以具有意义，所以为了诠释先红后绿这个原始事件，他就编造出一个关于介入过程（intervening passage）的叙事，其中充满在中途改变色彩的事件，然后，他把这段叙事吸收进他个人诠释的历史（也就是画面 C 与 D）中，安装到记忆图书馆里，以备未来参考。由于他的工作速度很快，在几分之一秒内就完成了——在这么短的时间里，一个人只能构思出（但不能说出）一个关于自己经验到什么的言语报告——所以，你所依靠的记录，即这个储存在记忆图书馆里的记录，已经遭到污染。你**说出**并且**相信**，你看到了虚幻的移动和色彩的变化，但那只是一个记忆幻象，而不是对你最初意识的准确回忆。

我们怎么知道哪个假说是正确的呢？我们似乎可以相当干脆地否决斯大林式假说，因为它假设了意识延迟的存在。在科勒斯和冯·格吕瑙的实验中，红点闪烁与绿点闪烁之间有 200 毫秒的差别，**按照假说**，编辑室如果要编写**整个经验**，就要等到**绿点**内容也到达编辑室之后才行，所以对最初红点的意识就不得不被延迟到至少那个时候。（如果编辑室直接将**红点**内容一直传送到意识剧场，然后接收 B 画面，并伪造 C 与 D 画面，那么被试就很可能经验到在影片中有一段空白，在 A 与 C 之间至少出现 200 毫秒的延迟——这种延迟会很明显，就像单词中有一段一个音节长的空白，或者电影里少了 5 帧画面一样。）

假设我们要求被试"一经验到红点"就按键，我们会发现，对单独的红点做出反应和对红点出现 200 毫秒之后出现一个绿点做出反应（在这种情况下被试会报告颜色转换的似动现象），这两种情况下的反应时间相差很少或没有差别。这是因为在意识中总是存在至少 **200 毫秒**的延迟吗？不是。有充足的证据表明，有意识的控制之下的反应，虽然比眨眼之类的反应要慢，但它的发生还是比较接近在物理上可能存在的最小潜伏期（延迟）。在减去输入输出的脉冲序列明显的传播时间以及准备反应的时间之后，留给"中枢加工处理"的时间，就不足以掩盖200毫秒的延迟了。所以，按键反应必定是在被试区分出第二个刺激之前，也就是绿点出现之前就开始了。

这看来是在承认奥威尔式假说的胜利，该假说主张一种后经验的修改机制：一旦主体意识到红点，他就按键。**而就在按键动作形成的时候**，他又开始意识到绿点。**然后**，这两种经验都从记忆中被擦去，取而代之的记忆是修正主义的记录：红点一直移动，然后在中途突然变成绿点。被试不假思索地、真心诚意地**却错误地**报告说，他先看到红点在向绿点移动，然后才改变颜色。如果被试坚持认为，他真的从一开始就注意到了红点的移动与变色，奥威尔式的理论家会坚定地向他解释，他错了，他的记忆骗了他。事实上，被试按键的动作就是一个决定性的证据，说明他在绿点出现之前，就意识到了（静止的）红点。毕竟，被试所得到的指令说的是，**在他意识到**红点时就按键。他必定已经意识到红点，200毫秒之后他才意识到红点的移动及变色。如果事情对他来说不是这样，那么他就完全错了。

不过，斯大林式假说的捍卫者并未被这个诠释击败。事实上，这类捍卫者会坚持说，被试**在**意识到红点**之前**就对它做出了反应！被试所得到的指令（对红点做出反应），已经通过某种方式，从意识渗入编辑室，编辑室（无意识地）发动按键动作，之后才把经过编辑的版本（ACDB画面）一路传送给意识去"看"。被试的记忆没有对他玩花招，他确实准确地报告了他当时意识到的东西，只有一点除外：他坚称他是看到红点之后才有意识地按键的。他"匆忙的"按键动作当时是无意识地（或前意识地）触发的。

斯大林式假说认为，按键是对无意识地探测红点所做出的反应，而奥威尔式假说却认为，对红点的**有意识**经验被它的后续经验从记忆中直接删除了。冲突就在这里：我们有两个不同的模型在说明在色彩Φ现象中所发生的情况。一个模型假定，在上行的、前经验的路上，发生了斯大林式的"填入"（filling in），另一个模型则假定，在下行的、后经验的路上，发生了奥威尔式的"记忆修改"。这两个模型**都**与被试所说、所想、所记忆的**任何东西**保持一致。也许可以认为，外部观察者没有办法掌握一些私人数据，而被试则有这些数据的"访问特权"，但请注意，不只是外部观察者无法区分上述两种可能性。作为Φ现象中的被试，你也不可能从你的第一人称视角出发，在你的经验中找到任何内容来支持其中一个理论而反对另一个；这个经验按照任何一种论述"感觉起来都一样"。

真的是这样吗？如果你更仔细地关注你的经验，结果会怎样呢？难道你就分辨不出其中的不同吗？假设实验员为了让你更容易进行操作而放慢了显示速度，逐渐延长了红点与绿点之间的刺激间隔。很明显，如果间隔时间足够长，你就能分辨出对运动的**感知**与对运动的**推断**是不同的。（这是一个风雨交加的漆黑夜晚；第一次闪电时，你看到我在你的左边；两秒后又有一次闪电，你看见我在你的右边。你推断，我肯定是移动了，你还能肯定地判断出，在这种情况下你只是在推断移动，而没有**看见**我移动。）随着实验员延长刺激间隔，就会出现这样一个时刻，你从此时会开始做出这种区分。你会这样说：

"这次红点看上去没有移动，但在我看见绿点之后，我就想到，红点已经移动并改变了颜色。"

事实上，会有一个介于中间的间隔时间范围，这时现象看起来有点儿自相矛盾：你看到的点是两个静止的点，并且其中一个又在移动！这种明显的似动与我们在电影和电视中看到的更快速、更流畅的似动很容易区别开来，但是，我们做出**这种**区分的能力，与奥威尔式理论家和斯大林式理论家之间的争论无关。他们都同意，你在正确的条件下能够做出这种区分。他们不能相互同意的是，如何描述那些你**不能将其**同真实运动区别开来的似动——在这些情况下，你所**感知**的其实只是虚幻的运动。换个不太严格的说法，在这些情况下，到底是你的记忆对你耍了花招，还是你的眼睛在对你耍花招？

即使你作为被试无法判断这种现象到底是斯大林式的还是奥威尔式的，难道科学家——外部观察者——就不能在你的大脑中找到某个东西来表明到底是哪种情况吗？一些人也许想否决这种可能性，认为它**不可设想**。"只是试着想象一下，你意识到了什么，别人还能比你知道得更清楚？这不可能嘛！"这真的不可设想吗？让我们更仔细地考虑一下。假设这些科学家真有准确的信息（利用各种大脑扫描技术搜集来的信息），了解到在你的神经系统任何地方的每个表征活动的精确"到达时间"或"产生时间"，以及每个内容载体。这样，他们就会知道，**最早**在什么时候你可以对任意特定内容（不包括奇迹般的预认知）做出什么反应（无论是有意识的还是无意识的）。但是，你**意识到**那个内容（如果你曾经对它有所意识）的**实际**时间，也许会稍迟一点儿。你必定已经尽早地意识到了它，这才可以解释，你为什么会在稍后回忆的言语行动中把这个内容包括进来——这里假设（按照定义），凡是你异现象学世界里的项目都是你意识中的项目。这样就可以确定**最晚**在什么时候你"意识到"这个内容。但是，正如我们所看到的，如果这里留下一段长达几百毫秒的持续时间，那么在这段时间内对该项目的意识必定会发生，又如果还有若干不同的项目必须在这个时间窗口之内发生（红点与绿点、戴眼镜和不戴眼镜的长发女人），那么通过你的**报告**来给意识中的表征事件排序就无法实现。

关于这两种设想的可能性，你的回溯口头报告必须是中立的，但是，难道科学家就找不到别的数据可以用吗？他们可以找到，条件是人们有充分的理由主张一些非言语行为（公开的或内在的）是意识的好信号。但是，就在这个地方，这类理由是无效的。奥威尔式理论家和斯大林式理论家都同意，没有哪个对内容的行为反应**不可以**是一个纯粹无意识的反应——只有随后的讲述（telling）除外。按斯大林式模型来看，存在无意识的按键动作（为什么不呢？）。两派理论家也都同意，可以存在一个没有任何行为效果的有意识经验。按奥威尔式模型来看，存在对静止红点的短暂意识，它在后续反应中不留下任何痕迹（为什么不呢？）。

这两个模型都能巧妙地说明**所有数据**——不只是我们已有的数据，还包括我们可以想象的能在未来得到的数据。它们都能说明语言报告：一个理论说它们错得没有责任，另一个理论则说它们是在精确地报告所经验的错误。而且，我们可以假设，两派理论家对在你大脑中发生的事情给出了**完全一样**的理论。他们都同意在大脑里错误的内容是于某时某地进入因果链的。他们不一致的地方在于，这个位置到底是在经验之前还是在经验之后。他们对非言语效果给出了同样的说明，只有一个细微的差别除外：一个说它们是无意识区分的内容的结果，另一个则说它们是有意识区分却忘掉了的内容的结果。最后，他们都说明了主观的数据，即从第一人称视角可以获得的任何东西，因为甚至在被试如何"感觉"主观数据方面，他们的意见也是一致的：被试应该无法分辨错误生成的经验与直接记错的经验之间的差别。

因此，虽然它们初看起来差别很大，但在这两个理论之间其实只有措辞的不同（类似的分析判断，参见 Reingold and Merikle, 1990）。这两个理论真的是在讲述完全一样的故事，只除了各自在不同的位置划定虚构的分水岭：这是一个时间点（因此也是空间中的一个地方），它的**精细位置**不是被试可以帮助这些理论确定的，而且它的位置如何，对于这两个理论的其他特征来说，也是中立的。因此，这个差别并不会造成什么影响。

考虑一个当代世界的类比。在出版界，在出版前的编辑活动和出版后的"勘误表"更正之间存在一种传统的而且通常相当清晰的区别。但在今天的学术界，电子通信已经加快了这些事情的处理速度。随着文字处理与桌面印刷系统以及电子邮件的到来，常常出现这样的情况：一篇文章的若干份不同草稿同时在流通之中，作者可以随时根据从电子邮件中收到的意见进行修改。把出版的确切时间固定下来，并以此将文章的某份草稿称作**规范**文本——档案文本、一个在书目中被引用的文本——这就成了有几分随意的事情。多数作者所在意的读者——阅读文本并提出重要意见的读者——常常只阅读早期草稿，而"出版的"版本则是档案式的和没有生气的。如果这是我们正在寻找的重要效果，那么可以说，写一篇期刊文章的多数（即便不是全部）重要效果是在许多草稿中间传播的，而不会一直推迟到出版之后才体现出来。过去则通常是另外一幅景象，那时，一篇文章的所有重要影响，实际上只会在它于期刊面世**之后**——并且**因为**它能够这样面世——才会发生。既然走向出版之"门"的各种候选草稿在功能上可以说已经不再重要，那么，如果我们觉得还需要这种区分，我们就不得不任意地决定什么可以算作发表一篇文章。在从草稿到存档的过程中，并不存在天然的高峰或转折点。

类似地，如果一个人想要确定大脑中的加工过程在什么时刻是意识的时刻，就只能任意地做出决定。这是多重草稿模型的基本含义。人们总是可以在大脑的加工过程流中"画一条线"，但是其中并不存在什么功能性差别足以让人断言，所有先前的阶段和修改都是无意识或前意识的调整，而所有后续的内容修改（就像回忆所揭示的）则是后经验记忆的污染。这种区分在相互接近的区间中消逝了。

4．意识剧场再访

> 天文学家的经验法则：
> 如果你没有把它写下来，
> 它就不曾发生。

——克利福德·斯托尔，《杜鹃蛋》

（Clifford Stoll, *The Cuckoo's Egg,* 1989）

任何一本关于舞台魔术的书都会告诉你，最好的骗术在观众以为它们刚开始发生之前就已经结束了。这时你大概就在想，我刚才就是在对你耍花招。我刚才主张，由于观察者的视点在大脑中的时空涂抹（smearing），所有已经存在或能够存在的迹象，都无法把奥威尔式和斯大林式的意识经验理论区别开来，所以这两种理论也就**没有差别**。这种说法有点儿像操作主义或证实主义，而它似乎遗漏了一种可能性：的确有一些原生事实（brute fact）是科学无法企及的，甚至在科学包含异现象学以后也是如此。此外，似乎真的相当明显：确实是有这样的原生事实，我们直接的有意识经验就是由这样的事实组成的！

我同意这的确看似相当明显，如果不是这样，我也不必在本章费心费力地指出，如此明显的东西其实是虚假的。我似乎相当任性地遗漏的东西，其实就类似于被人嘲笑的、**意识的笛卡儿剧场**。你大可怀疑，在反**二元论**的幌子下（"让我们把这个幽灵般的东西赶出去！"），我让笛卡儿其实说得正确的东西——存在某种功能性的位置，现象学的项目是在这个位置被……**投射**的——不翼而飞（真的是这样）了。

是直面这个怀疑的时候了。纳尔逊·古德曼在谈到保罗·科勒斯

的色彩 Φ 实验时曾提出这个论题，他说，它"似乎要我们在回溯的建构（retrospective construction）理论与超级透视（clairvoyance）的信念之间做出选择"（Goodman, 1978, p. 83）。我们必须避开超级透视，那么，到底什么是"回溯的建构"？

无论对第一次闪光的感知被认为是延迟的、保留的还是记忆的，我都将其称为回溯的建构理论——这个理论是说，人所感知到的、在两次闪光之间发生的建构，不会在第二次闪光之前就完成。

起初，古德曼似乎在斯大林式假说（对第一次闪光的感知是延迟的）与奥威尔式假说（对第一次闪光的感知是保留的或记忆的）之间摇摆，但更重要的是，他所假设的这个修改者（奥威尔式或斯大林式的修改者），不仅调整判断，而且**建构了**材料，并将其**填入**空白地带：

在两次闪光之间路上的每个中间位置，都填入了……一个闪光的颜色，而不是连续的中间颜色。（p.85）

古德曼忽略了这种可能性：大脑其实不必费事地把"建构""填入"任何东西中——因为没有人在那里看着。正如多重草稿模型所阐明的那样，一旦一个区分已经做出，它就不必再次做出；大脑只是针对已经做出的结论进行调整，使被重新诠释的信息可以用来调制后续的行为。

古德曼考虑过一个他认为是由范德瓦尔斯和勒洛夫斯（Van der Waals and Roelofs, 1930）所提出的理论，该理论认为，"介入运动是从回溯中产生的，它只在第二次闪光发生之后才得以形成，然后就**被回向投射**（projected backwards in time）"［pp.73-74，强调为笔者所加］。这就提出了一种有着恶意扭曲要素的斯大林式观点：先有一段最后的影片形成，然后它再通过一台有魔力的投影仪放出，该投影仪的光束以某种方式在心智的银幕上回放。不管这是不是范德瓦尔斯和勒洛夫斯在提出"回溯建构"时的想法，该观点都很可能是科勒斯（Kolers, 1972, p. 184）反对他们假说的原因，科勒斯坚称所有的建构都是"实时"完成的。不过，为什么大脑不怕麻烦地总要"产生"一些"介入运动"呢？为什么大脑就不应该只是**做出结论说，当时存在**介入运动，并将此回溯结论插入加工过程流中呢？难道这还不够吗？

停！这就是花招（如果有任何花招的话）出现的地方。从第三人称视点出发，我已经假定存在一个主体、一个异现象学的主体、某个虚构的"致有关人士"中的那个"有关人士"，事实上，我们这些外部人士会坚认为这个主体有一种信念，即介入运动已经被经验到了。这是在**这个**主体看来的情况（这个主体只是一个理论家的虚构）。但这里不是也有一个**实在的**主体吗？为了他的利益大脑就不得不做出一番表演，填补所有的空白点？当古德曼谈到大脑填充认识之路的所有位置时，他提出的看法似乎就是这样的。所有这些动画片究竟是为了谁的利益在放映？为了笛卡儿剧场里的观众。但是，**由于没有这样的剧场，所以就没有这样的观众。**

多重草稿模型同意古德曼的观点，认为大脑回溯性地创造了存在介入运动这个内容（或判断），这一内容然后又可用来管治行为，并在记忆中留下它的记号。但多重草稿模型继续声称，大脑并未劳神"建构"任何表征去费事地"填入"空白。那会是时间和（我们可以

说？）颜料上的浪费。判断**已经在那里**，所以大脑可以去做别的事！ *

古德曼的"回向投射"（projection backwards in time）是一个模棱两可的短语。它也许是指适度的、可辩护的意思，即**对过去某个时间的指称被包括在内容中**。按这种解读，它就好像是在主张，"这部小说把我们带回到古罗马……"，这时人们不会以一种夸张的形而上学方式来诠释它，即认为它在主张这部小说是某个时间机器。这种解读与古德曼的其他观点一致，但科勒斯显然认为，它是指在形而上学上很根本的东西：一个时间的事物的确被投射到另一个时间。

在下一章中我们会看到，由这种激进的投射解读所引起的混乱，困扰着人们对其他现象的诠释。同样古怪的形而上学在过去常常也困扰着人们对空间表征的思考。在笛卡儿的时代，托马斯·霍布斯似乎认为，光线先刺激眼睛，然后在那里造成大脑中的某种运动，这会导致某个东西以某种方式**弹回到**世界中。

> 感觉的产生归因于外在的身体或对象，它们压迫每个感觉专属的感官，要么是直接压迫（如在尝味或触摸时），要么是间接压迫（如在看、听和嗅时）。这种压力，经过神经和身体的其他纤维与膜的传导，一直向内进入大脑与心脏，在那里引起一种阻力，或者反压力，或者是心脏表达自己的努力，这一努力由于是**外向的**，因而看上去是外面的某个东西。[《利维坦》（*Leviathan*,

---

* 在大脑皮质中有一个叫 MT（medio-temporal cortex 的缩写，是记忆存储区）的区域，它对运动（和似动）产生反应。假定 MT 区域里的某个活动就是大脑在做存在介入运动的结论。在多重草稿模型看来，这里没有下面这个更进一步的问题：它是经验前的结论，还是经验后的结论？换句话说，询问 MT 区域里的活动是"对一个有意识的经验的反应"（在奥威尔式历史学家看来）还是"对表征运动的决议"（由斯大林式编辑提出），这样问是错误的。

Part I, ch. 1, "Of Sense")]

他想，我们毕竟就是在这个地方——在对象的正面——看见颜色的！[*]以类似的精神，有人也许会认为，当你踩自己的脚趾时，这会引起上行信号通向大脑的"痛觉中心"，然后这些中心把疼痛"投射"回它所属的脚趾。我们毕竟是在这里感觉到疼痛的。

甚至到 20 世纪 50 年代，这个观点仍旧被人们严肃对待，为此，一个英国心理学家 J.R. 斯迈西斯（J.R. Smythies）写了一篇反驳它的文章。[†]我们现在所谈的在这类现象中的投射，并不包括把某个结果像波束一样照到物理空间里；我猜不再有人会这样想。但是，神经生理学家和心理学家，还有设计立体声扬声系统的声学家，就常常谈到这类投射，这时我们也许会问，如果这种投射不是指从一个空间（时间）到另一个的物理传送过程，那么他们这样说的意思又是什么？它意味着什么？让我们来更仔细地看一个简单的例子：

由于立体声扬声器的位置安放和它们各自输出音量的平衡，

---

* 事实上，霍布斯对这个问题很留意，他认为："如果这些颜色和声音是在引起它们的物体或对象里，它们就不能与这些物体或对象相分离，而在通过镜子看或通过反射回来的回音听时，我们发现它们与其对象是可以分离的。由此我们知道，我们所看到的东西在一个地方，而其现象则在另一个地方。"（*Leviathan*, Part I, ch. 1）但这段话可以有若干种相当不同的解读。

† 参见 Smythies, 1954。这篇文章显示出，仅仅在 37 年前理解这些问题还是多么困难。他费力地驳斥这个投射理论的教科书版本，在总结部分他赞赏地引用了伯兰特·罗素对同一观点不予考虑的做法："不管是谁，只要接受了知觉的因果理论，就不得不得出结论说，知觉在我们的头脑里，因为它们到达的是物理事件的一条因果链的末端，这条因果链在空间上从对象一直延伸到作为知觉者的大脑。我们不能假设说，在这个过程的末端，最后的结果突然跳回到起点，就像绷紧的绳索突然断裂一样。"（Russell, 1927）

听众将由此出现的女高音的声音**投射在**两个扬声器中间的某一点上。

这是什么意思？我们必须小心地逐步把它建构起来。如果扬声器在一间空屋里轰鸣，那就不存在任何投射。如果有个听众（一个有着良好听力和正常大脑的观察者）在场，"投射"就发生了，可这**并不**意味着，听者把东西发射到两个扬声器中间的某个点上了。那一点及其邻近区域的任何物理性质都不会因为听者是否在场而改变。简言之，当我们说斯迈西斯正确时，我们所指的意思就是这样；没有任何视觉的或听觉的性质被投射到空间中。那么，到底发生了什么？嗯，**在观察者看来**，女高音的声音来自那一点。这里所谓的**在观察者看来**到底意味着什么？如果我们回答，它意味着"观察者把声音投射到空间的那个点上"，我们显然就回到了出发点，所以人们不禁要引入某个新的东西，他们说出像这样的话："观察者把声音投射**在现象的空间里**。"看来好像有点儿进步。我们已经否认投射是在物理空间中，我们已经把它重新定位在现象空间中。

那么，现象空间是什么？它是大脑里的物理空间吗？它是位于大脑中的意识剧场的舞台空间吗？照字面意思来看，它不是。但照隐喻意思来看呢？在前一章中，在沙克所假造的"心智意象"的例子中，我们看到有一种方式可以让这类隐喻空间有意义。在某个严格但又是隐喻的意义上，沙克在空间中画出各种图形，注意到那个空间中的一些特定的点，并以它在空间中的这些点上所发现的东西为基础做出一些结论。但这个空间只是一个**逻辑空间**。它就像福尔摩斯的伦敦，是一个虚构世界里的空间，但这个虚构的世界，却以系统的方式，以沙克"大脑"的普通空间里发生的现实物理事件为锚。如果我们将沙克的言语看成它"信念"的表达，我们就可以说，那是沙克**相信的**

一个空间，但这并没有使这个空间成为真实空间，就像某个人相信费诺曼（见第 4 章第 5 节）并不能使费诺曼成为现实一样。两者都只是意向性对象。[*]

　　我们的确有一种方法，让现象空间这个观念变得有意义，那就是把它看成一个逻辑空间。在这样一个空间里，没有任何东西真的被投射进去，也没有任何东西在其中被投射，它的性质纯由（异现象学的）主体的信念构成。当我们说听者把声音投射到这个空间的某一点时，我们的意思**只是**，在他看来，那里就是声音发出的地方。这还不够吗？或者，难道我们忽略了关于现象空间的"实在论"学说吗？这种学说认为，在现象空间中，这种**实在的看来**（real seeming）是可以被投射的。

　　今天，我们已经可以相当安心地接受一种区分，即经验载体在大脑中的空间位置和被经验项目"在经验空间中"的位置这两者之间的区分。简言之，我们区别了表征与被表征，区别了载体与内容。我们已经有足够的见识，能够认识到视觉感知的产物并非真的就是头脑里的图画，即使**它们所表征的东西**确实也是图画能够很好地表征的，即使它们所表征的东西就是不同的可视特征的空间布局。我们应该对时间做出同样的区分：大脑里一个经验发生的**时间**必须与它看似发生的时间相区分。其实，就如心理语言学家雷·杰肯道夫所提出的，我们在这里需要理解的要点其实只是直接扩展关于空间经验的常识。空

---

[*] "这就好像，如果要理解费诺曼信徒的混乱，我们的费诺曼信徒就要变成费诺曼学家一样，他采取一个绝望的策略，虚构一个神的空间或天堂，因为他爱戴的费诺曼就居住于此，这个空间足够**真实**，所以能让相信费诺曼的信仰者满意，但又足够遥远和神秘，让怀疑费诺曼的人无法找到他。现象的空间是心智图像的天堂，但如果心智图像被证明是**真实的**，它们就能够令人安慰地位于我们大脑里的物理空间之中，如果它们被证明不是真实的，它们就可以像圣诞老人一样存在于虚构的逻辑空间中。"（Dennett, 1978a, p. 186）

间在大脑里的表征，并不总是用"大脑里的空间"来表征；时间在大脑里的表征，也不总是用"大脑里的时间"来表征。如同斯迈西斯在大脑里无法找到空间的幻灯投影仪一样，我们也找不到时间的电影投影仪，而古德曼"回向投射"的激进解读却会鼓励这种投影仪的存在。

为什么人们觉得需要假设存在这个看似投影仪（seems-projector)？为什么他们倾向于认为，大脑里的编辑室在行为调制和记忆的过程中，仅仅把内容插入信息流中是不够的？或许是因为他们想在意识方面也维持实在／现象的两分。他们要反对魔鬼般的操作主义，后者说，（在意识里）所发生的，只是任何你所记住的、已经发生的东西。多重草稿模型把在记忆中"将它写下"作为意识的评判标准，这就是"所予"（the "given"）得到"把握"的**实际情况**：以这种方式而不是那种方式得到把握。一个有意识的经验，如果独立于各种内容载体对后续行为的效果（当然也包括对记忆的效果），那就没有实在性。这看起来就像是可怕的操作主义，不是什么好兆头；而也许意识的笛卡儿剧场就被隐蔽地尊奉为这样一个地方：凡"在意识中所发生的"**都真的**在那里发生，不管后来它是否被正确地记住。假设我在场时发生了某件事，但是这件事只留给我"百万分之一秒"的记忆痕迹，就如在阿里尔·多尔夫曼的警句诗中所描述的那样。说我意识到了它（无论这种意识是多么简短和缺乏效果），这到底意味着什么呢？如果在某个地方有一个特许的笛卡儿剧场，那么，至少它也许是指这样的意思：**影片在那里被非常好地放映过**，即使没人记得是否看过。（就是这样！）

因为笛卡儿剧场在人类主体性的中心地带保留了实在／现象的区分，所以它也许是一幅让人感到欣慰的图像，但是，它不仅在科学上没有依据，而且在形而上学上也很可疑，因为它产生了客观的主观这种奇怪的范畴——客观的主观是指，事物在你看来实际地、客观地存在着，即使它们看起来并非如你所看到的那样存在！（Smullyan，1981）一些思想家如此坚决地反对"证实主义"和"操作主义"，以至于就算是在证实主义和操作主义明显合理的地方，在主体性领域，他们也要加以反对。克利福德·斯托尔所称的天文学家的经验法则，实际上是一种讽刺的评论，讽刺随意多变的记忆和科学证据的标准，但是，当这种规则用于"被写入"记忆的东西时，它就成了真正的真理。我们也许可以把多重草稿模型归为**第一人称操作主义**，因为它绝对否认这样一种可能性，即对一个刺激的意识，在缺乏主体对其意识的信任的情况下，原则上是有可能存在的。*

对这种操作主义的反对意见，正如通常一样，诉之于操作主义者的检验范围以外的可能事实，但是，现在操作者就是主体自己，所以这个反对就是搬起石头砸自己的脚："正因为按照你偏爱的方式，你无法分辨你是否意识到了 x，所以这并不意味着你对它没有意识。也许你已经意识到 x 而只是找不到任何证据呢！"真有任何人会在再三思考之后想说这种话吗？如果存在一些关于意识的所谓事实，可以游离在"外在"与"内在"观察者所能见到的范围以外，那么这些事

---

* 哲学家杰伊·罗森堡曾向我指出，康德在这一点上表现出了智慧。康德说，在经验里，**为我之物**与**自在之物**是同一个东西。（康德否认任何脱离主体条件的经验可以为我们所把握，因此在我们所知道的经验与经验的实际样子之间拉开了不定限的距离。但他决不认为每个意识内容背后都直接有意识在观察着，因为那样会把自我意识也作为经验性的事物。这种奇特的观点否定了意识等于自我意识，也否定了自我意识的观察者身份。丹尼特也否定自我意识是一个观察者，但他不认为自我意识是意识的条件，而主张意识是一个没有观众但仍然可以研究的加工过程。某个意识内容只是其中的一个加工信息在大脑中暂时突出的报告，意识的内容与对此内容的意识没有质的差别，它们不是平行的两层——康德会在经验的范围内赞同——而是连续意识过程中的两个不同报告，康德会觉得这仍然不能构成严密科学系统的心理学。——译者注）

实的确很奇怪。

这种观点死而不僵。考虑以下相当自然的说法："我判断它是这样的，因为在我看来它是这样。"在这里我们有了勇气去思考两种不同的状态或事件："看起来是某种方式"和后续的（并作为后果的）"判断它是这种方式"。有人也许会想，关于色彩 Φ 现象的多重草稿模型的麻烦在于，即使这个模型包括主体判断存在介入运动的现象，它也不包括——它明确地否认其存在——任何也许可被称为"看似介入运动"的事件，而这种判断正是"基于"这样的事件。在某个地方一定存在"呈现的证据"（即使只是在斯大林式的作秀公审中），这样，这个证据才可以引发或支持这个判断。

有些人假定这种直觉得到了现象学的支持。他们有这样的印象：他们实际观察到自己把事物判断成这样，**原因**是事物在他们看来就是这样。没有人曾经"在其现象学中"观察到任何这样的事情，因为这种关于因果作用的事实也许是不可观测的（就如休谟在很久以前所指出的）。*

在色彩 Φ 现象的实验里，我们问被试：你判断这个红点往右移动并变色，在你看来，这是因为它实际在这样移动呢，还是因为你在判断它好像在这样移动呢？假设这个被试给出一个"老练的"回答：

---

* 哲学家内德·布洛克曾向我描述他作为"侧向性"（laterality）测试的一个被试的经历。他直盯着前方一个固定点，在这个点的左边或右边常常有一个单词在闪烁（也可能不是单词，如 GHRPE）。他的任务是，当闪现的是一个单词时按下按键。对在左边出现的单词（这样的单词会先进入右脑），他的反应时间从测量来看更长一些，这支持这样一个假说：像大多数人一样，他在语言上具有极强的左脑侧边优势。这并不让布洛克感到惊讶，让他产生兴趣的是"这个现象：闪现在左边的单词似乎有一点儿模糊，不知何故"。我问他是否考虑过，这些单词更难辨认是因为它们看上去更模糊，或者这些单词因为更难辨认所以显得模糊。他承认，他没有办法区分关于他的判断的这两个"相对的"因果论述。

我知道在这个世界上**其实**没有这个移动的点——它毕竟只是似动——但我也知道这个点**看起来在**移动，所以，除了我判断这个点看起来在动之外，还存在一个事件，我的判断就是**针对**这个事件：这个点"看起来在移动"。实际的移动并不存在，所以必定有一种实际的"看起来在移动"，我的判断就是针对它的。

也许，笛卡儿剧场之所以流行，就是因为除了判断以外的那种"看起来"如此的情况是在这个剧场发生的。但是，刚才展示的这种老练论证是错误的。**在**被试报告所表达的判断或"把握"**之外**，再假设一个"实在的看来"，这是在不必要地增加实体。更糟糕的是，这种增加超出了可能的范围；这些"实在的看来"只在某种内在呈现中出现，而这种内在呈现却是一种无望的形而上学的逃避，是在以某种方式既想拥有自己的蛋糕又想要把它吃掉，尤其是因为，那些倾向于这样讲话的人急于坚持说，这种内在呈现**并不**发生在某个神秘的、二元论的空间，并不发生在某个弥漫着笛卡儿式的以太鬼魂的空间。当你抛弃了笛卡儿二元论，你就真的必须抛弃笛卡儿剧场里的演出和观众，因为在大脑里既找不到演出，也找不到观众，而大脑却是可以寻找这些的唯一实在的地方。

5. 多重草稿模型在行动中

让我们回顾多重草稿模型，对它做出一定的扩展，并稍微详细地考虑为其提供基础的大脑中的情况。为了简化，我将集中考察有视觉经验时大脑中发生了什么。然后，我们可以把这个考察的解释扩展到其他现象上。

视觉刺激在皮质引发一些事件序列，它们逐渐产生越来越具有专一性的区分活动。在不同的时间和地点，形成各种不同的"决定"或"判断"。更严格地说，大脑的各个部分受激而进入区分不同特征的状态，例如，起初只是刺激的发动，然后是位置，是形状，接着是（在不同路径上的）颜色，跟着还有似动，最后是对象识别。这些局部化的区分状态将结果传送到其他地方，促成更进一步的区分，以此类推（Van Essen, 1979; Allman, Meizin and McGuinness, 1985; Livingstone and Hubel, 1987; Zeki and Shipp, 1988）。这里要问的一个自然却天真的问题是：所有的东西都汇集到哪里去了？回答是：不到哪里。有一些分布式的内容状态很快就会消亡，不会留下任何痕迹。另一些则在很多地方留下了痕迹：后续经验的语言报告和记忆、"语义准备状态"和其他类型的知觉定势（perceptual set）、情感状态、行为倾向等。其中一些效果——如对后续语言报告的影响——至少是意识的征兆。但是，大脑中不存在任何这样一个地方——所有的因果序列都必须通过这个位置，以便把它们的内容储存"在意识中"。

任何这样的区分一经完成，就可以用来引起某个行为，如按下一个按键（或笑一下，或表达意见），也可以用来调制某种内在的信息状态。例如，区分一张狗的图像，这也许可以产生一个"知觉定势"——使人暂时比较容易看到其他图画里的狗（或者只是动物而已），或者，它也许还可以激发一个特定的语义域，使你暂时更有可能把单词"bark"*理解成一个声音，而不是树干上的覆盖物。我们已经指出，这个多轨过程在数百毫秒内发生，在这段时间，内容的增加、合并、修正和重写会以各种各样的次序进行。随着时间的推移，这会产生某种**非常类似**叙事流或序列的东西，可以认为这个叙事流或

---

* bark 既可以指一些动物的叫声，也可以指树皮。——译者注

序列受制于分布在大脑各处的许多过程的连续编辑，不定限地持续到未来。内容产生了，又得到修改，再影响其他内容的诠释或者（语言及非语言）行为的调制。在此过程中，内容在记忆里留下了它们的痕迹，最后这些痕迹全部或部分地衰减，或者被合并到后来的内容中，或者为后来的内容所覆盖。这个内容束更像是一个叙事流，因为它有多重性；在任意时间点上，都有叙事片段的多重草稿，它们在大脑的各个地方、各个编辑阶段中存在。这些草稿中的一些内容会做出它们短暂的贡献，并在没有进一步影响的情况下消逝；有一些根本不起任何作用，还有一些则继续发挥各种作用，进一步调制内在的状态和行为；少数甚至会一直存在，直到通过以语言行为来体现的压力释放而为人所知。

在各个中间间隔来探察这条内容之流，会产生不同的结果，加速形成不同的叙事——而这些就是叙事："意识流"的某个部分的单独版本。如果将此探察推迟得太久，结果也许就是，没有任何叙事留下。如果探察得太早，也许就会得到一些数据，说明在多早的时候，一个特定的区分在这条内容之流中便已完成，但要付出打断这条内容之流的正常进程的代价。

是否存在一个"最优探察时间"？假设过一会儿之后这种叙事相当稳定地退去，既是因为细节消退，也是因为服务于自己的修饰（我本应该在聚会上说的，往往就成了我在聚会上的确说了的），人们便可以基于这样一种合理的假设，证明尽可能快地探察感兴趣的刺激序列是有道理的。但是，人们又想避免因为匆忙的探察而干扰这一现象。由于知觉会不知不觉地变成记忆，"直接的"诠释会不知不觉地变成理性的重构，因而并不存在什么单一的、适合所有情况的顶点，来指导人们的探察活动。

在任何特定的持续时间之内我们所意识到的东西，如果脱离了我们用来加速进行关于该时期的叙事的探察，就不能被界定。因为这些叙事在接受连续的修改，所以并不存在某个单一叙事，可以算作权威版本，即"第一版本"——在主体意识流里发生的事件在这个版本中被永远固定，对它的一切偏离叙述都必定是文本讹误。但是，任何无法获得加速的叙事（或叙事片段）都提供了一条"时间（经验到的时间）线"、一个从观察者视点来看的主观事件序列，可以拿来同别的时间线对比，特别是与发生在观察者大脑里的客观时间序列相比。我们已经看到，这两条时间线（见图5.12）**也许**不必以正交对准的形式（围成直角）出现，即使**红色变成绿色**的（错误）区分发生在区分出**绿点**之后，**主观的**或**叙事的**序列也当然是：**红点，然后红变绿，最后是绿点**。所以在主体视点的时间涂抹中可能存在顺序的差别，这些差别引起扭结（kink）。

正交对准不能成功，这并无任何形而上学的夸张或形成挑战的地方。*它与我们如下的认识一样并不神秘，也不违背因果观念：电影里的个别场景常常乱序放映，或者当你阅读句子"比尔是在萨丽之后到达聚会现场的，而珍妮则比他们到得都早"时，在知道珍妮到得比较早之前你就知道比尔到了。表征活动的空间与时间是一个参照系，而表征活动所表征的东西的空间与时间则是另一个参照系。但是，这个在形而上学上无关宏旨的事实，却仍然为一个基本的形而上学范畴建立了依据：当这个世界的一部分以这种方式编写一个叙事束时，这个部分就是一个观察者。这就是说，在世界上一定有一个观察者，这个观察者就是"成为一个观察者是什么样子"中的那个观察

---

* 我第一次想到对这一现象的这种思考方式，是在读了辛德（Synder, 1988）的文章之后，虽然他处理这个问题的方式与我的有些不同。

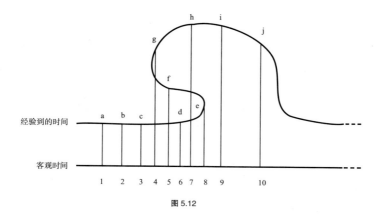

图 5.12

者（a something it is like something to be）。*

以上是我所提出的替代模型的大致草图。它与笛卡儿剧场模型的不同之处还需要进一步澄清，为此就要指出它如何处理特定的现象。在下一章中，我会用这个模型来研究一些困难的问题，但首先让我们简要地考虑一些常见的、熟悉的例子，哲学家们常常讨论这些例子。

你可能经历过这样的现象：你驾车数公里，一直沉浸于交谈（或心事）之中，然后你发现自己完全不记得道路、交通情况和自己的驾车动作，就好像是另一个人在驾驶。许多理论家——我承认也包括我自己在内（Dennett, 1969, p. 116ff）——珍视这个现象，把它作为"无

---

* 托马斯·内格尔写过一篇著名的文章，问"成为一只蝙蝠会是什么样子"［"What is it Like to Be a Bat?", *Philosophical Review*, 83(1974), pp. 435-450］。关于这个问题，可以这样回答："那就与是［一只蝙蝠的］某个东西一样［It is like something to be (a bat)"］。"这个问题在哲学讨论中经常用于讨论主观经验的客观性话题，可以被译为"成为某个东西是什么样子"。这里说的是成为观察者是什么样子，故直接以"观察者"替换"某个东西"。——译者注

意识的知觉与无意识的智力活动"的一个绝妙例证。但是，当时你**真的**没有意识到所有那些路过的车辆、红灯和路口的弯道吗？你当时的确是在注意别的事情，但**如果你曾探察**在驾车的不同时刻你**刚好**看到了什么，无疑你至少会有一些大致的细节可以报告。这个"无意识的驾驶"现象最好被看作这样一个例子：意识不断流动，而其中的记忆在迅速消失。

你会经常意识到时钟的嘀嗒声吗？如果它突然停下来，你会注意到，你马上就会说出什么东西停下来了。这些嘀嗒声，一直到它停止前"你都没有意识到"。如果它们不曾停止，"你也许从来都不会意识到它们"；而现在，这些嘀嗒声清清楚楚地就在你的意识中。一个更显著的情况是：通过在经验记忆中回溯，你可以数出，你刚刚注意的时钟在报时的时候是敲了四下还是五下。但是，你如何能够如此清楚地**记得你听到**了某个你一开始没有意识到的东西呢？这个问题泄露了提问者对笛卡儿模型的一种认同。我们知道，脱离了特定的探察，其实并不存在关于意识流的固定事实（fixed facts）。

第 6 章

时间与经验

> 我的确可以说，我的表征一个跟着另一个。但这只是说，我们在一个时间序列中，即以与内感官形式相符合的方式，意识到了它们。
>
> ——康德，《纯粹理性批判》
> （Kant, *Critique of Pure Reason*, 1781）

在前一章中，我们大致看到了多重草稿模型是如何化解"回向投射"（backwards projection in time）问题的，但我们忽略了一些重要的复杂情况。本章我们将探讨这些问题，进入更有挑战性的领域，考察并解决若干争议，这些争论在心理学家与神经科学家之间发生，涉及一些众所周知的且令人不安的实验如何恰当解释的问题。我认为，不阅读本章的论证也有可能理解本书的余下部分，所以本章内容可以跳过去或只是浏览一下。但是，我试图把问题说得足够清晰，以使非专业的研究者也能理解，而我认为有六个很好的理由，可以用来说明我们为什么应该努力地掌握这些技术内容：

（1）在我的**多重草稿模型**的草图里，有相当多的地方还很模糊，而通过考察这个模型的深入运用，你可以更清楚地了解它的结构。

（2）多重草稿模型作为一个经验理论到底如何不同于传统的**笛卡儿剧场**，如果你对此还心存疑虑，那么，这些疑虑在你看到这些模型正面冲突的景象之后就会消失。

（3）如果你质疑我是在攻击一个稻草人，那么发现如下情况也许会令你安心：一些专家总是让自己陷入麻烦，因为他们会不由自主地成为货真价实的笛卡儿式物质论者。

（4）如果你怀疑我是基于一个精心选择的现象，即科勒斯的色彩Φ现象，才提出多重草稿模型的，那么你会看到一些相当不同的现象是如何从多重草稿模型的处理中受益的。

（5）我们将会考察一些有名的实验，**某些**杰出的专家宣布，这些实验驳斥了我所提出的这种保守的物质论理论，所以，如果要对我的意识诠释提出**科学**挑战，那么这个战场是由反对者挑选的。

（6）最后，我们所讨论的现象激动人心，很值得花力气去了解。*

1. 飞逝的瞬间与跳兔

正常情况下，经验到某物的一个充分但不必要的条件是存在后续

---

* 本章的（以及前一章的一些）论证与分析是对丹尼特和金斯波兰尼（Dennett and Kinsbourne）著作中的一些材料的详细阐述。

语言报告，这种情况就好比是锚，所有令人困惑的现象走得再远，也要向它靠拢。让我们假设，虽然你的大脑已经记录一个事件的某些方面并对此做出了反应，但是，在这个内在反应和你做出语言报告的后续状态之间，某种东西介入了。如果没有时间或机会做出任何初始的外显反应，如果所介入的事件阻止了后续的（语言的或非语言的）外显反应纳入第一个事件的某些方面，这就会造成一个令人困惑的难题：它们是从来就没有被有意识地知觉到呢，还是已经迅速被人忘记？

许多实验都会测量"把握时长"（span of apprehension）。在听觉记忆时长测试中，你会听到磁带快速地播放许多没有关系的项目（比如一秒钟四个项目），然后要求你识别它们。在声音事件结束之前，你根本不能做出反应，然后你识别出其中一些而不是另一些。然而，从主观上来说，所有这些项目你听得都很清楚，听得同样明白。这自然就冒出一个问题：你到底意识到了什么？毫无疑问，磁带上的所有信息都在你的听觉系统中得到了处理，但是，那些后来你说不出名字的项目，它们的识别标志也一路进入了你的意识吗？或者，它们只是被无意识地记录了？它们**似乎**已经在那里、在意识中，但它们**真的**在那里吗？

另一个经典的实验是让一张印有许多字母的幻灯片从你眼前快速晃过。（由**视觉记忆测试镜**来完成这些动作，它是一个显示装置，可以精确调整，直到在一定毫秒内呈现某一特定亮度的刺激——有时只有 5 毫秒，有时是 500 毫秒或更长。）随后你只能报告其中的一些字母，当然你也看到了其余的字母。你坚信它们曾出现过，你确切地知道它们有多少，而且你的印象是，它们很清晰、很鲜明。然而，你不能识别它们。你是很快就忘记了，还是它们一开始就没有被你有意识地知觉到？

获得透彻研究的**偏对比现象**（phenomenon of metacontrast）（Fehrer

and Raab, 1962），鲜明地呈现出多重草稿模型的要点。（类似现象的综述，参见 Breitmeyer, 1984。）如果一个刺激很快闪现在屏幕上（比如30 毫秒，约等同于电视的单帧画面时长），然后马上给出一个"掩蔽"刺激，那么，被试就会**报告**，他只看见第二个刺激。第一个刺激也许是一个彩色圆盘，第二个刺激可以是一个彩色圆环，其内环正好在圆盘的外沿（见图 6.1）。

如果你把自己放在被试的位置，你也会看到这种情况。你可能会信誓旦旦地说，这里只有一个刺激：圆环。在心理学的文献里，这类现象的标准描述都是斯大林式的：第二个刺激以某种方式**阻碍**了被试对第一个刺激的**意识经验**。换句话说，它在第一个刺激进入意识的路上以某种方式伏击了它。但是，如果要人们猜刚才是有一个刺激还是两个，结果又还是比全碰运气要好。斯大林式理论家会说，这就证明，刺激可以在我们没有意识到它们的情况下对我们产生作用。第一个刺激从未在意识的舞台上出现，但在人们毫无意识的情况下它仍然会产生影响。我们可以把偏对比的这种解释与它的奥威尔式解释相比较：被试的确意识到了第一个刺激（这解释了他们为什么能够猜对），但是，他们对这一有意识经验的记忆**几乎**完全被第二个刺激消除（这解释了他们为什么会否认自己看到过它，尽管他们给出的结果比全凭运气猜测的结果要好）。结果是平局——双方陷入窘境，因为双方都不能辨别**可以**解决争议的任何关键实验结果。

多重草稿模型对偏对比现象的处理方式如下。当在极短时间里发生大量的事情时，大脑会做简化的假设。圆盘的外沿很快变成圆环的内轮廓。大脑一开始只知道发生了某件事（在一个特定地方好像有个圆形轮廓），它马上接到确认信息，那里的确有一个环，它有内轮廓和外轮廓。由于没有更进一步的证据来说明曾经存在一个圆盘，所以大脑现在得出一个保守的结论：当时只有一个圆环。我们是否应该坚

第一个刺激

第二个刺激

图 6.1

持认为圆盘当时被经验到了，因为**如果圆环当时没有介入，被试还是会报告圆盘？**这种想法就犯了错误，错在以为我们可以"定格"笛卡儿剧场中的电影，可以确定真的是圆盘的画面先进入剧场，只是后来的事件抹去了主体对它的记忆。多重草稿模型同意，圆盘信息的确有短暂的作用，有助于形成一个后续报告，但这个状态一闪而过；我们没有理由认为，这个状态在被覆盖之前一直都在意识的魔圈内部，反过来说，我们也没有理由认为，这个状态从没达到这种特许的状态。在特定的时间和地点在大脑里所谱写的草稿，后来从流通中出局，被修订的版本取代，但无论是原稿还是修订稿，我们都不能单独挑出其中一个，作为**意识**内容的明确标准。

　　展示这种修订能力的更为惊人的例子是**跳兔**（the cutaneous rabbit，字面意思为"皮肤兔"）。心理学家弗兰克·吉尔达德（Frank Geldard）和卡尔·谢里克（Carl Sherrick）曾报告 1972 年的一些原创实验的情况（可参见 Geldard, 1977; Geldard and Sherrick, 1983, 1986）。被试的胳膊放在桌面的垫子上，机械的轻击锤放在其胳膊的两个或三个地方，每个放位之间最多间隔一英尺[*]。实验者用轻击

---

[*]　一英尺等于 30.48 厘米。——编者注

锤做出一连串有节奏的轻敲动作，如在腕关节处敲击五下，接着在肘部附近敲击两下，然后在上臂处再敲三下。敲击相隔的时间为50~200毫秒。这样一个敲击序列的持续时间也许不到一秒钟，或最多为两到三秒。令人吃惊的结果是：在被试看来，敲击是以规则的顺序，沿着等距的各个敲击点，上行到胳膊——好像一只小动物沿着胳膊在跳。好，一开始人们想问，**大脑怎么知道**，在腕关节被敲击五次之后，肘部附近将会有一些敲击？* 被试经验到的情况是，从第二次敲击起，敲击开始离开腕部，然而在一些捕捉试验（catch trials）中，并不给出后来的肘部敲击，这时被试以预期的方式感觉到了五次腕部敲击。大脑显然无法在肘部敲击发生之前"知道"此处会有敲击。如果你还着迷于笛卡儿剧场，那么你也许会推测，大脑延迟了这个有意识的经验，直到所有的敲击都被"接收"之后才报告它。这种接收是在胳膊与意识座位（不管它是什么）之间的小站发生的，而这个小站又会修改数据，以配合大脑想到的某个运动理论，然后又把这个经过编辑的版本向上发送给意识。但是，大脑总是会延迟对一次敲击的反应，以防有更多敲击到来吗？如果不是这样，大脑又怎么"知道"何时延迟？

多重草稿模型理论则指出，这个问题构思不当。大脑会随着时间的推移区分（沿着胳膊的）空间转换。大脑也会区分敲击的次数。虽然从物理实在来看，这些敲击在特定的位置聚成一串，但大脑的简化假设是，它们沿着经验的时空区域有规则地分布。**在这些敲击被记录之后**，大脑当然就很放松地进入这种省力却错误的诠释状态，结果

---

* 一般人们会以为，大脑只有提前预判后面的敲击发生的位置，才能让错觉中的小动物往那个方向上跳。如果没有提前预判，错觉中的小动物跳起来就没有方向了。——译者注

是，它清除了早先的（部分）敲击诠释，而那些诠释的副作用却能留下。例如，假设我们要求被试只要感受到**腕部的两次敲击**就按键。我们不会奇怪，他们的按键动作会发生**在大脑区分出前臂的几次敲击之前**，这些敲击动作导致他们错误地以为，第二次敲击是在手臂靠上的这个地方发生的。

我们必须特别小心，不要错误地假设，我们从这样一种早期探察中所取得的内容，构成了我们在随后探察同样的现象时可能在叙事中找到的内容的"第一章"。这种假设混淆了两种不同的"空间"：**进行表征的空间**（the space of representing）和**被表征的空间**（the space represented）。*这是一个很有诱惑力且普遍存在的错误，值得我们专用一节来讨论。

---

* 广义上来说，事件 a 是在时间、空间中的，它被另一个事件 b 所表征，b 既然是事件，也要占据时间、空间。进行表征的事件 b 和被表征的事件 a 所占的时间、空间不能混淆。神经科学家使用一个外部的电极观察和测量大脑内部的"事件"流，这个观测系统本身构成一个外部或称"客观"的表征标准；另外，被试又要报告与此同时在意识中出现了什么事件，这是被试的主观或内部意识对于大脑内部的"事件"流的一种表征。哪个标准更对呢？没有哪个。如果认为有，你就会受困于笛卡儿剧场，你就会（如利贝特那样）开始想象人的意识是怎样奇异运作的，以求弥补被试报告与仪器结果之间的分离。奇异相对于正常而言，而这个正常即你以为存在的客观标准，在实验中就是外部的观察和测量系统，但这个系统是外加的，大脑不是按照这个系统所提示的方式在思考。被试报告依据的是大脑自己处理"事件"流的天然方式，有演化的基础，这就是丹尼特在否决笛卡儿剧场（第 5~6 章）之后就开始讲意识演化（第 7 章）的原因。测试系统和大脑意识机制也许"指称"同样的生理事件，但是它们各自的诠释方法不同；这里没有主观和客观之分，或好坏之分，只有两个相互竞争的诠释系统。一般地，测试系统是人类以自己的意识机制为基础制造出来的评价系统，它的运作方式与演化出来的意识机制的运作方式很不同，而且它将来也许比人脑更聪明。——译者注

2．大脑如何表征时间

笛卡儿式物质论是这样的一种观点，没有人会支持它，但几乎每个人又都习惯用它来思考，该观点提出如下的底层图景。我们知道，信息在大脑里来来去去，被不同区域的不同机制处理。我们的直觉表明，我们的意识流由以序列形式出现的事件组成，而且在任何一个瞬间，在此序列中的每个元素都可以分为两类，它们要么是已经"在意识中"发生的，要么是尚未"在那里"发生的。如果情况如此，那么，（似乎）在大脑中穿行的内容的载体，必定就像走在路轨上的有轨电车一样；它们通过某点的顺序，也是它们"到达"意识剧场并（因此）"被意识到"的顺序。要确定意识在大脑里**什么地方**发生，我们就要追踪信息载体的所有轨迹，看看载体在它们被意识到的那个瞬间通过的是哪一点。

如果我们反思大脑的基本任务，我们就会知道这幅图景错在何处。大脑的任务是，在条件不断变化和意外不断出现的世界中，指引它所控制的躯体。所以，它必须收集来自世界的信息，并**迅速地**用它"生产未来"，也就是提取预期，以比灾难先行一步（Dennett, 1984a, 1991b）。于是，大脑必须表征事件在世界中的时间性质，它还必须很有效率地这样做。负责执行这个任务的诸多过程分布于大脑的不同位置，没有一个中心节点，而大脑各个区域之间的沟通相对缓慢一些；电化学的神经刺激的行进速度，只有光速（或电信号在导线里的速度）的几千分之一。因此，大脑承受着显著的时间压力。它必须设法在一个时间窗口之内按照它的输入调制输出，这个窗口没有任何延迟的余地。在输入一方，有知觉分析任务，比如言语知觉（speech perception）任务，如果大脑不能利用巧妙的预期策略（这些策略都以输入中的冗余信息为信息源），这些任务也许会超过大脑机制的物理界限。正常说话速度是每秒发出四五个音节，但是我们所演化出的"解析"说话的分析机器如此强大，以至于人类能够理解速度高达每秒 30 个音节的"压缩说话"——这时电子仪器会加速语词，但不会提高声调，使说话声变成耗子所发出的"吱吱声"那样。在输出一方，许多行动发生得如此快速，具有如此精细的触发作用，以至于大脑没有时间按照反馈去调整它的控制信号；任何像弹钢琴或精准确定摇滚乐音高这样的行动（Calvin, 1983, 1986），都必定是**弹道式**发动的。〔弹道式的行动（ballistic act）是非制导导弹，一旦发动它们，它们的轨迹就不能调整了。〕

那么，大脑如何追踪它所需要的时间信息呢？考虑这个问题：由于从脚趾到大脑的距离大于从臀部到大脑的距离，或者从肩到大脑的距离，或者从额头到大脑的距离，所以同时从这些不同地方传出的刺激，会以交错的相继序列（staggered succession）到达大脑总部——只要传播速度在所有路径上是一个常量。你也许会问自己，大脑如何"确保在中枢同时表征来自末梢的同时刺激"呢？如果你做一些推测性的逆向工程思考，你可能会这样想：也许所有的传入神经束就像弹簧式卷尺，而且它们的长度全都一样——去往脚趾的神经完全没有卷起来，而通往前额的神经则在大脑里卷起来。从后一神经束来的信号，在这些神经内侧的延时卷曲中，绕了一圈又一圈，它们进入总部的时间，正好就与来自脚趾的未经缠绕的信号进入的时间相同。或者，你可能会想，神经束伸得越长，它们的直径就会越细（就像黏土罐的线圈，或者像家里做的面条），传播速度也会随着直径不同而有所不同。（天哪！的确是这样，但方向错了！粗纤维的传导速度更快。）这些试图解决这个同时问题的机制模型都很生动（当然也很傻），但是，前提的错误在于以为大脑居然需要解决**这个**问题。大脑不应该解决这个问题，这里有一个明显的工程学理由：它浪费了宝贵的时间，在它的全部可能操作面前，选了一个"情况最坏"的日程表。为什么来自（比如）前额的至关重要的信号，就应该在前厅里闲着，只是因为也许某天出现这样一种情况，来自脚趾的、跟它同时发生的信号需要与它以某种方式会合？ *

数字计算机的确依靠这种延迟来处理最坏的情况，以确保同步运行。并行的加法器电路中的机制，在一个定时脉冲释放完成加法总和之前会让这些总和一直闲着，而这个机制与上面设想的圈来圈去的神经相似。超级计算机的建造者还必须格外小心，以确保连接不同部分的导线有相同的长度，而这常常要求导线多绕几圈。但数字计算机之所以能够承担这种局部的无效率状态，是因为它们有速度可言。（事实上，随着市场竞争要求数字计算机的运行速度越来越快，人们正在重新考虑这些细微的时间无效率情况；其中许多情况之所以还能保留，其主要原因在于，工程师不知道如何设计整体不同步的计算机系统——一个不受任何主时钟脉冲调节的系统。）

把主同步施用于各项操作，这需要延迟。作为逆向工程师，我们可以推测，如果存在有效的方法让大脑可以表征它所需要的时间信息，来避免这些延迟，那么演化就会"找到这些方法"。事实上，确实存在这样的方法，对此我们可以借助一个历史事件来说明，这个事件展现的是在时间与空间上都极度放大的现象。

考虑一下在无线电与电报都还没出现的时代不列颠帝国所面临的通信难题。从伦敦的总部控制一个遍布全球的帝国并不总是可行的。最著名的事件显然是（第四次）新奥尔良战役，它于 1815 年的 1 月

---

* 这不是说，大脑从来不用"缓冲记忆"来缓冲大脑内部过程与不同步的外在世界之间的接口。"声像记忆"是一个明显的例子。在大脑开始处理这些刺激模式时，我们会用声像记忆简要地保留这些模式（Sperling, 1960; Neisser, 1967；还可参见 Newell, Rosenbloom and Laird, 1989, p. 107）。

8 日爆发，而终止 1812 年战争的停战协定已在此役爆发的 15 天前于比利时签订。在这场毫无意义的战役中，英国士兵死了上千人。我们用这次战败的消息传递情况来看这个系统当时是如何运作的。假设在比利时签署停战协定的第一天，停战的消息就通过陆路和水路传向美洲、印度和非洲等地。第 15 天新奥尔良的战斗打响，这次战败的消息通过陆路和水路传向英格兰、印度等地。第 20 天（当然太迟），停战协定的消息（以及要求投降的命令）到达新奥尔良。让我们还假设，第 35 天，这次战败的消息到达加尔各答，但是，停战协定的消息（通过陆上路线传递）直到第 40 天才到达。在印度的英军总司令看来，新奥尔良的战斗似乎在停战协定签订之前就已打响——如果不注明信件日期的话，这些日期当然可以让他做出必要的纠正。*

为了解决他们所面临的时间信息交流的大部分问题，这些遥远的代理人的做法是在他们信号的**内容**中植入相关的时间信息表征，这样，信号本身的到达时间，就与它们携带的信息**严格地不相关**。在信头上写的日期（或信封邮戳的日期）给接收者传达的信息是它的发送时间，这个信息即使延迟到达也有用场。†被表征的时间（见于邮戳）与进行表征的时间（信的到达时间）之间的这种区分，是常见的内容与载体之间的区分的一个实例。虽然大脑的通信者没有上面这种特殊

---

* 我要补充的是，这个是我所做的历史修饰。弗朗西斯·罗顿-黑斯廷斯（Francis Rawdon-Hastings），也就是黑斯廷斯第一侯爵、第二代莫伊拉（Moira）伯爵，是 1815 年孟加拉地区的地方长官和印度的总司令，但我一点儿也不知道，他实际上是如何得知以及何时得知新奥尔良战斗的消息的。

† 这样的"邮戳"原则上可以在信件传递的任何阶段加到一个内容载体上。如果到达某个特定地点的材料全部来自同一个地方，以同样的速度走过同样的路，那么，它们"离开"出发地的时间，就可以在事后追加上去，为此只需从它们到达每站的时间中减去一个常量。这是一种工程上的可能性，大脑很有可能利用这种可能性，针对标准行进时间来做出一定的自动调节。

的解决方案（因为它们不"知道"它们发出自己信号的"日期"），但是，内容与载体之间区分的总原则还是与大脑的信息处理模式相关，很少有人欣赏其中的方法。*

　　一般来说，我们必须区分**表征活动**（representings）的特征与**被表征者**（representeds）的特征。例如，人们可以大声喊："轻点儿，小声点儿！"微小的东西也可以有巨大的图像，一个做炭笔素描的艺术家不见得就不能画出一幅油画。对一个站着的人进行书面描述，开头一句不必描述他的头部，最后一句也不必描写他的脚。这个原则同样适用于时间——虽然用起来不是那么明显。考虑一个**说出的短语**：a bright, brief flash of red light（"红灯明亮而短暂的一闪"）。**它**的开头是"a bright"，它的结尾是"red light"。这个说话事件的这些部分，本身不是红灯短暂一闪的开始或终结的表征（类似的论点，可参见 Efron, 1967, p. 714）。在神经系统里没有任何事件不占时间（就像没有任何事件不占空间一样），所以任何事件必定有一个开头和结尾，它们为一定量的时间所分隔。如果某个事件本身**表征**的是在经验中的一个事件，那么它所表征的事件本身必定也是占时间的，也有开头、中间和结尾。但没有理由认为，这个表征事件的开始就表征着被表征

---

* 正如乌塔尔（Uttal, 1979）所指出的，这个区分**的确**得到了神经科学家们的广泛认可："许多在感觉编码领域所做的研究，其本质都可以提炼为一个单独的、特别重要的观念——任何候选编码都能代表任何一个知觉维度；在神经与心理物理数据之间，并不需要一种同构关系。空间能表征时间，时间能表征空间，空间能表征性质，非线性的神经功能当然也能很好地表征线性的或非线性的心理物理功能。"（p.286）然而，虽然这个观念广为人知，我们却很快会看到，一些理论家对它的理解，实际上是误解；他们"弄清意思"的方法是，在一个欠缺想象的翻译或"投射"过程中，暗自重新引入不必要的"同构"，而这个过程本来应该是在意识中发生的。

事件的开始。*虽然不同的属性的确被不同的神经设施以不同的比率抽取出来（如地点、形状、颜色之比），虽然如果要求对孤立的每个属性做出反应我们会需要不同的反应时间，但是，我们知觉到的是一个个事件，而不是一个相继得到分析的知觉要素流或知觉属性流。†

　　一部小说或一个历史叙事不必按它最终描写的顺序来创作——有时作者会从结局开始往回写。而且，这种叙事可以包含许多回放动作，在这些回放中，事件**被表征为**以一定的顺序进行，而**表征它的活动**（representings）又是以不同的顺序发生的。类似地，大脑对 A 的表征**先于** B，也不必以这样的方式完成：

　　首先：

　　　　表征 A。

　　然后：

　　　　表征 B。

　　短语"B 后于 A"是一个（说出的）载体的例子，该载体把 A 表征为在 B 之前，而大脑也可以从这种时间处理带来的自由中获益。对大脑来说，重要的并不必然是个别的表征事件于什么时候在大脑

---

* 参考派利夏恩的观点（Pylyshyn, 1979, p. 278）："没有人……愿意**在严格意义上**谈论一个心智事件的物理性质，比如，它的颜色、大小和质量等。虽然我们**的确**谈到，它们**表征着**这样的性质（或具有这些性质的经验性内容）。例如，一个人不大可能说，一个思想（或心智意象）是大的或红的，而只是说，它是一个关于大的东西或红的东西的思想（或者它是关于大的东西或红的东西的一个心智意象）……因此，我们会如此随意地说到一个心智事件的**持续时间**（duration），这应该让人觉得奇怪才对。"

† 正如心理学家罗伯特·埃弗龙（Robert Efron）所说："在第一次用中央视觉观察一个对象时，我们没有迅速经验到，一个对象先在最外围的视觉中出现，然后又在稍微靠里的视觉中出现……类似地，我们把注意力从一个对象的知觉移向另一个对象时，也没有关于新的察觉对象的具体情况'在增长'的经验——我们只是知觉到了那个新的对象。"（1967, p. 721）

的各个部分发生（只要它们发生得足够及时，可以控制需要控制的事情！），重要的是它们的**时间内容**。这就是说，重要的是大脑可以"在 A 已经先于 B 发生的这个假设下"继续处理事情，无论"A 已经发生"这个信息是否进入大脑的相关系统，并在"B 已经发生"这个信息之前或之后被识别为是这样。（回想身在加尔各答的总司令：首先他得知那场战斗，然后他得知停战协定，但由于他能从这个消息里提取到停战在先的信息，因而他可以相应行事。他必须**判断**停战协定签订于那场战斗之前，他不必弄出某个"历史重构"的大戏来观看，好像在这出戏里他才以"正确的"顺序收到那些来信。）

但有一些人主张，时间是心智或大脑**必定**"随它自己"表征的一个东西。哲学家休·梅勒（Hugh Mellor）在他的著作《实时时间》（*Real Time*, 1981, p.8）中，清晰有力地表达了这一点：

> 例如，假设我看到一个事件 e 先于另一个事件 e*。我必定首先看到 e，然后看到 e*；我在看到 e* 的时候，可以用某种方式回想起我看到 e 的情况。就是说，"我看见 e"会影响到我看见 e*：这就促使我（或者正确或者错误地）看到 e 先于 e*，而不是反过来。但是，看到 e 先于 e* 就意味着，我先看到的是 e。这样，我对这些事件的知觉的因果顺序，由于固定了我知觉到它们所具有的时间顺序，因此也就固定了这些知觉本身的时间顺序……这个显著的事实……我们应该予以注意，即对时间顺序的知觉需要有时间顺序的知觉。**没有任何其他性质或关系必须像这样体现在对它的知觉中**［强调为笔者所加］：例如，形状和色彩的知觉本身不需要它们有相应的形状或色彩。

这种说法是错误的，但其中也有正确的东西。因为大脑表征的基本功能是要控制实时行为，所以表征活动的定时（timing）**在某种程度上**对它们的任务来说是必不可少的，这体现在两个方面。

第一，在一个知觉过程开始时，定时可以是**决定内容的东西**。想想我们如何区分，一个在电影屏幕上从右向左移动的点与一个从左向右移动的点。这两者**仅有的**不同也许是两个（或更多）画面投影的时间顺序。如果先投影 A 再投影 B，点就被看成在朝某个方向移动；如果先投影 B 再投影 A，点就被看成在朝与刚才相反的方向移动。大脑能够借以做出这种方向区分的唯一刺激差别，就是它们发生的先后顺序。这种区分作为逻辑问题，要基于大脑的能力，它能以一定的灵敏度做出一个时间顺序区分。由于动画画面的放映通常为每秒 24 帧，所以我们知道，视觉系统可以解析大概在 50 毫秒内所发生的刺激之间的顺序。这就意味着，信号的现实时间性质，即它们的开始时间、它们在系统中的速度以及它们的到达时间，这些都必须得到精确的控制，直到这样一种区分可以做出为止。否则，作为辨别依据的信息就会丢失或被掩盖。

在一个更大的尺度上，这种现象也会在帆船比赛开始时出现。你**看到**一条船越过开始线，然后你才**听到**发令枪响，这条船是不是提前越线了呢？这在逻辑上是不可能分辨的，除非你能够计算出声音与光线到达你做出这个区分之处的不同传播时间。一旦做出一个判断（要么**一切正常**，要么 **7 号船提前越线**），这个内容就可以从容不迫地传送到参赛者那里，而不必考虑**它**必须走多快或走多远才能完成它的任务。

一些表征活动的定时，**在**可以做出比如**从左到右（或提前越线）**这样的区分**之前**，是很重要的，但一旦大脑皮质的某个回路（或裁判船上的某个观察者）在局部做出判断，这个判断的内容就能以一种在时间上不太匆忙的方式，发送到大脑里任何会用到这个信息的地方。

只有以这种方式，我们才能解释下面这个原本令人困惑的事实：人们在判断某些时间顺序时的表现也许无法比纯粹靠猜测好到哪里去，同时他们却能毫无差错地执行其他判断（如判断运动方向），这些判断在逻辑上要求更高的时间敏锐度。他们可以利用专门的（以及特别安放的）鉴别器来做出高质量的判断。

第二个定时上的约束上面已经附带提到：表征活动以什么顺序发生并不重要，只要它们可以及时发生，就有助于控制相应的行为。一个表征活动的功能也许取决于它能否赶上**截止时间**，这是做出这个表征的载体的一种时间性质。这在存在时间压力的环境中体现得尤其明显，比如人们想象的战略防御计划。问题不在于如何让电脑系统精确地表征导弹发射，而在于如何在短暂的时间内精确表征一次导弹发射，与此同时你还能对此做出一点儿反应。导弹于美国东部时间早上6:04:23.678 发射，这个信息总是可以精确地表征发射时间，但它的用处在美国东部时间早上 6:05 可以说已经完全失效。因此，对任何一个控制任务来说，都有一个**时间控制窗口**，表征活动的时间参数原则上可以在这个窗口之内**无限制地**来回变动。

对这种窗口加以限制的截止时间并不固定，它取决于任务的性质。如果你不是要拦截导弹，而只是写作你的回忆录，或在水门事件听证会上回答问题（Neisser, 1981），那么你需要复原你生命中的事件序列的一些信息来控制你的行动，这些信息可以用任何顺序复原，而你就可以由着自己的时间做出推断。或者，举一个与我们现在讨论的现象更为接近的中间情况为例。假设你坐着小船漂流，你正犹豫：到底是冲向你看到的远处那个危险的暗礁，还是回避它？假设**现在**你知道你与礁石之间的当前距离（比方通过测量它在你视野中所对的角度），为了回答上述问题，你可以稍等片刻，再次测量这个角度，**或者**，如果你在半小时前用宝丽来相机给礁石照了一张快照，你就可以在这张照片上测量角度，再做一些计算，以**回溯的方式**计算出你那时离它有多远。为了判断你现在漂流的方向，你必须计算两个距离，比如中午12:00和12:30时你与礁石之间的距离，先计算哪个距离并没有什么区别。但是，你最好计算得足够快，以便你能及时抽桨、避免触礁。

因此，大脑表征时间的活动，从两个方面来看，都以时间为锚：表征活动的定时可以提供证据或者决定内容，同时，如果这种表征活动未能及时发生以产生它应该产生的影响，表征事情发生的时间就完全没有意义了。我预计梅勒能理解这两个因素，并在提出我上文引用的那种主张时好好考虑了这些因素，但是他犯了一个很自然的错误，他以为，它们一旦结合就能**完全**约束时间的表征活动，所以表征活动的顺序**总是**表征了内容的顺序。按照他的论述，没有时间"涂抹"（smearing）发挥作用的空间，而我则总在主张，一定存在时间涂抹——在小的尺度上肯定存在——**因为**（在小尺度上）观察者视点的空间涂抹必定是存在的。

原因必然先于结果。这个基本原则确保了时间控制窗口要以两个端点为界：一是信息可以到达系统的最早时间，二是信息可以从因果上影响某个特定行为控制的最晚时间。我们仍然没有看到，大脑**如何**可以利用控制窗口所允许的时间，搜出它所接收的信息，并把它转化为一个连贯的"叙事"，以此控制身体的反应。

那么，能通过大脑里的过程推断出有着时间要求的性质吗？系统有"日期邮票"或"邮戳"，这在理论上倒也不是不可能，但我们有一个更方便的方法，我们也许可以把它称为**内容敏感的调整**（content-sensitive settling）。这个方法虽然防错能力较弱，但在生物学上却更合理。人们编制声道、使其跟影片"同步"的电影工作室是一个有用的类比。录音带的各个部分也许本身已经失去它们全部的时间标记，所以没有什么简单的、机械的方法，可以把它们放到与图像适配的位置上。但是，我们可以对着影片把它们来回拖放，寻找会合之处，这样通常很快就可以找到"最合适的"位置。在每个镜头开始前拍击记录板（"第三场，第七个镜头，摄影机准备，打板！"），这种做法可以提供一个双重的显著特征，一个是听觉上的拍击，一个是视觉上的拍击，它们同步放送，让磁带的余下部分与画面处在同时的位置。但是，典型的情况是，许多地方都有这种显著的相互对应，以致在每个镜头开始时这种约定的显著特征，只是一种方便使用的冗余信息，即使这种信息不存在，人们也能做成事情。正确配准取决于胶片与磁带的**内容**，不取决于复杂的内容分析。一个不懂日语的编辑会发现，要将日语的声道与日语胶片画面同步，虽然十分困难和烦人，但也不是不可能。而且，使各个部分相互配准的过程，其各阶段的时间顺序都独立于产品的内容；编剧可以先组织第三场，然后再组织第二场，而原则上，甚至可以把整个工作都"倒过来"做。

一些相当"愚笨"的过程也能在大脑里做与此相似的跳动和调整。例如，计算随机点体视图的景深（见图 5.7）是一个空间问题，我们很容易就能想出它在时间上的类似情况。因此，在原则上，大脑可以通过这样一种过程来解决它的时间推断的难题，它取得的数据不是来自左眼和右眼，而是来自在一个要求时间判断的过程中所涉及的任何信息源。

由此我们可以得到两个要点。第一，通过比较不同数据列的（低层次）**内容**，就能做出这种时间推断（也能做出这种时间区分），同时，这个实时过程发生的时间顺序也不必与它的产物最终表征的顺序相同。第二，一旦做出这样的时间推断（它也许可以**先行做出**，**之后**其他过程才提取高层次的特征），就不必再次做出这样的推断了！不必有一个**在后的**表征，把高层次的特征"呈现"在一个实时序列中，以方便第二个序列判断者。换句话说，在从这些并列的时间信息中做出推断后，大脑就可以用任何适合它的需要和资源的格式，继续表征结果——这个模式并不必然是"用时间来表征时间"的格式。

3．利贝特论"回指"

我们已经确定了一种方式，大脑可以借此编辑时间信息，忽略它的一些表征的实际定时（"到达时间"），但我们必须再次提醒自己，大脑在做所有这些工作时，必定面临时间的压力。从截止时间倒过来看，所有在后续行为中被报告或被表达的内容，都必须及时出现（在大脑里，不是必然"在意识里"），以便从因果上影响这个行为。例如，如果在实验当中当被试看到一个视觉刺激时就**说出**"狗"，我们就可以把这个行为倒过来看：这个行为显然受到一个过程的控制，这个过程有**狗**这个内容（除非被试对每个刺激做出的反应都是说出"狗"，或成天都说"狗狗狗……"）。此外，因为**开始**执行这种类型的一个言语意向要用 100 毫秒（完成它则需要约 200 毫秒），所以我们可以相当肯定，在说话开始之前 100 毫秒，**狗**的内容就已经出现在大脑的语言区域中（大致如此）。再从这个行为的另一端来看，我们可以确定最早在什么时候视觉系统从视网膜的输入中计算和提取**狗**的内容，我们甚至可以追踪这个内容的产生过程，以及它随后通过视觉系统和进入语言区域的轨迹。

如果**狗**信号刺激出现和说出"狗"之间的间隔时间少于生理要求的这个说话内容获得确立并通过系统所需的时间，那真的会是一件反常的事（也是令人悲痛和愤怒的一个原因）。但还未发现这样的反常。不过，人们已经发现，如第 5 章图 5.12 所示，两个时间序列令人惊异地并放在一起。当我们试图把大脑里客观信息加工流中的事件序列，与被试的主观序列——一个**由被试随后说的东西所决定的序列**——进行配准时，我们有时会发现一些令人惊讶的扭结。从获得极广泛讨论（也遭到一些批评）的一项神经科学实验中，我们也许想得出这种结论：本杰明·利贝特（Benjamin Libet）做了这个神经外科实验，意在证明他所称的"回指"（backwards referral in time）。

在大脑外科手术中，病人只是局部麻醉，仍然保持清醒和警觉（就像牙医给你使用普鲁卡因的情况一样），这有时是很重要的。这样，神经外科医生就可以从病人那里得到实时的报告：在大脑被探察的时候，他经验到了什么（见本书第 3 章第 71 页脚注）。这种实验方法的先驱者是怀尔德·彭菲尔德（Wilder Penfield, 1958），在过去30 多年的时间里，神经外科医生已经收集到许多关于大脑皮质不同部位直接受到电刺激时所产生的结果的数据。很久以来人们就知道，如果**躯体感觉**皮质（大脑顶部的狭长带状区域）的位置受到刺激，病人就会形成在躯体相应部分的感觉经验。例如，如果左侧躯体感觉皮质中某一点受到刺激，被试右手就会产生短暂的麻刺感（这是因为，神经系统有一种我们熟悉的翻转，让大脑左半区负责身体右侧，让右半区负责身体左侧，见图 6.2）。利贝特比较了在大脑皮质诱发的这种麻刺感觉的时间进程与某些类似感觉的时间进程，后者所指的那些感觉是用更常见的方式来产生的，即给人手直接施加一个短暂的电脉冲（Libet, 1965, 1981, 1982, 1985b; Libet et al., 1979；又见 Popper and Eccles, 1977; Dennett, 1979b; Churchland, 1981a, 1981b; Honderich, 1984）。

你预期会发生什么？好吧，假设有两个人每天正好在同一时间前去上班，但其中一个人住在郊区，另一个人住的地方离办公室只有几个街区。他们驾车的速度相同。于是，由于住在郊区的人要走的路比另一个人的多，我们可以预想到他到达办公室的时间要晚一些。但这并非利贝特在实验中所发现的情况，他问病人哪个在先：是在大脑皮

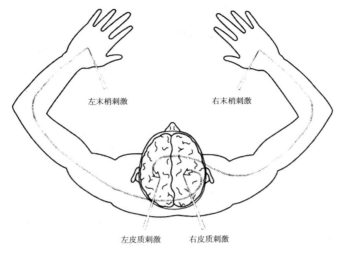

左末梢刺激   右末梢刺激

左皮质刺激   右皮质刺激

图 6.2

质就开始出现的手的麻刺感，还是从手发出的手的麻刺感。基于他收集到的数据，他主张，虽然在两种情况下，从刺激发动到"神经元充分状态"（neuronal adequacy，他说在这个点上，皮质过程足以产生"麻刺"这个有意识的经验），都需要相当多的时间（约 500 毫秒），但在刺激手时，大脑会"自动地""倒回指示"这种经验，被试感觉到它的发生要**先**于由大脑刺激所引起的麻刺感。

更为显著的是，利贝特还报告了一些实例，病人的左**皮质先**于他的**左手**受到刺激，有人也许就会认为，这肯定会在病人那里产生两个麻刺感：首先是右手的（在大脑皮质诱发），然后是左手的。但事实上被试的报告正好相反："首先是左手的，然后是右手的。"

利贝特在诠释他的结果时，认为这对物质论提出了严峻的挑战："……相应的'心理'与'物理'事件的定时之间的分离，似乎给心理神经的同一理论带来了严重的困难，虽然这个困难不是不可克服的。"（Libet et al.,1979, p. 222）按照约翰·埃克尔斯爵士——一位因在神经生理学研究中有所贡献而获得诺贝尔奖的科学家——的意见，这个挑战是这种理论无法应对的：

> 这种将"时间提前"的程序似乎不是任何神经生理学过程所能解释的。这也许是具有自我意识的心智所学到的一个策略……可以认为这种"时间提前"的感觉经验是具有自我意识的心智的一种能力：做出细微的时间调整，也就是，在时间上玩花招。（Popper and Eccles, 1977, p.364）

最近，数学家和物理学家罗杰·彭罗斯（Roger Penrose, 1989）提出，从物质论上解释利贝特所说的现象，这必定要求在基础物理学方面发生一场革命。虽然利贝特实验在非科学的圈子中受到欢迎，人们普遍认为它证明了二元论是真理，但在认知科学共同体中，很少有人赞同这种意见。首先，利贝特的实验程序以及他对结果的分析已经遭到严厉批评。他的实验从来没有被重复，对许多人来说，这就足以成为对其"结果"不予考虑的充分理由。因此，怀疑派的观点是，利贝特所说的现象根本就不存在。**但是，如果存在那会怎样？**这正是哲学家会问的一类问题，但在这里，问这个问题并非只是出于通常的哲学动机。没有人怀疑更简单的现象的存在，如色彩 Φ 与跳兔，而对它们的诠释也会引起同样的问题。如果满足于从**方法论**上摒弃这种说法，这会是理论上的近视，因为这种做法没有挑战如下背景预设：如果利贝特实验能在严格意义上重复，那对物质论来说就会是黑暗的一天。

关于利贝特的实验，需要注意的第一件事是，如果我们放弃机会，不去记录被试对其经验的语言报告，也不用它们先生成一个文本，再生成一个异现象学世界，那么这个实验根本提供不出任何支持反常情况的证据。在实验期间和实验之后他们的声道发出的声音也不会产生矛盾的迹象——只要我们只是把这些声音当作声学现象来处理。在任何一种情况下，声音似乎都不是在嘴动之前从头部发出的，手也不是在据称引起手动的大脑事件之前动的，大脑皮质的事件也不是在据说构成其来源的刺激之前发生的。在这些实验中所观察和计时的事件，如果我们将其严格地看作一个从生物学上实施的身体控制系统的内在行为和外在行为，那么，它们就没有明显违背日常的机械因果关系——伽利略与牛顿的物理学为这种关系提供了标准的近似模型。

于是，你也许就"使问题消失了"，因为你成了一个赤脚的行为主义者，完全拒绝严肃看待内省报告。但我们不是赤脚的行为主义者，我们想接受挑战，弄明白利贝特所说的"一个与大脑功能相关的我们人类存在的重要现象学层面"（Libet, 1985a, p. 534）。利贝特几乎掌握了异现象学的要点。他说："重要的在于认识到，这些主观的指示（referral）与修正明显是在**心智'圈'**的层次发生的；就此而言，它们在神经层次的活动倒不明显。"（Libet, 1982, p. 241）但是，由于他没有用于表示现象学的中立方法，因此他就必须认定这种反常属于"心智'圈'"。这是一小步、被迫的一小步（因为如果他拒绝行为主义，他就**必须**提出这一点），但它却是在涂了油的滑道上滑回到二元论的第一步。

　　被试对他们不同经验的报告……不是理论的建构，而是经验的观察……内省的方法也许有其局限，但它却可以在自然科学的框架内得到恰当运用，而且，如果有人试图取得心智-大脑问题方面的一些实验数据，这还是绝对必需的。（Libet, 1987, p. 785）

按照利贝特的说法，被试所做的报告，就算被转成文本，也还是经验的观察，但**他们所报告的东西**，即他们的异现象学世界里的事件，却是理论的建构。如利贝特所极力主张的，它们可以在自然科学框架内得到恰当运用，但**只有**当你在一开始就把它们理解成理论家的虚构才行。

利贝特声称，他所做的直接刺激大脑皮质的实验证明了"两个显著的时间因素"：

（1）**存在一个实质的延迟**，在此之后，由一个感官刺激引起的大脑皮质活动才达到"**神经元充分状态**"，以引发任何由此而来的有意识的感觉经验。

（2）在达到神经元充分状态后，大脑（**自动**）在时间上回指经验**的主观定时**，这个定时利用的是一个"定时信号"，即大脑皮质对感觉刺激的初始反应。（Libet, 1981, p.182）

"定时信号"是在大脑皮质出现的**第一次活动爆发**（初级诱发电位），在刺激外围感官仅仅 10~20 毫秒以后它就发生了。利贝特提出，回指始终指"向"定时信号。

利贝特的模型是斯大林式的：在初级诱发电位之后，大脑皮质中会先发生各种编辑过程，之后才达到"神经元充分状态"，在这个时间点一部完成的影片会被投射出来。它是如何被投射的呢？在这里，利贝特的论述在极端观点与温和观点之间摇摆（参见 Honderich, 1984）：

（1）**回向投射***：完成的影片以某种方式在某个笛卡儿剧场里

---

*　此处"回向投射"又译作"回放"。——译者注

被回放，在这里它与初级诱发电位被同步投射。（初级诱发电位作为"定时信号"，就像电影摄制时的记录板，它向投影仪准确地显示，传送某个经验在时间上需要回溯多久。）

（2）**回向指示**[*]：完成的影片在日常时间里被投射，但它带有某种就像邮戳的东西，提醒观看者注意，必须认为这些事件其实早些时候就已经发生了。（在这种情况下，初级诱发电位只起标记日期的作用，这些日期也许会**被表征**在笛卡儿式的屏幕上，带上"滑铁卢战役前夜"或"1942 年夏，纽约市"这样的标题。）

利贝特自己的说法是**指示**，他辩护的办法是提醒我们注意"长期以来已经得到承认和接受"的空间指示现象，这一现象暗示温和的解读是对的。

> 主观的回指是一个奇怪的概念，初次接触它的时候人们也许难以接受。但它有一个重要的先行者，那就是长期以来已经得到承认和接受的、在空间维度上的主观指示概念。例如，对一个视觉刺激做出反应时所经验到的视觉图像，就有一个主观的空间构形和位置，后者与产生这一（"主观指示的"）图像的神经活动的空间构形和位置极为不同。（Libet, 1981, p.183. 又可参见 Libet et al., 1979, p. 221; Libet, 1985b。）

但是，他却继续得出结论说，时间指示对物质论提出了难题［"心理神经的同一理论"（Libet et al.,1979, p. 222）］，所以，要么他认为空间指示也提出了这些难题，要么他还没有完全理解自己的辩

---

[*] "回向指示"又译作"回指"。——译者注

护。不过，空间指示说的是一个事实，即我们所看到的似乎是在我们大脑的外部而不是内部，如果这个事实就对物质论提出了难题，那么，利贝特为什么还要说，他自己所做的工作揭示了支持二元论的一个重要的新论证呢？很明显，空间指示这一事实所获得的证据，比时间指示的要好，否则利贝特也不必巧妙设计实验来证明后者。不过，利贝特似乎持有一种激进的（或总之有些混乱的）见解，他认为空间指示是某种"投射"：

> 有实验证据支持如下观点：主观的或心智的"圈"也许确实可以"填补"空间与时间上的空白。例如，除此以外，我们还能怎样看待前面已经提过的那种巨大差别呢？**我们知道**，在主观的视觉图像与引起图像经验的神经活动构形之间是存在这种差别的。（Libet, 1981, p.196）

这似乎是在说，斯迈西斯在大脑里找不到的投影仪，其实藏在心智"圈"里。*

在确立他那两个显著的时间因素时，利贝特是怎么说的呢？他估

---

* 可参见利贝特如何排除了麦凯（MacKay）所提议的一种更为温和的解读（Libet, 1981, p. 195; 1985b, p. 568）。另一方面，利贝特在 1981 年所做出的最后总结仍然不是结论性的："我自己的观点……曾经是说，时间上的差异造成了同一理论的相对困难，但这些困难并非不可克服。"（p.196）或许从回向**投射**的诠释来看，它们无疑会是无法克服的，因为那牵涉到预认知，或者回向因果（backwards causation），或者某种同样活似幽灵、同样不可预测的东西。而且，利贝特后来在描述这些并非不可克服的困难时，似乎提出了一种较为温和的解读方式："虽然延迟与时间提前的假说，没有把经验的实际时间与它的神经生产的时间分离开来，但它的确取消了经验的**主观定时**与经验的现实钟表时间之间存在同时性的必要。"（1985b, p. 569）约翰·埃克尔斯爵士热情地支持对这些发现进行一种激进的二元论诠释，这也许就把利贝特（和他的批评者）的注意力从他一度捍卫的温和立场上引开了。

计，需要长达 500 毫秒的大脑皮质活动，才能达到"神经元充分状态"，这个状态由看到的时间长短来决定：在初始刺激之后，一个直接的大脑皮质刺激要多久才能**干预**随后被报告的意识。如果超出这个关键区间，皮质的直接刺激就会被被试报告为一个**后续的**经验。（由于它到得太迟，编辑室无法把它合成到第一次刺激经验的"定稿"中，所以它会出现在下次刺激发生的时候。）利贝特的数据表明，存在一个变化范围巨大的编辑窗口："起到条件作用的皮质刺激，即使在皮肤接受脉冲之后 500 多毫秒才开始，也仍然可以修正皮肤的感觉，虽然在多数情况下，感觉−意识的时间间隔如果大于 200 毫秒，我们就观察不到回溯效果。"（Libet, 1981, p. 185）利贝特小心地用随后不慌不忙的语言报告的效应来定义神经元充分状态："在每对……刺激发出几秒以后，要求被试做出报告。"（Libet et al., 1979, p. 195）他也坚持认为："主观经验的定时一定要与行为反应的定时（比如在反应时间中的情况）区别开来，后者也许在有意识的觉察形成之前就已形成……"（Libet et al., 1979, p. 193）

上述限制条件使得利贝特可以捍卫对帕特里夏·丘奇兰德（Patricia Churchland）的数据的另一种诠释。丘奇兰德是第一个"神经哲学家"［参见她 1986 年的著作《神经哲学：通向统一的心脑科学》（*Neurophilosophy: Toward a Unified Science of the Mind-Brain*）］。当我第一次读到利贝特所得出的结论（Popper and Eccles, 1977）时，我鼓励丘奇兰德研究这些结论，结果她看了之后就猛烈反驳（Churchland, 1981a）。她力图否定利贝特的第一个论点，该论点认为意识需要很长时间才能上升到"神经元充分状态"，她要求实验中的被试，一旦意识到像利贝特用过的那种皮肤刺激，就说出"走"。她报告说，9 个被试的平均反应时间是 358 毫秒，她认为这就表明，被试最多只要 200 毫秒就能达到神经元充分状态（此外还要留出时间形成语言反应）。

利贝特的回应是斯大林式的：语言反应（说"走"）是可以无意识地发动的。"如果运动神经的反应是发出'走'的声音，而不是用更常用的方式，以手指轻击按键，那么，这也没有什么神秘的情况，或者传递什么独特的信息……人们广泛接受这种能力：能够探察一个刺激并对之做出有目的的反应，或者能够在心理上受到这个刺激的影响，同时又对此刺激没有什么可报告的有意识的觉察。"（Libet, 1981, pp. 187-188）如果再有人反驳说："但是，如果当丘奇兰德的被试意识到刺激时，没有按照要求的那样说出来，那么，这些被试会怎样想他们正在做的事呢？"对此，利贝特会给出标准的斯大林式回答：他们其实到最后才意识到刺激，但到那时，他们的言语报告行为早就已经开始了。*

出于这个理由，利贝特拒绝像丘奇兰德所做的这种反应时间研究，认为它们"作为主观经验的主导标准，其有效性是靠不住的"（Libet, 1981, p. 188）。他赞成让被试从容不迫地报告，即"报告应该是在每次测试后的几秒里不慌不忙地做出的，应允许被试内省地考察他的证据"（p. 188）。那么，利贝特如何处理这样一种与其观点竞争的情况，即悠闲的节奏也许会给大脑里奥威尔式的修改者足够多的时间，以**虚假**记忆替代意识的**真实记忆**？

　　在测试后进行报告，这当然要求短期记忆和回想能力的过程

---

* 在一篇更早的文章中，利贝特承认奥威尔式过程的可能性，他假设，在无意识的心智事件与有意识却短暂的心智事件之间，可能存在着重大的区别："完全可以存在一个直接而短暂的知觉经验，它没有在经验的有意识层面得到保留。但是，如果这样的经验存在，它们的内容只在后来的无意识的心智过程中才有直接含义，不过，就像其他无意识的经验一样，它们在后来的有意识经验中起的只是间接作用。"（Libet, 1965, p. 78）

可以起到作用，但对于在这些能力方面没有显著缺陷的被试来说，这并不困难。（p. 188）

这种做法回避了面对奥威尔主义者时的问题实质，奥威尔主义者在解释各种结果时，都会认为它们是因为**正常误记或幻象回忆**，在这里，意识中的一个在先的实在事件遭到删除，并为随后的记忆所取代。到底是利贝特"让肉炖的时间太长"，还是丘奇兰德取样的速度太快？如果利贝特要说他对探察时间的选择具有**特许的**优势，他就必须做好准备，战胜那些相反论证。

利贝特就像在做无罪申诉（nolo contendere）一样："必须承认，一个关于相对的定时顺序的报告，就其本身来说，不能提供一个指明经验的'绝对'时间（时钟时间）的指针。正如所提出的那样，我们还不知道有什么方法可以获得这样一种指针。"（Libet, 1981, p. 188）这是在响应他早先的评论：似乎并不存在"什么方法可以据此确定一个主观经验的绝对定时"（Libet et al., 1979, p. 193）。但是，利贝特没有看到这一可能性：之所以这样，就是因为并不存在绝对时间这种时刻（参考 Harnad, 1989）。

丘奇兰德在其批评中（Churchland, 1981a, 1981b）也不慎失手，她未能区别被表征的时间与进行表征的时间：

> 两个假说本质上的不同之处就在于，各自的感觉**被感觉到**的时间不同。[强调为笔者所加；Churchland, 1981a, p. 177]

即使可以假设，同时从皮肤和内侧丘系（LM, medial lemniscus）引发的感觉，**正好在同一时间被感觉到**[强调为笔者所加]，皮肤刺激在神经元充分状态方面的延迟也完全可以是刻意

编造的人为产物。（Churchland, 1981b, p. 494）

　　假设所有这些人为产物都遭到删除，而感觉**仍然**"正好在同一时间被感觉到"。丘奇兰德会如何诠释这一出人意料的结果？这是意味着，存在一个时刻 t，刺激 1 在 t 时刻被感觉到并且刺激 2 也在 t 时刻被感觉到（这是反物质论的），还是仅仅意味着，刺激 1 与刺激 2 被感觉为（被经验为）是同时的？丘奇兰德并未阻拦这种推理：利贝特的发现如果得到证实，将会给物质论带来巨大灾难（就如利贝特有时声称的那样）。但是，她在其他地方却恰当地指出，"虽然时间的幻觉令人迷惑，但没有理由假设这些幻觉有什么超自然的地方，而且，当然也没有任何东西可以把它们与空间幻觉或运动幻觉区别开来，认为只有它们带有一种非物理起源的基准"（Churchland, 1981a, p. 179）。仅当时间幻觉是**时间被错误表征**的现象时，这才会是事实；如果这些**错误表征**发生在"错误的"时间，某个更有革命意义的东西就会浮出水面。

　　到目前为止，我们如何理解利贝特的大脑皮质刺激实验呢？我们把它理解为一项有趣却尚未形成定论的研究，这项研究试图在某个方面确定**大脑如何表征时间**。初级诱发电位也许能够以某种方式作为时间的神经表征的特定参照点，虽然正如丘奇兰德的专业批评所清楚说明的那样——利贝特并没有指出这一点。另外，大脑也可以让它的时间表征更易变化。我们不把看到的对象表征为在视网膜上存在，而是把它表征为在外部世界的不同位置存在；为什么大脑就不应该把事件表征为是**在**它从最"生态"的意义上理解其发生的**时候**发生的？当我们做某些手工活时，"指尖时间"就是标准；当我们演奏管弦乐时，"耳朵时间"会捕捉到音栓配合。"初级皮质时间"也许是默认标准（就像大英帝国的格林尼治标准时间一样），不过，这是一项有待进一步研究的课题。

　　这个问题已经被如下事实遮蔽了：无论是支持者还是批评者，都无法前后一致地区分进行表征的时间与被表征的时间（time of representing and time represented）。他们相互放过对方，利贝特采取斯大林式立场，丘奇兰德则提出奥威尔式的反制动作，同时他们显然都同意：一个有意识的经验到底在何时发生（如利贝特所说的，在"绝对"时间里发生），这是一个事实问题。*

4. 利贝特论对意向的意识的主观延迟

　　经验的绝对定时（absolute timing of an experience）这一概念，在利贝特后来关于"有意识的意向"实验中得到了利用。在这些实验中，他试图以实验方法确定这个绝对定时，既然只有被试才能（以某种方式）直接访问他们自身的经验，他就让被试**自己选择时间**。他要求正常的被试（不是神经外科病人）做出"自发的"决定，即弯起一只手的腕部，同时在他们形成意向的时刻去注意一只旋转的盘上的某个点的位置（在效果上就相当于时钟上的"秒针"）（Libet, 1985a, 1987, 1989）。随后（几秒以后），被试报告了在他们决定弯起手腕时转盘点的位置。这样，利贝特就能计算出在什么时间（精确到毫秒）这些被试**认为**他们已经做出决定，他也能比较这个时间与同时发生在他们

---

* 哈纳德（Harnad, 1989）看出一个不可解决的测量难题，但他否认我所说的（我认为不存在这样的事实）："内省只能告诉我们，一个事件**似乎**在什么时候发生，或者两个事件中哪个**似乎**首先发生。不存在一个独立的方法，来确认实在的定时确实就是它看上去的那样。不可通约性是一个方法论问题，而不是一个形而上学的问题。"（p. 183）

大脑里的事件的定时。他找到的证据表明，这些"有意识的决定"相比"准备电位"（readiness potentials, RPs）的启动，落后 350~400 毫秒，他从头皮电极得到这些准备电位数据。他说头皮电极会触击神经事件，而这些事件会决定被执行的有意志行为。于是他得出结论："一个自发的意志行为在大脑的发动是无意识地开始的。"（1985a, p. 529）

这似乎表明，我们的意识落后于实际控制我们躯体的大脑过程。很多人觉得这是一个令人不安甚至令人压抑的景象，因为它否决了"有意识的自我"的实在的（相对于幻觉）"执行作用"（评论者的相关评论，可参见 Libet, 1985a, 1987, 1989; Harnad, 1982; Pagels, 1988, p. 233ff; Calvin, 1989a, pp. 80-81）。

相比于他的批评者，利贝特更清楚保持内容与载体的区分的重要意义："我们不应该把被试所报告的**东西**与他开始内省地意识到他所报告的东西的**时间**混淆起来。"（Libet, 1985a, p. 559）而且，他还注意到（p. 560），同时性的判断本身不必同时到达或同时做出；这个判断也许要过很长一段时间才能成熟（例如，考虑一下，赛道边的组织者要用几分钟的时间，才能洗印并检查终点摄影图片，据此最终评定胜负或判为平局）。

利贝特收集了在两个时间序列上的数据：

客观的序列，它包括外部钟表的定时与显著神经事件的定时：准备电位与记录肌肉收缩开始的肌电图（electromyograms, EMGs）。

主观的序列（后来报告的序列），它包括心智意象、对任何事先计划的记忆以及每次测试的单个基准数据：这是一种同时性判断，其形式为，**我的有意识的意向（W）与 P 位置上的时钟点同时开始**。

利贝特似乎想接近存在主义者（如 Gide, 1948; Sartre, 1943）所讨论的那种令人费解的自在行动（acte gratuit），或纯粹无动机的选择，也就是某种特别意义上的"自由"选择。一些评论家已经指出，这类极为罕见的行动（也许可以称为刻意的伪随机行动），很难说是"正常意志行动"的范例（Libet, 1987, p. 784）。但是，不管怎样，他是否已经分离出各种有意识的经验，无论其特征如何，都可以通过这样的实验设计获得绝对的时间定位？

利贝特声称，当有意识的行动意向（至少是他所说的那种意向）可以与实际引发这些行动的大脑事件进行配准时，会有 300~500 毫秒幅度的补偿。这个补偿时间最多可达半秒钟，所以，对于任何认同我们的有意识行为**控制**了我们躯体运动这一原则的人来说，这看起来都不是一个好兆头。好像**我们**就站在笛卡儿剧场里，在这里，由于录像带有半秒的延迟，我们看到的是**在别处**（某个我们不在场的地方）**进行**的、**真实的**决策活动。我们还不完全是"圈子之外"的人（如人们在白宫常说的那样），但是，由于我们对信息的获取遭遇这种延迟，所以我们最多只能介入最后一刻的"否决"或"触发"。从（无意识的）**总司令部**"顺流"而下，我没有采取什么真正的主动步骤，也从未处在某项计划诞生的位置，但是，当已经形成的政策"流经"我的办公室时，我的确做了少量的执行调制工作。

这幅图景有说服力，但不连贯。如前所述，利贝特的模型是斯大林式的，但这时显然会有一种奥威尔式的替代模型：被试**意识到**他们在一个更早时刻的意向，但这个意识在他们有机会回想起它之前就被扫出记忆（或只是得到修改）。利贝特承认，这"的确提出了一个难题，但它不能通过实验得到检验"（Libet, 1985a, p. 560）。

鉴于这种让步，确定意识的绝对定时这一任务是考虑不周的结果吗？利贝特和他的批评者都没有做出这个结论。利贝特仔细区分了内容与载体，也就是被表征的**东西**与它被表征的**时间**，但他仍然试图做出一些推断，从被表征东西的前提，推出意识中表征活动的绝对定时的结论。心理学家杰拉尔德·沃瑟曼（Gerald Wasserman, 1985, p. 556）看到了问题所在："客观外部的某个点占据一个给定的时钟位置的时间，这是容易得到确定的，但这并不是我们想要的结果。"然而，他接着就掉进笛卡儿式的陷阱："我们需要的是，这个客观位点的内在心-脑表征的那个发生时间。"

内在表征的"**那个**发生时间"？在哪里发生？这个客观位点在大脑的各个不同部分的表征本质上是连续的（大脑把它表征为在各个不同位置发生），该表征从视网膜开始，然后通过视觉系统向上移动。有一些时间和地方表征这个客观位点的亮度，有一些表征它的位置，还有一些则表征它的运动。随着这个客观位点的移动，所有这些表征也在变化，只是并不同步，它们按空间来分布。"在意识的某个瞬间，它们全都汇集到了"哪里？没有这样的哪里。

沃瑟曼指出，被试的任务，即确定在主观序列的某个时间点上这个客观位点在哪里，这本身是一个自主任务，启动它也许要花一些时间。之所以有这种难处，不仅是因为它与同时发生的其他规划之间存在竞争，而且是因为它是不自然的——它是对时间性的一种有意识判断，这种判断在行为控制中通常不会发挥作用，因此在序列中也没有什么自然意义。最终决定做出主观同时性判断的诠释过程，本身就是实验情境的人为产物，而且这个过程**改变了任务**，因此它并没有提供什么值得关注的信息，以使我们了解在大脑任何地方的正常表征载体的实际定时。

以下这种见解太过自然，我们必须抛弃。它说的是：在大脑深处的某个地方，一个行为激发事件（act-initiation）开始了；它开始时是一个无意识的意向，它慢慢地走向剧场，边走边获得确定性和力量，然后在某个时刻 t 它突然冲到舞台上，而视觉的点表征队列正在通过这个舞台，它们从视网膜出发，慢慢移动，边动边获得亮度和位置。大脑给观众或**我**的任务是，说出就在这个有意识的意向鞠躬入场时，在"舞台"上的是哪个点表征。一旦识别了这个点，我们就可以计算出它离开视网膜的时间，它与剧场之间的距离及其传播速度。以这种方式，我们就能确定有意识的意向出现在笛卡儿剧场中的准确时间。

这幅图景居然如此诱人，这让我很奇怪。它太容易形象化了！太贴切了！当两件事情在意识里同时发生时，这不就是**不得不发生**的情况吗？不。其实，当两件事情在意识里同时发生时，这**不可能**是所发生的情况，因为在大脑里没有上面说的那种地方。一些人认为，**这种**见解虽然不具有连贯性，但这并不要求我们放弃经验的绝对定时的想法。似乎存在一种替代的模型可以说明意识的启动过程，它既可以避免可笑的笛卡儿式的中央大脑，又允许绝对的定时。难道意识就不可能是到达某一点的问题，而是某个表征的问题（这个表征要超出在整个大脑皮质或大部分皮质上的某个激活阈值）？在这种模型中，一个内容要素之所以在某个时刻 t 被意识到，不是通过进入某个功能明确、解剖结构清楚的系统，而是通过改变它所在之处的状态：通过获得某个性质，或者让它的其中一个性质的强度提升到某个阈值之上。

意识是大脑的一种**行为模态**而非大脑的一个**子系统**，这个观点有许多值得推荐的地方（例如，参见 Kinsbourne, 1980; Neumann, 1990; Crick and Koch, 1990）。而且，这种模态转换也许可以由外部观察者来计时，这就在原则上提供了一个独特而确定的内容序列来达到某个特殊模态。但这仍然是笛卡儿剧场，只要它还主张，这些模态转换的实际（"绝对"）定时是主观序列的决定标准。当然这个意象略有不同，但背后的含义是一样的。具有某个特殊性质，可以在某一瞬间为意识所知，这只是问题的一半；区分出这个性质在那时就已存在，这才是问题的另一半。虽然拥有仪器的科学观察者也许能完成这种区分，并且精度可以达到微秒以内，但大脑如何做到这一点呢？

我们人类的确对自己的经验要素的同时状态和序列状态进行了判断，其中一些判断我们还能表达出来。于是，在我们大脑里的某个点或某些点，必定可以从表征的实际定时，转向定时的表征，无论这些区分是在何时何地做出的，因此，体现这些判断的各个表征的时间性质，并不构成这些表征的内容。在大脑皮质的广阔区域传播的事件所表现的客观的同时状态和序列状态，**除非它们也能被大脑里的机制精确地探测**，否则在功能上并不相关。我们可以把这个关键点换成一个问题提出：是什么使**这个**序列成为意识流？大脑里没有观察者在**观看**遍布大脑皮质的宽银幕表演，即使这样的表演可以被**外部**观察者看到。重要的是，这些内容如何被持续进行的行为控制的各个过程所利用或被编入这些过程中，而这**必定**只会间接地受到皮质定时的约束。重复一遍：重要的不是表征活动的时间性质，而是**被表征的**时间性质，后者取决于它们怎样被大脑中的后续过程"把握"。

5. 一次款待：格雷·沃尔特的预认知旋转式幻灯机

我们历尽艰辛，考察了一些复杂的情况，现在可以犒劳一下自己；我们来谈一个比较奇怪但**相对**容易理解的事情——通过它来清楚说明这个困难的章节的信息。我们在前文中指出，利贝特关于自我定时的实验产生了一项人为的、困难的判断任务，它把我们期盼结果具有的意义给剥夺了。由英国神经外科医生格雷·沃尔特

（Grey Walter, 1963）所做的一项引人注目的早期实验则没有这个缺点。格雷·沃尔特的实验是在病人的运动皮质植入电极。他想检验的假说是：某些突发的记录活动是意向行为的发动者。于是，他让每个病人观看一个旋转式幻灯机放映的幻灯片。病人可以按控制器的按钮，自己放映幻灯片。（注意这与利贝特的实验相似：这是一种"自由的"决定，其时间选择只取决于病人内生的厌倦增长，或者对下一张幻灯片的好奇，或者注意力的分散，等等。）但病人不知道，控制器按钮其实是假的，它根本没有与幻灯机连在一起！实际播放幻灯片的，是植入病人运动皮质电极的经过放大的信号。

有人也许认为，病人不会注意到任何不同寻常的东西，但实际上他们对结果很吃惊，因为在他们看来，幻灯机似乎提前知道他们的决定。他们报告说，正当自己"就要"按键但又尚未实际决定这样做之时，幻灯机就会播放幻灯片——他们在按键时就担心这样会连放两张幻灯片！按照格雷·沃尔特的论述，这个效果是很显著的，但他显然从未进行必需的后续实验，也就是引入一个可变的延迟要素，看看要在触发动作中加入多长时间的延迟，才能消除这种"预认知旋转式幻灯机"效应。

格雷·沃尔特的实验与利贝特的实验有一个重要的差别，那便是在格雷·沃尔特的实验中引起惊讶反应的时间顺序判断，是正常的行为监控任务的一部分。在这方面，它就像我们的大脑据以区分从左到右的运动与从右到左的运动的时间顺序判断一样，它不像"刻意的、有意识的"时间顺序判断。在这种情况下，大脑可以让自己"预期"为了成功执行它的幻灯机放映计划所需的视觉反馈，如果反馈来得比预期早，就会触发警觉信号。这可能会为我们提供关于内容载体的实际定时和它们在大脑中的伴随过程的重要信息，但是，与第一印象不同，它其实并不能告诉我们"有意识地改变幻灯片的决定的绝对定时"。

例如，假设格雷·沃尔特的实验的一种延伸形式表明，必须在这种行动的实施过程中加入长达 300 毫秒的延迟（利贝特的看法），才能消除预认知的幻灯片转换的主观感觉。这种延迟实际上所表明的就是，因决定改变幻灯片而建立的预期，经过细致调整之后，会变成预期在 300 毫秒以后出现视觉反馈，而在其他情况下则是以警报的方式汇报。（这就类似从加尔各答的总司令到白厅的官员在新奥尔良战役的余波中所感受到的信息冲击。[*]）警报**最终**在主观序列中被诠译为顺序出错的事件的知觉（在按键之前就改变幻灯片），这个事实并没有告诉我们，在实时状态下，决定按下按键的意识到底在**何时**首次出现。被试报告的感受是，他们觉得在"看到幻灯片已经在改变"的时候，自己没有时间去"否决"已被发动的按键动作；这种感受是大脑为了（最终）选定各种内容（在不同时间里可以纳入叙事之中的内容）所做的一种自然诠释。在意识到意向的第一时间，这个感受就已经在那里了吗（在这种情况下这种效果需要长段的延迟来"显示时间"，而且它是斯大林式的）？或者，它是在回溯中重新诠释一个原本混乱的**既成事实**（在这种情况下它是奥威尔式的）？我希望，现在我们都能清楚地看到，这个问题的预设让它没有资格成为一个问题。

6. 遗留问题

你也许仍然想反驳说，本章的所有论证无力推翻一个明显的真

---

[*] 白厅为英国政府办公机构所在地，此处内容可参见本章第 2 节。——译者注

理：我们对事件的经验所发生的次序，与我们经验到它们发生的次序正好一样。如果有人在想"1，2，3，4，5"，他想到"1"这件事发生的时间应该是在想到"2"之前，以此类推。这个例子的确说明了一个一般来说很正确的论点，而且事实上真的不会有例外，只要我们把自己的注意力限定在只有"日常的"、宏观时长的心理学现象中。但是，我们刚才考察的实验所关注的事件，都限定在小得不同寻常且只有几百毫秒的时间框架中。在这个尺度上，上述标准预设就会崩溃。

你大脑里的每个事件都有一个确定的时空位置，但如果有人问你："**你正好是在什么时间意识到这个刺激的？**"这种提问就已经假设，你大脑里的某个事件就是或相当于你开始意识到这个刺激。这就好像是在问："大英帝国正好是在什么时间开始知道 1812 年战争的停战协定的？"在 1814 年 12 月 24 日与 1815 年 1 月中旬之间的某个时间——这是确定的，但是，如果我们试图把它精确到某一天、精确到小时，那就并不存在这样的事实。即使我们知道在不同时刻大英帝国的各官员知道消息的确切时间，在这些时间中，也没有哪个可以单独拿出来作为英国本身知道的时间。停战协定的签署是英美双方的一个官方的意向行为，但在新奥尔良战役中，英国军队的参战却是另一个意向行为，战斗行动是在假设没有任何停战协定签署的情况下进行的。也许可以这样论证这个原则：消息到达伦敦白厅或白金汉宫的时间，应被认作整个大英帝国获知消息的官方时间，因为这里是整个帝国的"神经中枢"。笛卡儿认为，松果体就是人脑中这样一个神经中枢，但他错了。因为认知与控制（因此还有意识）分布在脑中各处，没有任何一个时刻可以算作每个有意识的事件发生的精确时刻。

在本章中，我试图动摇一些不好的思维习惯，使之脱离它们假想出来的"基础"，然后再用一些好的思维方式替代它们，但一路走来，我还是不得不留下许多问题。我想，最让人恼火的是这个隐喻式的主张："探察"本身就在"加速叙事"。我曾说过，实验者所做的发问式探察的定时，会产生重大的修正效应，影响大脑所利用的表征系统。但是，被试本人就属于可以对之做出这类发问式探察的人。如果你有兴趣知道你是从什么时候开始意识到某物的，你的自我考察或自我发问就可以为新的控制窗口确定终端，并因此改变相关过程的约束条件。

外部人探察所得的结果一般都是这种或那种类型的言语行为，这些言语行为**表达出对**意识的各种内容**的判断**，所有人都可以听到或进行诠释。自我探察所得的结果则是**在同一语义范畴中的**项目——它们不是（在笛卡儿剧场中的）"表演"，而是关于在被试看来情况怎样的**判断**，然后被试自己可以诠释这些判断、采取行动并记住它们。在这两种情况下，这些事件都会固定对被试所经验事情的诠释，因此也会提供在主观序列中的固定点。但是，按照多重草稿模型，没有什么更进一步的问题：**除了**这样一种判断以及这种判断所基于的早期区分**外**，是否还要显示尚待诠释的材料，以供大法官即笛卡儿剧场里的观众进行审查？这仍然不是一个容易理解的观点，更别说去接受了。我们必须再修建几条通往它的道路。

第 7 章

意识的演化

万物是其所是，因它就是如此。

——达西·汤普森

（D'Arcy Thompson, 1917）

1．在意识的黑箱内部

上一章所勾勒的理论虽然稍有助于指明意识如何可以存在于大脑之中，但它的主要贡献是否定性的：推翻笛卡儿剧场这个独断的观念。我们已经开始用一个肯定性的理论来替代它，当然我们还没有走得非常远。为了取得更多的进展，我们必须转换领域，从另一个领域走近复杂的意识现象：演化。既然人类意识不是一直就存在，那么它就必定来自先前没有意识的现象。如果我们看看，在这场演化转变中已经涉及了什么或者也许涉及了什么，我们可能就会得到一个更好的视角，了解种种复杂情况以及它们在创造充分发展的意识现象方面的作用。

神经科学家瓦伦蒂诺·布瑞滕堡（Valentino Braitenberg）写了一本优美的书《载体：综合心理学短文集》（*Vehicles: Essays in Synthetic Psychology*, 1984），在书中，他描述了一系列越来越复杂的自动机制，这些机制从相当简单、完全没有生命的装置，逐渐建造出有着令人惊奇的生物能力与心理能力的（想象的）实体。这种想象力的练习之所以能起作用，主要是因为他所声称的上升分析与下降综合法则：想象你"从内向外"综合一个装置的行为（以及行为后果），远比分析"一个黑箱"的外部行为，然后找出它的内部在发生什么来得简单。

目前，我们实际上在某种程度上一直把意识本身当作黑箱。我们把意识的"行为"（＝现象学）视作"给定的"，然后追问大脑里什么类型的隐蔽机制可以解释意识。现在，让我们把这个策略颠倒过来，思考一下做这又做那的大脑机制的演化，看看是否会浮现出某种东西，给我们一个说得过去的机制，来解释我们有意识的大脑的一些令人迷惑的"行为"。

人们已经提出许多理论——哦，应该说是思辨的推论——来讨论人类意识的演化问题，这个问题肇始于达尔文自己在《人类的由来》（*The Descent of Man*, 1871）中的推测。与科学中的多数解释不同，演化解释本质上是叙事，通过一系列的步骤，带着我们从某物并不存在的时候，走到它存在的时候，演化叙事就是要解释这些步骤。我不想以学究的方式通盘考察已经设计好的所有演化叙事，我只讲一个故事，我会大量借用其他理论家的看法，而且集中讨论经常遭到忽视的少数要点，这些要点将帮助我们克服在理解意识时遇到的障碍。为了讲出一个精彩的故事，并保持相对较短的篇幅，我会抵制诱惑，放弃许许多多引人入胜的次要情节，也会抑制标准的哲学家本能，决不炫耀关于我所接纳和拒斥的要点的所有正反论证。我承认，这样做的结果就有点儿像《战争与和平》的百字概要，但我们还是有大量的工作要做。[*]

我们要讲述的这个故事类似于生物学今天正开始讲述的其他故事。例如，比较它与性的起源的故事。今天，许多生物体没有性别，它们进行无性繁殖；曾有一段时间，所有存在的生物体都没有性别，不分雌雄。通过可以想象的一系列步骤，这些生物体中的一些必定以某种方式演化成了有性别的生物体，当然最后其中的一些还演化成了我们。培育这些创新或者让这些创新有必要出现，都需要什么样的条件？简而言之，为什么会发生这些变化呢？这些正是当代演化理论的一些最深层的问题。[†]

性的起源问题与意识的起源问题之间有着惊人的相似之处。花朵、牡蛎及其他简单生命形式的繁殖过程中，几乎没有任何**性感的**地方（从人类的角度来看），但是在它们机械的、明显无趣的繁殖程式中，我们可以发现我们这个更加令人兴奋的性世界的基础与原则。类似地，在有意识的人类自我的原始先驱者那里，并不存在任何特殊的**自我感**（selfy，如果我可以创造这样一个专业术语的话），但是，这些先驱者为我们人类特有的创新和复杂情况奠定了基础。我们的心智是有意识的，其设计是三个连续演化过程的结果，一个

---

[*] 你可以推断，我在自己的故事中所运用的一切东西我都认为是正确的——或者是在正确的轨道上，但你千万不要从我省略某个理论或某个理论中的细节这一事实出发，就得出结论说，我认为它是错的。同时你也不能因为我使用了某个理论的少数细节，就推断出我认为这个理论的其余部分也是可辩护的。这也适用于我早期讨论这一主题的著作，其中一些文字我将直接在此引用。

[†] 约翰·梅纳德·史密斯（John Maynard Smith）是这方面的一位领先的理论家，除了他的经典著作《性的演化》（*The Evolution of Sex*, 1978）外，他的论文集《性、博弈与演化》（*Sex, Games, and Evolution*, 1989）中也有许多讨论概念难题的精彩文章。（对这些论题的简要综述，可参见 R. Dawkins, 1976, pp. 46-48。）

过程堆在另一个的上面，每个过程都比它的前一个过程更加迅速、更加有力。为了理解这些过程的金字塔体系，我们必须从开端处开始。

2. 早期岁月

第一幕：边界与理由的诞生

起初，没有理由，只有原因。万物没有目的，甚至没有功能；在这个世界上根本没有目的论。这很容易解释，因为没有什么东西拥有利益。但数千年之后，出现了简单的**复制子**［R. Dawkins, 1976；又可参见 Monod, 1972, ch. 1, "Of Strange Objects"（"论奇怪的对象"）］，虽然它们当时对自己的利益毫无概念，或更恰当地说，它们没有利益，但是，如果我们从上帝一样的视角出发，回头去看它们的早期岁月，就可以并非武断地认为，它们的确拥有一些利益——这些利益由它们在自我复制方面的"利益"生成。也就是说，它们是否成功复制，这也许并没有多大区别，而只是一个无关紧要的问题，对于任何生物或任何事物都不重要（虽然看起来确实我们可以感激它们取得了成功），但是，至少我们可以有条件地认为，它们拥有一定的利益。**如果**这些简单的复制子要存活、要复制，因而也在熵不断增加的情况下持续存在，它们的环境就必须满足一定的条件：有助于复制的条件必须存在，或至少频繁出现。

从更拟人的角度来说，如果这些简单的复制子想要继续复制，它们就得希望获得或争取各种东西：它们应该回避"坏的"东西，寻找"好的"东西。当一个实体能够做出一定的行为，避免自己崩溃和分解时，不管其行为多么原始，它都会把它所认为的"好"随之带入这个世界。也就是说，它创造了一个视点，世界上的事件可据此大致分成有利的、不利的与中性的三类。而且，它自己的天生倾向是，寻找第一类，回避第二类，忽略第三类，这些倾向对于三类事件的界定具有本质性的贡献。这样，生物就开始有了利益，世界及其事件就开始为它创造**理由**，不管这个生物是否能充分识别这些理由（Dennett, 1984a）。第一批理由在被识别之前便存在了。事实上，第一批面对问题的生物所遇到的第一个问题就是，学习如何识别理由并依据其采取行动，正是它们自己的存在产生了这些理由。

一旦某个东西有了自保的事情要做，边界就变得重要起来，因为如果你要着手保护自己，你就不想浪费力气企图保全整个世界：你划出了界限。一句话，你变得**自私**了。这种原始形式的自私（作为一种原始形式，它还缺乏人类的自私标志的多数特征），是生命的标志之一。一个边界在什么地方结束，下一个边界又在什么地方开始，这并不重要；断裂的边界也许足够真实，但是，没有什么东西可以用来保护地盘、退回边界或后撤。"我与世界相对"——每个在封闭边界内部的东西与每个在外部世界的东西之间的区分——是所有生物过程的中心，而并非只是摄取与排泄、呼吸与蒸腾。例如，考虑一下免疫系统，它有上百万种不同的抗体，部署在体内的防线上，以对抗数以百万计的不同的外来入侵者。这支部队必须解决基本的识别问题：把它自己（以及它的朋友）与其他任何东西区别开来。而且，这个问题的解决方式，与人类国家及其军队解决相应问题的方式大致一样，都是通过标准化、机械化的识别子程序，分子形态和形态探测器就是微缩版的护照和海关官员。重要的是要认识到，这支抗体部队没有总司令，没有统帅部下达的战役计划，甚至没有关于敌人的描述：抗体表征它们敌人的方式，与无数的锁表征那些打开它们的钥匙的方式一样。

我们应该注意到在这个最早阶段已经非常明显的若干事实。虽然演化依靠历史，但大自然不是势利小人，起源对大自然没有影响。一个有机体从何处、以何种方式获得它的能力，这并不重要，行为漂亮才是真的漂亮。当然，就我们所知，早期复制子的家谱几乎一模一样：它们中的每一个都是这个或那个选择序列的产物，这些选择序列是盲目的、无智能的、凭运气的。但是，如果有某个穿越时间旅行的超级工程师，把一个**机器人复制子**嵌入环境中，如果它的才能与它的自然生成的对手的才能相当或比之更好，它的后代现在也许就在我们中间——也许甚至就是我们自己！（Dennett, 1987a, 1990b）

自然选择无法说出一个系统是如何变成它那个样子的，但这并不意味着，由自然选择"设计的"系统与由智能工程师设计的系统之间就不能存在深刻的差别（Langton, Hogeweg, in Langton, 1989）。例如，人类设计师的确有远见，但也有妨碍理解的眼罩，他们往往发现，自己的设计会因未曾预料的副作用和相互作用而受挫，所以，为了预防这些情况发生，他们就给系统里的每个元件（element）赋予单一的功能，并把它和其他元件隔离开来。与此相反，大自然（自然选择的过程）比较近视，而且缺乏目标。由于大自然根本不做预见，因而它也就无从担心未曾预料的副作用。它不是"试图"回避它们，而是试验各种设计，许多副作用都会在其中出现。大多数设计是糟糕的（不信的话，你可以问任何一个工程师），但时不时会有一个**偶然发现的副作用**：两个或更多毫不相关的功能系统相互作用，产生一种额外的好处，即单独的元件可以实现多重的功能。人类工程制造的产品并不是没有多重功能，只是它们相对罕见；在自然界中这样的功能却到处都是，而且正如我们将会看到的那样，理论家之所以很难在大脑中找到意识的合理设计，其中一个理由就是，他们往往认为大脑的每个元件只有一种功能。*

这样就奠定了基石。我们现在可以解释以下原始事实：

（1）存在理由，要去识别。

（2）哪里有理由，哪里就有由此出发来识别或评估这些理由的视点。

（3）任何行动者都必须区别"在这内部"与"外部世界"。

（4）所有的识别都必须最终由无数"盲目的、机械的"子程序来完成。

（5）在被保卫的边界内部，不必总是存在高等执行官或统帅部。

（6）在自然界中，行为漂亮才是真的漂亮；起源并不重要，英雄不问出处（origins don't matter）。

（7）在自然界中，各个元件常常在单个有机体的组织系统之

---

* 多功能神经元这个想法并不新颖，但直到最近才有人追随：

神经元输出或信号多多少少是同时联结的，这是毫不含糊的，个体神经元的输出则不是。每个相继层次模糊信号的不同联结，汇集起来就可以部分地解决模糊问题，就像在纵横字谜里，模糊的界定汇集起来就确定了唯一或接近唯一的解决方案。（Dennett, 1969, p. 56）

……并不存在独一无二的群结构或群组合，对应一个特定的输出种类或输出模式，相反，不止一种神经元群的组合能够产生一个具体的输出，一个特定的单一群也能参与不止一种类型的信传（signaling）功能。神经元群在指令集里的这种特性，叫作简并（degeneracy），这一特性为可再入图（reentrant maps）的一般化能力提供了根本的基础。（Edelman, 1989, p. 50）

每个节点都影响到许多不同的内容这一建构特征，赫布（Hebb）在他开拓性的著作《行为的组织：一个神经心理学理论》（*The Organization of Behavior: A Neuropsychological Theory*, 1949）中已经做过强调。这是"并行分布处理"或"联结主义"的核心。但是，多重功能当然也不止这一点；在一个比较粗糙的分析层次上，我们会让整个系统拥有特化的角色，但这些系统也可以被征用到更一般的计划之中。

内发挥多重功能。

在寻找"有意识的观察者"的终极"视点"的过程中，在我们将大脑里的小人换成简单机制（或机制团队）的例子中，我们已经看到这些原始事实的一些回响。但是，如我们所见，有意识的观察者的视点并不等同于第一批复制子的最初视点，而是它们的一个复杂的后裔，这些最初的复制者给它们的世界分出了好坏。（毕竟，即使是植物也有这种原始意义上的视点。）

第二幕：创建未来的新的好途径

> 活的有机体的一个最深层、最主要的功能就是——像保罗·瓦莱里所说的那样——向前看，创造未来。
>
> ——弗朗索瓦·雅各布
> （François Jacob, 1982, p. 66）

> 要预测一条曲线的未来，就得对它的过去进行一定的运算。真实的预测运算不可能由任何可建构的装置来实现，但是，有一些运算与它有某种相似性，它们实际上可由我们能够建造的装置来实现。
>
> ——诺伯特·维纳
> （Norbert Wiener, 1948, p. 12）

在上一章中，我曾顺带提到，大脑的基本目的是去创建未来，这个说法值得多加注意。为了处理事件，有机体必须要么武装自己（就像一棵树或者一只蛤蜊）并"期盼最好的结果"，要么发展一些方法来摆脱危害并与邻居打造更好的邻里关系。如果你遵循后一条路线，你就会面临一个原始的问题，每个**行动者**都必须不断地去解决这个问题：

现在我应该做什么？

为了解决这个问题，你需要一个神经系统，来**控制**你在时间与空间中的活动。幼年海鞘在海里游荡着，寻找一块合适的岩石或大块的珊瑚礁，依附在上面，把它作为一生的家。为了完成这个任务，它需要一个初级的神经系统。当它找到这样的地方并落脚时，它就不再需要自己的大脑了，所以它吃掉了大脑！（这就好比大学的副教授获得了终身教职。）* 控制的关键在于要有能力**追踪**甚至**预测**环境的重要特征，因此，所有的大脑在本质上都是**预测机器**。蛤蜊的壳是很好的武器，但它不能总是关闭；突然闭壳这种硬连线的反射，是一个虽然粗糙却有效的危害预测器／回避器。

最简单的有机体的撤退与逼近反应就更为原始，而且，它们以能够想象的最直接的方式与善意和恶意的来源连在一起：它们**触摸**这些来源。然后，取决于这些所触摸的东西对它们是有利还是有害，它们要么后退，要么将其吞食（如果它们运气好、做得及时）。它们通过直接的"连线"做到这一点，这样，与这个世界的好或坏的特征的实际接触就会触发相应的蠕动动作。正如我们将看到的，这个事实构成了意识最了不起和最为精致的（毫不夸张）特征的基础。在一开始，由环境中的事物引起的**所有**"信号"，要么意味着"赶紧走！"，要么意味着"抓住它！"（Humphrey, forthcoming）。

---

* 海鞘与副教授之间的类比，我想是由神经科学家鲁道夫·利纳斯（Rodolfo Llinás）首先提出的。

在这样的早期阶段，任何神经系统都没有办法去使用一种更加冷静或客观的"信息"，这些"信息"仅仅中立地告诉它某些状况。但是，这样简单的神经系统在世界上无法获得更多的东西。它们只能进行我们所说的那种**近端预测**：它们的行为与**最近的**未来相适合。更好的大脑是这样的一些大脑：它们能够提取更多的信息，速度更快，并且可以首先用这些信息来**避免**有害接触，或者**搜寻**营养物质（在性出现之后还包括寻找交配机会）。

面对从我们个人的过去中提取出有用的未来这一任务，我们这些有机体努力想免费（或至少打个折）得到某些东西：找出这个世界的规律——如果没有这样的规律，就找出这个世界的近似规律——找出任何能给我们带来优势的东西。从某些视角来看，我们这些有机体居然能够从自然界中得到东西，这显得很不寻常。是否存在什么深层的理由，可以用来说明为什么自然会摊出它的底牌，或者在偶然的检视面前暴露它的规则性？任何有用的未来产生器都适合作为某种花招——一个恰好能起作用的临时装置，幸运地撞到这个世界上可以追踪到的规则性。如果这些偶然窥得大自然奥秘的幸运预测器能提高生物有机体的生存优势，那么它们当然一定会得到奖励。

在最简单的这一端，我们看到一些生物，它们尽可能少地去做表征，其程度刚好足以在它们开始做错误之事的某些时候**让世界警告它们**。遵循这种策略的生物没有做任何计划。它们纵身投入世界，如果某个东西开始造成伤害，它们在"知道得足够多"以后就会后撤，但这也是它们所能做到的最好状态。

接下来的步骤涉及短程预测，例如，躲开飞来的砖头。这种预期的天分常常是"连线在内的"——是在亿万年中设计出来的天生机制的一部分，这个机制追踪的那种规则性是我们可以在**逼近的事物**与**击打我们的事物**之间注意到的（也有例外）。例如，对危险逼近物的回避反应是硬连线在人类身上的，新生儿也不例外（Yonas, 1981），这是我们远古的祖先留给我们的礼物，而我们的远古祖先死去的远亲不太知道躲闪。"某个东西在逼近！"这个信号的**意思**是"躲开！"？哦，它最初的含义是这样的；它直接连线到躲闪机制。

我们还得到了其他的礼物。就像其他许多动物甚至是鱼的视觉系统一样，我们的视觉系统对纵轴对称图案相当敏感。布瑞滕堡提出，这大概是因为，在我们祖先所处的自然界里（在有教堂外墙和吊桥之前），这个世界呈**现**纵轴对称的东西就只有其他动物，而且只有当这些动物正对着你的时候才会呈现出这一对称。所以我们的祖先就装备了一个极有价值的警报系统，一旦有其他动物正**盯着**自己，（在大多数情况下）警报就会被触发（Braitenberg, 1984）。*认出一个（空间上的）远处的捕食者（而不是等你感觉到它的牙齿咬到你了，你才认出它），这还是一种在时间上靠近远端的预测：它让你得以提前避险。

有关这类机制的一个重要事实是，它们的区分能力比较粗糙；它们牺牲了所谓的**真实与准确**，以换取**迅速而经济**的报告。一些触发纵轴对称探测器的事物对有机体来说并无重大的实际意义，比如一些罕见的近于对称的树和灌木，或者（现代的）许多人造物品。所以，由这种机制所区别的东西，正式来说，只是一个混杂的集合体——其中的主导信息是有动物在盯着我这个方向，但也允许出现大量的虚假警报（相对于**那个**信息而言）。也不是所有（或只有）纵轴对称的模式都（才）能把事物分开；一些纵轴对称的模式出于这个或那个理由而无法触发警报，而且这里也会有虚假警报。这是为一个快速的、廉价

---

* 这一点很像沙克把盒子与棱锥分开的方法，不可能完全不出问题。因此，机器人沙克并不完全是非生物的；生物圈有许多像这样的小工具。但沙克的"视觉"系统不是任何物种的视觉的一个好模型，不过这并非它的重点所在。

的、随时可用的机制所付出的代价，而且是自恋（Akins, 1989）的有机体愿意付出的代价。要看出这个事实很容易，但这个事实对意识的一些影响初看起来却不那么明显。（在第12章中，这会变得相当重要，因为我们将会提出这样的问题：我们用我们的色觉探测到的是什么性质？红色的东西所共有的那个红是什么？甚至，为什么这个世界看起来像我们所看到的那个样子？）

获知另一个动物正盯着你的消息（可能出错），这在自然界几乎总是一件很有意义的事情。如果这个动物不想吃你，它就可能是潜在的伴侣，或者情敌，或者已经发觉你的动向的猎物。这个警报接着打开"是友是敌还是食物？"的分析器，这样有机体就可以区别类似这样的信息："一个同种生物正看着你呢！""你已被猎食者瞄上了！""你的晚餐要溜了！"在有些物种（比如一些鱼类）中，纵轴对称探测器的连线状态，可以让它们迅速打断正在进行的活动，这被称为**定向反应**（orienting response）。

心理学家奥德玛·诺伊曼（Odmar Neumann, 1990）认为，定向反应是船上警报"全体船员做好准备"在生物学上的对应物。跟我们一样，绝大多数动物都有一些活动是按程式（routine）来控制的，实行"自动驾驶"，不会在活动中用上全部能力，这些活动事实上受控于它们大脑的某些特化子系统（specialized subsystems）。当一个特化警报（比如我们的有物逼近警报或纵轴对称警报）被触发时，或一个通用警报被某个突然的、吃惊的（或者只是意外的）东西触发时，动物的神经系统就会动员起来，处理可能出现的紧急状况。动物停下正在做的事，迅速做出浏览或更新，这会给每个感官一个机会来扩增有用而相关的信息库。一个**临时的**中央控制区于是通过加强的神经活动建立起来——在一个短暂的时间段内，所有的路线都是开放的。如果这次更新的结果是"二次警报"拉响，那么动物全身都会被调动起来，这时肾上腺素就会突然增加。如果不是这样，这些加强的活动很快就会平息，不值班的船员回去睡觉，专业人员重新执行自身的控制功能。这些短暂的中断与加强警觉的片段，本身并不是人类风格的"有意识地觉察"（正如人们常常说的那样）的片段，或者，它们并不必然是这样一种状态的实例，但它们很可能是我们有意识的状态在演化上的必要先行者。

诺伊曼推测，这些定向反应最初是作为对警报信号的反应，结果在激发一种一般化的更新活动方面极为有用，以至于动物开始越来越频繁地进入定向模式。它们的神经系统需要一个"全体船员做好准备"的模式，而一旦提供了这个模式，更频繁地打开这个模式的代价就会很小，甚至没有代价，而且回报丰厚，因为它完善了有关环境状态或动物自身状态的信息。有人也许会说，它变成了一种习惯，不再只受外来刺激的控制，而是还可以从内部发动（就像常规消防演习那样）。

常规的警惕逐渐转变成为常规的探测，一个新的行为策略开始演化：这种策略就是"为了自己的目的"获得信息，以备万一哪天它有价值。大多数哺乳动物受此策略的吸引，特别是灵长类动物，发展出高度敏锐的眼睛，这些眼睛通过扫视（saccade），几乎可以不间断地扫描整个世界。这标志着有机体系统组织原则的一次相当根本的转变，它完成了一种飞跃：好奇心诞生了，或者说认知饥渴诞生了。动物收集信息不再只是基于量入为出、速取速用的原则，它们开始变成心理学家乔治·米勒（George Miller）所称的信息吞噬者（informavore）：渴望了解关于它们所居住的世界（以及它们自己）更多信息的有机体。但是，它们并没有发明和部署全新的信息收集系统。与演化中通常的情况一样，它们从自身的遗传已经提供的设备中拼凑出这些新系统。这段演化历史留下了它的痕迹，尤其是在意识的情绪或感受的暗示中，因为即使高等动物现在已经变成信息的"毫无私利的"收集者，它们的"报告器"也完全是它们祖先的警报器与喜报器的重新部署，从不"直接"发出任何信息，而总是把残留的或肯定或否定的编辑"建构"（spin）放在它们提供的任何信息上。去掉这里的引号或隐喻来说就是：报告信息的各种状态与撤退或吞噬、回避或增援的先天连接，并没有被打破，而只是被削弱并且有了新的方向。（我们将在第 12 章中再讨论这一点。）

在哺乳动物中，这种演化的发展是由大脑里的分工培育出来的，这种分工创造出两个特化区：（大致来说就是）**背侧区与腹侧区**。（以下是神经心理学家马塞尔·金斯波兰尼的一个假说。）背侧脑担负**"在线"领航**责任，让船（有机体的身体）避免进入危险航道；就像电子游戏内建的"碰撞探测"程式，它必须几乎连续地扫视前进或后退的物体，一般来说，它的责任就是让有机体不至于撞到东西或摔下悬崖。于是，腹侧脑就有一点儿自由时间，专注于辨认世界上的各个对象；它可以精细地放大具体事物，并以相对缓慢的串行方式分析它们，因为它能依靠背侧脑系统确保船避开危险。按照金斯波兰尼的推测，在灵长类动物的大脑中，背侧区-腹侧区的这种特化被扭曲了，并进一步演化成著名的右半球与左半球特化：一个是全局的、时空的右半球，一个是更为专注的、分析的、串行的左半球。

我们刚才探索的只是神经系统演化史的其中一条线，我们利用的是最基本的演化机制，即特定**基因型**（基因组合）的选择，比起替代基因型，这些基因型会产生更有适应能力的个体（表型）。天生就有更好连线的有机体，往往可以产生更多存活的后代，所以，好的硬连线就会在种群中传播开来。我们也已经大致勾勒出，在设计空间中从可以想象的最简单的善恶探测器到这种机制的组合体的逐渐进步过程，当这些机制被组织到一个生物结构中时，这个生物体就有相当的能力在相对稳定的、可以预测的环境中产生有用的预测。

在我们这个演化故事的下一阶段，我们必须引入一个重大革新：个体表型的突现，这些表型的内部结构并不完全是硬连线的，而是可变的或**可塑的**，因此它们能够在整个生命过程中学习。神经系统中的可塑性的突现，与我们已经勾勒的发展（大致）同时发生，它提供了两个新的媒介，演化在这些媒介中发生的速度，会比单纯通过基因突变和自然选择的遗传演化快得多。由于人类意识的一些复杂情况是在这些新媒介里已经发生并继续发生的演化的结果，因此，对它们之间的相互关系及其遗传演化的底层过程，我们需要有一个清楚的认识，虽然只是很初级的认识。

3. 脑里的演化、鲍德温效应

我们都假设未来会与过去相似，这是我们所有归纳推理的一个根本的却无法被证实的前提，休谟已经指出过这一点。大自然（体现在自然选择的过程中的设计开发师）做的是同样的假设。在许多方面，事情确实维持不变：重力继续施展它的力量，水继续蒸发，有机体继续需要补充和保有它们体内的水分，逼近的物体继续在视网膜上占据越来越大的区域，等等。针对类似这样的一般情况（generalities），大自然提供了长期的问题解决方案：硬连线的、基于引力的朝上方向探测器，硬连线的口渴警报器，硬连线的有物逼近就闪开的回路。有些事情会变化，却是以可预测的周期来变化，这时大自然就用别的硬连线装置对此做出反应，比如由气温变化所触发的冬天长毛的机制，又比如内建的闹钟，这些闹钟控制着夜间活动与日间活动的动物的醒睡周期。但还有一些时候，环境里的机遇与变化相对来说不是大自然或任何东西所能预测的——它们是一些**无序的**过程，或受到这类过程的影响（Dennett, 1984a, p. 109ff）。在这些情况下，没有一个一成不变的设计可以适应所有的可能性，所以较好的有机体就是那些能在一定程度上**重新设计自己**，以面对它们所遇情况的有机体。有时这样的重新设计叫作**学习**，有时则仅仅被称为**发展**。它们之间的分界线应划在哪里，这是一个争议不休的问题。鸟儿**学习**飞行吗？它们学习唱歌吗？（Nottebohm, 1984; Marler and Sherman, 1983）它们学习长出它们的羽毛吗？婴儿**学习**走路或说话吗？因为这条分界线（如果存在）与我们当下的目标无关，所以让我们用**后天设计固定**（postnatal design-fixing）来称呼任何这样的过程，而不管它出现在从学习聚焦你的眼睛到学习量子力学的这个学习范围内的哪一处。在你出生时，仍然有一定的变化空间，这个空间最后由这样或那样的过程固定下来，成为你后来生命过程中的一个相对稳定的设计元素（一旦你已经学会骑自行车或者讲俄语，这种能力往往会一直伴随着你）。

这样一个后天设计固定的过程如何能够完成呢？只能以一种（非奇迹的）方式：通过与先天固定设计极为类似的一个过程，换言之，通过在个体里（在表型里）发生的自然选择的演化过程。已经由日常自然选择固定在个体里的东西，必须扮演机械选择者的角色；其他东西则必须扮演为数众多的候选者的角色，以供自然选择挑选。对此过程，人们已经提出了许多不同的理论，但是，除开那些完全疯狂的理论或者直言不讳的神秘主义理论，其他所有理论全都具有这种结构，它们的区别只在于所提出的机制的细节。在 20 世纪的许多年里，最有影响力的理论是 B.F. 斯金纳（B.F. Skinner）的行为主义，这一理论认为，刺激-反应的组合是接受选择的候选对象，而"强化"刺激则是选择的机制。快乐与痛苦的刺激，也就是胡萝卜与大棒的刺激，对于塑造行为的作用确实是不可否认的，但是人们已经广泛注意到，行为主义的"操作性条件反射"的机制过于简单，因而无法解释像人类这样复杂的物种（很可能也包括鸽子，但那是另外一回事）的后天设计固定的复杂情况。如今，人们将重点放在了推动大脑内部的演化过程的各种理论上（Dennett, 1974）。这个想法的不同版本已经出现了好几十年，现在，由于有可能在巨型计算机的模拟中测试相互竞争的理论模型，随之出现了许多争论，因此我们将会明智地避开这些争论。*

就我们的目标而言，且让我们这样说：以这种或那种方式，具备可塑性的大脑有能力以适应的方式重新组织它自己，以对在有机体环境里遇到的特殊新事物做出反应，而且，大脑借以做到这一点的过程很有可能是机械的过程，与自然选择极为相似。这是演化的第一个新媒介：在个体大脑里的后天设计固定。接受选择的候选对象是控制或影响行为的各个大脑结构，而这个选择又由这个或那个机械的清除过程完成，这个过程本身则是通过遗传安装在神经系统里的。

令人吃惊的是，这种本身作为自然选择的遗传演化产物的能力，不仅使有此能力的有机体，相比于那些不能重新设计自己的硬连线表

---

* 这一基本洞见可见于达尔文及其早期诠释者的著作中（Richards, 1987）。神经解剖学家 J.Z. 扬（Young, 1965a, 1965b）率先提出记忆的选择主义理论（也可参见 Young, 1979）。1965 年，我在牛津大学的博士论文中发展了这个基本论点的一个哲学家版本，并对细节进行了简略描述；它的改进版是 1969 年《内容与意识》（*Content and Consciousness*）的第三章"大脑里的演化"（Evolution in the Brain）。约翰·霍兰（John Holland, 1975）和其他人工智能的研究者开发出关于自我重新设计或学习系统的"遗传算法"（又见 Holland, Holyoak, Nisbett and Thagard, 1986），让-皮埃尔·尚热（Changeux and Danchin, 1976; Changeux and Dehaene, 1989）设计了一个相当详细的神经模型。神经生物学家威廉·卡尔文（William Calvin, 1987, 1989a）在他自己关于大脑里的演化的理论中，对这些论题提出一个不同的（也更易理解的）视角。关于这一点，可参见他对杰拉尔德·埃德尔曼（Gerald Edelman）的《神经达尔文主义》（*Neural Darwinism*, 1987）清晰而富洞察力的综述（Calvin, 1989b）。更近一点，埃德尔曼出版了著作《被记忆的当下：意识的生物学理论》（*The Remembered Present: A Biological Theory of Consciousness*, 1989）。（*The Remembered Present* 书名模仿的是《追忆逝水年华》的英文版书名 *The Remembered Past*。——译者注）

亲，具有某种优势，而且还能反作用于遗传演化过程，**使之加快速度**。这是一个以各种名称闻名的现象，其中最有名的名称是"鲍德温效应"（见 Richards, 1987; Schull, 1990）。下面让我们来看看它是如何运作的。

考虑一个特定物种的种群，其中各个个体在一出生时大脑连线方式就有很大的不同。让我们假设，其中可能的一种连线方式正好赋予其占有者一个**好计策**（Good Trick）——一种能够极大地保护自己或增加其机会的行为天分。我们可以在所谓的适应地形图（adaptive landscape）中来表示它，高度代表适应度（适应度越高越好），经纬度代表连线方式的变量（我们不必为这个思想实验具体指定这些变量）。

如图 7.1 所清楚表明的，只有一种连线方式受宠，其他的连线方式，不管它们如何"接近"于成为好的连线方式，在适应性上都是差不多的。这个连线方式就好比干草堆里的一根针，它对自然选择来说实际上是不可见的。*即使一些幸运的个体以这种方式连线，它们幸运地传播到由后续世代组成的种群之中的概率，也可能小到难以被察觉，**除非**在这些个体中存在设计的可塑性。

那么，假定所有的个体从一开始在遗传上就不同，但在它们的生命过程中，由于有可塑性，它们能在自己可以见到的设计可能性空间中游荡。而且，由于环境方面的种种特殊情况，它们都倾向于向那个受宠的连线方式移动。在它们的环境中存在一个**好计策**要学习，而它们全都倾向于学会它。假设这样一个好计策是这样的——那些未曾学会这个好计策的个体，处于严重的劣势；再假设那些绝不倾向于学习这个好计策的个体，在生命一开始所装备的设计空间中离那个好计策

---

* 干草堆里摸针，意思近于中文里所谓的"大海捞针"。——译者注

最远（因此需要更多的后天再设计），而那些倾向于学习这个好计策的个体，则离它较近。

有一个奇怪的观念（改编自 Hinton and Nowlan, 1987）可以帮助我们想象这种情况。假设在每个动物大脑里有 10 个位置，在这 10 个位置上，一条"连线"能够以 A 和 B 这两种方式中的任何一种来与之连接。假设**好计策**就是用 AAABBBAAAA 这个连线设计的，而其他的连线方式在行为上几乎同样平平无奇。由于所有这些连接都是可塑的，因而每个动物在其生命过程中都能试验 A 与 B 连线方式的 2^{10} 种不同的组合。一些动物出生时的状态是 BAABBBAAAA，到达**好计策**那里只需一个位置重连线（虽然它们当然可能会到处游荡，先去尝试一系列其他的再连线方式）。另一些动物出生时的连线方式是 BBBAAABBBB，它们将不得不重新在 10 个位置上重连线（而且不能重新回到错误的连线方式上），才能找到好计策。那些大脑一开始就与目标更接近的动物，会比一开始与目标离得较远的动物有生存优势，即使生来具有"近距差错"的结构，与生来就有"远距差错"的结构相比，并没有**其他的**选择优势（如图 7.1 所示）。于是，下一

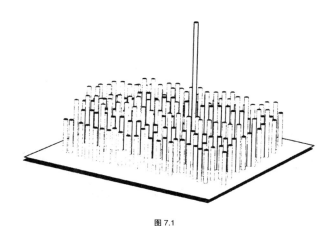

图 7.1

代的种群将主要由更接近目标的个体所组成（因此这些个体在其生命中又更倾向于发现这个目标），这个过程能一直持续下去，直到整个种群都**从遗传**上固定在好计策上。个体以这种方式"发现"的好计策，因此就可以相对迅速地传给将来的世代。

　　如果我们让个体有可变的机会，在其生命过程中撞到（然后"识别"并且"坚持"）好计策，那么在图 7.1 中几乎不可见的"那根针"，现在就会成为自然选择可以登上的一个全然可见的小山山顶（见图 7.2）。这个过程，也就是鲍德温效应，起初可能看起来比较像拉马克的后天获得性遗传观点，但其实不然。个体学会的任何东西都不会传给它的后代。只是那些足够幸运、在设计空间中更接近一个可学到的好计策的个体，往往会有更多的后代，这些后代也往往更接近那个好计策。经过几代人的努力，竞争变得更激烈了：最后，除非你一生下来就有（或十分接近）那个好计策，否则你就没有处在近到足以与其他个体竞争的位置。但是，如果没有可塑性，就不会出现这个效应，因为"失之毫厘，谬以千里"，**除非你能不断地尝试不同的值，直到**

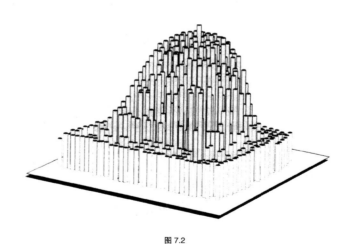

图 7.2

你得到正确的值为止。

我们可以说，多亏鲍德温效应，物种通过对邻近可能性空间的表型（个体）探索，就可以预先检验各种不同的特定设计的效能。如果由此发现一个特别成功的设计，这个发现就会**创造**一种新的选择压力：在适应地形图中更接近该发现的有机体，相比于距离较远的有机体，会有明显的优势。这意味着，与没有可塑性的物种相比，具有可塑性的物种将**倾向于**更快地（更"有眼力地"）演化。因此，在第二个媒介即在表型的可塑性中的演化，可以加强在第一个媒介即在遗传变异中的演化。（我们很快就会看到一种抵消效应，这种效应是因为与第三个媒介的互动而产生的。）

4. 人脑里的可塑性：布置舞台

> 人类的理性，以同样的方式，从它的先天能力开始出现，并因此创造了它的首批理智工具。人类理性利用这些工具进一步取得了进行其他理智操作的力量，并通过这些力量又获得了更多的工具和扩展理性探索的能力，直到它一步一步到达智慧的顶峰。
>
> ——贝内迪克特·斯宾诺莎
> （Benedict Spinoza, 1677）

硬连线的神经系统，对于那些在有限的预算内应对常规环境的有机体来说，是轻量级的、有能效的、很不错的。更高级的大脑，由于有可塑性，因此不仅有能力做常规的预测，而且有能力针对趋势进行调整。即使是低等的蟾蜍，也有一定程度的自由，改变它对新事物做出反应的方式，它会缓慢地改变它的行动模式，以追踪（滞后时间较长）其所处环境里最能影响它福祉的特征方面的变化（Ewert, 1987）。在蟾蜍的大脑里，一个用于应对世界的设计，其演化的节奏要比自然选择快很多个数量级——每"代"设计只延续几秒钟或几分钟，而不是几年。但是，要有真正高能力的控制，你就需要一个预测机器，它可以在几毫秒之内对自身做出重大的调整，为此你需要一个精巧的未来产生器，这个系统能够预先思考，避免自身的活动陷入困境，在遇到问题之前就解决它们，并且识别全新的好坏预兆。尽管还很愚蠢，但我们人类在上述任务方面得到的装备，要比任何其他自我控制的动物都好得多，而正是我们庞大的大脑使这一点成为可能。但大脑是怎样使之成为可能的呢？

让我们来回顾我们的进展过程。我们已经勾勒出一个灵长类动物的大脑故事，这是演化史的多维构造中的一条线。它实际上以万千年的早前神经系统为基础，由一组特化回路（specialist circuits）组成，这些回路被设计用来执行在灵长类祖先的组织系统中的特定任务，它们包括：逼近物体的探测器，它与闪躲机制连线；有东西在盯着我看的探测器，它与"是敌是友还是食物"的区分器连线，后者又与它们相应的深层子程序连线。我们还可以添加灵长类特有的一些回路，比如被设计用来采摘浆果或捡拾种子的手眼协调回路，以及被设计用来抓住树枝甚至处理逼近面部的物体的回路（Rizzolati, Gentilucci and Matelli, 1985）。由于可以转动的眼睛，也由于探索与更新的倾向，这些灵长类动物的大脑常常被多媒体的信息（或者神经科学家所说的多重模态的信息）淹没，所以，这对它们提出了一个新的问题：更高层次的控制问题。

一个问题的提出也是一次机会、一条向设计空间新的部分打开的通路。我们可以假设，直到现在为止，神经系统都是这样来解决"现在我做什么"这一问题的：在一个严格有限的行动指令集之间，做出一种相对简单的平衡行动——如果不是有名的四个 F（战斗、逃跑、进食与交配：fight, flee, feed, mate*），那就是它们的一种适度细化形式。但是现在，随着功能可塑性的增加，以及来自各个特化回路的"集中化"信息的增加，"接下来做什么"这个问题就孕育出一个后设问题（meta-problem）：**下一步考虑**什么。给自己装备一个"全体船员做好准备"的子程序，这的确很好，但是，一旦所有船员都准备就位，就必须以某种方式应对涌入的志愿者。我们不应该期望有一个船长已经在场（在那之前他都在干什么呢？），所以，志愿者之间的冲突必须在没有更高执行官的情况下自行解决。（我们在免疫系统的例子中看到，协调的有组织的行动并不总是依赖一个中央执行官的控制。）描述这类过程的开拓性模型是奥利弗·塞尔弗里奇（Oliver Selfridge, 1959）早期在人工智能领域所做的**群魔混战**（Pandemonium）架构，在其中，许多"小妖"并行地争夺统治权，而由于塞尔弗里奇对此类结构的命名非常贴切，因此我在本书中将使用它的一个通用含义，泛指它本身以及它的所有直接或间接的后代模型，比如"竞争调度"（contention scheduling，见 Norman and Shallice, 1980; Shallice, 1988）和**赢家通吃**网络（Winner Take All networks，见 Ballard and Feldman, 1982）及其后代模型。

群魔混战风格的竞争调度，相当直接地受环境的当前特征所驱动，但它仍然产生了一个具备有限前瞻能力的神经系统。奥德玛·诺伊曼假设，定向反应最初由环境里的新事物推动，然后逐渐可以内生地（从内部）发动。与此类似，我们也假设，存在着发展一种更加内生的方式来解决下一步考虑什么这一后设问题的压力，这种压力就是

---

* 此处 mate 是作者所说的四个 F 之一，其实意思指向 fuck，但作者用了"mate"这个文明一点的单词。——编者注

要在内部创造某个东西，它要有我们想象一个船长所应具有的许多组织能力。

现在考虑一下，我们假设的灵长类动物祖先的行为，在这一点上从外部来看会是什么样子（至于成为这样一头灵长类动物会怎么样，所有相关问题我们都推迟考虑，以后再行讨论）：一种有能力学习新计策的动物，几乎可以持续地对新事物保持警惕和敏感，但它的"注意时长很短"，而且其注意力也往往会被分散注意力的环境特征所"吸引"。这种动物没有长远的规划，至少没有新颖的规划。（我们应该把一些空间留给经遗传连线进来且长时持续的定型子程序，比如鸟类的建巢程序、海狸的筑坝程序，以及鸟类与松鼠的食物存储程序。）

基于这个底层神经系统，我们现在开始设想，建造一个更像人的心智，它有点像"意识流"，能够维持精深复杂的"思想列车"，人类文明显然就有赖于此。黑猩猩是我们最近的亲属，事实上，我们与它们在遗传上的关系，要比黑猩猩与大猩猩或红毛猩猩更近；现在的观念是，在大约 600 万年前，我们与黑猩猩有一个共同祖先。自从那次重要的演化分离以来，我们的大脑与黑猩猩的大脑有了巨大的差别，但主要是在大小上，而不是在结构上。黑猩猩与我们的共同祖先有着几乎相同大小的大脑（黑猩猩从我们的共同祖先出发也有一些演化，记住这一点很重要——也很难），而我们人类祖先大脑的体积增长了 4 倍。这种体积上的增加不是立刻发生的，在进化上同原始黑猩猩分离之后的几百万年里，我们人类祖先的大脑与猿的大脑一般大小，即使在至少 350 万年前它们就变成了直立动物，这种情况也没有改变。然后，随着冰期开始，在大约 250 万年前，伟大的大脑化过程（the Great Encephalization）启动了，并在 15 万年前基本完成——这是在语言、烹调和农业的发展**之前**完成的。为什么我们祖先的大脑会如此迅速地长这么大（在演化的时间尺度上，它更像一次爆炸而不是一次开花），人们对此有许多不同意见（具有启发意义的相关论述，可参见威廉·卡尔文的多本著作）。但人们对这一产物的本性很少有争议：早期智人（生活的时期为大约 15 万年前到最近一次冰期结束即 1 万年前）的大脑是有着无与伦比的可塑性、复杂至极的大脑，与我们的大脑在大小与外形上几乎没有区别。重要的是：原始人类大脑令人惊异的体积增长，早在语言发展起来**之前**就已基本完成，所以这种发展不可能是对因语言而形成的心智复杂性的反应。语言学家乔姆斯基与其他人假设，语言的发展基于天生的特化，这种特化现象现在开始在神经解剖的细节上得到确认，而它作为一个**相当晚近的**、匆忙的附加物，无疑利用了更早的序列化回路（sequencing circuitry，见 Calvin, 1989a），这种回路又被鲍德温效应加速。而且，人类**心智**能力最为显著的扩展（这一扩展的见证是烹调、农业、艺术，一句话，文明的发展），其发生的时间更近一些，从最近一次的冰期结束的时候开始，到现在约 1 万年，而这 1 万年从以百万年来度量趋势的演化视角来看，只是一瞬间。我们的大脑生来所装备的力量，即便有也只有很少是我们 1 万年前的祖先大脑所缺乏的。所以，近 1 万年来**智人**的巨大进步，几乎全要归功于人类以全新的方式利用大脑的可塑性——通过创造类似**软件**的东西，来增强大脑的底层力量（Dennett, 1986）。

简而言之，我们的祖先必定已经学会一些好计策，他们能够运用可调节的硬件来做到这一点，而我们这个物种才刚刚开始借助鲍德温效应把这种硬件移入基因组。而且，正如我们将会看到的那样，我们有理由相信，尽管最初选择压力偏好于逐步"硬连线"这些好计策，但这些计策已经改变了我们这个物种所处的环境的性质，所以就不再有显著的选择压力来要求进一步的硬连线。很可能，在人类的神经系统设计研发方面的几乎所有选择压力，都已经被我们祖先利用这个新设计的机会的副作用淹没。

在这之前，我一直力图避免将比较简单的神经系统说成在**表征**世界上的什么东西。可以认为，我们刚才考虑的种种设计，无论是可塑的还是硬连线的，它们对有机体环境的各个特征都很敏感，或者随时对其做出反应，或者就是针对这些特征而被设计出来的，或者利用关于这些特征的信息。因此，在那个最简意义上，它们也许可以被称为表征，但是，现在我们应该暂停一下，思考一下这些复杂设计的何种特征会导致我们把它看作表征系统。

大脑必须有一些可变性，以便为从一个瞬间到下一个瞬间的大脑活动的暂时模式提供媒介，这种活动以某种方式**记录**或者至少**追踪**环境里重要的可变特征。大脑里的东西需要变化，这样大脑才能追踪鸟飞过，或气温下降，或有机体自身的某个状态（比如血糖下降和肺里的二氧化碳增加）。而且——这也是让真正的表征发挥杠杆作用的一个支点——这些暂时的内在模式开始能够继续"追踪"（在某个延伸意义上）一些在它们暂时与其所指失去因果接触时会指称的特征。"一头斑马如果看到一头狮子，那么在它停止观察这头狮子一阵子之后，它也并不会忘记这头狮子在哪里。狮子同样不会忘记斑马在哪里。"（Margolis, 1987, p. 53）比较这个现象与如下更简单的现象：向日葵能够追踪太阳在天空中的路径，随之调整自己的角度，就像一块可移动的太阳能电池板一样，让阳光尽可能多地照射在它上面。如果太阳暂时被遮住，向日葵就不能投射这个轨迹；对太阳的路径很敏感的这种机制，不能表征这种延伸意义上的太阳轨迹。实在表征（real representation）的开端在许多低等动物那里已经存在（我们也不应该**先验地**排除植物中存在实在表征的可能性），但在人类这里，这种表征的能力已经飞速提升。

一个成年人的大脑能以某种方式表征的事物不仅包括：

（1）躯体和四肢的位置；

（2）红色的光点；

（3）饥饿度；

（4）口渴度；

（5）陈年高级布尔戈尼红葡萄酒的气味。

而且包括：

（6）陈年高级布尔戈尼红葡萄酒的气味，**就像** 1971 年香贝坦红葡萄酒的气味一样；

（7）巴黎；

（8）阿特兰蒂斯；

（9）小于 20 的最大素数的平方根；

（10）镀镍的螺旋形开瓶器与起钉器的概念。

几乎可以确定的是，没有任何别的动物大脑能表征后 5 种事物，人类婴儿的大脑也必须经过相当可观的调整过程，才能记录或表征这样的东西。与此相反，前 5 种事物，也许完全可以是几乎任何大脑无须经过任何训练就能表征的（在某种意义上）。

无论如何，大脑表征饥饿的方式，必定在物理上不同于它表征口渴的方式——因为它必须管治有所不同的行为，这种不同就取决于被表征的对象是哪个。在另一个极端，在一个特定成年人的大脑表征巴黎与阿特兰蒂斯的方式之间，也必定会有所不同，因为想到其中一个与想到另一个是不同的。大脑里的一个特定状态或事件，如何能够表征世界的这个特征而不是那个特征呢？[*]而且，不管是什么使得大脑的某个特征表征它所表征的东西，问题是，**它到底是如何**开始表征它所表征的东西的？这里我们再次看到（恐怕这种重叠句式会让人觉得乏味！）存在一个可能性范围，该范围由演化过程来确定：表征系统中的一些元素能够是——而且的确必须是（Dennett, 1969）——先天固定好的，余下部分则必须是"学来的"。虽然生命中的一些重要范畴（如饥饿与口渴）无疑是"给予"我们了，就跟一出生时我们被连线的情况一样，但其他的一些范畴我们则必须依靠自己发展出来。[†]

　　我们是如何做到这一点的？很可能是通过大脑皮质的神经活动模式的一个生存与选择过程，大脑皮质是巨大的、弯来绕去的覆盖物，在人的头骨里迅速成长，现在已经完全覆盖更古老的动物大脑皮质。只是说它是一个主要发生在大脑皮质里的演化过程，这仍会留下许多神秘的东西；在这个复杂而精深的层次上，即使我们成功地在神经元

---

* 这是心智哲学中关于**心智内容**或**意向性**（mental content or intentionality）的基本问题，而人们对此提出的种种解决方案都充满争议。我的解决方案是在《意向立场》（*The Intentional Stance*, 1987a）中给出的。

† 少数无畏的理论家主张别的观点。例如，杰里·福多尔（Jerry Fodor, 1975）主张，人所具有的一切概念都是被先天赋予的，只是被特定的"学习"经验所触发或者访问罢了。所以亚里士多德的大脑里也有飞机的概念，也有自行车的概念，他只是没有机会使用它们！针对那些嘲笑这一荒唐观点的人，福多尔会回答说，免疫学者过去常常嘲笑一种观点，这种观点认为，人——比如亚里士多德——一生下来就有数以百万计的不同抗体，包括那些专门针对 20 世纪才在自然界中出现的化合物的抗体，但如今这些人再不笑了，因为这个观点后来被证明是对的。这种观点在应用于免疫学与心理学时会遇到的麻烦是，它的激进版明显是错的，而它的温和版则与被反对的那个观点无法区别。在免疫系统里存在组合反应——不是**所有的**免疫反应都是一对一的、介于先行存在的抗体的单个类型之间。类似地，也许亚里士多德有一个先天的**飞机**概念，但他也有一个**机身宽大的大型喷气式客机**的先天概念吗？还有波士顿—伦敦往返的优惠预订机票的概念呢？在这些问题弄清楚之前，在这两个领域中，都会有某些类似于学习的东西，以及某些像是天赋观念的东西。

的突触或神经元束的层次上解释这个过程，我们还是会对必定在发生的事情的其他方面困惑不解。如果想要完全理解这个过程，那么我们首先就要上升到一个更普遍和更抽象的层次。一旦我们在这个更高层次上大略理解了这个过程，我们就可以考虑再下降到大脑的更机械的层次。

可塑性使学习成为可能，但如果在环境中的某个地方，就有**某个需要学习的东西**，已经是先天设计过程的产物，那样反倒更好，这样我们每个人就不必重新发明轮子。文化演化及其产品的传播是演化的第二个新媒介，它依赖于表型的可塑性，就像表型的可塑性依赖于遗传变异一样。我们人类把自己的可塑性不只用于学习，而且用于学习如何更好地学习，然后我们又学习如何更好地学习如何更好地学习，等等。我们还学会了如何让初学者利用这种学习的成果。我们把一个已经发明而且基本"去除错误的"习惯**系统**，以某种方式**安装**在还没完全结构化的大脑中。

5. 自动刺激的好习惯与坏习惯的发明

> 在我明白我说的东西之前，我怎么知道我想的是什么呢？
>
> ——E.M. 福斯特
> （E.M. Forster, 1960）

> 我们讲话，不只是要告诉别人我们想的是什么，而且要告诉自己我们想的是什么。
>
> ——J. 休林斯·杰克逊
> （J. Hughlings Jackson, 1915）

这种软件共享行为是如何出现的？一个"就是这样"（Just So）的故事，会给我们指出一条可能的道路。思考一下某个历史时期的早期智人，这时候，语言——或许我们应该称之为原始语言——刚刚开始发展。这些祖先是直立行走的杂食动物，过着规模很小的亲缘群体生活，他们很可能发展出了具有特殊目的的发声习性，就像黑猩猩、大猩猩以及与我们亲缘关系更远的物种，如黑长尾猴（Cheney and Seyfarth, 1990）那样。我们也许可以假设，由这些发声来完成的交流（或准交流）行为，还不是充分发展的言语行为（Bennett, 1976），其中，发声者在听者中达到某种效果的意图，取决于听者怎样评判发声者的意图。*但是，我们也可以假设，就像当时其他会发声的灵长类动物一样，这些祖先可以在不同场合区分不同的发声者和听者，可以利用关于双方也许都相信或想要的东西的信息。†例如，如果原始人阿尔夫（Alf）相信原始人鲍勃（Bob）已经知道洞里有食物，他就不会试图让鲍勃相信洞里没食物（嘀咕着，"这里没有食物"）。而如果鲍勃认为阿尔夫想骗他，他就会以警惕的怀疑态度来看待阿尔夫发出的声音。‡

我们可以推测，有时会发生这种情况：当一个原始人在某个任务

---

* 当然我是在暗指保罗·格赖斯（Paul Grice）的非自然意义理论（Grice, 1957, 1969），但有一个新的交流理论取代了格赖斯理论的某些脆弱和不大可能的特征（参见 Sperber and Wilson, 1986）。

† 我有什么权利来谈论这些意识尚未完全发展的祖先的信念与需要？在《意向立场》中，我阐述了我关于信念与欲望的理论，这个理论所捍卫的观点是，没有好的理由把这些项目放到强调引号之内："低级"动物（甚至如青蛙）的行为，就像人的行为一样，适合作为意向立场解释的一个领域，可以认为这种行为有信念与欲望。但是，不同意这个理论的读者可以认为，这里的术语是在一种扩展的隐喻意义上来使用的。

‡ 关于灵长类动物的交流，以及猿与猴是否有能力进行有意欺骗这一尚未解决的经验性问题，可参阅相关文献（如 Dennett, 1983, 1988c, 1988d, 1989a; Byrne and Whiten, 1988; Whiten and Byrne, 1988）。

上受阻时，他会"请求帮助"，尤其是他会"请求得到信息"。有时，在场的听者会做出回应：同他"交流"对他产生有用影响的东西，使其摆脱困境，或者引导他"看到"解决其问题的方案。为了使这种实践在一个社群中立足，发问者必须能够在必要时以回答者的角色与听者互动。他们也许必须有一种行为能力，在面对他人通过说话表达出来的"请求"时，能够受激发而说一些"有帮助的"话。例如，如果一个原始人知道某个东西，又有人"问"他这个，这可能就会产生一种正常的、当然绝非毫无例外的效果：激发他"说出他所知道的"。

换句话说，我提出的观点是，在语言的演化过程中有一段时间，发声起的作用是引出和共享有用信息，但我们一定不要假设，互助合作的精神就有生存价值，或者在它出现的时候就是一个稳定系统。（例如，可参见 Dawkins, 1982, pp. 55ff; Sperber and Wilson, 1986。）相反，我们必须假定，参与这样一种实践的成本与收益，在一定程度上对这些生物来说是"可见的"，他们之中有足够多的个体看到，**对他们自己来说**，收益超过了成本，于是交流的习惯就在社群中确立起来。

然后在某个良辰吉日（在这个理性重构中），有个原始人"错误地"请求帮助，这时在他听力所及的范围内没有可以帮助他的听众——除了他自己！当他听到自己的请求时，这种刺激所激发的那种要人帮助的发声，正好是另一成员在请求帮助时所发出的那种声音。他很高兴，他发现他在激发自己回答自己的问题。

通过这个刻意简化的思想实验，我试图提供理由来支持如下主张：问自己问题的做法，是作为问别人问题的一个自然副产品出现的，它的功用也与之相似——可以认为，这样一种行为是通过得到信息更为充足的行动指导，来改善一个人的生存前景。这种做法若要具有这一功用，其条件是**在一个个体的大脑之内**预先存在的访问关系

（access-relations）不是最优的。换句话说，我们假设，虽然针对某个目的的正确信息已经**在大脑里**，但它却落入错误的特化回路之手；需要这个信息的大脑子系统，不能直接从这个特化回路那里得到它——因为演化根本就还没有找到办法提供这样一条"连线"。但是，激发这个特化回路把这条信息"广播"到环境里，然后借助现存的一对耳朵（以及听觉系统）来获取这条信息，这倒是一个在相关子系统之间建设一条"虚拟连线"的办法。*

这种自动刺激的行动可以在一个人的内部组件之间开辟出一条有价值的新路径。粗略地讲，推动一些信息穿过人的耳朵和听觉系统，这完全可能碰巧刺激他正在寻找的某种联系，可能启动正确的联合机制，把他想说的那点想法送到舌尖。然后人就可以说出它，就可以听到自己在说，并因此得到他所期盼的回答（见图 7.3）。

一旦声音的自动刺激的原始习惯开始被确立为在原始人群体行为中的好计策，我们就预期它们会很快得到精炼，这种精炼过程既发生在群体学到的行为习惯方面，也由于鲍德温效应而发生在遗传禀赋和效率与效力的进一步提升方面。特别是，我们可以推测，人会认识到低声的自言自语（sotto voce talking to oneself）的更大好处，随后这就会导向完全无声的自言自语。这个无声的过程会维持自动刺激的环路，但是也会抛弃这个过程的外围发声部分和听的部分，因为它们对无声的自言自语的贡献不大。如果有机会，这个革新还会有进一步的好处：在认知的自动刺激的做法上取得一定的私密性。（在下一章中，我们会考察这些缩短的交流线路也许会如何发挥作用。）当具有理解力的同类出现在听力所及的范围内时，这种私密状态就会特别有

---

* 在小说《小径分岔的花园》中，博尔赫斯（Borges, 1962）设计出了这个策略的一个极为聪明的版本，但我在这里不会描述它，以免泄露故事的结局。

意识的解释　　242

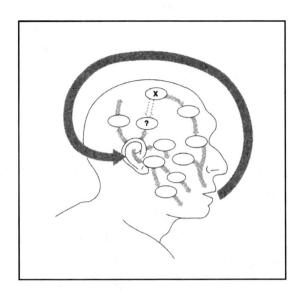

图 7.3

用。这一私密的自言自语行为，也许并不是可以想象的、用来修缮原始人大脑的既有功能架构的最好方式，但它却是一种近在咫尺、易于发现的提升途径，而这就足够了。与它所基于的快速无意识认知过程相比，它也许是缓慢而费力的，因为它必须运用"为了其他目的而设计的"大片神经系统区域，尤其是为了产生和理解可听到的说话而设计的区域。它也许是线性的（一次只能讲一个主题），就像它所据以演化的社会交流是线性的一样。而且，它也许依赖——至少在一开始依赖——在它利用的行动中体现出来的信息分类。（如果一个原始人只能对另一个原始人"说"50 件事，那么他也只能对自己说 50件事。）

　　大声说话只是众多可能性中的一种。给自己画图，则是另一种容易被注意到的自我调控行动。假设有一天，一个原始人在洞穴的地面上无意画出两条平行线，当他看着他画的平行线时，这两条线从视觉上让他想到，他这天还要渡过的河流的平行两岸，而这又让他想起，为了渡河就要带上藤索。我们可以假设，如果他没有画这幅"画"，他也许就会径直走到河边，在进行迅速的视觉检查之后，才意识到他需要藤索，这样他就必须原路返回。所以，画"图"也许是一种显而易见的省时省力的做法，它可以帮助我们养成一个新习惯，并且精炼这种习惯，最终使之成为在"自己的心智之眼中"的**私密**作图。

　　人类创造内部交流新路径的天赋，在大脑受损的情况下有时也能生动地表现出来。人有超乎寻常的能力，善于战胜大脑损伤，这不是"治愈"或修复受损回路的问题。相反，他们**发现**了用新方式做老事情的办法，而主动探索在康复过程中起到了很大的作用。一段特别富于启示意义的逸闻，来自关于裂脑人的研究（Gazzaniga, 1978）。正常情况下，人的大脑左右半球通过一束很宽的神经纤维桥，即胼胝体（corpus callosum）连接起来。当胼胝体经手术被切开后（为了治疗严重癫痫），大脑左右两个半球就失去了相互联系的主要直接"线路"，其实就是完全没有交流了。如果要求这样一个病人辨别东西，比如铅笔，他就会把手伸进口袋去摸，成功与否就取决于哪只手做出这个伸进去的动作。人体里的大多数连线呈**对侧**分布，左半球取得来自身体右侧的信息并控制右侧，反之亦然。由于左半球通常控制语言，所以当病人用他的右手伸进口袋时，他可以很容易地说出在口袋里的是什么。但是，如果他是左手做这个动作，那么右半球则只能得到信息——那个东西是铅笔——却无力指导声音去表达这一点。但是，似乎右半球偶尔也会找到一个聪明的策略：找到铅笔的笔尖，再用它戳自己的手掌，这样就会引起一个明显的**痛**信号，上行到左臂，而一些痛的纤维是**同侧**连线的。控制语言的左半球于是得到一个线索：这是一个很尖的东西，足以引起一阵疼痛。"它是尖的——它也许是一支钢笔？是一支铅笔？"右半球听到这种发声之后，可以提供一些线索来帮忙，比如，说到**钢笔**时皱眉，说到**铅笔**时微笑，这样，在一阵简短的"20问游戏"（Twenty Questions）之后，左半球就被引导得出正确的答案。还有不少逸闻也说到裂脑人现场发明的这类巧妙的应急方法，但我们应该小心些。它们也许是它们看起来的那样：这些案例展现了大脑的灵巧能力，大脑可以借此发现并执行自动刺激策略，改善"所要的"连线方式缺乏时的内部交流。但它们或许也是研究者无意之间渲染的幻想，他们希望出现这样的证据。这正是逸闻的麻烦之处。

我们或许可以自娱自乐，凭空想象其他合理的场景，在这些场景中，大脑"发明"了有用的自动刺激的模式，但这有可能让我们忽略一种风险：不是所有这样的发明都必定有益于生存。一旦探索性的自动刺激的普遍习惯以这种（或这些）方式得到灌输，它也许完全可以孕育许多没有功能的（不是特殊的功能失调）变化形式。毕竟，许多现存的、各种各样的自动刺激和自我调控，或许对认知或控制就没有任何有益的作用，但是，出于标准的达尔文式理由，它们无法被消灭，反而甚至可能漂移，在一些亚群体中（从文化**或**遗传上）固定下来。可能的候选者包括：把自己涂成蓝色，用白桦树枝抽打自己，在自己的皮肤上刻上图案，让自己挨饿，一遍遍地对自己念"魔法"公式，盯着自己的肚脐。如果这些做法是值得灌输的习惯，那么它们作为适应度提升因子的优点，至少还没有"明显到"足以把它们推入任何已知的遗传禀赋，但也许这只是因为，它们作为发明是近期才出现的。

现在来看，各种可以强化认知组织的自动刺激，很有可能部分是先天就有的，部分是后天学来的，而且人各有别。正如有人会注意到以某些方式自摸（stroking oneself）会产生一些"可取的"副作用，这些副作用只是部分和间接可控的——而且人还可以投入一定的精力与智慧，发展和探索能够产生这些副作用的技术——同样，人也可以半自觉地探索认知的自动刺激技术，发展一种个人的风格，其中各有长处及弱点。有一些人比另一些人更擅长这个，而有的人就根本学不会这些计策，但是，会有很多分享与传授经验的活动。文化**传播**几乎让人人都知道好计策，这样就能拉平适应性的小山（见图 7.2），从而造出一个山丘或台面，减弱把计策移入基因组的选择压力。如果几乎人人都能够变得足够好，可以在文明世界里生活，把好计策移入基因组的选择压力就会被消灭或至少被减弱。

6. 第三种演化过程：弥母与文化演化 *

如同我们过去学会挤奶牛的奶，然后又为了自己的利益驯养它们，我们也同样学会以一定的方式利用别人和自己的心智，到如今，互相刺激与自我刺激的技术已经深植于我们的文化与训练之中。文化变成革新（不仅是意识的革新）的仓库与传播媒介，其中的方式对于理解人类意识设计的来源很重要，因为这种方式也是另一种演化的媒介。

人的大脑在后天自我设计这一庞大过程中所采取的首批重要步骤之一，就是让它自己针对最为紧要的局部环境做出调整：它迅速（在

---

* 这一节取自我的《弥母和对想象力的利用》（"Memes and the Exploitation of Imagination"，1990a）。［meme 一词读音为［mi:m］，又译谜米、觅母、拟子、弥因、模因、摹因等。本书统一译为"弥母"。Memetics 译为"弥母学"。弥，取弥漫传播之义；母，与基因之因相似，取因袭传衍之义。Meme 一词最初为道金斯（Dawkins, 1976）对照 gene（基因）所创，是文化演化的基本单位，参见下文内容。——译者注］

两三年内）把自己变成一个使用斯瓦希里语、日语或英语的大脑。多么重要的一步！就像准备击出的弹弓，蓄势待发。

是把这个过程叫作学习还是叫作差别化发育（differential development），这对我们的目的来说并不重要；它发生得如此之快，好似不费吹灰之力，以至于很少有人怀疑人类的基因型包括许多适应特征，可以专门用于提升语言习得能力。按演化的尺度来看，这一切是发生得很快，但这正是我们所应预期的——因为存在**鲍德温效应**。能够说话，这是一个好计策，任何在这方面起跑迟了的人，都会处于巨大的劣势。我们的祖先中第一批说话的人，肯定经过更加艰辛的努力才掌握这种计策，而我们是他们中间的语言高手的后裔。*

一旦我们的大脑为语言的载体建造了进出的通道，马上就会有东西**寄生**在大脑中（绝不夸张，就是寄生，我们将会看到这一点），这些寄生实体已经演化到可以在这种小生境中兴旺生长：它们就是**弥母**。自然选择的演化理论的基本结构说得很清楚，只要下列条件存在，演化就会发生：

（1）变异：持续保有众多的不同要素。

（2）遗传或复制：这些要素有能力造出它们自己的副本或复制品。

（3）差别化的"适应度"：一个要素在给定时间内被创造的副本数目会有不同，其中差别取决于该要素的特征（任何使之区分于其他要素的地方）与它所赖以持续生存的环境的特征之间的相互作用。

---

* 参见相关文献（Pinker and Bloom, 1990）以及随后的评论，学者们对近期语言演化的思辨文献中的争议，做了很好的互动讨论。

请注意，这个定义虽然来自生物学，却没有提到有机分子、营养以至生命的任何特定内容。它更多是对自然选择进化论的一个普遍的、抽象的刻画。动物学家理查德·道金斯指出，这里的基本原则是：

> 所有生命都是通过复制实体的差别化生存来演化的……

> 基因，DNA 分子，碰巧就是在我们这个星球上占据优势的复制实体。可以存在别的复制实体。如果它们存在，只要某些别的条件被满足，它们就会几乎不可避免地成为一个演化过程的基础。

> 但我们必须到遥远的世界，才能找到其他类型的复制以及由此带来的其他类型的演化吗？我认为，一种新的复制子近来已经出现在我们这个星球上。这种复制子正盯着我们的脸。它还处在它的婴儿期，还在它的原始汤中笨拙地四处游荡，但是，它所达到的演化改变速度，让古老的基因气喘吁吁地在老后面追赶。
> （Dawkins, 1976, p. 206）

粗略地讲，这些新的复制子就是观念。它们不是洛克和休谟的"简单观念"（红的观念，或圆、热、冷的观念），而是一种复杂的观念，它们自己形成了有区别的可记忆的单位，就像如下这些观念：

轮子
穿衣
宿怨
直角三角形
字母

日历

《奥德赛》

微积分

国际象棋

透视作图

自然选择的演化

印象派

"绿袖子"

解构主义

　　从直觉上来判断，这些是或多或少可以识别的文化单位，但是，我们可以更精确地说出，我们是如何划分边界的——为什么 D-F#-A 不是一个单位，而来自贝多芬第七交响曲慢速乐章的主题却是一个单位：单位是能够可靠而且多产地复制自己的最小元素。道金斯为这些单位创造了一个术语：meme（弥母）。

　　Meme［弥母］是一个文化传递的单位或一个**模仿**单位。"Mimeme"来自一个合适的希腊词根，但我想要一个发音有点儿像"gene"的单音词……这个词也可以被认为与英语单词"memory"相关或与法语单词 même 相关……

　　弥母的例子包括：曲调、观念、妙语、服装款式、制罐或建造拱门的方法。正如基因在基因库里繁殖自己，通过精子或卵子，从一个身体跳向另一个身体，弥母在弥母库里也繁殖自己，通过一个在广义上可以称为模仿的过程，从一个大脑跳到另一个大脑。如果一个科学家听到或读到一个好想法，他就会说给他的同事和学生听。他在自己的论文和演讲中提到它。如果这个观念流行开来，我们就可以说，这个观念自己繁殖自己，从一个大脑传播到另一个大脑。（Dawkins, 1976, p. 206）

在《自私的基因》中，道金斯敦促我们从字面上理解弥母演化的观念。弥母演化并非只是同生物学演化或遗传演化相类似，也并非只是一个可以按这些演化的习语来隐喻式地描述的过程，而是一个精确地服从自然选择法则的现象。自然选择的演化理论，在弥母与基因的差异方面是中立的；基因与弥母是不同的复制子，在不同的媒介里以不同的速度演化。就像动物的基因如果要在这个行星上出现，就必须等到植物的演化铺平道路（创造出富含氧气的大气环境并供应充足的可转换营养物质），同样，弥母的演化如果要开始，就必须等动物的演化铺平了道路，即创造出一个物种——智人，这个物种的大脑能给弥母提供掩体，也能为弥母提供传递媒介的交流习惯。

这是思考观念的一种新方式。我希望能表明它也是一种好方式，但一开始，它所提供的视角让人感到相当不安，甚至令人感到恐惧。我们可以把它总结成一句口号：

一个学者只是一个图书馆制造另一个图书馆的方式。

我不知道你会怎么想，我一开始并没有被这个观念所吸引。它居然认为，我的大脑是一个像麦堆一样的东西，在这里，其他人的观念的幼体更新自己，之后把自己的副本以一种信息大流放的方式发送出去。这似乎剥夺了我的心智作为创作者与批评者的重要地位。按照这种见解，谁在主导？是我们，还是我们的弥母？

这当然没有简单的答案，而这个事实就处在因**自我**观念而产生的各种混乱的中心。人的意识在很大程度上不仅是自然选择的产物，而且是文化演化的产物。弥母对我们的心智创造有贡献，看清这一贡献的最好方式，就是紧跟演化思考的标准步伐。

正如基因的第一条规则一样，弥母的第一条规则是说：复制并不必然是为了某个东西的利益。兴旺发达的复制子善于……复制！——管它出于什么理由。正如道金斯所说的那样：

> 一个让它所在躯体掉下悬崖的弥母，其命运就像一个让它所在躯体掉下悬崖的基因的命运一样。它往往会被清除出弥母库……但这并不意味着，弥母选择成功的最终标准就是基因的生存……很明显，一个弥母如果引致负载它的个体自杀，它就有一种严重的劣势，但这并不必然是一种致命的劣势……自杀的弥母能够传播，比如有些时候，一个戏剧化的、广为宣传的殉道故事，会鼓动其他个体为了一个深爱的理由赴死，而这又会鼓动其他个体也为此而死，诸如此类。（Dawkins, 1982, pp. 110-111）

重要的地方在于，在弥母的复制力（从**它**的视点来看的"适应度"）与它对**我们**的"适应度"的贡献（不管我们以何种标准判断）之间，并不存在**必然**的联系。这种局面不是完全令人绝望的。虽然有一些弥母肯定在操纵我们，要我们配合它们的复制，**虽然我们判断它们是无用的、丑恶的，甚至会给我们的健康与福利带来不好的影响**，但是，许多复制自己的弥母（如果我们幸运的话，就是大多数弥母）之所以能成功复制自己，不仅是因为有我们的祝福，而且还**因为我们尊重它们**。我想，下面这一点不会有什么争议：在全盘考虑的情况下，一些弥母**从我们的视角来看**是好的，但从它们自己作为自私的自我复制子的视角来看，却不是这样，它们包括一些普通的弥母，如合作、音乐、写作、教育、环境意识、削减军备，以及一些特殊的弥母，如《费加罗的婚礼》、《白鲸》、可回收的瓶子、限制战略武器会谈（SALT）协议。另一些弥母则具有较多争议，我们知道它们为什么会传播，为什么（在全盘考虑的情况下）我们应该容忍它们，尽管它们会给我们带来问题，这些弥母包括购物超市、快餐、电视广告。还有一些弥母无疑是有害的，却极难根除，比如反犹主义、劫机、计算机病毒、喷漆涂鸦艺术。

基因是肉眼看不见的，它们由基因载体（有机体）携带，往往在其中造成有特征的效果（"表型的"效果），从长远来看，它们的命运就是由这些效果所决定的。弥母也是不可见的，由弥母载体携带，这些载体包括图片、书籍、说话（特别是语言，口头语言或书面语言，纸版语言或电磁编码的语言，等等）。工具、建筑与其他发明也是弥母载体。凭借辐条式车轮前进的货车不只是把粮食和货物从一个地方运到另一个地方，它也把辐条式车轮货车这个聪明的想法从一个心智运到另一个心智。弥母的存在取决于它在媒介里的物理表达，如果所有这些物理表达物都被摧毁，弥母也就消灭了。当然，它随后可以独立重现，就像恐龙基因原则上也许能在不太久远的将来再次聚合那样，但是，这些基因所创造并栖身的恐龙不会是原来恐龙的后裔，或者至少不像我们是原始人的后裔那么直接。弥母的命运，即它们的副本的副本的副本是否持续存在并不断繁殖，取决于各种选择力量，这些力量直接作用在表达它们的物理载体上。

弥母的载体栖身于我们这个世界的所有动植物上，不论大小。但是，它们大概只对人类来说才是"可见的"。思考一下纽约市里一只普通鸽子的生存环境，与每个纽约人一样，它的眼睛与耳朵每天都遭到几乎相同的词语、图画和其他信号或符号的冲击。弥母的这些物理载体也许会严重影响鸽子的安宁生活，但这不能归因于它们所携带的弥母——鸽子是在《国家调查者》还是在《纽约时报》的某一页上找到面包屑，这对它来说无关紧要。

此外，对人类来说，每个弥母载体都是一个潜在的朋友或敌人，它携带的礼物，可能增强我们的能力，也可能是特洛伊木马，会分散我们的注意力，增加我们记忆的负担，扰乱我们的判断。我们可以比较这些空降在我们的眼睛或耳朵中的侵略者和从其他途径进入我们体内的寄生者：其中一些是有益的，比如我们消化道里的益生菌，没有它们，我们就无法消化食物；也有一些是我们可以容忍的，犯不着费力消除它们（例如，所有寄生在我们皮肤与毛发里的"居民"）；还有一些则是很难清除的有害入侵者，比如人类免疫缺陷病毒。

迄今为止，这个弥母之眼的视角似乎还只是在用一种生动的组织方式，整理一些常见的观察，比如我们文化中的项目如何影响我们和如何相互影响。但是，道金斯提出，在我们的解释里，我们往往忽略了一个基本事实，即"一个文化特征以它的方式演化，也许只是因**为这样对它自己有利**"（Dawkins, 1976, p. 214）。这是回答这个问题的关键：弥母这个弥母是不是我们应该利用和复制的弥母。按照常规观点，下面这句话实际上是重言式：

> X 观念被某个人相信，是因为 X 观念被认为是真实的。
> 人们喜欢 X，是因为人们发现 X 是美丽的。

需要特别解释的是这样的一些情况，在这些情况下，虽然一个观念是真的或者美的，但它却没有被接受，或者，虽然它是丑的或者假的，但它却被接受了。这个弥母之眼的视点也许可以成为解释上面这些偏离形式的一个一般性的替代视角，**它**的重言式是：

> X 弥母在人群中传播，因为 X 是一个好的复制子。

现在，在这两者之间存在着非随机的相关性，这并不是偶然的。除非我们选择可以帮助我们的弥母的习惯——这种习惯不是只凭机遇——否则我们就无法存活。我们的弥母免疫系统不是总不出错，但也不是不可救药。我们可以依靠这两个视角的重合状态，将其作为一个一般的、粗糙的经验法则：大体上，好的弥母同时也是好的复制子。

只有在我们看一些例外情况时，这个理论才会变得有趣。在这些情况下，这两个视角之间存在一种分离的拉力。只有当弥母理论可以让我们更好地理解那些偏离常规结构的情况时，它才有正当的理由被人们接受。（请注意，从它自己这方面来说，弥母本身作为弥母，其复制是否成功，严格地独立于它的认识论优点；即使它有害，它也可以传播，或者，即使它有益，它也可能会消亡。）

如今弥母以光速在世界各地传播，它复制的速度很快，与此相比，果蝇和酵母细胞复制的速度就像冰川移动一样缓慢。弥母杂乱地从一个载体跳跃到另一个载体，从一个媒介跳跃到另一个媒介，事实证明，它们几乎是不可隔离的。与基因一样，弥母有**潜力**变得不朽，但是，也与基因一样，它们依赖于物理载体的连续链条在热力学第二定律面前能够持续存在。书籍是相对持久的，纪念碑的铭刻则更持久，但是，除非这些东西处于人类保育者的保护之下，否则它们就会在时间中消解。与基因一样，在弥母这里，不朽主要也是一个复制问题，而不是个别载体的长寿问题。通过一系列副本的副本来保存柏拉图的弥母，就是其中一个特别明显的例子。虽然与柏拉图大致同时代的柏拉图文本的草纸残篇近来被发现，但是，柏拉图的弥母的生存几乎与这些长期留存的东西无关。今天的图书馆里保存的柏拉图《美诺篇》的物理副本（与译本），即使没有上百万册，也有成千上万册，而使这一文本得以传播的关键母本，早在多个世纪前就化为尘土了。

单纯从物理层面复制载体，并不足以确保弥母长命。一本新书的几千册精装本可以在几年内就消失得几乎无影无踪，而谁又知道，每天有多少充满才气、写给编辑的读者来信，虽然被复制了几十万份，却消失在填埋场和焚烧炉里？也许有一天，非人类的弥母评价者完全能够选择和安排怎样保存特定的弥母，但就目前而言，弥母至少仍然要间接依赖它们的一个或多个载体，它们要在一种特别的弥母巢穴中度过一个短暂的、蛹的阶段，这个巢穴就是人类心智。

心智的供应是有限的，每个心智容纳弥母的能力也是有限的，因此弥母之间存在相当程度的竞争，它们都尽力进入尽可能多的心智。这个竞争是弥母圈的主要选择力量，而且，正如在生物圈中那样，应对这种挑战的方法已经表现出伟大的独创性。例如，不管（从我们的视角来看）某些弥母有什么优点，它们都有一个共同的特征，即拥有一些表型的表达，使它们自己的复制更有可能发生，为此，它就破坏或者压制那些也许会消灭它们的环境力量。这些弥母包括：**忠诚弥母**，它不鼓励运用一种批评性的判断，而这种判断本来也许可以裁定——总体来看，忠诚的观念是一个危险的观念（Dawkins, 1976, p. 212）；**宽容或言论自由**的弥母；连锁信内的**警告弥母**，它警告称过去打破这个连锁的人会有厄运；**阴谋论弥母**，它对那种说阴谋没有任何可靠证据的反驳意见，有一个内建的反应，即"当然没有证据啦——这个阴谋真是太阴毒了！"其中一些弥母也许是"好"的，另一些也许是"坏"的。它们的共同点是表型效果：往往有计划地让反对它们的选择力量失去效力。在其他条件相等的情况下，种群弥母学（population memetics）预测：阴谋论的弥母能否存续与其是否符合事实基本无关；忠诚弥母，甚至在理性主义的环境中，也往往能保证它自己的生存，以及其肩上扛着的宗教弥母的生存。事实上，忠诚弥母表现出**依赖频率的适应度**（frequency-dependent fitness）：当理性主义的弥母在数量上超过它的时候，它最兴旺；在环境里没有什么怀疑论者的时候，它往往会由于不被使用而消亡。

来自种群遗传学的其他概念也可以平稳地转换到种群弥母学中。例如，这里也存在遗传学家称之为**连锁位点**的情况：两个连锁的弥母碰巧以物理方式绑在一起，以至于它们总是倾向于一起复制，而这一事实会影响到它们各自的机会。我们许多人都很熟悉一首气势雄伟的礼仪进行曲，它本来可以大量用在毕业典礼、婚礼和其他节庆场合，也许还会替代《威风凛凛进行曲》和取自歌剧《罗恩格林》的《婚礼进行曲》，但这种情况却没有出现，这只是因为一个事实，即它的音乐弥母与它的标题弥母紧密地联系在一起，许多人一听到音乐，就会想到它的标题——《看哪，高级刽子手》（"Behold the Lord High Executioner"），阿瑟·沙利文（Arthur Sullivan）爵士创造的这个杰作因而无法被使用。

一切弥母所依靠的避难所就是人的心智，但当弥母重构一个人的大脑，使之成为弥母的一个更好的栖息地时，人的心智本身也成为一个被创造出来的制品。进出大脑的通道被修改，以适应局部的不同情况，这些通道也由于各种人造设施而得到加强，以提升复制的保真度与冗余度（prolixity）：中国本土居民的心智极大地不同于法国本土居民的心智，受过教育的心智不同于未受教育的心智。弥母为了回报它栖身的有机体，提供了优势数之不尽的资源库——当然，其中肯定也放入了一些特洛伊木马。正常的人脑并不全都相同，它们在大小、形状和其力量所依靠的无数连接细节等方面，都有很大不同。但人的力量最显著的差别，取决于由各种进入人类大脑并居住下来的弥母所诱发的微观结构的差别。这些弥母提升了彼此的机会，例如：教育这个弥母就会强化弥母植入的过程。

不过，如果人类心智本身的确在很大程度上是弥母的创造物，那么我们就不能维持我们刚开始谈到的见解中的两极对立（polarity）；不可能是"弥母对抗我们"，因为弥母早期的大规模侵扰，在决定**我们是谁或是什么**方面起到了重要的作用。所谓"独立的"心智努力保护自己，避开外来的、危险的弥母，这只是一种迷思；在底层，在基因的生物命令和弥母的命令之间持续存在一种紧张关系，但我们会傻里傻气地与我们的基因"站在同一边"——这就等于犯了流行的社会生物学的最严重的错误。那么，当我们奋力在吞噬我们的弥母暴风雨中站稳脚跟时，我们能站在什么基地上呢？如果复制的强权并不就是公理，那么"我们"据以判断弥母价值的永恒理想是什么？我们应该注意，规范概念的弥母，如**应当、真、善、美**，是我们心智里最资深的"公民"，而且，在构成我们的弥母中，它们发挥着中坚作用。我们作为我们而存在，作为思想者而存在，而不是只作为有机体而存在，这不能不依赖这些弥母。

总结一下：弥母的演化有潜力为大脑的基础机制带来显著的设计改善——与遗传研发的缓慢速度相比，它的速度十分惊人。名声不佳的、认为个体后天的获得性状可以遗传的拉马克主义观念，起初还能吸引生物学家，部分是因为人们假定它有能力将新发明快速植入基因组。[关于推翻拉马克主义的细致工作，可参见道金斯在《延伸的表型》（*The Extended Phenotype*, 1982）一书中的讨论。] 但这种情况其实并未发生，也不可能发生。鲍德温效应的确可以加速演化，有利于个体所发现的好计策进入基因组，但这个运动采取的是一条间接的途径，即创造新的选择压力，如果许多个体广泛采用好计策，就会产生这种压力。但是，文化的演化发生得比这还快，它允许个体通过文化传播来获取好计策，打磨这些好计策的先驱者甚至并不是他们的遗传祖先。如此共享优秀设计的效果是如此强大，以至于文化演化很可能消除了鲍德温效应的几乎所有温和压力。人们从文化中所接收的设计改善——一个人不必"重新发明轮子"——很可能淹没了个体大脑设计方面的多数遗传差异，消除了那些在出生时情况较好的个体的优势。

这三种媒介，即遗传演化、表型可塑性和弥母演化，都对人的意识设计做出了贡献，它们一个接着一个，速度越来越快。与已经出现几百万年的表型可塑性相比，作用显著的弥母演化是一个极为新近的现象，它是在过去的 10 万年里才成为一种巨大力量的，而它随着文明的发展而爆发还不超过 1 万年。只有一个物种有弥母，这个物种就是我们智人。我们可以注意到，多亏科学的诸多弥母，弥母现在已经把我们带到第四个潜在的研发媒介的门口：通过神经科学工程直接修改个体神经系统，以及通过遗传工程修改基因组。

7. 意识的诸多弥母：虚拟机器将要安装

虽然一个器官也许在最初形成时还不是为了某个特定目的，但如果它现在服务于这个目的，我们就还是有理由说，它是专门为此设计的。按同样的原则，如果一个人为了某个特定目的去制造一台机器，但用的是旧轮子、旧弹簧、旧滑轮，只是经过细小的改动，那么，我们可以说，这整台机器，连同它的各个部分，是专门为这个目的而设计的。因此，在整个自然界中，每个生命体的几乎所有部分，在稍加修改的条件下，都很可能服务于不同的目的，并且在许多远古的和不同生命形式的活的机制中发挥作用。

——查尔斯·达尔文

（Charles Darwin, 1874）

巨大的大脑，就像巨大的政府，可能无法以简单的方式做简单的事。

——唐纳德·赫布

（ Donald Hebb, 1958 ）

在人的发展过程中，最强大的驱动力来自他对自己的技术所产生的愉悦。他喜欢做他做得好的事，而且，如果已经可以做好，他就喜欢把它做得更好。

——雅各布·布罗诺夫斯基

（ Jacob Bronowski, 1973 ）

我讲的思辨故事的一个特征是：我们的祖先像我们一样，从各种相对来说无人指导的自我探索模式中得到乐趣——他们一再地刺激自己，看看会发生什么。因为大脑是可塑的，再加上我们天生的不安分和好奇心会引导我们探索生存环境的每个角落（我们自己的身体是这一环境的一个重要且无处不在的要素），所以，回头来看，我们不会奇怪，我们居然偶然碰上一些自我刺激或自我调适的策略，由此形成一些习惯与倾向，后者又从根本上改变了我们大脑的内部交流结构；而且，这些发现成了文化的一部分，成了弥母，所有人都可以获得它们。

人类大脑由于弥母侵扰所引起的根本转变，是这个器官在能力方面的一次重大变动。正如我们所指出的，母语是汉语而非英语的人在大脑方面的差别，也许可以解释某些大脑能力方面的巨大差别，这些差别在行为中瞬间即可被识别，在许多实验背景下也很显著。例如，回忆一下，在以人类为被试的实验中，实验员（异现象学家）要知道被试是否已经理解实验指令，这是多么重要！这些功能差异虽然可能全都体现在大脑微观模式的改变上，但神经科学家却一样看不见它们，现在不行，很可能永远都不行。所以，如果要理解由这些弥母的侵扰**所产生的**功能架构，我们就必须找到一个更高的层次来描述它。很幸运，的确有一个这样的层次，一个来自计算机科学的层次。我们需要的描述与解释的层次，**类似于**（但并不等同于）计算机描述的其中一个"软件层次"：我们需要理解的是，人的意识如何可以由弥母在大脑里创造的**虚拟机器**的运作来实现。

这就是我将要捍卫的假说：

> 人的意识**本身**是巨大的弥母综合体（或更准确地说，是大脑里的弥母-效应的综合体），我们最好把它理解为一台"**冯·诺依曼式的**"虚拟机器的运作，这台机器被**安装**在大脑的**并行架构**中，而这个架构以前并不是为此类活动设计的。这台**虚拟机器**的力量，极大地增强了其运行所依靠的**有机硬件**的基础效能，但同时它的许多最为古怪的特征，特别是它的局限性，可以被解释成**杂牌机**（kludge）的副产品，后者使我们有可能奇怪而有效地再次利用一个现存器官，以服务于新的目的。

这个假说很快就会从我刚才陈述它的那些行话里浮现出来。我刚才为什么要使用行话？因为这些术语所涉及的富有价值的概念最近才被思考心智的人掌握。没有任何别的词可以干净利落地表达这些概念，但这些概念又非常值得我们去了解。所以，我会借助一段简短的历史题外话来引入这些概念，并将其放在我们将会使用它们的情境里。

计算机最重要的发明者当中的两位，是英国数学家图灵和匈牙利裔美国数学家、物理学家冯·诺依曼。虽然图灵也有足够的实践经验，亲自设计和建造过具有特定目标的电子解码机器，并帮助盟军在二战中取胜，但是，开启计算机时代的，却是他在发展**通用图灵机**的观念时所做的纯粹抽象的理论工作。冯·诺依曼则通过了解如何利用图灵的抽象理论（那真的很"哲学化"：它是一个思想实验，而不是一项工程提案），如何把它具体化，直到把它转化成一个（还是相当抽象的）设计，从而制造出一台实际可用的电子计算机。这个抽象的设计被称为**冯·诺依曼架构**（Von Neumann architecture），在今天世界上的每台计算机中几乎都能找到它，从巨大的"主机"到最普通的家用电脑核心部位的芯片都有这个设计。

计算机有一个基本的**固定**或**硬连线**架构，但也有巨大的可塑性，这主要得益于**存储器**的存在。存储器可以存储**程序**（或者叫作**软件**）和**数据**，后者是被用来追踪任何被表征物的暂时模式。与大脑一样，计算机一开始在设计上是不完整的，它有一定的灵活性，人们可以利用这种灵活性，把它作为创造具有专门约束的架构的媒介，这些架构就是具有特殊目标的机器，其中每个机器都用相当独特的方式去接受环境的刺激（通过键盘或其他输入设备），并最终产生反应［通过阴极射线管屏幕（CRT Screen）或其他输出设备］。

这些临时结构"由规则而非连线构成"，计算机科学家称它们为**虚拟机器***。所谓虚拟机器，就是你为可塑性的对象加上一组特定的规则［更严格地说，是机器配置或变换规律（dispositions or transition regularities）］时你所得到的东西。考虑这种情况：有人胳膊断了，于是把胳膊包在石膏绷带里。这个绷带严重限制了他胳膊的移动，它的重量和形状也要求其他身体动作做出调整。现在考虑一个哑剧演

---

* 纯粹主义者可能会反驳，我对**虚拟机器**这个术语的使用在某种程度上比他们在计算机科学中所推荐的用法要更广泛。我的回答是，就像大自然一样，当我看到一个随手可得的东西可以"外适应"（exapt）并做出一种扩展的应用（Gould, 1980）时，我就会尝试用这个术语。

员（比如马歇·马叟）在模仿一个胳膊打着石膏的人，如果这个哑剧演员演得很好，他的肢体运动就会以几乎完全一样的方式受到限制；他的胳膊上打着**虚拟的石膏**——"几乎是可见的"。任何熟悉文字处理软件的人都熟悉至少一种虚拟机器，而如果你用过几种不同的文字处理软件，或者在你使用文字处理软件的同一台电脑上使用 Spread Sheet 软件或玩游戏，你就会熟悉几种虚拟机器，它们在一台特定的真实计算机上轮流上阵。这些虚拟机器的差别非常明显，使用者在任何时间都知道他在与哪台虚拟机器打交道。

每个人都知道，不同的程序会赋予计算机不同的能力，但不是人人都知道细节。有些细节对我们的故事很重要，所以我请求你容忍我沉迷于这些细节，我会为图灵所发明的过程提供一个简要而基本的论述。

图灵在做出他那美妙的发明时，没有想过发明文字处理器或电子游戏。他在反思，作为一个数学家自己是如何着手解决数学问题或执行**计算**的，他走出的重要一步是，试着将他的**心智行动的序列**，拆分成它们的**原始成分**。想必他这样问过自己："在执行一个计算时，我在做什么？哦，首先我问自己要用哪条规则，接着我应用这条规则，然后写下结果，随即我看着结果，问自己下一步做什么，之后……"图灵是一个条理超级清楚的思想家，但他的意识流，同你、我或是詹姆斯·乔伊斯*的一样，无疑是图像、决定、直觉、回忆等组成的杂乱无章的东西，他设法从中提取出数学的本质：只剩骨架的最小操作序列，这一序列能够完成他在自己有意识心智的鲜活而曲折的活动中所完成的目标。由此得到的结果，就能用于具体规定（specification）我们现在所说的图灵机，它是一种高度理性、高度理智的现象——一

---

* 詹姆斯·乔伊斯，爱尔兰作家，意识流小说《尤利西斯》的作者。——译者注

位数学家执行一次严格计算——天才式的理想化与简化。这个基本的观点有五个要素：

（1）一个**串行**过程（一次只发生一个事件）；

（2）这个过程发生在一个严格限制的**工作区**；

（3）这个工作区汇集各种**数据和指令**；

（4）这些数据与指令来自一个不活跃但高度可靠的**存储器**；

（5）在这个存储器中数据与指令由一个有限集的**原始操作**来操作。

在图灵最初的表述中，工作区被设计成一个扫描器，它每次只看纸带上的一个方格上面写的是 0 还是 1。根据它"看见"的情况，它要么擦掉 0 或 1，打印出另一个符号，要么不动这个方格。然后它把这个纸带向左或向右移动一个方格再看，在每个动作中，它都受到一组有限集的硬连线指令支配，这个集合构成它的**机器工作台**。这个纸带就是存储器。

图灵的原始操作集（或者你可以说"从内省来看的原子式"行动）内容贫乏，这是刻意为之，这样它们从机械层面实现才不成问题。也就是说，对图灵的数学目标而言重要的是，毫无疑问，他所研究的过程中的每一步都要非常简单、非常愚笨，以至于连笨蛋都能执行，以至于这个人必须可以被一台机器取代。这些步骤包括**浏览、擦除、打印、向左移动一格**等。

他当然知道他的理想规定可以间接地作为一台真实计算机器的蓝图，而其他人就真的这样做了，尤其是冯·诺依曼，他修改了图灵的基本观念，创造了用于第一台实际可实现的数字计算机的抽象架构（见图 7.4）。我们把这个架构叫作**冯·诺依曼机器**。

在图 7.4 中，左边是**存储器**或者说是**随机存储器**（RAM），这里保存着数据与指令，它们都以二进制的数字或者说"比特"来编码，如 00011011 或 01001110。图灵的串行过程在由两个寄存器——**累加器**与**指令寄存器**——构成的工作区中进行。一条指令以电子方式复制到指令寄存器，后者随即**执行**这条指令。例如，如果指令说，"清空累加器"，计算机就会把 0 放进累加器；如果指令说，"将存储寄存器 07 的内容加到累加器的数字中"，计算机就会读取在存储寄存器中地址为 07 的任何数字（其内容可能是任何一个数字），把它加到累加器的数字里。如此等等。原始运算是哪些呢？基本上是算术运算，即加、减、乘、除；数据移动运算，即读取、存储、输出、输入；还有（计算机的"逻辑"心脏）**条件**指令，比如，"**如果**在累加器里的数字大于 0，**那么**执行 29 号寄存器里的指令，否则就执行下一条指令"。视计算机的模型而定，有的也许只有少至 16 条指令的原始运算，有的则也许有几百条，所有运算都被连线在特定目标的电路结构中。每个原始运算都由一个唯一的二元模式编码（例如，**加**可

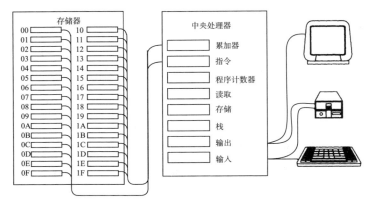

图 7.4

能是 1011，**减**可能是 1101），只要这些特定的序列进入指令寄存器，它们就像拨出的电话号码一样，以机械的方式打开通向正确的特定目标回路的路线：加法电路或者减法电路等。两个寄存器在任何一个时间都只能显示一条指令或一个数值，这就是著名的"冯·诺依曼瓶颈"，系统的所有活动都不得不在这个瓶颈处排成一路纵队，通过一条狭窄的空隙。在一台快速计算机上，数以百万计的运算可以在一秒之内完成，它们数百万个串在一起完成的操作，在使用者看来就像魔法一样。

所有数字计算机都是这种设计的**直接后裔**，虽然人们已经做出许多修正与改进，但是就像所有脊椎动物一样，这些计算机共享一个基本的底层架构（underlying architecture）。基本运算看起来像算术，似乎与正常意识流——想念巴黎，享受烤箱传出的面包香味，盘算着到哪里去休假——的这些基本"运算"没有多大关系，但图灵或冯·诺依曼并不担心这个。在他们看来，重要的是，这种行动序列可以"在原则上"得到细化，从而**包括所有的**"理性思想"，甚至也许还会包括所有"非理性的思想"。一个很大的历史讽刺是，从这种架构被创造出来的那一刻起，大众传媒就对它做了错误的描绘。这些激动人心的、新的冯·诺依曼机器被称为"巨大的电子脑"（giant electronic brains），但是，它们实际上是**巨大的电子心智**（giant electronic minds），是模仿威廉·詹姆斯所称的意识流的电子机制（只是经过了严重简化）。意识流是有意识的心智内容的曲折序列，詹姆斯·乔伊斯在其小说中做过著名的描写。与冯·诺依曼架构相反，大脑的架构主要是并行的，它有数以百万计的同时活动的运算通道。我们必须去理解的是，一个乔伊斯式的（或如我所说的"冯·诺依曼式的"）串行的现象，既然具有这么多我们熟悉的独特特征，如何能在大脑并行的喧闹世界中存在。

一个糟糕的想法是：我们的人类祖先需要以一种更加复杂、更有逻辑的方式来思考，所以自然选择逐渐设计并在人的大脑皮质的左（"逻辑的""有意识的"）半球安装了硬连线的冯·诺依曼机器。我希望，从上文的演化故事中我们可以清楚地看到：虽然这也许**在逻辑**上是可能的，但它根本没有生物学上的合理性——我们的祖先也许能同样容易地长出翅膀或生下来就有手枪在手，然而事实上却没有。演化不是这样工作的。

　　我们**知道**，在大脑里有个东西，至少**有点儿像冯·诺依曼机器**，因为"通过反省"我们知道我们拥有有意识的"心智"，而我们由此发现的心智至少就在这一点上像冯·诺依曼机器：它们是冯·诺依曼机器的灵感来源！这一历史事实留下了一个特别引人注目的化石痕迹：计算机程序员会告诉你，给当前正在开发的并行计算机编写程序极其困难，而为串行的冯·诺依曼机器编程则相对容易。当你为一个传统的冯·诺依曼机器编写程序时，你随手就可得到帮助。当工作变得困难时，你会这样问自己："如果我是机器，在解决这个问题时，我会怎么做？"这个问题指引你想出这种形式的回答："哦，首先我做这个，然后我必须做那个，等等。"但如果你问自己："如果我是上千个通道宽的并行处理器，那么在这种情况下我会做什么？"你会一无所获，你个人并不熟悉、也无法"直接访问"同时在上千个通道里发生的过程，即使那的确是你大脑里正在发生的事情。你对你大脑里发生的事情的唯一访问途径，也是以一种序列化的"格式"进行的，这就很像冯·诺依曼架构，虽然这样说是在颠倒历史。*

　　正如我们所看到的，在（标准的）计算机的串行架构与大脑的平行架构之间，存在很大的差别。常常有人引用这一事实来反对人工智

---

* 大脑首先在自然中演化出来，然后才有人发明电脑架构。——译者注

能，人工智能力图通过编写（几乎总是）在冯·诺依曼机器上运行的程序，创造人类风格的智能。架构上的这种不同是否会造成理论方面的重要差别呢？从某种意义上来说，没有。图灵已经证明（这很可能是他最伟大的贡献）：他的通用图灵机能够通过计算去实现任何架构的任何计算机通过计算所实现的任何功能。实际上，通用图灵机是最好的数学变色龙，有能力模仿**任何**其他的计算机，在模仿期间，它可以**精确地**做出这些机器所做的事。你要做的全部工作就是，向通用图灵机输入关于另一台机器的合适描述，然后，就像装有舞蹈技能的马歇·马叟（**通用**哑剧表演机器）一样，它立刻产生一个基于这个描述的完美模仿——它以虚拟的形式变成另一台机器。因此，可以认为，一个计算机程序是一列要被遵守的原始指令，或是关于一台要被模仿的机器的描述。

你能模仿马歇·马叟模仿一个在模仿棒球击球手的醉汉吗？你也许发现，这里最难的部分是追踪模仿的不同层次，但对冯·诺依曼机器来说，这相当自然。一旦你有一台冯·诺依曼机器，可以在上面建造东西，那么你就可以像套盒那样嵌入虚拟机器。例如，你可以首先把你的冯·诺依曼机器转成一台 Unix 机器（Unix 操作系统），然后在这台 Unix 机器上，实现 Lisp 机器（Lisp 编程语言），还有 WordStar、Lotus 123 以及许许多多的其他虚拟机器，然后，在你的 Lisp 机器上再实现一个下棋的计算机。每台虚拟机器都可以通过它的**用户界面**来识别。用户界面是它显示在 CRT（阴极射线管，用于电视屏幕、计算机显示器等设备）上的方式以及它对输入做出反应的方式。这种自我显示常被称为**用户幻觉**，因为用户无法说出也不关心自己正在使用的这台特定的虚拟机器是如何在硬件中被实现的。对用户来说，这台虚拟机器与硬件相隔一层、两层、三层还是十层，这并不重要。*（例如，WordStar 的用户一旦找到 WordStar 虚拟机器就能认出它，并与之互动，不管底层硬件方面有什么变化。）

虚拟机器是临时形成的一套高度结构化的规律，这些规律是通过**一个程序**加到基础硬件之上的，所以，虚拟机器是数十万个指令的结构化配方，这些指令给硬件提供了一个巨大的、相互连锁的习惯或反应配置（habits or dispositions-to-react）。如果你只看着所有这些指令的微观细节混乱地通过指令寄存器，你就会只见树木不见森林。但如果你往后退一点，你就能清楚地看见从所有这些微观场景中浮现出的功能架构。它的组成内容包括虚拟**事物**，比如：

文本字块、光标、擦除器、喷涂器、文件。

也包括虚拟**位置**，比如：

目录、菜单、屏幕、命令解释程序（shell）。

这些虚拟位置由虚拟**路径**连接，比如：

"**退出到 DOS**"，或者从主菜单**进入打印**菜单。

并允许执行各种又大又有趣的虚拟**运算**，比如：

---

* 也许它根本不是一台**虚拟机器**。它可能是一台定做的、硬连线的、具有特定目的的真实机器，如一台 Lisp 机器，它是 Lisp **虚拟**机器的后裔，它的设计允许我们直接在它的硅晶片上运行 Lisp 编程语言。

在文件里搜索一个词，或者放大画在屏幕上的盒子。

由于任何一台计算机都能被冯·诺依曼机器上的虚拟机器模仿，所以我们可以推断出，如果大脑是一台巨大的并行处理机器，那么它也能被一台冯·诺依曼机器完美地模仿。而且，从计算机时代开始以来，理论家们就利用冯·诺依曼机器的这种变色龙式的能力，创造**虚拟的**并行架构，人们认为这些架构是在给大脑式的结构建模。[*]你如何能够将在同一时刻只做一件事的机器，变成同时可以做很多件事的机器呢？通过一个类似于编织（knitting）的过程。

假设被模拟的并行处理器有 10 个通道宽（见图 7.5）。首先，这台冯·诺依曼机器得到指令，执行第一个通道的第一个节点（节点 1）所操作的运算，将结果保存在一个"缓冲"存储器里，然后是节点 2，

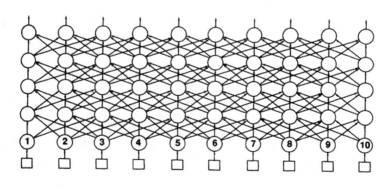

图 7.5

---

[*] "逻辑神经元"（McCulloch and Pitts, 1943）的设计实际上与串行计算机的发明是同时出现的，它影响了冯·诺依曼的思考，而这些又引出 20 世纪 50 年代出现的知觉器，后者是今天联结主义的祖先。（简要的历史描述可参见 Papert, 1988。）

以此类推，直到第一层的 10 个节点都被推进一个时刻。然后，冯·诺依曼机器处理第一层每个结果对下一层节点的效果，从缓冲存储器中提取先前已经计算出的结果，把它们作为输入应用到第二层。它费力地这样做下去，来来回回地编织，以时间换空间。一台虚拟的 10 个通道宽的机器，**至少需要** 10 倍的时间，才能模仿一个通道宽的机器，而一台百万个通道宽的机器（如大脑），则至少要花 100 万倍的时间来模仿。图灵的证明没有提到这个模仿完成的速度，对某些架构而言，甚至运行速度骄人的现代数字计算机也会在这项任务面前不堪一击。这就是有兴趣探索并行架构力量的人工智能研究者，现在正转向**真实的**并行机器——把这种人造物称为"巨大的电子脑"也许是更合理的——并在这种机器上编写他们的模拟的原因。但在原则上，任何并行机器都能够完美地（可能效率不高）被模仿成一台基于串行的冯·诺依曼机器的虚拟机器。[*]

现在我们准备把这个标准观念颠倒过来。就像你能在一台串行的冯·诺依曼机器里模仿一个并行的大脑那样，原则上，你在并行的硬件里也能模仿（某种像）冯·诺依曼机器（的东西），而这就是我现在要提出的：有意识的人类心智在一定程度上是串行的虚拟机器，这台机器是在演化已经提供给我们的并行硬件上（无效率地）实现的。

当我们谈论在大脑的并行硬件上运行的虚拟机器时，到底什么可以算作"程序"？重要的是，存在许多可调整的可塑性，可以接纳无数的微观习惯，因而也可以接纳不同的宏观习惯。在冯·诺依曼机器中，这是通过数以十万计的 0 与 1（比特）实现的，它们被分成 8、16、32 或 64 比特的"字"，这视不同的机器而定。这些"字"分别

---

[*]　关于真实世界速度的含义以及它对人工智能的含义的更多内容，参见我的《意向立场》中的"快速思考"（Fast Thinking）。

存在存储器的寄存器里，每次只能访问指令寄存器中的一个"字"。在并行机中，我们可以猜想，它的实现要通过神经元之间数以千计、数以百万计甚至数以十亿计的联结强度环境，这些神经元一起合作，为基础硬件提供了一套新的宏观习惯、一套新的行为条件规律。

这些有着数以百万计的神经元联结强度的程序，是如何安装到大脑的计算机上的？在冯·诺依曼机器中，你只要把程序从磁盘"装"入主存储器就可以，由此计算机会瞬间得到一套新习惯；在大脑这里，这就需要**训练**，尤其包括本章第 5 节所描述的那种反复的自我刺激。这种类比当然不合适。冯·诺依曼机器的中央处理器以刻板的方式对待构成它文字的比特字符串，把它们看成在自己完全专有的、固定的**机器语言**中的指令。这些事实是**存储程序的数字计算机**的标志性特征，而人的大脑却不是这样。虽然很有可能，大脑神经元之间每个特定的联结强度的环境，都对由它所造成的周围网络的行为有着确定的影响，但是没有任何理由认为，两个不同的大脑会有相互联结的"相同系统"，所以几乎可以肯定，这里没有任何东西与固定机器语言相似，而所有比如 IBM（国际商业机器公司）个人计算机与 IBM 兼容计算机都会共享这种机器语言。因此，如果两个或更多的大脑"共享软件"，它就不是通过一个简单而直接的过程，就像把一种机器语言程序从一个存储器拷贝到另一个存储器那样。［当然，可塑性以某种方式为大脑里的存储器提供子服务（subserve），我们不能孤立地把它看作一个被动的仓库；存储器与中央处理器之间的分工是人为设计的，大脑里没有与之类似的情况，我们会在第 9 章回到这一话题。］

既然有这样重要的也常被忽略的不当类比，我为什么还要坚持把人的意识比作软件呢？因为，正如我希望表明的那样，意识的一些重要的、原本极端令人困惑的特征，按照如下假说可以得到有启发性的解释：（1）人的意识是如此之新的一个革新，以至于它不能硬连线到天生机制中。（2）人的意识在很大程度上是文化演化的产物，在人的早期训练中变成大脑的一部分。（3）人的意识的成功"安装"取决于大脑可塑性的无数微观设备，而这意味着，它的重要功能特征在神经解剖学检查中很有可能是看不见的，虽然它的效果极端显著。没有哪个计算机科学家会通过从存储器的电压起伏图的不同信息出发、逐步向上建构的方法，来理解 WordStar 与 WordPerfect 各自的优劣；同样地，也没有一个认知科学家会期望只通过从神经解剖学向上建构就能明白人的意识。此外，（4）虚拟机器的**用户幻觉**这一观念的暗示意义令人可望而不可即。如果意识是一台虚拟机器，那么谁是产生用户幻觉的用户？我承认，这看上去很可疑，好像我们正不可阻挡地漂回到一个内在的**笛卡儿式自我**，它坐在大脑皮质工作站，对在那里运行的软件的用户幻觉做出反应，但我们将会看到，还是有一些方法可以帮助我们逃离这个可怕的结局。

现在暂时假设，在弥母圈中有一个乔伊斯机器，它是意识流虚拟机器的一个设计比较良好的（排除错误的）版本。如我们所见，由于大脑之间没有共享的机器语言，因此传播弥母的方法，若要能保证一台相当一致的虚拟机器在文化中运行，它们就必定是社会性的、高度受情境影响的，而且有一定程度的自组织和自纠正能力。使两台不同的计算机（比如一台苹果电脑和一台 IBM 个人电脑）能"相互交谈"，这是一个复杂而棘手的工程问题，必须依赖关于两个系统内部机制的精确信息。人类能够在没人掌握上述知识的情况下"共享软件"，这必定是因为，这些被共享的系统有着高度的可靠性和格式容错度。有若干方法可以共享这种软件：通过模仿来学习，由"强化"所导致的学习（要么由老师通过奖励、鼓励、责备、威胁等方式有意强加，要么在谈话中巧妙而无意识地传播），以及在通过前两个办法学会自然语言后，再用自然语言中的明确指令来学习。（例如，想一想频繁地对一个新手说"告诉我你在做什么"和"告诉我为什么你要这样做"会诱发什么样的习惯。再想一想新手养成习惯向自己提出同样的问题会是什么样子。）

我推测，除了口语，书面语言在发展和细化我们大多数人的大脑里大部分时间运行的虚拟机器方面，也发挥着重要作用。就像轮子只是技术的很小一部分，它还相当依赖铁路、平整的道路或为使用它而制作的其他人造平面来发挥效用，我现在所说的虚拟机器也只能在这样的环境中存在——这里不只有语言和社会互动，还有文字与图表，而这只是因为，实现这个机器需要存储与模式识别，这些又要求大脑把它的一些记忆内容"卸载"到环境里的各种缓冲器中。（请注意，这意味着，"有文字以前的心智状态"完全可以包含一组虚拟架构，与我们在文字社会里见到的很不一样。）

想想吧，在你头脑里把两个十位数相加，不用纸和铅笔，**也**不要大声说出这些数字。想想吧，试着在不用图表的情况下，找出一种办法，把三条高速公路连入苜蓿叶式风格的立交桥的交叉位置，使人可以从其中任何一条高速公路的任意方向上，行驶到任意一条别的高速公路的任意方向上，而且不必经过第三条高速公路。这些都是人类很容易解决的问题，但这需要外部记忆装置的帮助，也需要运用他们预先存在的扫描器（**眼睛和耳朵**），这些扫描器有着高度发达的硬连线的模式识别回路。（对此话题的一些有价值评论，参见 Rumelhart, ch.14，载于 McClelland and Rumelhart, 1986。）

在儿童发展的早期阶段，我们在大脑中安装了一套有组织的、部分经过预先测试的心智习惯（habits of mind）。心智习惯是政治学者霍华德·马戈利斯（Howard Margolis, 1987）提出的说法。在第 9 章中我们会更仔细地观察这个架构可能有的细节，但在此我要提出，这套新的规律的总体结构是**串行链接**，先是一件"事情"发生，然后是另一件"事情"在（大致）同一个"位置"发生。这个事件流由许多习得的习惯引发，自言自语是其中的一个主要例子。

由于在我们内部创造出来的这台新机器是一个高度复制的弥母综合体（highly replicated meme-complex），因而我们可以问，它能够成功复制应归功于什么。当然我们应该记住，也许它并不是对任何事情而言都是好的——除复制以外。它**也许**是一个软件病毒，很容易寄生在人的大脑里，但实际上却不给它侵扰的大脑任何竞争优势。更有可能的是，这台机器的**某些特征**也许是寄生虫，它们的存在只是因为它们能够存在，因为不可能或不值得花工夫去清除它们。威廉·詹姆斯认为，这种假设很荒唐：我们所知的这个宇宙中最为令人惊异的事物，即意识，只是一种在我们大脑的运作机制方面不发挥任何本质作用的东西。但是，无论这种情况多么不可能，我们也不能完全排除这种可能性，因而它也不是真的很荒唐。我们有大量的证据证明，意识在表面上可以给我们带来益处，所以我们无疑能够弄清楚它的各种存在理由（raisons d'être），但是，我们很可能会误读那些证据，我们可能会认为，除非每个单独的特征都有或曾经有一个功能（从**我们**作为意识"用户"的视点来看），否则意识就仍然存在神秘之处（Harnad, 1982）。一些原生的事实虽然缺乏功能依据，但也有存在的空间。意识的一些特征也许就只是自私的弥母。

不过，从光明的一面来看，这台貌似经过良好设计的新机器是为了解决什么问题而打造的？心理学家朱利安·杰恩斯（Julian Jaynes, 1976）很有说服力地指出，它的自我规划和自我提醒的能力，构成复杂而长期的自我控制的先决条件，没有这种能力，农业、建筑计划以及其他已经文明化和正在文明化的活动就不能被组织起来。它似乎也有助于自我监控，保护一个有缺陷的系统免受自身缺点的危害，而这是道格拉斯·霍夫施塔特 *（Douglas Hofstadter, 1985）在人工智能中所发展的一个主题。在心理学家尼古拉斯·汉弗莱（Nicholas Humphrey, 1976, 1983a, 1986）看来，这就提供了一种利用社会模仿（social simulation）的手段，而所谓社会模仿，是指运用内省来引导人们对别人正在思考和感觉的东西的直觉。†

解决"接着思考什么"这一后设问题的基本能力，支撑着这些更高级、更专业的才能。我们在本章前面已经看到，在一个有机体遇到危机时（或只是遇到一个困难的新问题时），它也许有一些资源，而这些资源在这些环境中要有价值，**就必须能及时发现它们并将其投入使用！**按奥德玛·诺伊曼的推测，定向反应就有一种富于价值的效果，可以一次性地、在一定程度上发动每个人，但正如我们所见，完成这种全局觉醒是解决方案的一部分，也是问题的一部分。它也许根本不能起作用，除非在下一步大脑设法依靠这些志愿者完成某种连贯的活动。定向反应部分地解决了这个问题：从一组过去只会关心自己事情的特化回路中取得总体的、全局的访问权。由于有群魔混战风格的底层架构，因此混乱很快就能平息，留下一个特化回路暂时负责（它或许也更了解它所赢得的竞争），但即便如此，也明显会有一些坏的方式来解决这些冲突，其数量至少与好的方式一样多。没有任何东

---

* 道格拉斯·霍夫施塔特的另一个通行译名是"侯世达"。——译者注

† 大概从 1996 年以来，以里佐拉蒂（Rizzolatti）为代表的认知神经科学家发现了猴子和人类的大脑中存在镜像神经元（mirror neuron），拉马钱德兰（Ramachandran）认为此项研究之于心理学，其意义可与生物学领域发现 DNA 双螺旋结构相比。如今，以此为基础的模仿理论已经成为研究人类心理特别是同感以至道德感的标准方法，同时也使以科学的而不是单纯概念分析的方法来研究甚至解决他心、读心问题成为可能。参见 Rizzolatti, G., Fadiga, L., Gallese, V. and Fogassi, L. (1996) Premotor cortex and the recognition of motor actions. *Cog. Brain Res.*, 3: 131-141。——译者注

西可以保证在政治上最有效力的特化回路会成为"最合适的工作者"。

2 000多年以前，柏拉图就清楚地看出问题所在，他想出一个绝妙的比喻来描述它：

现在思考一下，知识是不是这样一种东西：你可以拥有它，但它却不在你身上，就像有人捉住一些野鸟——比如鸽子或其他什么——然后把它们养在家中专门为它们做的鸟舍里。当然，在某种意义上，我们也许可以说，这个人一直"拥有"这些野鸟，只要他占有它们，为什么我们不可以这样说呢？……而在另一个意义上，虽然他控制着它们，因为他已经把它们捉到他自己的鸟舍里，但他却并未"拥有"它们。他能捉住它们，只要他愿意，他就可以捉住他选择的任何一只，并让它们再次飞走。他想这样做多少次，就可以做多少次……所以现在让我们假设，每个心智都包含一个鸟舍，里面囚着各种各样的鸟，有的聚集成群，与其余的鸟分开，有的形成一个小群体，有的则孤零零的，它们朝着各个方向飞去……[《泰阿泰德》(*Theaetetus*, 197-198a)，英文取自康福德（Cornford）译本]

柏拉图看到的是，只捉住鸟还不够，困难的部分是，学会如何让你所呼唤的鸟飞到你面前。他进而主张，**通过推理**，我们提升了在正确时间得到正确的鸟的能力。其实，学会推理就是学会提取知识的策略。*这便是心智习惯入场的地方。我们已经粗略地看到，一些普遍的心智习惯，比如自言自语或自画图表，可以碰巧梳理出少量的正确

---

* 对人工智能思想的推理与检索这两派之间的（明显）分歧的有趣讨论，参见 Simon and Kaplan, 1989, pp. 18-19。

信息，使其到达表层（什么的表层？——这个话题我会推迟到第 10
章再谈）。但是，更为特定的心智习惯，也就是经过精炼和细化的自
言自语的特定方式，可以进一步增加你成功的机会。

哲学家吉尔伯特·赖尔在他的遗作《论思考》（*On Thinking*,
1979）中提出：思考，即罗丹的著名雕塑"思想者"（Thinker）所进
行的那种缓慢、困难、苦苦的思索，其实必定是一种自言自语的事
情。惊讶，太惊讶了！那是我们在思考时才做的事，这难道不是很明
显吗？哦，是，又不是。明显的是，那是我们（常常）似乎在做的；
我们甚至可以经常告诉彼此，我们在自己无声的独白中所表达的各种
话语。不明显的则是，为什么自言自语会有任何好处。

> 思想者（Le Penseur）在他的笛卡儿式内部像是在做什么？
> 或者，这样说听起来会科学一点儿：在那个笛卡儿式的**暗箱**
> （camera obscura）里进行的心理过程是怎样的？……众所周知，
> 我们的一些思索以解决我们的问题告终，但并非全部思索都是如
> 此。我们曾经陷入迷雾，但最终我们拨得云开见日出。但是，如
> 果有时可以成功，为什么不能总是成功？如果姗姗来迟，为什么
> 不是迅速就来？如果有困难，为什么不是很容易？为什么它曾经
> 起作用？它又如何可能起作用？（Ryle, 1979, p. 65）

心智习惯长期以来被设计得沿着人们熟悉的探索之路**塑造**种种通
道。正如马戈利斯所指出的那样：

> 人类甚至在今天都不能（所以回头来看当代人类的远古祖
> 先也就更加不能）轻易地或稀松平常地在几十秒里注意一个问题
> 而毫不间断。但我们还是在解决那些需要更多时间来解决的问

题。我们的解决方法（可以通过观察自己来发现）是反复思考后进行概述，向自己描述在反复思考时似乎得出的东西，引出我们所达到的任意中间结果。这样做有一种明显的功能：通过复述这些中间结果……我们使之成为记忆的一部分，因为意识流的这些中间内容一旦不能被重述就会很快丢失……有了语言，我们就可以向自己描述，在导致一个判断产生的反复思考阶段里似乎发生了什么，然后产生一个可复述的版本，说明形成一个判断的过程，最后通过实际的复述使这个结果成为长期记忆的一部分。（Margolis, 1987, p. 60）

我们应该在这里，在自我刺激的个体习惯中，寻找**杂牌机**（它与**帮手**押韵，正好是一对儿）；杂牌机是电脑黑客的术语，指的是一些特设性的应急装置，在除错调试的过程中它们通常被做成软件的补丁，使机器可以运作。*语言学家芭芭拉·帕蒂（Barbara Partee）曾经批评，在人工智能的语言分析程序中加入笨拙的补丁，这是一个"古怪的黑客程序"——就像我曾遇到的那种偶然发现的**斯本内现象**一样。†**大自然充满古怪的黑客程序**，而我们在个体对虚拟机器的个人化选用过程中应该也可以找到这些程序。

这里有一个看起来合理的例子：由于人的记忆并非天生被设计用来成为超级可靠的、快速访问的、随机访问的存储器（而这是每台冯·诺依曼机器所需要的），因此，当冯·诺依曼式虚拟机器的（按

---

* 杂牌机，kludge；帮手，stooge。作者提示这种押韵也许是想表明，寻找杂牌机在某种意义上就是寻找帮手。——译者注

† 斯本内现象，spoonerism，又叫首音误置现象，将两个或两个以上的词的首字母互移。如 W.A. 斯本内说出 You have *t*asted two *w*orms，但他本来应说 You have *w*asted two *t*erms。——译者注

文化和时间分布的）设计者面临一个任务，即要拼凑出一台能在大脑中运行的合适替代品时，他们偶然发现了各种增强记忆的**计策**。基本的**计策**是复述、复述、再复述，并借助押韵和富于节奏的、容易记忆的格言。（押韵与节奏利用预先存在的听觉分析系统的巨大力量来识别声音中的模式。）刻意地、反复地把我们需要在它们之间建立联结的元素放在一起，这样，其中的一个项目就总是会"提醒"大脑想起下一个项目。我们可以设想，这种活动还能这样进一步增强，即形成尽可能丰富的联结，不仅使之具有视觉和听觉的特征，而且利用整个身体去做。思想者皱眉、托起下巴、挠头、嘀咕和踱步，以及我们因人而异的写写画画，这些动作不仅可以是有意识思考的随机副产品，而且还能是功能贡献因子（或者是早期更粗糙的功能贡献因子发育不全的遗迹），它们帮助大脑进行辛苦的训练，要变成一个成熟的心智就必须完成这种训练。

为了取代精确的、系统的"读取–执行周期"或"指令周期"（它们把每个新的指令带到指令寄存器中去执行），我们应该去寻找那些没有经过好好整理、游来荡去、绝不合乎逻辑的转换"规则"，在这里，大脑天生的"自由联想"倾向，得到长而又长的联想链条的配合，从而多少可以确保大脑试出正确的序列。（在第 9 章我们将考虑这一观念在人工智能中的细化情况。关于重点不同的细化情况，可参见 Margolis, 1987; Calvin, 1987, 1989; Dennett, 1991b。）我们不应该期望大多数发生的序列是得到充分证明的**算法**，可以确保产生我们所寻求的结果，而只应该期望，突袭柏拉图鸟舍的结果，只比完全碰运气好一点儿。

与计算机科学的虚拟机器的类比，给人类意识现象提供了一个有用的视角。计算机原来只被视作数字计算器，但现在，利用它们的数字计算的方法有上千种，而且很有想象力，人们用这种数字计算来创造新的虚拟机器，比如电子游戏和文字处理软件，在这里，底层的数字计算几乎是不可见的，而新生的力量似乎相当神奇。同样，我们的大脑也不是为文字处理而设计的（除了某些相对近期的外围器官），但现在，在成人大脑里进行的很大一部分（或许是最大一部分）活动会牵涉到文字处理：言语生产与理解，以及语言项目或（更好地说）其神经替身的串行彩排与重组。这些活动（从"外部"来看）以似乎相当神奇的方式，放大和改变了底层硬件的力量。

然而，人们依然可以说（我敢肯定你想反对）：所有这些都与意识没有多少关系或者完全没有关系！毕竟，一台冯·诺依曼机器是完全无意识的；为什么实现了这个机器，或者实现了与之类似的东西即乔伊斯机器，就会多出一个意识来呢？我还真有一个答案：由于冯·诺依曼机器一开始就以那种方式连线，信息联结的效率又最高，因此它不必成为它自己的精细知觉系统的对象。*此外，乔伊斯机器的工作，就如同它被设计去感知的外在世界的任何事物一样，是它"可以看到的""可以听到的"——理由很简单，许多相同的知觉机制就聚焦在这些工作上面。

我知道，这**看起来就像**一个照镜子的把戏（a trick with mirrors）。它确实是反直觉的、难以下咽的，最初简直让人无法容忍——一个观念若是能够突破几个世纪以来的谜团、争议与混淆，你也就可以预期会看到这样的情况。在接下来的两章里，我们会更仔细地、以怀疑的精神去考察，用什么方式可以表明，这个表面的照镜子把戏可以成为意识解释的一个合理部分。

---

* 因此就不必有意识。不能以为因为人类有意识，所以机器也要有意识才高级。机器的设计基础也许比人类意识所得以可能的设计基础好得多，以至于没有意识也至少一样厉害。——译者注

第 8 章

词语如何用我们做事 *

语言也和意识一样，只是由于需要，由于和他人交往的迫切需要才产生的。

——卡尔·马克思

（Karl Marx, 1846）

---

* J.L. 奥斯汀（J.L. Austin）在《如何以言行事》（*How to Do Things with Words*）中主张，说话是语言使用者用词语来进行表达的一种社会行为。这个言语行为理论（the theory of speech act）其实又假设了，任何言语都是被有意识地执行的。丹尼特完全颠倒这种观点，转而认为，词语通过我们人类之口说出来，并不受我们有意识的监督和控制，不是我们的意识使每个词语说出口。故他在本章以"词语如何用我们做事"（How Words Do Things with Us）为标题。另外，丹尼特的理论貌似同海德格尔关于"语言在说我们"而不是"我们在说语言"的观念巧合，但其推理过程完全不同。在丹尼特看来，就如我们的身体不是我们有意识监控但能稳定存在一样，语言也如是。一些语言被意识到，那是在许多草稿中被说出的一份草稿，是名声竞赛中的胜出者［《甜蜜的梦：意识科学的哲学障碍》（*Sweet Dreams: Philosophical Obstacles to a Science of Consciousnes*, Dennett, 2005）］，但其实还有很多在嘴边嘀咕但就是没被说出的候选者。而且，语言所承载的弥母塑造了人脑，使之成为我们现在又同样用语言去表述的心智。是语言把人设计成现在这个样子。——译者注

意识通常只是因交流的需要产生的压力才得到发展。

——弗里德里希·尼采

（Friedrich Nietzsche, 1882）

在我的老师到来之前，我不知道我的存在。我所生活的世界是一个虚无世界。我无从希望自己可以充分地描述这个无意识的同时又是有意识的虚无时间……由于我无力思考，我就还不能把一种心智状态与另一种相比较。

——海伦·凯勒

（Helen Keller, 1908）

1．回顾：多中生一？

在第5章中，我们揭露了这个诱惑力持续不减的坏观念——笛卡儿剧场，在那里所有的声与光的演出都是献给一位孤独而有力量的观众，即自我或中央执行官。尽管我们已经看到笛卡儿剧场的观念很不连贯，并且也找到了一个替代模型——多重草稿模型，但它还是会萦绕在我们心头，直到我们把这个替代模型稳稳地固定在经验科学的基石上为止。这个任务在第6章已经开始，在第7章有了更深入的进展。我们真的是回到了第一批原则——演化的原则，这些原则引导我们思辨地叙述那个设计发展的渐进过程，我们人类的意识就是在这一过程中被创造出来的。这让我们可以从黑箱内部瞥见意识的机制，当然有人也许会说是从后台看见的，以对我们正在试图推翻的这个很有诱惑力的舞台形象表达敬意。

在我们的大脑里有一组拼凑起来的特化脑回路，得益于一系列习惯（部分通过文化、部分通过个体的自我探索而灌输形成），这些回路合起来产生了一个多少有些次序、多少有点儿效果、多少经过良好设计的虚拟机器：**乔伊斯机器**。通过把这些独立演化的特化器官拉到共同的事业中来，并因此大大加强了这种联合体的力量，这台虚拟机器或大脑的这套软件，就能完成一个内在的政治奇迹：为船员创造出**虚拟船长**，同时又并不赋予其中任何一个船长长期的发号施令权。谁在控制？先是一个联合，然后是另一个联合，其间的转换并不混乱，这是因为有好的元习惯（meta-habit）在起作用，它们往往产生一致的、有目的的序列，而不是导致一场无休止的、乱哄哄的权力争夺。

由此带来的执行智慧，只是传统上归于**自我**的权力之一，但这是一项重要的权力。威廉·詹姆斯对此智慧表达过敬意，他讽刺那种认为大脑里存在**罗马教皇式神经元**的观念。我们知道，为大脑中的这样一个**老板**子系统给出的工作说明（job description）是不连贯的，但我们也知道，各种控制责任与决定必须在大脑中**以某种方式**被分配。我们**不像**随波逐流的船，载着相互争吵的船员；相反，我们不仅可以很好地避开浅滩和其他危险，而且还能很好地制订作战计划、纠正战术失误、识别机遇的细微预兆，以及控制需要经年累月开展的大型项目。在下面几章中，我们会更细致地研究这台虚拟机器的架构，为如下假说提供一些支持（不是证明）：这台虚拟机器其实能够完成这些执行功能以及其他功能。但在这样做之前，我们必须揭露并破除另一个神秘化的根源：**核心赋义者**（Central Meaner）幻觉。

这是一个想象出来的**老板**，他的主要任务之一是控制与外界的交流。在第 4 章中我们看到，使异现象学成为可能的观念化（idealization），就**假设**了有个家伙在大脑里说话，它是**记录的作者**，是所有意义的**赋义者**。当我们诠释从一个身体发出的滔滔不绝的声音时，我们并不认为它们只是随意叫嚷，或是一群幕后的社交常客魔术般变出的词语，而是认为它们是一个单独行动者的行动，（这个而且唯有这个）**人**的身体正在制造那些声音。如果我们决定做出诠释，我们就别无选择，而且只能设定有一个人，我们正在诠释他的交流行动。这完全不同于假设一个**内在**系统，它是身体的**老板**，是控制木偶的**木偶演员**，但那却是一个自然就会吸引我们的图像。这种假设很是诱人：这个内部的**老板**就像美国总统，可以指挥一个新闻秘书或其他下属去发布实际的新闻稿，当他们说话的时候，他们是代表他说的，他们是在执行他的言语行动，他对这些行动负有责任，他才是正式的作者。

其实在大脑里并不存在任何这样的支配语言产生（或者就此例而言，写作）的命令链条。拆除笛卡儿剧场的部分任务就是，找到一个更现实的论述，以说明这些断言、疑问和其他言语行动的现实来源；通常我们都会很自然地把这些归到一个人身上，认为是他的身体在做这些发声动作。我们需要看看，当语言生成的复杂性得到应有的注意时，这种富于力量的异现象学迷思会怎样。

我们已经看到这个问题投下的影子。在第 4 章中，我们设想机器人沙克有初步的交谈能力，或至少有能力在不同情况下吐出一些词语来。我们假定，可以设计沙克来"告诉"我们，它是如何区分盒子与棱锥的。沙克也许会说，"我扫描每个 10 000 位长的序列……"，或者"我发现明暗的边界，画下一条线……"，或者"我不知道，只是有些东西看上去像盒子……"。这些不同的"报告"每个都发自不同的访问层级，形成"报告"的机制也许可以由此访问盒子识别机制的内在工作状态。但是，我们当时并未详细了解机器的不同内部状态如何可以串在一起，形成它们所造成的打印输出。这是一个关于现实语言的产生的有意简化模型，只能用于提出思想实验的一个非常抽象的重点：如果句子产生系统对它的内部状态只有有限的访问权，并且只有有限的词语来组合它的句子，那么，仅当我们给它的报告加上某种隐喻解读时，这些"报告"才可以被诠释为真实的。沙克的"图像"提供了一个例子，说明一个其实根本不是图像的东西，如何可以成为人们以图像之名实际谈论的东西。

开启一种抽象的可能性是一回事，指出这种可能性有一个我们认同的现实版本又是另一回事。沙克所做的不是真正的报告，也不是真正的说话。就我们所能看到的全部内容来说，想象中的沙克的言语表达，是刻意设计的、"预先灌制的"语言，是被程序员内建到用户友好的软件里的。在你将磁盘格式化时，你的计算机会"问"你一个友好的问题："你确定你想做这个吗？它会清除磁盘中的所有内容！回答'是'或'不是'。"如果用户以为计算机真的很关心这个，那就太天真了。

我们要让批评者说话。由于这个特殊的假想的批评者会在后面章节里一直跟随我们的讨论与考察，因而我要给他起一个名字——奥托（Otto）。奥托说道：

> 把沙克称作"他"而不是"它"，这是一个廉价的把戏。沙克的困难在于，它跟我们不一样，它没有一个真实的内部，它身上没有任何像内部的东西。它从电视摄影机之"眼"得到输入，并把这个输入转换成辨认盒子的活动。尽管这种机制与我们的视觉系统极为相似（其实并不相似），尽管它控制英语字符串产生的机制也与我们控制英语单词串产生的言语系统方面的机制极为相似（其实并不相似），这里还是缺了某个东西：我们每个人内部的中间人。当我们分辨出它是如何同我们在一起时，这个中间人的判断就被表达了。沙克的问题在于，它的输入与输出以一种错误的方式相互对应——这种方式消除了观察者（经验者、享受者），后者本来必须位于视觉输入与言语输出之间的某个地方，

这样才有一个人待在那里，在沙克的话被"说"出时，赋予沙克的话以意义。

在我讲话时，［奥托继续说］我的意思就是我所说的。我的有意识的生命是私人性的，但我可以向你透露它的某些方面。我可以决定对你说出我现在与过去所经验的各种事情。当我这样做时，我就产生了一些句子，小心裁剪这些句子使之适合我想报告的材料。我可以在经验与候选报告之间来回反复，对照经验检查词汇，以确保我找到合适的词（les mots justes）。这种酒是否略有葡萄柚的味道，或者它似乎更让我想到浆果？是说高音听起来"更大声"合适，还是说它似乎只是"更加清晰"或"更集中"这样更合适？我注意到我特定的意识经验，并形成一个判断，判断用哪些词语可以最好地描写这个经验的特征。当我对我已形成的准确报告感到满意时，我就把它表达出来。通过我的内省报告，你就可以知道我的有意识经验的一些特征。

作为异现象学家，我们需要把这个文本分为两个部分。我们认为，其中一个部分说的是在奥托看来讲话的经验是怎样的。这些说法是不可反驳的，经验在奥托看来就是那个样子，我们必须把这个看作要求解释的材料。文本的另一个部分则是奥托提出的一些理论主张（它们是暗含论证的结论吗？），表明了在奥托内部所发生的情况，以及它如何不同于例如在沙克内部所发生的情况。这些主张没有特别的依据，但我们会以尊重的态度对待它们，就像对待所有经过深思熟虑的主张一样。

在我看来，我们完全可以主张——这个**中间人**、这个在笛卡儿剧场中的内在观察者，必须被消除，它必定是找不到的，但我们不能只是把它抛开了事。如果没有一个核心赋义者，意义到底又是从何而来的呢？我们必须提出一个合理的论述，替代这个内部人。这个论述要说明，一个有所意图的发声、一段真实的报告（不用任何着重引号），如何能在无须一个孤独的核心赋义者许可的情况下创作出来。这是本章的主要任务。

2. 官僚体制 vs 群魔混战

当代语言学家的一个家丑是把许多精力浪费在"听"上面，大大忽略了"说"，而在有些人看来，"说"基本上占据语言的半边天，而且是最重要的一半。虽然研究者已经发展出许多详细的理论并构建了模型，来说明语言**知觉**以及对所听话语的**理解**（从音系到句法，再到语义学和语用学的过程），但没有人（不只是乔姆斯基，还包括他的任何对手或追随者）对语言**生产**的各个系统，说出什么实质性的观点（无论对错）。这就好像所有艺术理论都是艺术**欣赏**理论，绝不提到创造它的艺术家，好像所有艺术都是商人和收藏家所欣赏的一些随手捡到的东西（objets trouvés）。

我们不难看出为什么会这样。话语（utterance）**是**很容易被发现的对象，（言语）过程就是从它开始的。相当清楚的是：知觉与理解系统的原材料或输入，是空气中的某种形式的波，或不同表面上的标识串。而且，虽然还有很多迷雾遮蔽着关于理解过程的最终产品是什么的种种争论，但是这种深层的分歧至少出现在被研究的过程的结尾，而不是开头。一场有清晰起跑线的赛跑至少还能合理地开始，即使没人可以完全确定终点在哪里。言语理解的"输出"或"产品"，是把输入**解码**或**翻译**为一个新的表征［心理语言（Mentalese）的一个句子或头脑里的一幅图画］，还是说它是**一套深层结构**，或者是某个还未被想到的实体？语言学家可以决定推迟对此难题的解答，而研究这一过程更外围的部分。*

此外，对于言语生产，由于还没有人给出任何清楚的、大家一致同意的描述，说明是什么引发了最终产生成熟话语的过程，因此我们甚至很难开始建立一个理论。很难，但并不是不可能。最近已经有一些讨论言语生成问题的优秀研究，荷兰心理语言学家皮姆·莱维尔特在《说话》(*Speaking*, 1989)一书中对这些研究做了出色的综述与整理。我们从输出回溯，或从中间向两端进发，就可以得到一些富于暗示的见解，以了解是什么机制在设计我们的发声并使之表达出来。（下面的例子取自莱维尔特的讨论。）

言语不是由一个每次设计和执行一个单词的"批处理过程"产生的。话语的重音分布方式表明这个系统至少具有一定的前瞻能力。举个简单的例子。单词"sixteen"的重音取决于上下文：

Andy: How many dollars does it cost？（安迪：它要多少钱？）
Bob: I think it's sixTEEN.（鲍勃：我想是"十"六美元。）
Andy: SIXteen dollars isn't very much.（安迪：十"六"美元不多。）

当安迪说第二句话时，他必定针对"sixteen"后面的单词（DOLLars）调整了他对这个单词的发音。如果他这样说：

SixTEEN isn't very much.

---

* utterance 译为发声、话语或（说出的）话，speech 译为说话、讲话、言语。——译者注

他就赋予了这个单词不同的重音模式。再看另一个例子，注意"Tennessee"在下句中两次出现的重音有何不同：

> I drove from Nashville, TennesSEE, to the TENnessee border.（我驾车从田纳"西"州的纳什维尔到"田"纳西州的边界。）

斯本内现象和其他言语错误确凿无疑地表明了，在设计一句要讲出的话的过程中，词汇和语法的特征是如何被观察到的（以及被错误地观察到的）。人们更有可能在本来想说"darn bore"的时候，说出"barn door"，而不是在我们想说"dart board"时却说出"bart doard"。人们似乎有一种偏好，偏爱确实存在的单词（熟悉的单词），而不是只能发音的单词（可能存在的但实际上并不存在的单词），甚至在口误时也是如此。有些错误可以帮助我们了解词语选择机制是如何运作的，如"The competition is a little stougher [stiffer/tougher]"*，以及"I just put it in the oven at very low speed"。也可以考虑，在产生如下错误时必定牵涉的转换现象：本来要说"wearing a name tag"（贴上标签），却说成了"naming a wear tag"（标上贴签）。

多亏引发这类错误的聪明实验以及对人讲话时发生和不发生什么的精细分析，现在研究者已经取得一些进展，他们建立了关于严密组织的机制的模型。一旦已经决定要把一个特定信息释放到外界，这些机制就会执行最终的发声动作（articulation）。但是，是谁，是什么在发动这个机制？一个言语错误之所以是错误的，是因为它不同于讲

---

* 以中文拟造一个例子：竞争有点紧酷（紧张／残酷）。开始时说"紧张"，觉得不好，中途转为"残酷"，但只说出一部分。——译者注

话者的**本意**。是哪个工头在**布置任务**？上文例子中所出现的错误是什么错误？这需要根据工头布置的任务来判断。

如果这个工头不是核心赋义者，那它是谁？莱维尔特为我们提供了一张图（见图8.1），一张"讲话者蓝图"。

在这幅图的左上角，有一个功能区，看起来疑似核心赋义者，它以**概念形成者**的面貌出现，其装备包括许多关于世界的知识、计划和**交流意向**，它还能够"生成信息"。莱维尔特提醒他的读者，这个概念形成者"是属人功能的物化（reification），需要进一步解释"，但他还是假设它存在，因为如果没有某个未被分析的老板给团队成员下达出发令，他就不能让这个过程运作起来。

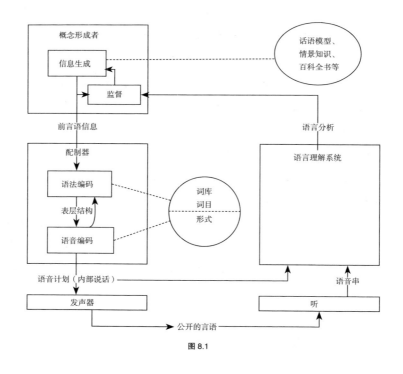

图8.1

它是如何起作用的？如果我们从一幅漫画式场景开始，底层的问题就会更清楚。概念形成者决定执行一个言语行动，比如通过恶意评论其对话者的脚的大小来侮辱他。这样，他向被自己控制的官僚机构即**公共关系部**（莱维尔特的**配制器**）发出一条命令："告诉这个家伙他的脚奇大！"公关人员就开始工作。它们找到合适的词汇：第二人称的单数物主代词，**你的**（your）；一个合适的表达脚的词，如**脚**（feet）；be 动词的正确复数形式，*are*；以及恰当的副词与形容词，**奇大**（too big）。这些公关人员巧妙地把它们组织起来，加上适当的侮辱口气，然后执行：

你的脚奇大！（Your feet are too big!）

等一等。这太简单了吧？当概念形成者给出命令（莱维尔特称之为**前言语信息**）时，如果他是用英语给出的（如我的漫画式描述的情况），他就已经做了所有的困难工作，除了一些无足轻重的调整，留给其他成员做的就很少了。那么，这个前言语信息还在某个其他表征系统或语言中吗？无论如何，它必定能够向生产团队提供它们所要编造和释放的对象的基本"配置"（specs），而且它还必须以**它们**能"理解"的形式来表达——不是英语，而是某种版本的大脑语言或心理语言。莱维尔特认为，它必须是在某种思想语言中，但也许这种思想语言只是用来下达言语行动命令，而不用于所有认知活动。这个团队接收到前言语信息，也就是一个制造一次英语发声的详细的心理语言命令，然后它执行这个命令。这确实会要求下属多做一点儿工作，但这只能掩盖已经出现的退行。概念形成者如何想出要用哪个心理语言的词来下命令？最好不要有一个对莱维尔特整张蓝图的更小复制品，隐藏在概念形成者的**信息生成盒**中（以此类推，以至无穷）。而且，确实没有谁告诉概念形成者要说什么，毕竟，他是核心赋义者，意义都是**从此处而来**。

那么，话语的意义是如何发展起来的呢？考虑如下命令嵌套（nesting），从宏大的总体战略，到详细的战术，再到基本的操作：

（1）进行攻击！
（2）做些让他讨厌但不太危险的事！
（3）侮辱他！
（4）对他身体的某个方面进行言语攻击！
（5）告诉他他的脚奇大！
（6）说："你的脚奇大！"
（7）发声：ni de jiao qi da!

这样的向着最后动作逐步逼近的过程（zeroing-in）一定是存在的。人的言语是合目的的活动，其中有目的和手段，而我们以某种方式在各个选项之间做出还算过得去的选择。我们本可以推挤他而不是侮辱他，或者贬低他的智力而不是夸大他的脚的尺寸，或者引用费兹·华勒（Fats Waller）的话："你的脚的极端性让人讨厌！"（Your pedal extremities are obnoxious!）

然而，这种逐步逼近的过程是通过一个由长官组成的官僚层级系统（bureaucratic hierarchy）来实现的吗？这时长官要向其属下发号施令。在一连串的命令里，似乎有许多决策——在这些"时刻"，一些选项"得到选择"，其他竞争选项则遭到淘汰。这种情况引出一个模型，在此模型中，比较细致的细节都有责任代表，而且有自己意图的下属行动者也了解他们做出各个选择的理由。（如果他们根本不必理解为什么他们要做自己在做的事，他们就不是真正的行动者，而只是消极的、橡皮图章式的功能器，任由碰巧经过他们办公桌的任何东西来控制自己。）

莱维尔特的蓝图反映出它的其中一个来源所留下的痕迹，这个来源就是冯·诺依曼架构，此架构的灵感来自图灵对他自己的意识流的反思，而它反过来又启发了认知科学中的许多模型。在第7章中，我试图克服人们对此观点的抵制：人的意识**很像**一台冯·诺依曼机器，一个串行处理器，在这里相继发生的确定内容慢慢地通过累加器瓶颈。现在我必须刹车，转而强调在哪些方面人类意识的功能架构**不像**冯·诺依曼机器的架构。如果将莱维尔特的蓝图与冯·诺依曼机器词语输出的标准方式进行比较，我们就会看到莱维尔特模型借的东西也许稍微多了一些。

当一台冯·诺依曼机器说出它的心里写的是什么时，它就会输出它唯一的中心工作区的内容，也就是累加器的内容。每个瞬间累加器都有完全特定的内容，表达在二进制算术的固定语言中。一台冯·诺依曼机器的初级"前言语信息"看起来就像这样：10110101 00010101 11101101。任何机器语言中的初始命令之一都是一条**输出**指令，能够取出累加器的当前内容（如二进制数01100001），然后把它写在屏幕或打印机上，这样，外部使用者就能访问在中央处理器中完成的结果。在用户友好程度稍强一点儿的机器中，由一系列原始指令组成的一个例行操作（routine operation），可以首先把二进制数译成十进制数（如二进制数00000110 = 十进制数6），或者通过ASCII码（美国信息交换标准码）把它们译成字母表中的字母（如二进制数01100001=a，01000001=A），然后再输出结果。这些子程序（subroutine）是更高级的输出指令的核心，可见于更高阶的编程语言，如Fortran语言、Pascal语言或Lisp语言。这些子程序允许程序员创造进一步的子程序，构建更宏大的信息量，从存储器提取长串的数字，通过累加器运行它们，再译出它们，并将结果写在屏幕或打印机上。例如，一个子程序可以多次访问累加器，取得填入下列空白处的值：

_____ 先生，您的账户已透支 _____ 元。祝您今天愉快，_____ 先生！

这是一个"预先灌制的"句子格式，它本身也作为一串二进制数被存储在存储器中，直到子程序认定打开这盒罐头的时间到了为止。以此方式，固定的例行程序所构成的一个严格的层级系统，就能把这些累加器里的特定内容序列，转换成人们可以在屏幕或打印机上读取的表达形式，如"你想保存这份文件吗"或"6份文件被复制"，或"喂，比尔，你想玩井字棋吗"。

这一过程的两个特征是莱维尔特模型也拥有的。（1）这个过程把一个已经确定的内容作为它的输入。（2）官僚体制（用计算机科学的行话来说就是"控制流"）必须经过仔细设计：所有的"决策"都通过一个责任代理，一层一层流向下级代理，后者的工作任务规定了他们被授权执行手段／目的分析的哪一部分。有趣的是，其中第一个特征，即确定的内容，似乎得到了奥托对他自己的过程的认可：在中心区的某个地方，有个确定的"思想"在等着"被转换成词语"。但第二个共有特征似乎是外来的：在自然语言中，奴隶般地运行这一思想的等级操作程序，已经被**其他某个人**预先设计——在冯·诺依曼机器里，这个人是程序员，而在莱维尔特的配制器活动里，"这个人"也许是演化与个体发展的组合。思想的思考者在思想变成词语的过程中所应扮演的创造与判断的角色，并未出现在模型里。它要么被概念形成者篡夺——这时概念形成者做了所有的创造性工作，再把命令传送到配制器，要么作为一些更早的设计过程的既成事实（fait accompli）而隐含在配制器的设计里。

除此以外，还能怎样组织手段和目的呢？让我们考虑这样一个相反的漫画式场景：词语小妖的群魔混战。在此场景中，我们是这样说话的：首先我们进入发声的噪声制造模式——我们打开喇叭：

嘀嗒嗒嗒嗒嗒嗒嗒嗒嗒嗒嗒嗒嗒嗒嗒嗒嗒嗒嗒嗒嗒嗒……

我们这样做时并没有什么好的理由，而只是因为我们想不出什么好的理由不这样做。这个内在的"噪声"激发了我们内部的各个小妖，它们开始试图通过干扰内在的声音流，以各种随机的方式来调制喇叭。结果就是胡言乱语，但至少它是某种特定语言的胡言乱语（如在汉语的讲话者那里）[*]：

啊 依 —— 哏 呃 —— 的 的 —— 叽 叽 —— 吖 吖 —— 啦啦——呼……

但是，在任何这种让人尴尬的废话到达外部世界之前，更深层的小妖，它们对这些混乱中的模式很敏感，开始塑造它，使之成为词语、短语、陈词滥调……

既然这样，那个如何？棒球，你不知道吗？实际上，草莓，意外事件，好吗？那是票。好吧，那么……

---

[*]　原文当然都是英文。这里比照英文情况举出中文的例子。——译者注

这又会激发小妖做出更进一步的意想不到的幸运发现，这些发现经机会主义的塑造活动而被放大，产生字节更长也更易被人接受的空话，直到最后一整句话浮现出来：

我要把你的牙齿打到你的肚子里去！

但很幸运，这句话被取消了，没有被说出来，因为同时（并行地）其他与之竞争的句子也在酝酿之中，它们现在即将发生，其中包括一些明显的失败者，比如：

你这个小气鬼！

和

最近读过任何好书吗？

和一个默认的胜利者，最后被说了出来：

你的脚奇大！

在这里，缪斯让我们的说话者失望了。没有什么聪明的反驳入围最后一轮，但至少在中途，是有某个适合说话者当前"心态"（mind-set）的东西被说出来了。说话者从见面的地方走开后，很可能会重新开始这场混乱的比赛，嘀咕着、沉思着他本来应该说什么。然后，缪斯会同某个更好的说法一起降临，说话者会细细品味它，一遍遍在心里翻来覆去地想，想象这句话会激起与他对话的人怎样的痛苦表情。到说话者回家的时候，他可能会生动地"回忆"起，他曾用刀子般犀利的妙语修理与他对话的那个人。

我们可以假设，所有这些都是在一代又一代迅速更新、"浪费惊人的"并行处理中发生的；一大群无名的小妖以及它们充满希望的建构产物，从来都不曾见到天日，这些产物要么作为得到**有意识的**思考并遭到拒绝的选项，要么作为最后被执行的言语行动让外部人听到。如果有足够的时间，那么在有意识的预演中被无言地筛选出来的建构产物也许不会只有一个。但是，这样一种正式的预演是一种相对罕见的事件，只有在赌注很大而且说错话会带来严厉惩罚的情况下才会出现。正常情况下，说话者不会预演，说话者和他的听众是在同一句话中知道他在说些什么的。

不过，这场词语锦标赛是如何裁决的？当一个词语、短语或完整句子击败它的竞争者，它对于当前心态的恰当性或适合性，是如何得到判别和评估的？心态是什么（如果它不是一个清楚的交流意向）？心态的影响又是如何传递到比赛中的？毕竟，即使没有一个核心赋义者，也必须还要有某种方式，让内容从系统内部的深层（如知觉过程）到达口头的言语报告。

让我们评论这些论题。官僚体制一边的问题在于，概念形成者好像有一种不祥的力量，这个"小人"拥有太多的知识与责任。概念形成者的权力过大，这在一个尴尬的问题上体现得很清楚：如何表达其输出，**即前言语信息**？如果它已经指定一个言语行动（如果它已经是心理语言中的一个言语行动，是向配制器发出的一个特定指令），那么创作的绝大部分艰苦工作在我们的模型启动之前就已经发生了。群魔混战一边的问题则在于，我们需要找到一种方式，内容的来源在无须对词语小妖**发号施令**的条件下，就能以此方式**影响**或**约束**词语小妖的创造性能量。

我们在第 1 章中所描述的过程——按照心理分析游戏的模型，经过好几轮"问答"，产生出幻觉——又是怎么回事呢？回忆一下，我们消除了聪明的弗洛伊德式的梦想剧作家和幻象制造者，用一个过程代替他，在这个过程中，内容可以从一个发问者连续不断的提问活动中**突现**出来。剩下一个如何消除这个聪明发问者的问题，我们当时推迟考虑了。在这里，我们还有一个补充问题，即如何回答一群急切的参赛者问的这种问题："为什么我们不说，'你的妈妈穿军靴！'"或（在另一语境里）"为什么我们不说'我好像看见一个红点在移动，它在移动时变绿了'？"这是**两个互补的问题——它们可以通过配对来彼此解决吗？**如果词语小妖是与此类似的提问者／参赛者，而内容小妖是回答者／裁判官，那会怎样？充分发育、获得执行的交流意向（意义），可以从言语行动设计的一个准演化过程中突现出来，在此过程中，各个子系统以串行和并行这两种方式进行合作，没有任何一个子系统可以单靠自己实施一个言语行动或者下达这样一个命令。

这样的过程真的可能吗？研究者已经提出各种各样的模型来说明这些"约束满足"的过程，这些模型也的确具有惊人的力量。除了神经元类的元素之间的各种"联结主义"架构（见 McClelland and Rumelhart, 1986），还有别的一些更为抽象的模型。例如，道格拉斯·霍夫施塔特（Douglas Hofstadter, 1983）的 Jumbo 架构，该架构搜寻针对乱序或字谜（Jumbles or anagrams）的解决方案，它拥有各种正确的特征；马文·明斯基（Marvin Minsky, 1985）关于构成"心智社会"的**行动者**的观念也是这样，对此我们将在第 9 章做进一步的讨论。但是，在更详细、更明确、更直接地讨论语言生成模型被创造出来并取得进展之前，我们必须保留判断。惊喜和失望都有可能出现。

然而，我们知道，在任何成功的语言生成模型的某个地方，我们都必须利用信息生成的一个演化过程，否则我们就会陷入一场奇迹（"然后奇迹发生了"），或者陷入设定任务的赋义者的一种无穷退行。*从莱维尔特综述的研究中我们了解到，一些相当僵化的自动过程可以完全取代和决定从语法到语音的转换活动，或者最终构成了说话的肌肉控制方案。这两个漫画式的描述界定了一个连续体的两个极端：一端是高度官僚，另一端是高度混乱。与我为求对比鲜明而使用的漫画故事不同，莱维尔特的现实模型吸收了（或可以很容易地让它吸收）相反漫画场景的一些非官僚体式的特征，例如：没有什么深层或结构性的东西，妨碍莱维尔特的配制器参与自发的（没被要求、没被指导的）语言生成，而且，鉴于从**语言理解系统**返回到**概念形成者**（见图 8.1）的监控环路，这个自发活动**也许可以**起到我们设想多个词语小妖所具有的那种生成作用。在这两个漫画式场景之间，有一个由更现实的方法所构成的中间连续谱，通过这些方法我们可以发展出替代的模型。主要的问题是：在那些规定所要说出的话的内容和风格的特化回路与那些"知道词语和语法"的特化回路之间，会有多少相互作用？

　　一个极端的答案是：没有相互作用。我们可以让莱维尔特模型原封不动，只是给它补充某个群魔混战模型，以此说明在固定"前言

---

* 在我们如何形成我们的交流方面，丹·斯佩贝尔和戴尔德丽·威尔逊（Dan Sperber and Deirdre Wilson, 1986）开启了一个新的视角，他们坚称，所建立的模型应该讨论说话者与听者交流的现实运作方式，这与哲学家和语言学家近来的研究实践相反，后者往往向这类机制挥手告别，并希望从理性上重构研究者所假设的任务以及这些任务的要求。斯佩贝尔和威尔逊的做法使人们可以考虑实用性和效率——最小用功原则（least-effort principles），同时还可以关注时间选择和概率。然后他们指出，从这一新的视角出发，一些传统的"问题"会怎样消失，尤其是听者如何找到说话者意图的"正确"诠释的问题。虽然他们没有把自己的模型放在我们刚才讨论的演化过程的层次上，但该模型无疑会欢迎这种细化工作。

语信息"时概念形成者的**内部**发生了什么。在莱维尔特模型中，在信息生成过程（规格设定）和语言生产过程（规格满足）之间，存在一种近于彻底的分离。当最初的一点前言语信息到达配制器时，它触发了一次说话的开头部分的生产，随着词语被配制器选择，这个信息就会约束这次说话如何继续，但是，在规格修改方面还是有最低程度的**合作**。配制器中的下属语言工匠，以杰里·福多尔的话来说，是"密封的"（encapsulated）；以自动的方式，它们尽其所能地执行收到的命令，没有如果，也没有但是。

在另一个极端则是这样一个模型：来自**词库**的单词和短语，连同它们的声音、意义和联想，在群魔混战中与语法构造你推我挤，所有这些都"试图"成为信息的一部分，其中一些因此做出实质的贡献，但只有很少的一部分最终执行了交流意图。在这种极端情况下，交流意图既作为这个过程的一个结果而存在，也在同样程度上作为原因而存在；它们作为一个产品突现出来，一旦突现，它们就可以作为标准，用来衡量各种意向的**更进一步的**实施。并不存在单一的意义来源，而是有许多不断转换的来源，它们在寻找正确词语的过程中伺机发展。在一个特定的功能位置，并非只有一个确定的内容在等待通过子程序变成某种语言；相反，一种"尚未完全确定"的心态分布在大脑各处，约束着创作过程，随着时间的推移，这个过程能够现实地反馈回来，以做出调整或修改，从而进一步确定明示的任务，正是这个任务首先发动了创作过程。串行通道的一种总体模式仍然存在，一个时间只集中于一个主题，但是，它们之间的边界并不分明。

在群魔混战模型中，控制权遭到篡夺，而不是得到代表，其中的过程大体是未经设计的和机会主义的。有多重的来源促成许多设计"决定"，以产生最后的话语，而且，从内部流出的内容的前进命令和由词语小妖所提出的、关于实现过程的自愿建议，不可能被严格地区分出来。群魔混战模型的这一标志表明，为了**保存**思想**表达者**的创造性作用（这对奥托来说很重要），我们必须**放弃**一种观点，即思想的**思考者**始于一个有待表达的确定思想。这个确定思想的观念对奥托来说也意义重大，但是，有些东西是必须放弃的（在第 3 节中我将更充分地讨论替代方案）。

真相在这条连续谱的什么地方呢？这是一个经验性问题，对此我们尚不知道答案。*但还是有一些现象强烈地表明（至少在我看来如此），语言生成包含**群魔混战**——机会主义的、并行的、演化的过程——从表层到底层几乎都是如此。我在下一节中会简要评述其中的一些过程。

3．当词语想让自己被说出来时

不管我们想说什么，我们很可能都不会确切地说出来。

——马文·明斯基

（Marvin Minsky, 1985, p. 236）

---

* 如莱维尔特指出的，"如果有人可以表明，例如，信息产生直接受到词条或单词形式的可访问状态的影响，那么，他就有证据证明从配制器到概念形成者的直接反馈。这是一个经验性问题，而且有可能对其进行检验……迄今为止，这种反馈的证据是否定的"（p. 16）。他所评论的证据来自严格的受控实验，在实验中，说话者有一个非常确定的任务，比如，尽可能快地描述屏幕上的图画（pp. 276-282）。这是出色的否定证据——比如说，我就对这些实验中没有效果的情况感到吃惊——但是，正如他所承认的，这根本不是定论。说这些实验场景的人为设计成功地淹没了语言使用的机会主义的／创造性的维度，这并非真的就是刻意诡辩。但也许莱维尔特是正确的，或许从配制器到概念形成器的唯一反馈是间接的：只有当一个人清楚地自言自语，然后对他发现他自己在说的东西形成一种意见，才会出现这种反馈。

人工智能研究者劳伦斯·伯恩鲍姆和格雷格·科林斯（Lawrence Birnbaum and Gregg Collins, 1984）指出，无意识说出心里话的行为（弗洛伊德式口误）有一个特别的地方。弗洛伊德极好地把我们的注意力引向既非随机又非毫无意义的口误，他认为，这些口误有深层的意义：它们是被无意识地、有所**意图地**插入话语结构中的，间接或部分地满足了说话者受到压抑的交流目标。这个标准的弗洛伊德式主张常常遭到怀疑论者的激烈反对，但是，这种主张在应用到一些特殊个案的时候，确实也有一些令人困惑的地方。需要说明的是，这里说的应用与一个人对弗洛伊德的那些更阴暗的主题（比如性、俄狄浦斯情结或死亡的渴望）的看法无关。弗洛伊德讨论过这样一个例子，一个男子说：

阁下，让我们为负责人的健康而**打嗝**。

［本例实际上是用德语讲的，在德语里，"打嗝"是 aufzustossen，在该句中它是 anzustossen（喝酒）一词的口误。］

在弗洛伊德的解释中，他论证说，这个口误表达了说话者想嘲弄或侮辱他的上司这一无意识的目标，但由于尊敬上司是一种社会与政治义务，所以这一目标遭到了压抑。但是……人们没有理由认为，说话者想要嘲弄他上司的意图，最初产生了一个计划，也就是使用"打嗝"这个词：先验地讲，还有许许多多的字词或短语，都更有理由用于侮辱或嘲弄某个人……不大可能说，一个计划者已经理性地预测，嘲弄或侮辱他上司这个目标可以通过说出"打嗝"一词来实现；出于完全一样的理由，也不大可能说，计划者首先就会选用这个词，作为对对方的一种侮辱。

这两位研究者主张，唯一能够解释偶然的弗洛伊德式口误为何频繁发生的过程，就是某个"机会主义的计划"。

> ……因此，像上面这样的例子似乎表明，目标本身是主动的认知行动者，它们能够控制一些辨认满足自己的机会所需的认知来源，也能控制一些利用这些机会所需的行为来源。（Birnbaum and Collins, 1984, p. 125）

弗洛伊德式口误引起了人们的注意，它似乎既是错误又不是错误，但是，它满足**无意识的**目标这一事实（如果它是一个事实），并没有使其更难被解释，因为其他同时执行数个功能（或目标）的词语选择一样是难以解释的。很难想象，双关语和其他有意识的语言幽默怎么会来自非机会主义以及封装的计划和生产。如果任何人有设计俏皮话的计划———一个实际起到作用的详细计划，那就必须有好几个喜剧演员为此赔上很多精力。*

如果伯恩鲍姆和科林斯是对的，创造性的语言使用就只能通过一个并行的过程完成，在此过程中，多重**目标**同时对材料的情况保持警觉。但是，如果材料本身同时也很警觉是否有被并入的机会，那又会如何？我们从自己的文化中挑出我们的词汇，字词和短语是侵入我们大脑的弥母的最显著表型特征———它们是可见的东西，而且很难有比

---

* 莱维尔特告诉我，他本人是一个寻找（在他的母语荷兰语中的）双关语的成瘾者，他还描述了自己是如何做的，"在一生的训练中，我都对自己刚刚听到的每个词进行倒转。然后我（有意识地）检查结果的意义。在 99.9% 的情况下，没有什么有趣的东西出现。但有 0.1% 的情况很好，而我立刻就把它们表达出来"（私人交流）。这是冯·诺依曼式问题解决的一个极好的例子：串行的、受控的———而且是有意识的！问题在于，是否还有别的、群魔混战更厉害的、无意识地产生妙语的方法。

语言产生系统更合适的弥母复制媒介了，在这个系统中，负责监管的官僚已部分放权，把相当大的控制权让给词语本身，这些词语则通过相互斗争来寻求获得公开表达的机会。

我们说我们所说的话，这主要是因为我们喜欢它听起来的感觉，而不是因为我们喜欢它所指的意思，这一点可不是什么新闻。新的流行语横扫亚群落，慢慢进入每个人的说话内容中，甚至包括那些试图抵制它的人。很少有哪个使用新词的人，是在刻意或有意识地遵循学校老师的教导："把一个新词用上三遍，这个词就是你的了！"而在一个更大的集成水平上，完整的句子之所以对我们有吸引力，也是因为我们喜欢它们在我们耳边响起的感觉或由舌头说出的感觉，而与它们是否满足我们已经选定的命题规格完全无关。在亚伯拉罕·林肯所说的最适合引用的话中，有一段是这样的：

> 你可以在某些时间里愚弄所有人，在所有时间里愚弄一些人，但你无法在所有时间里愚弄所有人。*

林肯的意思是什么？逻辑老师喜欢指出这句话存在"辖域歧义"。林肯的意思是说存在一些总被愚弄的傻瓜，还是说在每一个场合总有某个人要被愚弄——但被愚弄的并不总是同一个人？从逻辑上来看，这些是完全不同的命题。

比较一下：

---

* 根据《牛津引语词典》（*The Oxford Dictionary of Quotations*, second edition, 1953）可知，这句有名的话也被认为出自菲尼亚斯·T. 巴纳姆（Phineas T. Barnum）。由于巴纳姆是我所在大学的杰出校友和慷慨捐款人，所以我觉得有义务提醒人们注意这种可能性：林肯也许不是这个高度复制的弥母的原创者。

"有人总是中彩票。"

　　"那一定是作弊了！"

　　"那不是我的意思。"

　　哪种解读才符合林肯的原意呢？也许都不符合！这种情况的概率是多少：林肯从来没有注意到这个辖域歧义，而且实际上从未考虑过抱有这个而不是"那个"交流意图？也许只是因为他第一次说出这句话时，它听起来好极了，所以他才从未注意到这种歧义，**从来没有在先的交流意向**——除了想就"愚弄人"这个一般话题说一些简练而有节奏的话。我们就是这样说话的，甚至像林肯这样伟大的赋义者也是如此。

　　小说家帕特里夏·汉普尔（Patricia Hampl）在一篇深思熟虑的文章《自由想象的懒散习惯》（"The Lax Habits of the Free Imagination"）中，谈到她本人创作短篇小说的过程。

　　　　每个故事都有一个故事。这个很少有机会讲出的秘密故事，正是它的创作史。也许这个"故事的故事"**永远无法**被表述出来，因为一件完成的作品消耗了它的历史，让它变得过时，成了毫无价值的东西。（Hampl, 1989, p. 37）

　　她指出，已完成的作品很容易被评论家诠释为一部经过精巧设计以实现作者的许多复杂意向的人为产物。但是，当她遇到这些关于她自己的作品的假说时，她觉得很困惑：

　　　　"汉普尔"（这是她本人）很少有什么意向，除非我突然觉得自己像个骗子，要窃取散放在桌上的任何东西，只要它们符合我当下的目的。更糟的是，"目的"是模糊的、不一致的、可逆的、处在压力之下的。而谁——或什么——在施加压力呢？我说不出来。（p. 37）

那么，她是如何创作的？她提出一个座右铭："只要不断说话——喃喃自语就行。"（Just keep talking—mumbling is fine.）最终，喃喃自语的活动会采取一些形式，获得作者的赞同。有没有可能发生这样的情况：汉普尔在她的创造性写作中所探测到的大尺度过程，是更底层的和更快速的过程的放大，而正是后一过程才促成了日常生活中的创造性说话？

这种诱人的相似性不仅包括一个过程，而且还涉及随后的一种态度或反应。汉普尔坦白而热忱地交代的真相，与一般作者对读者的友好诠释所做出的一种更正常、实际上也不是不诚实的反应很不相同：这些作者很得体地遵从读者归咎于他们的意图，甚至乐意对此详加说明，他们的态度是："嘻，我猜这**就是我**一直以来所要做的！"为什么不呢？一个人刚才做出的一步（在下棋中、在生活中、在写作中），其实比他一开始想到的更高明，这样的反省难道有任何自相矛盾的地方吗？（关于这一话题的进一步反思，参见 Eco, 1990。）

正如 E.M. 福斯特所说："在我明白我说的东西之前，我怎么知道我想的是什么呢？"的确，我们常常是通过反思我们自己在说什么（而非改正什么），才发现自己想的是什么（因而发现自己指的是什么意思）。因此，至少在这些情况下，我们与我们的外部批评者和诠释者是在同一条船上，我们都是遇到一些文本，然后把自己所能找到的最好理解放到它上面。我们说了某句话这一事实，给我们所说的话赋予了一定的个人说服力，或者至少给了它一种假定的作者权威。**很有可能**，如果我说了它（而且我听到自己说了它，我还没有听到自己马上做出任何改正），那么我所指的意思就是它，而且它很可能是指它在我看来所指的意思。

伯特兰·罗素的经历提供了一个例子：

> 两位客人离开时已经很晚，之后罗素单独与奥特林·莫瑞尔夫人在一起。他们在炉边谈话，直到凌晨 4 点。罗素几天后记下这个事件，他写道："我不知道我爱着你，直到我听见自己对你这样说——在那一刻我心想：'老天，我在说些什么呀？'然后我知道，这是真话。"（Clark, 1975, p. 176）

不过，在其他情况下，要是我们没有这种自我诠释的**发现**感，情况又是怎样呢？我们也许可以假设，在这些正常的情况下，我们有某种私密的、专有的事前洞察力，知道自己所指的意思，而这是因为我们自己就是赋义者，是我们所说话语的意义之源（fons et origo），但是，这样一种假设需要一个支持论证，而不能只是诉诸传统。因为完全可能出现这样的情况：我们没有任何发现的感受，而这只是因为我们所指的意思对我们来说太过明显。根本不需要"访问特权"，我们能凭直觉感知到，当我在餐桌上说"请把盐递过来"时，我就是在要盐。

我曾经相信，没有什么可以替代核心赋义者，但我当时还以为，我已经为它找到一个安身之处。我在《内容与意识》一书中提出，必定存在一条功能显著的线（我称为觉察线），把交流意图的前意识固定与随后的执行分离开来。从解剖学上来看，这条线在大脑中的位置也许划分得不像话，但在逻辑上它必定存在，作为一个分水岭，它可以把功能失调分成两个类型。错误可以在整个系统的任何地方出现，但每个错误都必定落在这条线的一侧或另一侧（按照几何学的必然性）。如果错误落在这条线的执行一侧，它们就是（可纠正的）**表达错误**，比如口误、词语误用、发音错误；如果错误落在这条线的内侧或更高一侧，它们**就会改变所要表达的东西**（莱维尔特模型中的前言语信息）。意义就是在这个分水岭上被固定的，这里就是意思的所来之处。我那时以为，一定有这样一个意义从之而来的地方，因为必须有某个东西来设定一个标准，按照这个标准"反馈"才能记录执行失败的情况。

我当时的失误在于没有避免辖域歧义，同样的情况也曾困扰着我们对林肯格言的诠释。在每个情况下的确需要某个东西，暂时作为标准，任何被纠正的"错误"都要按照这个标准来纠正，但这个标准不必每次都是同一个东西——甚至在一个言语行动的持续时间**之内**也不必如此。不必有一条固定的（如果是不公正地划出的）界线来标示这一区分。实际上，正如我们在第 5 章中所见到的，前经验的修正（**改变所经验到的东西**）与后经验的修正（其结果是**错误报告或错误记录所经验到的东西**），这两者之间的区别在界限上并不明确。有时被试可以修正或增补他们的主张，有时他们不会这样。有时当被试确实做了修正时，经过他们编辑的叙事，与被取缔的版本相比，并不更接近"真理"或"他们**真正**所指的意思"。如我们以前指出的，出版前的编辑工作在何处停止，出版后的勘误工作在何处加入，这两者之间的区别只能任意得出。当我们问被试，某个特殊的公开声明是否充分地捕捉到了最终的内在真理，是否说明了他刚刚经历的东西，这个被试所处的判断位置并不比我们这些局外人更好。（参见 Dennett, 1990d）

这里还有看待同一个现象的另外一种方式。无论创造一个语言表达的过程在何时发生，一开始总有一个距离必须被消除——我们可以把它称为"语义空间的错配距离"，这是在要表达的内容与语言表达最初提名的各个候选者之间的距离。（按我原来的观点来看，我当时把这个问题看成一个单纯的"反馈纠正"问题，它以一**个固定点**为标准，各个语言候选者都依此标准来衡量、抛弃或改进。）缩小这个距离的往返过程是一般的反馈过程，但是，所要表达的内容，还是有可能在某个候选表达的方向上被调整，正如要被取代或编辑的候选表达，也有可能更好地容纳所要表达的内容一样。以这种方式，最好访问或最易获得的字词和短语，实际上可以**改变经验的内容**（如果我们把经验理解为最终被报告的东西——在被试的异现象学世界中尘埃落定的事件）*。

如果我们作为赋义者的统一性所得到的保障与此无异，那么，原则上，这种统一应当也有可能在某些罕见的场合分崩离析。这种情况似乎就发生在如下两个例子中。

有一次，有人一定要我在一场棒球比赛中担任一垒裁判，这对我来说是一项全新的工作。在这场比赛的关键时刻（第九局的下半场，两人出局，第三垒打成平手），我必须判断击球手跑向一垒的状况。正在这紧要关头，我发现自己大力地把拇指向上摆动——那是出局的信号——可喊出来的是："安全进垒！"在随后的混乱状态中，他们要我说出我刚才是什么意思。老实讲我说不出来，至少不能从任何具有特权的位置上说出来。最后我（对自己）做了决定，由于我打手势还不熟练，但我说话能力很强，因此我的言语行动应该作为裁判的依据，而其他人也应该做出同样的判断。（我会很高兴听到其他类似的逸闻：人们不知道他们的意思是要执行两个截然不同的言语行动中的

---

* 这让人想起弗洛伊德关于"前意识"如何起作用的观点："'一个东西是如何进入意识中的？'这个问题，可以更方便地陈述为：'一个东西是如何进入前意识的？'而答案是，'通过同与之相应的词语表达形成联系'。"（《自我与本我》，*The Ego and the Id*, English edition, 1962, p. 10）

哪一个。）

在实验环境下，心理学家托尼·马塞尔发现了一个更富戏剧性的情况。实验员告诉盲视被试（第11章我会再详细说明），一旦他认为有了闪光就**说话**，但就如何完成这个动作，还要给被试特别的指令。他在执行这个言语行动时，同时要做三个不同的动作（不必按顺序、也不必"统一进行"）：

（1）说出"是"；
（2）按下一个按钮（表示"是"的按钮）；
（3）眨眼表示"是"。

令人吃惊的是，被试始终没有同时完成这三个动作。有时他眨眼表示"是"，但没有说出"是"或没有按表示"是"的按钮，等等。没有什么直截了当的方法可以给这三种不同的反应排序，要么你忠实于意图，要么你力求正确性。也就是说，当这三个动作之间存在不一致时，被试没有一个可遵循的模式，告诉自己该接受并认为哪个动作是口误、手误或眼误。

在其他条件下，是否能在其他被试（无论是否正常）身上得到类似的发现，这还有待观察，但是其他病理状况也暗示了一种言语生产模型，按此模型，言语表达可以在没有得到核心赋义者任何命令的情况下开始进行。如果你有其中一种病态反应，那么，"你的心在休假，而你的嘴则在日夜工作"——正如莫斯·艾利森（Mose Allison）在歌中所唱的那样。

失语症（aphasia）是指讲话能力受损或丧失，有几种不同类型的失语症相当常见，神经学家和语言学家已经对此做了广泛的研究。在最常见的一种失语症，即布罗卡失语症中，病人敏锐地觉察到问题，努力找出那些好像就在嘴边的词，却备受挫折。在布罗卡失语症中，受阻的交流意图确实存在，这对患者来说十分清楚，也令其痛苦。但是，在一种相对罕见的失语症，即杂乱性失语症中，病人似乎一点儿也不担心他们语言上的缺陷。*虽然他们有正常的智力，也完全没有精神错乱或发疯，但他们似乎对如下这种语言执行情况感到十分满足［取自金斯波兰尼和沃林顿（Kinsbourne and Warrington, 1963）所描述的两个个案］：

个案 1：

你今天怎么样？

"闲话 O.K.、上院议员、板球和英格兰与苏格兰战役。我不知道。高血压和赢两球的板球赛，喘气、击球和捕捉，可怜的老家伙，取消或许闲话，取消，装备与论证，完成喘气。"

"安全第一"的意思是什么？

"看并看清和尤其是里士满大街，并且看交通和犹豫权和漫游，很好的原因，或许，斑马线或许这些，摩托车和红绿灯。"

个案 2：

你在办公室工作过吗？

"我在办公室工作过。"

---

* 莱维尔特告诉我说，荷兰奈梅亨（Nijmegen）的马克斯·普朗克心理语言学研究所正在进行的研究，对这个观点——这个已经被接受的观点——提出了质疑。赫希恩（Heescher）的工作表明，在某种层次上，杂乱性失语症或韦尼克失语症（又称感觉性失语症）患者，的确对自己的无能感到着急，他们似乎在采取重复策略，希望实现交流。

那是一家什么样的公司？

"哦，作为这家公司的一个主管，抱怨在于要讨论它们是语调的哪一类，如何被分类，如何抑制不同的……拟钉……拟钉螺属，把我从这种特征转缠中解脱出来……对不起……"*

"她想把这个有主观色彩的职业给予某个人以支持那个完好的怀孕货仓。"

"她的正常皱温会是一个点。"

让他辨认指甲锉：

"那是一把小刀，一个刀尾，一把刀，旧的，旧刀。"

让他辨认剪刀：

"丛林——它是一片丛林——它不是真正的丛林——包含着一把梳子的两片丛林——不，不是一把梳子——提供司令官现在不在的两片丛林——"

一个与此类似但更为常见的奇特状态是**虚谈**（confabulation）。在第 4 章中我曾提出，正常人可能会常常虚构自己经验的细节，因为他们很可能是在猜测，同时又没意识到自己在这样做，他们误将理论推理当作事实观察。病态的虚谈则是一种完全不同层次的无意虚构。在大脑受损的病例中，特别是在人们严重失忆时，如在科尔萨科夫综合征（严重酒精中毒的典型后果之一）中，他们会假话连篇地唠叨他们的生活和过去的经历，如果他们的失忆情况非常严重，他们甚至会唠叨起最近几分钟的事。

这样形成的空话听起来其实很正常。事实上，它听上去常常就像

---

* "转缠"一词造自 convenshment，下文"皱温"一词造自 corrucation。这两个都不是正常的英文单词。——译者注

低产出的、公式化的聊天，比较适合酒吧里的谈话："哦，是的，我太太和我——我们在一所房子里住 30 年了——常常外出到科尼岛，嗯，你知道，坐在海滩上——**爱**坐在海滩上，只是看着年轻人，嗯，但那是在出事之前……"——只是这些全是虚构的。这个人的太太可能几年前就死了，他也从来没有去过科尼岛 100 英里（约 161 千米）以内的地方，而他们也可能已经从一套公寓搬到另一套公寓。一个没有经验的听众常常完全都没觉察到他遇到的是一个虚谈者，这种人的回忆和对问题的随口回答，是如此自然，如此"真诚"。

虚谈者完全不知道他们自己是在虚构，杂乱性失语症患者似乎也不觉得他们是在滔滔不绝地说些语无伦次的话。这些让人吃惊的异常情况，属于**病感失认症**，也就是没有承认或认出缺陷的能力。这种自我监控缺失的其他类型也是存在的，我们会在第 11 章中考虑这些情况向我们所揭示的意识功能架构方面的信息。同时，我们可以指出，大脑机制完全可以在没有任何来自高层的连贯指令的情况下，建构出表面的言语行动。*

病理现象，无论是由精巧实验所诱发的暂时紧张，还是由疾病或大脑机械损伤造成的永久崩溃，都提供了大量关于大脑的机制如何得到组织的线索。在我看来，这些病理现象表明，我们的第二幅漫画，即群魔混战，与那种更庄严、官僚体制更强的模型相比，更加接近真相，但它仍然需要接受适当的经验性检验。我不是说，一个以官僚体制为主的模型不可能恰当地处理这些病理现象，而是说，这些病理

---

* 另一种不正常的语言现象是精神分裂症的常见征兆，即"幻听"。现在已经相当清楚：精神分裂者"听到"的声音是他自己的；他在与自己交谈，却没有意识到这一点。只要让患者一直张大他的嘴，就足以使声音停止（Bick and Kinsbourne, 1987）。可见其他文献（如 Hoffman, 1986），以及相关评论（如 Akins and Dennett, "Who May I Say Is Calling?", 1986）。

现象似乎不是这样一个系统的自然失灵状况。在写给科学家的附录 B 中，我会提到一些研究方向，它们也许有助于证实或否定我的预感。

我在本章中勾勒的但显然还没有证明的是一种方式，从数以千计的制造词语的小妖的临时联合体中突现出来的言语产品的激流，凭借这种方式可以展示出一种统一——一种由正在演化的最佳诠释所构成的统一，这种统一使得这些小妖看起来就**好像**是一个概念形成者的被执行了的意图。它们的确是被执行的意图，但这些意图不属于一个**内在的**概念形成者，后者被视作语言产生系统固有的一部分，相反，这些意图属于某个全局的概念形成者——某个人，语言产生系统反而是后者固有的一部分。

这个想法初看挺陌生，但它应该不会令我们吃惊。在生物学里，我们已经学会抵制这样的诱惑：通过假定有一个会做所有工作的、单个的伟大智能体来解释**在有机体中的设计**（design in organism）。在心理学中，我们已经学会抵制这样的诱惑：在解释**看**（seeing）时，说好像存在一个内在的屏幕观察者，因为这个内在的屏幕观察者做了所有的工作——在这样一个小人与眼睛之间的唯一事物就是某条电视电缆。同样，我们也必须逐步学会抵制这种诱惑：在解释**行动**（action）时，认为它来源于一个内在的行动命令者的命令，后者做了特别多的细致规定的工作。一如往常，要消除一个对我们的理论来说太过庞大的智能体的办法就是，用一个最终纯机械性的构造来取代它，这个机械构造就是一些协调行动的半独立的而且半智能的东西。

这一要点不只适用于言语行动的生成，也适用于所有的意向行为。（类似观点的发展，可参见 Pears, 1984。）而且，与某些第一印象相反，现象学实际上可以帮助我们看到情况就是如此。虽然我们偶尔也会意识到，自己在执行细致的实践推理，并得到一个结论——如果其他条件不变，那么我们应该做什么，紧接着我们再有意识地决定去做那件事，直到最后实际做出它来，但是，这些都是相对罕见的经验。我们的大多数意向行为，在实施时完全没有任何先兆，而这是一件好事，因为通常没有足够的时间。标准的陷阱是，假设这些相对罕见、有意识的实践推理的情况也是描写其他情况的一个好模型，而在后面这些相对常见的情况下，我们的意向行为是从我们无从访问的过程中突现出来的。我们一般都明白我们的行动，我们认识到它们基本上连贯一致，而且，在我们理解它们时，它们也对我们的规划做出了恰当的、适时的贡献。因此我们就放心地假定，它们是一些过程的产物，这些过程对目的与手段有着可靠的敏感性。这就是说，在某种意义上来说，它们是理性的（Dennett, 1987a, 1991a）。但这并不意味着，它们在一个狭义意义上也是理性的，即串行推理的产物。在解释这些底层过程时，我们不必遵循一个内在的推理者、做结论者、做决定者的模型，好像这些小人有条理地匹配目的与手段，然后下达具体指定的行动命令。我们已经粗略地看到，其实一个不同类型的过程也可以控制说话以及我们的其他意向行为。

我们正在缓慢而确定地摆脱自己的不良思维习惯，并用其他习惯取代它们。更一般地说，**核心赋义者**的消亡，就是**核心意向者**的消亡，但是，**老板**还会在其他的伪装下苟延残喘。在第 10 章中我们会遇到以**观察者**和**报告者**身份出现的老板，我们必须找到其他方式来思考正在发生的事情，但是，首先我们必须确保我们的新思维习惯的基础，为此，我们要把这些习惯与一些科学细节更紧密地联系起来。

第 9 章

人类心智之架构

1. 我们研究到了哪里？

最难的部分结束了，但还有许多工作要做。我们现在已经完成了最艰巨的想象拓展训练，准备开始试验我们新创的视角。一路走来，我们不得不搁置一些主题，还容忍了相当多的略而不证之处。许多承诺需要兑现，也有理论溯源和观点比较方面的工作待做。我的理论所包含的一些要素来自许多思想家。有时我故意忽略这些思想家的自得之处，并把它们同"敌对"阵营的观点混在一起，但出于叙述清晰和生动的需要，我压缩了这些凌乱的细节。这也许会令某些严肃的心智模式建构者觉得失望和不安，但我找不到能够把不同类型的读者引到同一个新观点上的任何其他途径。不过现在是盘库存、厘清一些关键细节的好时机。毕竟，排除万难去建构一种新视角，个中要旨就在于以一种全新的方式看待现象和争议。下面我们来汇总一下。

简要说来，我目前的理论如下：

不存在单一的、确定的"意识流"，因为不存在中央总部或笛卡儿剧场，好像"所有的东西都跑到那里"，让一个核心赋义者来透彻解读似的。不存在这样的一个单一流（无论它有多么广阔），而是存在多重渠道，各种特化回路在这些渠道中以一种并行运行、群魔混战的方式，试图去做它们各自的事情，它们一边混战，一边拟出多重草稿。大多数这样的"叙事"草稿片段，只在当前活动的调制中暂时扮演角色，但在快速的更替过程中，通过大脑中虚拟机器的活动，有些片段又上升为更高级的功能角色。这台机器的串行性（它的"冯·诺依曼式"特征），不是一种"硬连线的"设计特征，而是这些特化回路相继联合的结果。

基本的特化回路是我们的动物遗产的一部分。它们之所以产生，不是为了专门实现人的行为，比如读书写字，而是为了执行闪躲、逃避捕食者、识别面相、抓东西、扔东西、摘浆果以及其他的关键任务。有时它们会突然扮演新的角色，而它们天生的潜力使得它们或多或少地适合这些角色。得到的结果之所以并不是一场混乱，只是因为这种活动所固有的这些倾向本身就是设计的产物。这种设计的某些部分是先天的，其他动物也有。但人身上的这种设计，由于人类个体发展起来的思想的微观习性（microhabit）而得到放大，有时甚至有着压倒一切的重要性，这些习性部分是人类自我探索的独特结果，部分是文化的预设计的礼物。数以千计的弥母，多数靠语言承载，也有的靠没有语言的"意象"以及其他数据结构承载，它们在个体的大脑中"居住"下来，塑造它的倾向，因而也把它变成心智。

这个理论太过新颖，因此一开始很难把握，但是它也利用了人们在心理学、神经生物学、人工智能、人类学甚至哲学中提出的模型。这种不加掩饰的折中主义常常被它所借鉴的那些领域中的研究者嗤之以鼻。作为频繁闯入这些领域的一员，我已经习惯某些从业者对其他学科的同事的无礼态度。人工智能领域的人问我："丹，为什么你要浪费时间去跟那些神经科学家研讨呢？他们不理会'信息处理'，只是关心它在**哪儿**发生、牵涉到哪些神经传递以及所有那些烦人的事情，但对于高等认知功能的运算要求，他们毫无头绪。"神经科学家会问："为什么你要把时间浪费在人工智能的幻想上？他们只是发明任何他们想要的机器，并且说了些关于大脑的不可原谅的无知之见而已。"认知心理学家则被指责说，他们构建的模型，**既**在生物学上不可信，运算能力**也没**得到证实；人类学家即使看到一个模型也不知道它是一个模型；而我们都知道，哲学家只会在既缺乏数据又没有经验上可检验的理论的竞技场中，相互之间引来引去，警告人们注意他们自己制造的一些混乱。有这么多傻瓜在研究意识问题，难怪意识还是个谜。

所有这些指责以及其他更多指责都是对的，不过我还必须对抗傻瓜。被我借鉴过的那些理论家，其聪明才智令人惊叹，但也恃才傲物、毫无耐心——因为眼界与研究计划的限制，在推动解决困难问题时，他们只采用**自己**能够看到的捷径，却对别人的捷径横加指责。没人清楚所有的问题和细节，我也一样，每个人都不得不在问题的多数关节上含糊其词、猜来猜去和略而不证。

例如，神经科学家的一种职业病是倾向于把意识看成**线的终点**（这就像有人忘记，苹果树的最终产物不是苹果，而是更多的苹果树）。当然，神经科学家只是最近才开始思考意识，而且只有少数勇敢的理论家开始公开谈论他们现在的所思所想。就像视觉研究者贝拉·居里兹（Bela Julesz）近来开的玩笑：只有当你长了白头发，甚至拿到诺贝尔奖时，你才能有幸解决意识问题。弗朗西斯·克里克

（Francis Crick）*和克里斯托夫·科赫（Christof Koch）就冒险提出了一条假说：

> 我们认为，意识的功能之一是显示各种底层运算的结果，而这牵涉到一种关注机制，该机制利用 40 赫兹的振动把相关神经元的峰值同步化，从而暂时把这些神经元连到一起。（Crick and Koch, 1990, p. 272）

因此，意识所具有的一项功能就是**显示底层运算的结果**——但是，向谁显示？女王？克里克和科赫没有继续追问下述难题：**然后发生了什么？**（"然后奇迹发生了"？）一旦他们的理论把某种东西引入意识魔环，一切就结束了。它没有考虑我们在第 5~8 章中提出的问题，比如从（假定的）意识到行为（尤其包括内省报告）之间的坎坷之路是怎样的。

相反，认知心理学和人工智能领域所提供的心智模型，则几乎从未受到这一缺陷的伤害（参阅 Shallice, 1972, 1978; Johnson-Laird, 1983, 1988; Newell, 1990）。他们一般设定一个"工作空间"或"工作内存"（working memory）去取代笛卡儿剧场，他们的模型显示了在那里执行的运算的结果，是如何进入进一步的运算（指引行为的运算），形成口头报道，以及原路返回从而为工作内存提供新的输入的，等等。但是，这些模型一般不说工作内存可能在大脑的什么地方，或以何种方式存在于那里，它们如此关注在那个工作空间中进行的工作，以至于都没有时间"玩"——没有所谓的现象学的**愉快享受迹象**，而这原本似乎是人类意识的一个重要特征。

---

* 弗朗西斯·克里克是诺贝尔奖得主。——译者注

奇怪的是，神经科学家最终常常就像二元论者，因为他们一旦把事物"呈现"在意识中，似乎就把问题抛给了**心智**；认知心理学家则最终常常像僵尸论者（自动论者？），因为他们会描述神经解剖学家所不知道的结构，而且他们的理论意在指出所有工作如何可以在无须召唤任何**内在观察者**的情况下完成。

表面现象误人不浅。克里克和科赫不是二元论者（即便他们是，也显然是笛卡儿式物质论者），认知心理学家也没有**否认**意识的存在（即便他们在多数情况下极力忽视它）。再者，这些思路狭窄的研究进路也没有资格完成其中任何一项事情。神经科学家坚持认为，除非解决意识在大脑中的定位问题，否则就没有一个好的意识模型；认知科学家（比如人工智能专家和认知心理学家）则坚称，除非在不求助心智的情况下以物理的方式解决意识的功能以及它如何实现这些功能的问题，否则就没有一个好的意识模型。他们都有道理。正如菲利普·约翰逊-莱尔德（Philip Johnson-Laird）所说："任何科学的心智理论都必须把心智看作一台自动机器。"（Johnson-Laird, 1983, p. 477）上面各项研究都囿于自己的专业领域，这恰好向我们表明了另一项研究的必要性——尽可能结合每项研究的长处，而这就是我们现在所做的。

2. 以简短概要定位

我在本书中所要完成的主要任务是哲学任务：指出真正具有解释力的意识理论如何**能够**从这些部分的研究中建构起来，而不是提供并确证这样一个理论的全部细节。但是，如果不充分借鉴不同领域中那些开启新思考方式的经验性工作，我的理论就显得不可想象（至少对我来说）。（有一部内容特别丰富的文集讨论了关于意识的经验性发现和新观点，参阅 Marcel and Bisiach, 1988。）这是参与心智研究的辉煌时刻。新发现、新模式和惊奇的实验结果随处可见，而过分吹嘘的"论据"和过于草率的否决同样常见。当下心智研究前途宽广：什么是正确的问题，什么是正确的方法，几乎都没有确定的答案。面对如此之多未加证成的理论和猜测片段，我们不妨暂时将对论据的需求放在后面，而寻求一些或多或少独立的但同样没有定论的根据，它们也许能够汇聚起来，支持唯一的假说。不过，我们应该尽力控制自己的热情。有时看似熊熊烈火才能产生的烟雾，其实只是乐队彩车扬起的灰尘。

心理学家伯纳德·巴尔斯（Bernard Baars）在《意识的认知理论》（*A Cognitive Theory of Consciousness*, 1988）一书中，这样总结他所认为的"逐渐凝聚的共识"：意识的实现依赖于"由诸多特化回路组成的一个分布式社会，该社会配备了一个被称为**全局工作空间**的工作内存，其内容能够传播到整个系统"（p. 42）。正如他所指出的，许多理论家虽然在视角、训练和抱负上天差地别，但在意识必定以什么方式存在于大脑中的问题上，他们的观点却趋于一致。我现在谨慎引荐的正是这种正在形成的共识的一个版本，只不过忽略了其中一些特征，而强调另一些特征，我认为这些被我强调的特征要么遭到忽视要么被低估了，而且我认为它们对于打破仍旧存在的概念之谜来说特别关键。

为了定位我的理论与它所借鉴的众多成果之间的关系，让我们回顾一下我的简短概要。我们一次论述一个主题，找出类似之处，并注意其来源以及不一致之处。

> 不存在单一的、确定的"意识流"，因为不存在中央总部或笛卡儿剧场，好像"所有的东西都跑到那里"，让一个核心赋义者来透彻解读似的……

虽然大家都认为大脑中不存在像笛卡儿所论述的松果体那样的一个点，但这种看法的意蕴并没有被认识到，偶尔还被完全忽略。例如，在当前神经科学的研究中，关于"结合问题"的一些不太谨慎的理论阐述常常预设大脑中必定存在某个单一的表征空间（小于整个大脑），该空间中各种区分结果都彼此配准——将音轨与影片结合起来、给外形着色、填补空白部分。关于结合问题的一些相对谨慎的阐述，虽然避免了这个错误，但还是常常忽略了一些细节。

> ……不存在这样的一个单一流（无论它有多么广阔），而是存在多重渠道，各种特化回路在这些渠道中以一种并行运行、群魔混战的方式，试图去做它们各自的事情，它们一边混战，一边拟出多重草稿。大多数这样的"叙事"草稿片段，只在当前活动的调制中暂时扮演角色……

在人工智能的相关研究中，罗杰·尚克（Roger Schank）一直都强调类叙事序列（narrativelike sequence）的重要性：首先是他与埃布尔森（Abelson）合著的《脚本》（*Scripts*, 1977），最近又是他关于讲故事在理解中的作用的著作（1991）。不过，人工智能领域的另一些人，如帕特里克·海耶斯（Patrick Hayes, 1979）、马文·明斯基（Marvin Minsky, 1975）、约翰·安德森（John Anderson, 1983）、埃里克·桑德瓦尔（Erik Sandeval, 1991）以及其他人，则从完全不同的角度论证了数据结构的重要性，数据结构并不只是"快照"序列（随之而来的问题是如何重新辨别连续画面中的具体事物），而是以这种或那种方式得到了特定的设计，来直接表征时间序列和序列类型。在哲学领域中，加雷思·埃文斯（Gareth Evans, 1982）在不幸早逝之前，就已经提出了一些类似的观点。在神经生物学领域中，这些叙事片段在威廉·卡尔文（William Calvin, 1987）的**达尔文机器**的研究进路中是被当作场景和其他序列来讨论的。而人类学家早就认为，各种文化传递给其新成员的神话，在塑造他们的心智方面有着重要的作用（可参阅 Goody, 1977，关于把它应用到人工智能领域的提议，可参阅 Dennett, 1991b），然而，无论是从计算的角度，还是从神经解剖学的角度，他们都没有尝试对此建模。

> ……但在快速的更替过程中，通过大脑中虚拟机器的活动，有些片段又上升为更高级的功能角色。这台机器的串行性（它的"冯·诺依曼式"特征），不是一种"硬连线的"设计特征，而是这些特化回路相继联合的结果……

许多人都评论过这种步调相对缓慢笨拙的有意识的心智活动（如 Baars, 1988, p. 120），对此长期以来潜伏着一种解释：之所以如此，是因为大脑实际上不是为这类活动设计的（硬连线的）。人类意识也许是在大脑的并行硬件上实现的某种串行虚拟机器的活动，这个观点已经出现了好些年。心理学家斯蒂芬·科斯林（Stephen Kosslyn）在 20 世纪 80 年代早期的一次哲学与心理学学会会议上，提出了串行虚拟机器的观点，而我也大约从同一时间开始就在力图提出这种观点的不同版本（如 Dennett, 1982b），但在更早的时候，心理学家保罗·罗津（Paul Rozin）就在他的开创性论文《智能的演化与认知无意识的访问》（"The Evolution of Intelligence and Access to the Cognitive Unconscious", 1976）中提出了大致相同的观点，不过没有使用"虚拟机器"这个术语。另一位心理学家朱利安·杰恩斯在《二分心智的崩塌：人类意识的起源》（*The Origins of Consciousness in the Breakdown of the Bicameral Mind*, 1976）一书中做出了大胆的原创性推测，他强调，人类意识只是晚近的文化强加在早期的功能性架构上的结果，神经科学家哈里·杰里森（Harry Jerison, 1973）也以其他方式发展出这一思想。从这种观点来看，基础神经架构在产生时绝对不是白板（tabula rasa），而是一种媒介，作为大脑与世界互动的一项功能，各种结构在其中建立起来。如果要解释认知功能的运作，就必须引用这些建立的结构，而不是天生的结构。

> 基本的特化回路是我们的动物遗产的一部分。它们之所以产生，不是为了专门实现人的行为，比如读书写字，而是为了执行闪躲、逃避捕食者、识别面相、抓东西、扔东西、摘浆果以及其他的关键任务……

这一大群特化回路得到了迥然不同的理论的确证，但在它们的大小、作用和组织方面，研究者之间却有激烈的争论（关于这方面的一个有用的文献综述，可参阅 Allport, 1989, pp. 643-647）。神经解剖学家研究动物的大脑，其范围从海兔和乌贼到猫和猴子，相当多样，他们辨别出许多不同类型的硬连线回路，这些回路经过精巧设计以执行特定的任务。生物学家则谈到**天生的释放机制**（Innate Releasing Mechanism，IRM）和**固定的行为模式**（Fixed Action Pattern，FAP），它们可以接合在一起。在最近写给我的一封信中，神经心理学家林恩·沃特豪斯（Lynn Waterhouse）把动物的心智贴切地描述为由"IRM-FAP 的缝制品"组成。罗津（同其他人一样）把这种或许缝制而来的动物心智，预设为有着更多功能的心智的演化基础，这种心智利用这些先前存在的机制，达到新奇的目的。感知心理学家拉马钱德兰（Ramachandran, 1991）指出："在多重系统中出现一种现实的优势——它让你可以忍受你在现实世界中遇到的种种凌乱的意象。我最喜欢用如下类比来阐述其中一些观点：它有点儿像两个醉汉，没有对方的帮助，谁也寸步难行，但如果相互扶持，他们就能向着目标蹒跚前行。"

神经心理学家迈克尔·加扎尼加（Michael Gazzaniga）指出，神经缺陷（包括著名的但经常遭到错误描述的裂脑人）方面的大量数据支持这样一种心智观点，即心智是半独立的行为能力的联合或集束（Gazzaniga and Ledoux, 1978; Gazzaniga, 1985）；而来自一个不同领域的心理学家、哲学家杰里·福多尔（Jerry Fodor, 1983）则主张，人类心智的大部分是由**模块**组成的，也就是硬连线的、目标特定的、"封装的"输入分析系统（以及输出生成系统——虽然他对此没有多加论述）。

福多尔集中考察了人类心智可能特有的模块，尤其是语言习得和分析语句的模块。由于他在很大程度上忽略了一个问题，即在低等动物中是否存在类似于人类心智祖先的东西，而这种东西又是什么样子的，所以他给人留下的印象是主张一种不可能的演化观——认为演化是凭空设计出物种特有的全新语言机制的。福多尔在模块如何与心智的其余部分联系的问题上持激进的理智主义观点，这也鼓励了那些把这些模块看成大自然赋予智人的神奇礼物的理论家。依福多尔之见，这些模块没有在心智的组织结构中完成整个任务（比如控制眼与手的协调以拿起某物），而是在内部边缘处突然停止，这里就是它们无法跨越的心智边线。福多尔声称，合理的"信念固定"在一个核心竞技场中进行，模块奴隶般地把它们的物品存放到这个地方，再把物品转交给非模块式的（"全局的、各向同性的"）过程。

福多尔的模块是一个官僚梦：它们的工作规定如刀刻一样固定，它们不能扮演新颖的或多重的角色，它们"是认知上无法穿透的"——这意味着，它们的行动不可能因为系统其余部分的"全局"

信息状态的变化而得到调制或甚至被打断。在福多尔看来，所有真正有思想的认知活动都是非模块式的。想出下一步做什么，就假想的情景做推理，创造性地重构自己的材料，修正自己的世界观，所有这些活动都是靠一个神秘的核心设备完成的。此外，福多尔声称（带着一种奇怪的满足感），包括哲学在内的任何认知科学分支都不可能提供任何线索，去说明这个核心设备是如何完成它的工作的。

> 我们对表征的转化已经了解很多，这些转化的作用是把信息转变成适合核心处理的形式，而我们几乎完全不知道在信息到达那里之后发生了什么。我们追逐这个幽灵，并且已经深入机器内部，但还是没有驱除它。（Fodor, 1983, p. 127）

福多尔让这台核心设备做这么多事情，又赋予其这么多的非模块式力量，这就把他的模块变成了极不可信的行动者，因为只有在一个具有威慑权的老板代理人的陪伴下，这些行动者的存在才有意义（Dennett, 1984b）。由于福多尔在描述模块时的主要观点之一，是把模块有限的、可理解的、无心智的机械性与非模块核心无限的、不可理解的力量对立起来，因此原本至少可以接受他关于模块的大部分观点的理论家，也往往对他的模块论不屑一顾，认为那只是一个笛卡儿密党的幻想。

这些理论家中有许多人对马文·明斯基所说的**行动者**——这些行动者是《心智社会》（*The Society of Mind*, 1985）中探讨的核心内容——也持冷淡甚至敌意的态度。明斯基所说的行动者是"小人"，大小不一，大到具有天赋的巨型特化回路，几乎与福多尔的模块一样精致，小到弥母般的行动者（多线弥母、微弥母、充当审查员的行动者、充当镇压者的行动者等）。怀疑论者会认为，这一切看起来太简单了。凡是有任务的地方，就会有一帮规模取决于任务大小的行动者去完成它——用伯特兰·罗素的损话来说，这一理论推进有着偷窃胜于诚实地劳动的所有优点。*

小人，或小妖、行动者，是人工智能领域和更广义的计算机科学领域中杜撰的新词。任何一个具有怀疑倾向的人在首次听说"小人"这个概念时，都不清楚这个概念究竟能在多大程度上保持中性，又有多大的应用范围。安排一群小人，这也许真的会像怀疑论者所认为的那样，是一种空洞的姿态。但是，幸亏还有这样一个事实：在小人理论中，实质的内容在它的一些主张中，这些主张表明了被安排的小人是如何互动、发展、形成联盟或层级的。而且，小人理论的确可以大不相同。正如我们在第 8 章所见，官僚体制理论把小人组织到预先设计的层级。不存在担任闲职或引起混乱的小人，小人之间的竞争，就像美国职业棒球大联盟一样，受到严格的调节。与此相反，群魔混战理论则预设了许多重复的努力、无谓的运动、干扰、周期性的混乱和没有固定工作内容的懒汉。把这些非常不同的理论中的单元统称为小人（或小妖、行动者），还不如就把它们称为……单元。它们是具备特殊的有限能力的单元，从最严谨的神经解剖学理论到最抽象的人造物理论，都设置了这样的单元，然后推理出较大的功能如何由较小功能的单元组织去实现。事实上，**所有**类型的功能主义，都可以看作相应的"小人"功能主义。

有意思的是，我注意到一种近来在神经科学家中间很受宠的委婉说法。神经科学家在绘制脑皮质地图方面已经取得了巨大进展。皮

---

* 罗素在《数理哲学导论》一书中有这样一段话（商务印书馆，2009，第 71—72 页）："将我们所需要的'假设'为公理，这个办法有许多方便，就像以盗窃的手段获得他人的血汗所得一样，常是代价少而得利多。可是让他人来利用这种方便，我们要继续我们老实而辛勤的工作。"——译者注

质其实是被精巧地组织成互动神经元的特化功能柱［神经科学家弗农·芒卡斯尔将之称为"单元模块"（Vernon Mountcastle, 1978）］，然后又进一步被构建成较大的组织，比如"视网膜区域图"（眼睛视网膜的激活空间模式就被保存在这个组织中），然后再在更大的神经元组织中发挥作用（这方面我们仍然缺乏了解）。过去经常出现的情况是，神经科学家会谈论皮质中这些不同的神经束（tract）或神经元究竟传导什么信号。这时他们把这些单元看作小人，小人的"工作"总是"发送具有特定内容的信息"。近来的思想进展已经提出，这些神经束发挥着更为复杂和多变的功能，所以，现在研究者认为，那种以为它们只是在以信号表示这个或那个的看法是极其错误的。那么，我们如何表述那些在维持神经束活跃的特殊条件方面做出的来之不易的发现呢？我们说这个神经束"关心的是"颜色，那个神经束"关心的是"位置或运动。但这种用法不是人工智能中随处可见的荒谬的拟人论或"小人谬论"，不是刻意慈悲，这只是清醒的研究者偶然碰到的一种聪明的说话方法，它有启发性，又不必带上不当的细节，它可以用来讨论神经束。它适用于甲，也适用于乙。

明斯基的**行动者**的特殊性主要在于，与几乎任何其他类型的假设小人都不同，它们有历史和谱系。它们的存在并非只是假设的，它们必须从某个东西发展出来，而这个东西的先行存在并不完全是神秘的。明斯基还提出了许多看法，并阐明了这样的发展必定如何发生。与其说他对一些问题依然胆怯不做表态，比如神经元行动者由什么组成，它们存在于大脑中的什么地方，还不如说他想探索的是功能发展方面的最一般要求，而不是过度追求细节。正如他在描述自己早期的"框架"理论（"**心智社会**"是这一理论的后裔）时所说的，"如果这个理论变得更加模糊，它就会被忽略；如果它得到更详细的描述，其他科学家也许就能'检验'它，而不是贡献他们自己的观念"

（Minsky, 1985, p. 259）。但有一些科学家不为这种谦辞所动，他们感兴趣的只是那些现在就能做出可检验的预测的理论。这本来是一条讲究实际的策略，但请注意一个事实：迄今为止，编造出来的所有可检验的理论都被证明是错误的，所以，认为创造出**新的**可检验的理论所必需的视野突破可以突如其来，而无须像明斯基那样沉浸在大量富于想象力的探索之中，是很愚蠢的想法。（当然，我一直像明斯基那样在玩同样的"游戏"。）

回到那篇简短的概要：

> ……有时它们［特化小妖］会突然扮演新的角色，而它们天生的潜力使得它们或多或少地适合这些角色。得到的结果之所以并不是一场混乱，只是因为这种活动所固有的这些倾向本身就是设计的产物。这种设计的某些部分是先天的，其他动物也有。但人身上的这种设计，由于人类个体发展起来的思想的微观习性而得到放大，有时甚至有着压倒一切的重要性，这些习性部分是人类自我探索的独特结果，部分是文化的预设计的礼物。数以千计的弥母，多数靠语言承载，也有的靠没有语言的"意象"以及其他数据结构承载，它们在个体的大脑中"居住"下来，塑造它的倾向，因而也把它变成心智。

在这一部分的理论中，我刻意没有在许多重要的问题上表态：这些小人如何现实地相互作用来完成任何事情？基础的信息处理的交互作用是什么？我们有何理由认为它们可以"工作"？按照这份理论概要可知，事件序列是由"习性"决定的（我只是暗示一下采取什么方式），而且，除了第 5 章中关于什么**没有**发生的一些否定性主张之外，我还未从细节上说明过程的结构，而只有通过这些过程，来自多重草稿的各要素才得以长存，其中一些要素，由于这个或那个探查的结果，还最终产生了异现象学。为了看看问题到了哪里和可能有哪些答案，我们应该简略考察序列思考的一些更明确的模式。

3．然后发生了什么？

在第 7 章中，我们看到了冯·诺依曼架构如何提炼出有意计算的串行过程。图灵和冯·诺依曼分离出一种可以流经意识流的特殊的流，然后为了机械化而把它彻底观念化。这里存在众所周知的"冯·诺依曼瓶颈"，它由一个单独的结果寄存器和一个单独的指令寄存器组成。程序就是有序的指令列，这些指令取自机器硬连线地要执行的一个小的基元（primitive）集。一个固定的过程，即读取–执行指令循环，从存储器的数据队列取得指令；一次一个，而且始终从指令列中取得下一个指令，除非先行指令有分支被转移到指令列的另一部分。

当人工智能的模型建造者转而要在此基础上实施更现实的认知操作模型时，他们对这一切都做了修正。他们扩展了狭窄得难以容忍的冯·诺依曼瓶颈，把它转变成更加简明的"工作空间"或"工作内存"。同时他们还设计出更复杂的操作来充当心理基元，并以更灵活的下达和执行指令的方法，取代冯·诺依曼机器僵化的读取–执行指令循环。在一些情况下，工作空间变成一个"黑板"（Reddy et al., 1973; Hayes-Roth, 1985），各个小妖都能在上面写下供所有其他小妖阅读的信息，这些信息又会激起另一轮的写读。有着僵化指令循环的冯·诺依曼架构，仍旧在那里作为背景的一部分完成这种实施活动，但它在这个模型中并不发挥作用。在此模型中，下一步发生的事受制于"黑板"上相互竞争的、各种信息写读活动的结果。冯·诺依曼架构的派生物之一是各种互相关联的**生产系统**（Newell, 1973），它们构成了一些模型的基础，比如约翰·安德森（John Anderson, 1983）的 ACT*（读作"ACT 星"）模型和罗森布鲁姆、莱尔德和纽厄尔（Rosenbloom, Laird and Newell, 1987）的 Soar 模型（又见 Newell, 1990）。

这个简单的 ACT* 模型图能帮助你了解一个生产系统的底层架构（见图 9.1）。

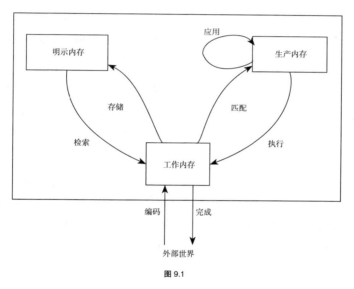

图 9.1

工作内存是所有行为发生的地方。所有的基本行为都被称为生产。从根本上来说，生产就是模式识别机制，一旦探测到**它们的**特殊模式，这些机制就会被激活。也就是说，它们是"IF-THEN"（**如果－那么**）运算符，待在附近看着工作内存中的当前内容，等到它们的**如果**（IF）子句得到满足，它们就依照**那么**（THEN）子句做出动作，不管它是什么（在经典的生产系统中，这个动作是在工作内存中存入新的数据要素，以进一步地细读生产）。

所有的计算机都有 IF-THEN 基元，它们是一些"感觉器官"，使计算机有可能针对进入内存的数据或从中检索的数据，做出差别化反应。这种**条件分枝**能力是计算机能力中一个必不可少的部分，无论计算机的架构是哪种。初始的 IF-THEN 是图灵式的清楚简单的机器状态指令：IF（如果）你看到 0，THEN（那么）用 1 取代它，向左移动一个空间，转入状态 n。你可以把这样的简单指令，同你可能发给一位训练有素、经验老到的哨兵的指令对比一下：IF（如果）你看到某个你不熟悉的事物，AND（和）深入研究也并不能解决这个问题，OR（或）你还留有怀疑，THEN（那么）就拉响警报。我们可以从简单的、机械化的 IF-THEN 中建造起这样的复杂监控吗？**生产**是中间层次的传感器，有人也许可以用它来建造更复杂的感觉器官，然后建立整个认知架构。生产可以采用复杂的、边界模糊的 IF 子句，它们所"识别"的模式，不必简单得就像收银机所识别的条码，而是应该更像哨兵区分指令的模式（有关讨论，可参见 Anderson, 1983, pp. 35-44）。我们知道，图灵机在一个时刻总是只有一种机器状态（总是从 IF-THEN 集合中只取一个来检验，然后才转向下一个数据项），与图灵机中的 IF-THEN 不同，一个生产系统中的 IF-THEN 是一起等待，（模拟）并行运行，因此在每个时刻都有不止一个生产可以满足系统条件并准备行动。

事情在这里就变得有趣了：这样一种系统是如何**解决冲突**的？当不止一个生产得到满足时，总是可能有两个（或更多）生产导向互不相容的方向。各并行系统可以承载大尺度的交叉目标，但系统要在世界上取得成功，就不能所有事情都同时发生，有时必须放弃一些事情。如何解决冲突，是模型差异化的一个关键。事实上，由于绝大部分甚至所有在心理学和生物学上有趣的细节，都在于这个层次上的差别，因此最好把生产系统的架构看成用于建造模型的底层媒介。但是，所有的生产系统都有一些共同的基本假定，提供一条通向我们的理论概要的桥梁：它们都有一个行为发生的工作空间，许多生产（等同于小妖）都可以尝试在这里同时做它们自己的事情；它们同时都拥有一个多少有点儿惰性的内存，天生的和累积的信息就储存在这里。由于这样一个系统所"知道"的每件事在此空间中并非都可以同时得到，因此柏拉图的问题，即让正确的鸟在正确的时间飞进来，就成为需要面对的主要逻辑任务。而且，从我们现在的观察点来看，最重要的就是，理论家**现实地找出**候选的机制来回答那个**困难的问题：然后发生了什么**。

例如，在 ACT* 模型中，有五条解决冲突的原则：

（1）**匹配程度**（Degree of match）：*如果一个生产的 IF 子句所得到的匹配比另一个的更好，它就有优先权。*

（2）**生产能力**（Production strength）：*近期取得成功的生产有着与之相关的更高"能力"，这使它们优先于能力较低的生产。*

（3）**数据不应性**（Data refractoriness）：*相同的生产最多只能与相同的数据匹配一次（这是为了防止无限循环和相对不太极端但也相似的惯例）。*

（4）**专属程度**（Specificity）：*当两个生产与相同的数据匹配时，专属程度更高的 IF 子句的生产胜出。*

（5）**目标优势度**（Goal dominance）：*生产在工作内存中存入的项目里包含目标。在 ACT* 的工作内存中，一次只能有一个当前活动的目标，而任何其输出与活动目标相匹配的生产，都拥有优先权。*

上面都是解决冲突的合理原则，在心理学和目的论上都很有意义（详细的讨论参见 Anderson, 1983, ch. 4）。但是，也许它们所图过大。也就是说，安德森自己聪明地设计出 ACT* 模型的冲突解决系统，他利用自己的知识来探索在冲突解决环境中出现的种种特定的问题以及处理它们的有效办法。本质上他是把这种复杂的知识硬连线到演化天生馈赠的系统中。与此形成有趣对比的是罗森布鲁姆、莱尔德和纽厄尔（Rosenbloom, Laird and Newell, 1987）的 Soar 模型。与任何并行架构一样，它也会遇到**僵局**（impasse），所谓僵局就是需要解决冲突的情况，要么是因为相互矛盾的生产"激活"，要么是因为没有生产"激活"，但是，Soar 模型把僵局看成天赐良机，而不是问题。僵局是系统中的基本建造机会。冲突不是通过一套预先固定的冲突解决原则来自动处理（一个发号施令充当交警的小人早已就位），而是非自动处理。一个僵局创造一个**新的**"问题空间"（一个话题工作空间），其中要解决的问题就是这个僵局。这可能生成另一个元-元交通问题空间，以此类推——甚至**可能**直到永远。但在实践中（至少在如今已经建模的领域中），在问题空间堆积数层之后，最顶端的问题找到了一种解决方法，它又会迅速向下解决下一个问题，以此类推，这样，在对可能性的逻辑空间做出一种琐碎的探索之后，空间增生这个不祥的问题被消除了。此外，上述实践对系统的效果就在于，把由此所得的来之不易的发现"集结"到新的生产中，这样，当类似问题将来再出现时，我们手上就有一个新创的生产来迅速解决它——解决这个在过去已经得到解决的琐碎问题。

我简要提到这些细节，不是要论证 Soar 模型胜过 ACT* 模型的最终优点，而是就一些问题提供一点看法，我们可以通过建立在这类部件上的模型对各种问题进行可靠的探索。我自己的预感是，出于各种我们在此无须关注的理由，生产系统的底层媒介在它的约束因素方面**仍然**太过观念化和简单化，但是，从冯·诺依曼机器到生产系统的这条轨迹，却指向更进一步的架构，它们在结构上会越来越有头脑，探索它们的能力和局限的最好办法就是建造它们并运行它们。这样的方法可以把在种种理论中（比如我的理论）仍然是印象式的和含糊的东西，转变为诚实可靠的模型，从而可以从经验上检验它们的细节。

当你接受我在上面 4 章就意识机制提出的各种主张，开始尝试在诸如此类的认知系统模型上把它们并列考察时，会出现许多问题，但我不打算在此做出解答。由于这些问题都没有得到解决，所以我的概要就只是概要而已——这份概要可以松散地适合整个理论家族，即使它们有着重要的不同之处。在这里我只需要做到这个程度，因为意识哲学关心的问题是**任何**这样的理论能否解释意识，所以，若是我们把希望钉死在一个过分具体的观点上，而它最终被证明有严重缺陷，那将会是草率的。（不过在附录 B 中，我将公开表达少数经验性意见，以满足一些人的要求，他们想要的是一开始就有可验证含义的理论。）

不只是哲学家需要这个层次的建模工作来确定自己的理论是否可靠，神经科学家的理论也应如此。例如，杰拉尔德·埃德尔曼（Gerald Edelman, 1989）关于大脑中"再入"回路（re-entrant circuit）的精致理论，提出了许多主张来说明这些再入部分如何可以完成区分、建造内存结构、协调问题解决的有序步骤，并大体执行一个人类心智的活动，但是，尽管这些理论包含丰富的神经解剖学细节，尽管埃德尔曼提出了一些充满热情同时也往往合理的主张，我们却不会知道他的再入部分可以做什么，以及这些再入部分是否就是构想功能神经解剖学的**正确**途径，除非它们在 ACT* 模型或 Soar 模型的精细层次上经过塑造，成为一个整体的认知架构，并显示自己的作用。*

在更精细的建模层次上还有一项未完成的任务：指明生产（或任何我们称为模式识别小妖的东西）本身在大脑中是如何得到实现的。巴尔斯（Baars, 1988）把他的特化回路称为用于建造的"砖块"，他决定把砖块制造的深入细节留到别的时间或别的领域去解决，但正如许多人所指出的那样，一个很有诱惑力的做法是，假设在集成的若干水平上，特化回路本身应当被建模，而模型是由某类联结主义的结构组成的。

联结主义（并行分布处理）是人工智能领域的一个相对近期的发展，它许诺把认知建模推进到神经建模，因为作为**它们的**砖块的要素是并行网络中的节点，所以这些网络的联结方式看起来就像大脑中的神经网络。把联结主义的人工智能与"老式的人工智能"（Haugeland, 1985），以及与神经科学中的各种建模计划进行比较，已经成为学术界的主要研究内容（例如，参见 Graubard, 1988; Bechtel and Abrahamson, 1991; Ramsey, Stich and Rumelhart, 1991）。这并不令人惊讶，因为联结主义在心智科学和脑科学之间巨大的未知地带开辟出了一条最早的、不大可信的统一之路。但是，几乎没有哪项围绕着"正确对待联结主义"（Smolensky, 1988）的争论会影响我们这里的计划。当然还是得有一个理论层次（或多个层次）具有像联结主义模型那样的精

---

* 埃德尔曼（Edelman, 1989）是一位理论家，他尝试把神经解剖学细节、认知心理学、计算模式和最抽象的哲学争论放在一起。结果是失败的，但具有启发性。这一结果详细地表明，在我们可以声称已经取得一个完整的意识理论之前，还有多少不同类型的问题必须予以回答。但它也表明，没有哪个理论家能够重视不同领域所提问题的微妙之处。埃德尔曼误解并且又突然不屑考虑许多潜在同盟的工作，所以他的理论很难得到别人的"同情"和有益关注——而别人的这种帮助是避免错误和弥补缺点所必需的。这也引出了一种可能：我也许同样低估了在这几页中我所不赞同的某些工作。无疑我是这样做了，而我希望，那些被我错误地复述了其智力成果的人，可以（再次）尽量解释我漏掉了什么。

细度，而且它要在更接近神经解剖学的理论层次与更接近心理学或认知理论层次之间充当中介。问题是，哪些具体的联结主义观点可以成为这种解决方案的一部分，哪些观点又会在此过程中被淘汰。除非解决了这个问题，否则思想家们往往会把联结主义的争论场当作宣传口号的扩音器，而虽然与其他人一样我也乐意在这些争论中采取一定的立场（Dennett, 1987b, 1988b, 1989, 1990c, 1991b, 1991c, 1991d），但在现在这个场合我要保持缄默，着力完成我的主要任务，这个任务就是要弄清楚，当尘埃落定时（无论以何种方式），一个**意识**理论如何可以从这里浮现出来。

请注意，从冯·诺依曼架构到生产系统和（更精细层次的）联结主义系统这样的虚拟架构，在这个不断进展的过程中发生了什么。这里有一种所谓的力量平衡转换。固定的、预先设计的程序，沿着一些路轨前行，路轨上有一些由数据决定的少数分站点；程序被灵活的——其实是变化多端的——系统取代，这些系统的后续行为更多是系统当前所遇到的事情与过去遇到的事情之间复杂互动的一个函数。正如纽厄尔、罗森布鲁姆和莱尔德（Newell, Rosenbloom and Laird, 1989）指出的："所以标准计算机的问题是如何中断运行，而 Soar 模型和 ACT* 模型（很可能也是人类认知）的问题则是如何保持聚焦。"（p.119）

在这个理论问题上花了这么多笔墨，我想强调一点：这是力量平衡的一种转换，而不是转向某种"性质不同的"操作模式。最易变的模式识别系统（无论是不是"联结主义的"系统）的核心在于冯·诺依曼引擎，这个引擎一路发出咔嚓咔嚓的声音，计算着可以计算的函数。从计算机诞生的那天起，人工智能的批评者就总在强调，计算机是僵化的、机械的，完全受程序规定，而它的维护者则反复主张，这只是一个复杂性程度的问题——人们在计算机上完全可以不受限地创造非僵化的、模糊的、整体的、有机的系统。随着人工智能的发展，这样一些系统出现了，于是批评者现在必须在鱼与熊掌之间做出选择。他们是应该宣称，（例如）联结主义系统就是他们一直认定的心智构成要件，还是应该提高价码，坚称在他们看来即便是联结主义系统也不够"整体"，或不够"直观"，或……（填上你喜欢的任何口号）？人工智能最著名的两位批评者，加利福尼亚大学伯克利分校的哲学教授休伯特·德赖弗斯（Hubert Dreyfus）和约翰·塞尔在此问题上意见不一；德赖弗斯坚决支持联结主义（Dreyfus and Dreyfus, 1988），而塞尔则冒了更大的风险，坚持认为联结主义的计算机不可能体现出**真正的**心智性（Searle, 1990a, 1990b）。

这些所谓"原则上的"怀疑论者也许正在撤退的路上，但是，统一论者仍旧面临巨大的问题。在我看来，最大的问题与我们这里所谈论的意识理论有直接关系。认知科学中的共识可以用许多类似图 9.1 的示意图来阐明，这个共识说：**在这里我们有长期内存（柏拉图的鸟笼），在那里我们有工作空间或工作内存，它实际上是思考的发生地。**[*]

---

[*] 功能主义者已经养成了"盒子学"的习惯——他们在画图表时，把功能的各个成分装入分开的盒子，同时明确否认这些盒子具有解剖学上的意义（我为参与并鼓励这种实践而惭愧，见《头脑风暴》第 7、9、11 章中的图）。我仍然认为，"原则上"这是一个好策略，但在实践上，它确实容易使功能主义者忽视替代的功能分解，尤其是忽视多重叠加功能的前景。工作内存和长期内存在空间上分离，这种设想就如柏拉图的鸟笼一样古老，在理论家如何诠释认知任务方面扮演着重要的角色。一个突出的例子是："符号的需要之所以产生，是因为一种运算牵涉的所有结构不可能提前在运算的物理位置上集合起来。所以就有必要外传到内存的其他（远侧）部分，获取额外结构。"（Newell, Rosenbloom and Laird, 1989, p.105）这直接催生了**可动符号**的设想，然后（在那些不加批判地喜欢这种设想的人那里）导致出现关于一切联结主义架构的怀疑论，其依据在于，这样一些结构中最接近充当符号的基元（以这种或那种方式与系统语义学保持一致的节点），无法在它们彼此联结的网络中移动（例如，可见 Fodor and Pylyshyn, 1988）。固定的语义学基元与可动的语义学基元问题，是看待认知科学中一个未获解决的基本问题的一种方式。它很可能不是一种好方式，但它不会消失，除非有一个更好的见解来取代它，而且这种见解还要根植于对功能神经解剖学的基本事实的积极接受（而不是完全不屑一顾）。

然而，大脑中并不存在收容这样两个分离装置的地方。大脑中唯一可以作为这两个分离功能的可靠家园的地方，就是整个大脑皮质，那不是两个紧邻的地方，而是一个大地方。正如巴尔斯在总结这种逐渐形成的共识时所说的，只存在一个**全局**工作空间。它是全局的，不仅是在功能的意义上（大致来说，它是任何事物能够与任何其他事物接触的一个"地方"），而且也是在解剖学的意义上（它分布在整个皮质中，无疑也涉及大脑的其他区域）。于是，这就意味着，工作空间必须利用同样的神经束和神经网络，后者貌似在长期内存中起主要作用，即"存储"因个体探索而带来的设计变化。

假设你学会了如何制作玉米饼，或了解到"表型的"这个词语的意思。大脑皮质必须以某种方式充当中介，稳定的联结模型可以在其中相当持久地把这些修正设计固定在你与生俱来的大脑中。假设你突然想起你预约了牙科医生，驱散了听音乐的闲情逸致。大脑皮质又必须以某种方式充当中介，不稳定的联结模式能够在其中迅速地改变整个"空间"的这些暂时内容——在这个过程中当然不会抹去长期内存。这两种类型极为不同的"表征"，如何可以在相同的中介中共存？在纯认知模型中，这些工作可以被安置在一张图的不同方格中，但是，当我们必须把它们叠加到唯一的神经组织结构上时，我们根本就不需要担心这个简单的打包（packaging）问题。

两种功能不同的网络系统应该可以相互渗透（就如电话系统和公路系统横跨美洲大陆一样）——这不是问题所在。深层的问题潜藏在我们所做的一个假设的表层之下。我们已经假设，个别的特化小妖在某个更大规模的事业中以某种方式征召其他小妖。如果事情只是召集这些新成员，在共同事业中发挥它们的**特化**才能，那么我们也许已经有了这类过程的模型，比如 ACT* 模型、Soar 模型和巴尔斯的全局工作空间，它们有程度不等的可信的细节。但是，如果那些特化回路

（specialist）有时也被征召为**通用回路**（generalist）以实现一些功能，而它们的特化才能在这些方面的作用却微乎其微，那会怎样？这是一个诱人的想法，其理由各种各样（例如，参见 Kinsbourne and Hicks, 1978），但据我所知，我们仍然没有任何用来说明这类具有双重功能的要素如何可以运行的计算模型。

困难就在这里：人们普遍认为，大脑中的特化回路必须以某种方式，从它们在有相对固定联结的网络中的实际位置，获得它们的功能身份。例如，一个特定的神经束只是"关心"颜色，唯一能够解释这个现象的事实似乎就是，它与视网膜中的视锥细胞形成了独特的联结（虽然是间接的），视锥细胞则对不同频率的光线最敏感。一旦这样的功能身份确立起来，联结就可以被切断（如在成年失明的人身上那样），而不会（完全）丧失特化回路表征（或以其他方式"关心"）颜色的能力。但是，如果首先没有这样的因果联结，那就很难看出，什么可以赋予特化回路一个具有特定内容的角色。*大脑皮质似乎（主要）是由一些要素组成的，这些要素多少有些固定的表征能力，而这是它们在整个网络中功能定位的结果。它们的表征方式就同众议院议员如何代表相应选区一样：携带来自与之有着特定联系的来源的信息（例如，通过他们在华盛顿的办公室里使用电话所做的绝大多数交流，我们能追溯到他们所代表的选区）。现在想象一下，众议院的议员们坐在体育场的一排椅子上，每个人高举一个代表重要信息的彩色大牌子，比如"Speed Kills！"，信息是根据牌子上的一些大型字母拼出来的，字母大到从对面的看台都可以看见。简而言之，这些议员是活生生的像素，他们与自己选区的关系没有在此反映到他们在群体代表方

---

* 换句话说，"因果指称理论"的吸引力对认知科学家与哲学家来说，都是显而易见的。

面的贡献上。一些皮质征召模型有力地表明，**像**这种次级表征角色的东西必定是可能的。例如，我们可以假设：与某个特殊事务有关的信息内容可以在某个特化回路中产生，然后以某种方式沿着皮质区域传播，充分利用那些区域的变化状态，但不涉及"居住"在那里的单元的特化语义学。假设某人的视野左上四分之一的区域突然发生一个变化。正如预期的那样，我们可以看到，大脑的兴奋首先发生在视皮质的某些部分，这些部分表征（以众议院的方式）视野左上四分之一的区域中事件的各个特征，但这些热点马上变成传播兴奋的源头，把皮质行动者与其他选区卷到了一起。如果这种唤醒沿着皮质区域的传播不是泄漏或噪声，如果它也能发挥某种关键作用，细化或加速一个叙事片段的编辑活动，那么这些征召而来的行动者所扮演的角色，与它们作为来源（具有固定作用）时的角色，必定是完全不同的。*

不足为奇的是，关于这种多重功能性，我们迄今还没有好的模型（我所看到的唯一可信的推论是明斯基在《心智社会》中做出的一些推测）。正如我们在第 7 章所指出的，人类工程师的远见并不完美，于是他们就训练自己去设计一些系统，其中每个要素都扮演唯一的角色，与外部干扰谨慎隔离，以最大限度地降低无法预见的副作用。此外，大自然并不担心可预见的副作用，它们一旦出现，它就能利用这些偶然发现的副作用——次数少之又少。神经科学家至今都束手无策的皮质功能分解问题之所以如此难以捉摸，很可能源于下述事实：他们发现自己根本无法接受可利用的要素有多重角色这类假说。哲学家欧文·弗拉纳根（Owen Flanagan, 1991）将一些浪漫主义者称为新神秘论者，他们提出的主张说，大脑在理解它自己的组织结构方面存在

---

* 福多尔在讨论"接受一种概念"（Fodor, 1990, pp. 80-81）时注意到这个问题的一种变化形式。

一个不可克服的困难（Nagel, 1986; McGinn, 1990）。我不接受任何这样的主张，却会考虑如下看法：要弄清楚大脑如何工作，确实困难至极（但并不是不可能），这部分是因为它是由一个过程所设计的，该过程可以因多重的、叠加的功能性而壮大，但这一点很难从逆向工程学的视角看出来。

这些问题就算有人注意，也会激起一些随意而不尽严谨的论证。一些人不假思索地要摒弃这种**特化回路／通用回路**的两重性观念，不是因为能够证明它是错误的，而是因为无法想象如何对它进行建模，他们因此也就相当合理地希望，他们永远不必这样做。但是，一旦这个远景可期，它至少能为理论家提供一些新线索。神经生理学家已经（试探性地）辨别出神经元中的一些机制，比如 NMDA 受体（俗称"记忆闸门"）和冯·德·马尔斯伯格突触（von der Malsburg, 1985），它们是可信的候选者，可以充当细胞之间联结性的快速调节器。这样的闸门或许允许快速形成短暂的"集合体"，这些集合体可以叠加在网络上，不必要求长期突触强度（通常被认为是把长期内存的持久集合体连在一起的黏合剂）有任何改变。（沿着这些思路进行的一些新颖推论，可参见 Flohr, 1990。）

在更大的范围内，神经科学家一直在填充大脑中的联结图，他们不仅指出哪些区域在哪些情况下处于活跃状态，而且开始指出它们做了什么样的贡献。研究人员猜测若干区域在意识中扮演了关键角色。人们早就知道，中脑**网状结构**的形成以及在它之上的**丘脑**，在唤醒大脑方面发挥着关键作用——比如将大脑从睡眠中唤醒，或者对新奇事物或突发事件做出反应，而现在研究者已经绘制出更好的路径图，更细致的假说就能够得到阐述和检验。例如，克里克（Crick, 1984）提出，从丘脑辐射到大脑皮质所有部分的分支，使丘脑适合扮演"探照灯"的角色，它们有差别地唤醒或加强特定特化区域，并利用这些区域实现当前目的。[*]巴尔斯（Baars, 1988）则详细阐述了一个与此类似的概念：**延伸的网状丘脑激活系统**（Extended Reticular Thalamic Activating System，ERTAS）。将这一假说吸收到我们在解剖学上尚不明确的、关于特化回路联盟之间竞争的论述很容易，但有个条件，即我们不要掉进一个诱人的意象陷阱，以为有一个丘脑**老板**在**理解**当前的事件，这些事件实际上是受与丘脑处于"交流状态"的脑中各个部分管理的。

类似地，我们知道，大脑皮质的**额叶**——智人大脑最明显增大的部分——参与了长期控制以及行为的编制与序列安排。额叶各个区域的受损通常会产生一些相反的症状，例如，精神错乱与精神过于集中而无法摆脱常规束缚，以及容易冲动或没有能力按部就班地做出延迟满足的行为过程。于是，一种诱人的做法也许是，将**老板**设定在额叶中，有几个模型已经在这个方向上采取行动了。一个特别复杂的模型是诺曼和沙利斯（Norman and Shallice, 1985）的**监督注意系统**（Supervisory Attentional System），他们将这个系统定位在前额叶，并认为在辅助的官僚机构不能合作时，它要承担解决冲突的特殊责任。我们再次看到，为那些控制后续事件的关键过程找到一个解剖位置，这是一回事，而确定**老板**的位置，这又是另一回事；任何人要去搜寻前额显示屏——**老板就是在这里**追踪其控制的计划——都将是徒劳一场（Fuster, 1981; Calvin, 1989a）。

---

[*] 关于注意力的探照灯理论已经流行多年。拙劣的理论过于刻板地错误认为，探照灯在某个时刻有区别地照明或加强的是一个**视觉空间**区域——就如剧场中的聚光灯可以在某个时刻照明舞台的一个区域一样。更能得到辩护的（在此也是更令人印象深刻的）探照灯理论则坚持，它是一部分被有区别地加强的**概念**或**语义**空间（你可以尽你所能，想象剧场中一个可以挑出卡普列家族成员或全部**情侣**的聚光灯）。关于探照灯理论的困难之处的讨论，见 Allport, 1989。

不过，一旦放弃这个诱人图景，我们就必须找到其他方式来思考这些区域所做的贡献，而在这方面近来虽然也有一些进展，但仍然存在观念短缺的问题。这不是说，我们不了解这个机制是什么，问题主要在于缺乏一个计算模型来说明这个机制在做什么以及它是如何做的。在此我们仍然处在隐喻和略而不证的阶段，但这不是一个要避开的阶段；它是我们在研究的路上需要跨越的一个阶段，我们可以从这里出发去寻找更明确的模型。

4．乔伊斯机器的力量

根据我们的概要可知，大脑中同时进行的许多有内容的事件之间存在着竞争，而其中一个优选的事件子集会"胜出"。也就是说，它们设法催生各种类型的持续效应。有些与语言小妖结合，促成连续的说话，既包括对别人大声说话，也包括对自己无声说话（和大声说话）；有些把它们的内容借给其他形式的后续自我刺激，比如给自己画图。其余的则几乎立即消亡，只留下淡淡的痕迹和间接证据表明它们曾经发生过。你也许很想问，一些内容以这种方式得以成功进入那个迷人的循环，这究竟有何好处？**这个**循环究竟有什么迷人之处？意识据说是一种特殊而强大的东西。被推入下一轮的自我刺激循环，有何特殊之处？这会有什么帮助吗？在这些机制中近似魔幻的力量可以逐渐累积成为事件而发生吗？

我并不主张，这种竞争状态下取得的任何特殊类型的胜利，都相当于提升到了意识的高度。事实上我认为，我们没有依据来划出一条分界线，以区分明确处在意识"之中"的事件与永远处于意识"之外"或"之下"的事件（对此立场的更深入的论证，可参见 Allport,

1988）。但是，如果我的乔伊斯机器理论要解释意识，那么这台机器的部分乃至所有的活动就最好有某些非凡的地方，因为不能否认的是，从直觉上说，意识的确是某种特殊的东西。

在讨论这些常见问题时，很难不陷入思维陷阱：首先我们必须弄清楚意识是**为了**什么而存在的，然后我们才能追问，人们提出的机制是否可以成功地完成**那个**功能——无论我们认为它是什么。

神经科学家、人工智能研究专家大卫·马尔（David Marr）在一本富有影响力的著作《视觉》（*Vision,* 1982）中提出，我们在解释任何心智现象的研究中都应该追求三个层次的分析。"顶"层或最抽象的层次是运算层，主要分析"信息处理任务**这个问题**"［强调为笔者所加］；中间层或算法层则是执行信息处理任务的实际分析过程；最低层即物理层，提供关于神经机制的分析，并指明它如何执行中间层所描述的算法，从而实现运算层抽象描述的任务。*

马尔的三个层次的分析理论同样可以用来描述比心智简单得多的事物，我们可以通过看它们如何应用于某个简单的事物，例如算盘，来体会这些层次之间的差别。算盘的运算任务是做算术：对提供给它作为输入的任何算术问题，产生一个正确的输出。因此在这个层次上，算盘和手持计算器很相似：它们都被设计用于完成相同的"信息处理任务"。关于算盘的算法描述——在做加减乘除时拨算珠的行为程序（recipe），你在学习如何操作它时就能学到。它的物理描述取决于它是由什么组成的：它可能是串在一个框架的金属线上的木质算珠，也可能是沿着地板裂缝排列的扑克游戏筹码，或是用铅笔和橡

---

* 与此紧密相关的区分包括，我的意向立场、设计立场和物理立场的三位一体结构（Dennett, 1971），以及艾伦·纽厄尔（Allen Newell, 1982）把"知识层"放在"物理符号系统层"之上的定位方式。参见 Dennett, 1987a, 1988e; Newell, 1988。

皮在一张有纹线的纸上画出的东西。

马尔建议在所有三个分析层次上对心理现象进行建模，他尤其强调要先厘清顶部的运算层，之后再一路奔向低层的建模工作。*他自己在视觉研究方面的工作出色地展示出这个策略的力量，其他研究者自此也把它很好地用于其他现象的研究之中。一个诱人的做法是，把相同的三个层次的分析应用于意识整体，有些人就屈从了这种诱惑。但是，正如我们在第 7 章所看到的，这是一种危险的过度简化：通过询问"意识的**独特**功能是什么"，我们假设存在一个唯一的"信息处理任务"（无论多么复杂），它是由——很可能就是通过演化——精巧设计的意识神经机制执行的。这会导致我们忽视一些重要的可能性：意识的某些特征具有多重功能，现存要素由于发展的历史限制不能很好地执行某些功能，有些要素根本没有任何功能——至少就我们的利益而言没有任何功能。为了谨慎地避免这些疏忽，让我们来回顾一下我那篇简短概要所描述的机制的**力量**（而不必然是功能）。

首先，正如我们在第 7 章所看到的，显著的自我控制问题是由同时活动的特化回路激增造成的，而乔伊斯机器的活动所履行的基本任务之一就是裁决争论，使得体制平稳过渡，并通过部署"正确的"力量阻止不合时宜的政变。在那些不存在激烈竞争的情况下，简单的或过度学习的任务通常无须引入额外力量便可执行，所以也是无意识地被执行的。但是，当某个任务比较困难或令人不愉快时，它就要求"集中注意力"，而这是"我们"需要一些帮助才能完成的，这些帮助包括自我警惕、各种其他的记忆窍门、预演（Margolis, 1989）和其

---

* 正如马尔所指出的："把解释区分为不同层次，我们就有可能清楚地阐述什么被运算和为何被运算，也有可能构建一些理论，说明正被运算的东西在某种意义上是最好的，或是确保可以正确运转的。"（p. 19）关于这类逆向工程学利弊的更多讨论，参见 Dennett, 1971, 1983, 1987a, 1988d; Ramachandran, 1985。

他的自我掌控（Norman and Shallice, 1985）。我们经常发现，大声说话很有帮助，这是对粗糙却有效的策略的一种回溯，我们现在的私人思想只是它们的精致派生物。

这样的自我控制策略允许我们支配自己的知觉过程，同时开辟新的机会空间。正如心理学家杰里米·沃尔夫（Jeremy Wolfe, 1990）所指出的，虽然我们的视觉系统天生就被设计用于探测某些类型的事物——在我们"看"时"跳出来的"类型——但是也有其他一些类型，仅当我们刻意去**看**它们，而且得到一种自我表征行动所建立的策略的帮助时，我们才能辨识它们。一个红斑在一群光滑的绿斑中会很突出（实际上它就像树叶交错中的成熟浆果一样突出），但是如果你的计划要求你在许多不同颜色的斑点中找到红斑，你就必须**给自己设定一个任务**，一个串行搜索的任务。如果你的计划是在五颜六色、形状各异的糖果中找到一块红色方形糖果［或者回答流行画谜中的问题——"沃尔多在哪里？"（Handford, 1987）］，这项串行搜索的任务就变成一个特别让人全神贯注的有条理的计划，需要高度的自控力。

这些向自己表征事物的技巧使我们成为自我支配者或执行者，其他生物都不可能做到。我们可以事先制定策略，这要归功于我们思考假说和编造场景的能力；我们可以坚定决心，参与一些不太愉快或长期的计划，这需要自我提醒的习惯，以及预估我们所用策略的收益与成本。而更重要的是，这样的做法有助于我们记住我们是经由何种途径到达今天的位置的（心理学家称之为**片段式记忆**），所以在发现自己陷入绝境时，我们就可以向自己解释，我们到底犯了什么错误（Perlis, 1991）。在第 7 章中我们看到，这些策略的发展如何使我们的先祖看到更远的将来，而赋予他们这种增强的预见能力的部分因素，就是一种增强的回忆能力——能够更远地回顾自己近期的操作，思考他们在哪些地方犯了错误。"嗯，我不能再**那样**做了！"这是任何从经验中学习的生物都会一再重复的话，但与其他生物相比，我们可以学会把我们犯错的**那些**事情回放得更长远、更有启发性，这要归功于我们保存记录的习惯，或者更准确地说，归功于我们自我刺激的习惯，这些习惯有许多作用，其中就包括增强回忆。

不过，这类记忆载入只是这些习惯的用途之一。同样重要的还有广播效应（Baars, 1988），它创造出一个开放的论坛，让一个人学会的**任何**事情都可以对**任何**当前问题做出贡献。巴尔斯提出主张说，内容的互访性提供了一个**语境**，否则发生在"意识中"的事件对主体就不会也不可能有任何意义。事实上，组成周围语境的内容本身并不总是有意识的，一般来说，它们其实完全不可访问，即使在被激活时也是如此，但是，这些内容与可以在言语报告中现身的内容之间的联系，就能保证所谓的"有意识把握到的"意义。

本着同样的精神，雷·杰肯道夫（Ray Jackendoff, 1987）论证说，由大脑完成的分析的最高层（他指的是最抽象的一层）在经验中是无法访问的——即便它们使经验有意义并因此使之成为可能。他的分析因而提供了一个有益的矫正，打破了笛卡儿剧场的另一个化身，即"最高点"或"冰山之巅"［这里有一个取自神经心理学家罗杰·斯佩里（Roger Sperry, 1977, p. 117）的好例子："处在大脑组织的层级体系最高层的顶级司令部这个位置，这些主观的特性……对处在次级层次的生物物理和化学活动施加控制。"］

相当一部分哲学家，尤其是那些受到胡塞尔现象学学派影响的哲学家（Dreyfus, 1979; Searle, 1983），强调这种有意识的经验"背景"的重要性，但是，他们一般把它描述成神秘的或难以处理的特征——机械论的解释对此无能为力，而不是像巴尔斯和杰肯道夫那样视它为提供一个关于发生之事的计算理论的关键。这些哲学家认为，意识是某种特殊的"内在意向性"的**来源**，但正如哲学家罗伯特·范久利克所指出的，这完全是倒退。

> 私人层次的理解经验……不是一种幻觉。我，作为经验的私
> 人主体，的确有理解的经验。我能在经验之内建立所有必要的联
> 结，召集各种表征，把它们彼此直接联系起来。我的能力来源于
> 我是由亚私人成分的有组织系统构成的，这些成分产生了我的有
> 序思想流：这一事实并没有否定我的能力。真正的幻觉或错误倒
> 是这种看法：我是某种独特的实体自我，这个自我借助一种完全
> 非行为形式的理解产生这些联结。（van Gulick, 1988, p. 96）

你所学的任何东西都有助于你面对现在遇到的每件事情。这
至少是一种理想。福多尔（Fodor, 1983）把这一特征称为**各向同性**
（isotropy），用柏拉图的话来说，它是一种能力，需要鸟时就把相应
的鸟召唤来或至少让鸟鸣唱。这看似施了魔法一般，但正如舞台上的
每个魔术师都知道的那样，魔术的表象是靠一个事实强化的：魔术师
往往可以指望观众出于解释的需要而夸大现象。也许我们最初似乎具
有理想的各向同性，但实际并非如此。清醒的反思提醒我们，在很
多场合下，我们都没有及时认识到新数据的意义。想想"恍然大悟"
（double take）这种用于夸张表现的经典喜剧手段（Neisser, 1988）。
我们有时甚至骑驴找驴，或点着火柴往燃气箱里看。*

舞台魔术师知道，凭借一些简单的计策组合往往就足以制造"魔
术"，而**大自然**这位终极工具设计者也是这么做的。人工智能研究领

---

* 在《最小合理性》（*Minimal Rationality*, 1986）一书中，哲学家克里斯托弗·切尔
尼亚克（Christopher Cherniak）分析了因开放论坛的这种规定而成为可能的演绎过
程的前景和局限。另参见 Stalnaker, 1984。

域已经在探索可能的计策空间，寻找"适当协调和快速施展的启发式策略束"（Fodor, p. 116），后者能够提供出我们这些人类思考者所展示的那种程度的各向同性。像 ACT* 和 Soar 这样的模型，以及人工智能领域其他许多正在探索的观念，都很有前景，但尚无最终定论。一些哲学家，尤其是德赖弗斯、塞尔、福多尔和帕特南（Dreyfus, Searle, Fodor and Putnam, 1988），确信"将心智视为小工具"的观念是错误的，他们还试图建构一些论证，证明这个任务是不可能的（Dennett, 1988b, 1991c）。例如，福多尔指出，虽然具有特殊目的的系统可以是硬连线的，但在一个具有通用目的、可以多方面应付任何新项目的系统中，"**不稳定的、即时的**联结也许才是重要的"（p. 118）。他不认为有任何人能想出这样一种联结理论，但他却并非只是持悲观态度：他在**原则**上不抱希望（十足的把戏）。他说得对，我们应该相信，我们逼近各向同性的能力是源于我们的软件，而非我们的硬连线，但他反对"把戏袋"假说的论点有一个假设，那就是我们比自己实际所做的还要善于"全盘考虑"。我们做得很好，但不是好到不可思议。我们发展出的自我掌控习惯，把我们变成了诡计多端的开发者，充分利用着我们来之不易的资源；我们虽然并不总是能要鸟鸣唱鸟就鸣唱，但完全可以让我们成为好伙伴。

5. 但这是意识理论吗？

直到现在我还是怕谈论意识。我小心翼翼地避免告诉你，在我的理论中，意识究竟是什么。我没有宣称，乔伊斯机器的任何实例化的东西都是有意识的，我也没有宣称，这种虚拟机器的任何具体状态都是有意识的状态。我采取沉默的原因是战术性的：我想避免争论意识是什么，直到我已有机会表明，至少许多所谓的意识力量可以用乔伊斯机器的力量来解释，**无论**这个机器**是否**为它的宿主硬件赋予意识。

难道不能有一个**无意识**的存在，它有一个内在的全局工作空间，小妖在这个空间里把信息传播给别的小妖，它们形成联盟和其他的一切？如果真是这样，那么人类在几乎任何偶然情况下（不管这情况多么新奇），都能做出迅速而多面的心智状态调整的惊人力量，就不是归功于意识本身，而是归功于使这种相互交流得以可能的计算架构。如果意识是居于乔伊斯机器之上的某个东西，那我就还没有提供一种意识理论，即便其他令人困惑的问题已经得到了解答。

在整个理论概要形成之前，我不得不回避这样的疑问，但是，终于是时候迎难而上了，是时候直面意识本身了，是时候直面这个完全不可思议的谜团了。我要在此宣称，**是的**，我的理论是一种意识理论。任何有这样一个虚拟机器作为其控制系统的人或物，都有最充分意义上的意识，而且它之所以有意识，就**是因为**它有这样的一台虚拟机器。*

现在我打算回应反驳意见。我们可以从前两段的那个没有回答的问题着手。难道某种无意识的东西，比如僵尸，就不能有乔伊斯机器吗？这个问题暗示着一种如今盛行不衰的反驳意见，以至于哲学家彼得·比厄里（Peter Bieri, 1990）把它称为**转经筒**（The Tibetan Prayer Wheel）。无论人们提出什么理论，这种反驳意见都会一而再，再而三地反复出现：

---

* 杰肯道夫（Jackendoff, 1987）采取了一种稍微不同的策略。他把身心问题一分为二，并用他的理论解决**计算性的**心智如何与身体适配。这给他留下一个没有解决的"心-心问题"：现象的心智与**计算性的**心智之间是什么关系。我不承认这是一个残留的谜团，我想要指明的是，在异现象学方法的协调下，**多重草稿模型**是如何一次性地同时解决这两个问题的。

都很好，所有那些有关大脑如何做这做那的功能细节都很好，但是我能想象：**那一切**都发生在一个实体中，同时却不会有任何真正的意识发生！

对此有个很好的答案，但人们很少听过，那就是：哦，你能吗？你怎么知道？你怎么知道你就已经想象到了"那一切"的充分细节，又充分注意到了它全部的含义？是什么让你认为你的主张有望引出精彩的结论？思考一下，如果一位当今的活力论者说出下面一段话，我们将会表现出怎样的无动于衷：

都很好，与 DNA 和蛋白质等有关的东西都很好，但是我能想象，我发现一个看起来和行动起来像猫的实体，一直到它血管里的血液和"细胞"中的 DNA 都像猫，但它不是活的。（我真的能想象吗？当然能，它不就在喵喵叫嘛。然后上帝在我耳边低声说："它不是活的！它只是一套机械的 DNA 配件！"在我的想象中，我相信上帝。）

我相信，没有人会认为这是支持活力论的好论证。这种想象的努力没有什么意义。为什么？因为它太微弱，无从撼动当代生物学为生命提供的解释。这个"论证"唯一表明的是，如果下定决心，你就能忽视"那一切"去坚持你的信念。转经筒作为一种反驳我所勾勒的理论的论证，会比这好？

得益于我们在前面几章所做的想象力拓展训练，我们现在可以把寻找证据的负担转到别人头上。转经筒（我们将会看到，还有一些非常不同的变种）是笛卡儿那著名的论证的派生物（见第 2 章），在该论证中，他声称他能**清楚地**、**明白地**构想出来，他的心智与他的大脑是不同的。这类论证的力量关键取决于构想的标准有多高。有些人也许会声称，他们可以清楚地、明白地构想一个最大的素数或没有固定形状的三角形。他们错了——或者无论如何，当他们说自己在构想这些事情时，他们所做的任何事情都不应该被视为某种可能性的标志。我们现在要以一定的细节想象"那一切"。你**真的**可以想象一具僵尸吗？你只有在上面这个唯一的意义上才能说，你"显然"能够想象它，但是这不是挑战我的理论的意义；而如果有一个更强的、不太明显的意义，那它就还需要证明。

一般来说，哲学家没有做此要求。近来心智哲学中最有影响的思想实验，全都让观众想象某种特别设计或规定的事态，然后——不去检查想象是否已经实现——让观众"注意"这种胡思乱想中的各种结果。我称之为"直觉泵"，它们常常是一些极其巧妙的手段。如果仅仅从其诱惑力来说，它们的确名副其实。

在第三部分我会一并考察它们，并提出我们的意识理论。依照我们的新视角，我们可以看出误导了观众和幻想家的花招；在此过程中，我们会让自己的想象力更敏锐。在一些著名论证中，我们不仅会碰到"**假定僵尸存在的可能性**"，还会碰到"颠倒光谱"、"色彩科学家玛丽关于颜色所不知的东西"、"中文屋"和"成为一只蝙蝠会是什么样子"。

第三部分

意识的哲学问题

第 10 章

展示与讲述

1. 在心智之眼中旋转意象

我们在处理哲学思想实验之前所面临的第一个挑战来自一些真实的实验，它们似乎可以恢复笛卡儿剧场的地位。过去 20 年里，在认知科学领域最激动人心和最精巧的研究中，有一些就关系到人类操作意象的能力，其中最早的是心理学家罗杰·谢泼德对如下这类图形（图10.1）的**心智旋转速度**所做的经典研究（Shepard and Metzler, 1971）。

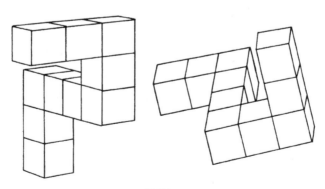

图 10.1

在原始实验中，研究者给被试显示这样成对的线条图，问他们这对线条图是不是同一形状的不同视图。你能马上做出判断，回答"是"。你是如何做到的？一个典型的回答是："我在心智之眼中旋转其中一个意象，然后把它叠加到另一个上面。"谢泼德改变了配对图形之间的旋转角距，有些只需小角度调整，有的则须大幅度旋转，然后他测量被试在不同摆法下的平均反应时间。假设大脑中有某种类似的旋转意象过程发生，那么，旋转一个意象 90° 所花的时间，就是旋转 45° 的两倍（如果忽略加速与减速，保持匀速旋转）*。谢泼德的实验数据在很多条件下都很好地证实了这个假说。他和其他人接下来的数百次实验非常详尽地探索了大脑意象操作机制的行为，而且（我尽量谨慎地陈述仍有争议的共识）大脑中似乎确实存在心理学家斯蒂芬·科斯林（Stephen Kosslyn, 1980）所说的"视觉缓冲器"，它会通过强"意象式"的过程，或者用科斯林的话来说，**准图画式**的过程，进行图像转换。

这是什么意思？认知心理学家终究发现了笛卡儿剧场的存在吗？在科斯林看来，这些实验表明，建造意象以在内部显示，与从计算机内存文件中创建 CRT 上的图像，方式是一样的。一旦它们出现在内部屏幕上，那些需要完成特殊任务的被试就可以旋转、搜索它们并进行其他操作。但是，科斯林强调，他的 CRT 模型是一个隐喻。这大概让我们想起沙克隐喻式的"意象操作"才能。毫无疑问，沙克的计算机式大脑中没有笛卡儿剧场。为了更清楚地看到人脑中真实发生的情况，我们可以从一种非隐喻的模型着手——它太"强"反而显得不真，然后我们一点点地从这个模型中"抽掉"不可取的属性。换句

---

* 这种有用的过度简化，是研究者后来用于探索的多种技巧之一，现在也有大量的证据表明，在心智意象转换中存在"惯性"和"动量"效应。（参见 Freyd, 1989）

话说，我们准备采用科斯林的 CRT 隐喻，再逐渐引入对它的限制。

首先，考虑一个操作真实意象的真实系统，比如计算机制图系统，我们今天在数百种设备中都可以看到它们的影子：电视和电影的计算机动画，一些能让建筑师和室内装潢师在焦点视图中看到三维物体的系统，电子游戏，等等。工程师把他们的系统称为 CAD（计算机辅助设计）系统。CAD 系统是工程学的革命，不仅因为它们使绘图变得极其容易，就像文字处理器之于书写，而且因为工程师能用它们轻松处理和回答一些原本相当困难的问题。面对谢泼德根据图 10.1 所提出的问题，工程师可以在 CAD 系统的协助下做出回答，他先把两个意象摆放在 CRT 屏幕上，然后转动其中一个意象，再试着把它叠加到另一个之上。这个过程的一些细节是比较重要的。

每个被绘图的物体都作为一个**虚拟**三维物体进入计算机内存，这时物体会被分解为一项描述，以 xyz 坐标界定它的平面和边线，虚拟空间中每一个被占据的点都是"有序的"三维坐标值，被存储在计算机内存中。默认的观察者视点也作为同一虚拟空间的一个点进入计算机内存，同样由它自己的 xyz 坐标的三个数值来界定。下面有一个立方体绘图和一个视点（见图 10.2），但重要的是记住：计算机唯一必须存储的是每个关键点的坐标值，它们组合成为更大的组群（比如立方体的每个面），以及每个面不同属性的编码信息（它的颜色、明暗、质地等）。旋转其中一个物体，然后在虚拟空间中移动它，这些步骤容易被计算出来，只要按常量调整物体的所有 xyz 坐标值即可——这种调整是简单的算术。这样，计算视线（视线决定了人们可以从虚拟视点看到物体的哪些面，它们看起来又是什么样子的）就是简单的几何学问题。计算本身很简单，但算起来很费力或"计算强度比较高"，而如果同时还要计算平滑曲线、明暗、反射光线和质地，就尤其如此。

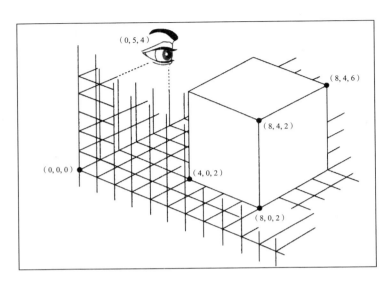

图 10.2

在高级系统上，不同的画面（frame）可以得到快速计算，快到足以在屏幕上制造视动，但条件是保持表征的图式性质。"隐线移除"（见图 10.3）是一个运算过程，它使最终的意象在适当的位置上不再透明，以免谢泼德的立方体看上去像透明的内克尔（Necker）立方体，这个过程本身相对耗时，在一定程度上限制了可以"实时"制造的东西。比起我们每天在电视上看到的、由计算机制图产生的华丽而细腻的图像转换，意象的生成过程要慢很多，即便在超级计算机上也是如此；一个个的画面也必须储存下来，以备后来进行更快的显示，满足人的视觉系统的运动探测要求。*

这些三维的虚拟物操作器是人们珍爱的新工具和新玩具，它们的

---

* 在流行的 IBM-PC 程序"飞行模拟器"中，可以实现令人印象深刻但显然还是断断续续的动画，这就表明，小型计算机在制作相当复杂的三维片段的实时动画时是有局限性的。

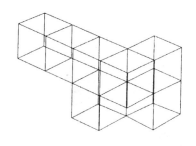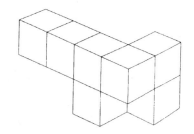

图 10.3　隐线移除前和隐线移除后

确是世界上的新事物，而不是我们头脑中早已存在的某物的电子拷贝。可以肯定的是，在进行意象活动时，我们的大脑中不会有任何过程与这里的数万亿次几何和算术运算相似，也没有任何别的东西**能够**产生它们所产生的那些细节丰富的动画片段——其中的理由我们在第1章探讨过。

　　大脑的这种限制是真实存在的，要真正明白这一点，我们可以考虑一个稍微不同的谢泼德问题，这个问题很容易在 CAD 系统的辅助下得到解决：物体的一个面上的"红色"X 对于透过它前面墙上的小孔观察的人来说是否可见？（见图 10.4）

　　我们这个带着 X 的谢泼德物体，是一个简单的图式物体；因为我们想回答的问题不牵涉质地、明暗和其他这类小细节，所以工程师很容易在 CRT 上制作该物体的旋转动画。观察者也能够以任何方向旋转图像，前后移动视点——只是为了能够透过小孔瞥见红色。如果他看到红色，答案就是肯定的，否则是否定的。

　　现在，你能在你的心智之眼中完成同样的实验吗？你能旋转所显示的物体，透过小孔看到那个 X 吗？如果你能，你就能做到我做不到的事，而我问过的所有人都没信心可以做到。甚至那些对此问题已有答案的人也很确定，他们仅凭旋转和扫视是无法看到它的。（他们

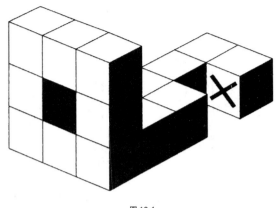

图 10.4

往往会说，一开始他们试着旋转和扫视，但发现这并不管用；他们能"旋转它"，但在他们试图透过小孔去看时它就"分崩离析"了。然后，他们谈到，自己会透过小孔在**未**旋转的意象上"勾画出"一些视线，看自己能否知道这些线条连到背面的什么地方。）由于我们的谢泼德物体并不比许多实验中貌似可以成功旋转的物体复杂，这就产生了一个难题：什么类型的过程才能如此轻松地实现一些转换（然后从结果中提取信息），而在执行其他貌似没有更高要求的操作时却遭遇如此彻底的失败？（如果这些操作在我们看来要求不高，那么我们必定是从某个错误的观察点在看它们，因为我们的失败表明它们实际上要求更高。）

心理学家丹尼尔·赖斯贝格（Daniel Reisberg）和德博拉·钱伯斯（Deborah Chambers）所做的实验，引出了一个大致相同的问题。在实验中，被试都自称精于想象意象，实验员给他们摆出一些"无意义的"形状，要求他们在心智之眼中从心理上将之旋转 90° 或 180°，接着报告他们"看到"了什么。被试惊讶地发现，自己无法在心智之眼中看

图 10.5

到这些你把本书顺时针旋转 90° 就能轻松看到的图形（见图 10.5）。

工程师用 CAD 系统来解答的问题，一般不像"透过小孔能否看到红色 X"这么简单。通常来说，他们关注的是被设计物体更复杂的空间特性，例如："这个有三个关节的机器手臂能够四处伸展，调节它背部的旋钮，而不碰到供电设备吗？"他们甚至关心这些物体的美学特性，例如："旅馆休息厅的楼梯，在透过大玻璃窗向旅馆内看的路人眼里是怎样的？"在不借助任何设备而试图把这样一些场景直观化时，我们只能获得最粗略、最不可靠的结果，据此可以认为，CAD 系统是一种想象假体（imagination-prosthesis）（Dennett, 1982d, 1990b）。它极大地扩展了一个人的想象力，但它还是需要用户拥有正常的视觉：他要能看 CRT 才行。

现在，让我们试着想象一台雄心更大的假体设备：供盲人工程师使用的 CAD 系统！为了简单起见，我们假设，盲人工程师要解答的问题是相对简单的几何学问题，而不是与建筑美学有关的微妙问题。输出当然是非视觉形式的。对用户最友好的形式也许是用日常语言（用布莱叶点字法或合成语音）回答日常语言的问题。我们就此假设，在遇到我们刚才考虑的那种问题时，盲人工程师把句子传到 CAD 系统上（当然是以系统能够"理解"的方式），然后等着 CAD 系统提供答案。

我们的 I 型 CADBLIND 系统虽然不够精致，却清楚直接。它由一个包含CRT的普通CAD系统构成，在CRT前面有一个前设器——计算机视觉系统，还有对准CRT的电视摄像头和用来旋转CAD系统旋钮的机器人手指。*与沙克的CRT只为旁观者服务不同，这个系统确实在"看"图像，一个由闪动的磷光点形成的真实图像，它把真实的不同频率的光发射到电视摄像头后部的感光变换器上。当向它提出红色X的谢泼德问题时，I型CADBLIND系统就在它上面产生一个有真实红色X的图像，所有人都可以看到，包括前设器的电视摄像头。

我们干脆假设，前设器在自己内部就已经解决了足够多的计算机视觉问题，足以从CRT屏幕上闪动的表征中提取所要的信息。（不，我没打算说前设器是有意识的，我只想假设它能足够好地完成分内的工作，以至于能够回答盲人工程师对它提出的问题。）I型CADBLIND系统制造和操纵真实的意象，用它们来为盲人工程师回答视力正常的工程师在普通CAD系统的帮助下能够回答的所有问题。如果I型系统已经这么好，那么II型的设计就易如反掌了：我们只要扔掉CRT和盯着它看的电视摄像头，代之以一条简单的电缆就行！通过电缆，CAD系统把**位图**传给前设器；位图是0和1的阵列，用于界定CRT上的图像。在I型系统的前设器中，这个位图是根据摄像头中的光学变化器的输出精心重构出来的。

II型在**运算**方面的节省极少——只是除去某个不必要的硬件。视线、隐线移除、质地渲染、阴影和反射光线在I型中需要大量的精细计算，在II型中，它们同样是过程的一部分。假如要求II型中的前

---

* 我把这个设备称为前设器（Vorsetzer），是因为它让我想起与之同名的一台绝妙的德国自动钢琴，那是一台独立的设备，有88个"手指"，能够"坐在"普通钢琴"前面"，从外部按下琴键和踏板，就像人类钢琴师一样。［记住，这台设备是前设器——坐在前面的东西，而不是主席或总统（Vorsitzer）！］

设器通过比较质地成分或诠释阴影来做一个深度判断，它就必须**分析**位图上相关部分的比特模式，以获得对质地和阴影的区分。

这意味着 II 型仍是一台效率低得惊人的机器，因为，如果 CAD 系统早就"知道"位图上的一个具体部分应该表征一个阴影（如果这就是被 CAD 系统生成图像的物体的编码描述的一部分），并且这个事实是前设器在做深度判断时必须确定的一部分，那么 CAD 系统为什么不直接**告诉**前设器呢？当模式表示任务与模式分析任务相互抵消时，为什么还要为了前设器中的模式分析器去不厌其烦地**表示**阴影呢？

我们的 III 型 CADBLIND 系统免除了图像表示的大型运算任务，它获取它所知道的关于被表征物体的许多信息，并将其直接传到前设器子系统，用简单的编码格式表示特性，把"标签"贴到位图阵列的不同"位置"，于是位图就从纯粹的图像转变成一个像图表一样的东西。一**些**空间特性直接在位图的（虚拟）空间中被表征——**被展示**，其他特性则只是靠标签来**讲述**。*

这让我想起我在第 5 章提出的主张：大脑只需做出一次区分，被鉴别的特征不必为了笛卡儿剧场中的主鉴赏者而再次显示。

但是，现在我们可以看到这个工程不同的一面：只有需要交流的系统能够"说同一种语言"时，"相互抵消"才会起作用。如果 CAD 系统已经"知道"的相关信息（比如某物是一个阴影）的格式，不是前设器"使用"该信息时的格式，那会怎样？†于是，为了使交流发生，可能需要"以退为进"。为了相互作用，系统可能需要进行

---

* 一旦有了标签，我们就能辨别物体的**任何**特性，而不只是空间或视觉特性——就如一本旧图画书的笑话所说的那样："这是我老板，给他涂上令人讨厌的颜色。"

† 参见科斯林（Kosslyn, 1980）对格式的讨论。杰肯道夫（Jackendoff, 1989）对他所谓的信息结构的形式也做了与此有关的分析。

浪费信息的（你可以说是冗长的）交流。想象你为陌生人画张草图指路，此时他唯一需要知道的就是（如果你知道该怎么用他的语言来说就好了），"在下一个红绿灯处向左拐"。花一些精力制作某种像图像的东西，这在实践中常常是必要的，即使它"在原则上"不必要。

我们大脑里的系统是若干重叠的历史的产物：机会主义的修补历史、自然选择的长期历史，以及个体通过自我控制进行重新设计的短暂历史。因此，我们应该预料到会发现这种无效率的情况。此外，还有别的理由来说明为什么要以图像类的格式来表示信息（除了纯粹的乐趣以外）；如果我们偶然发现这些理由，它们很快就会给我们留下一种印象，即图像制作在任何情况下都值得耗时费力。正如我们在第7章关于"给自己画图"的推论中所指出的，这种格式转换是提取信息的高效方法——要不是它，信息几乎就不可能从数据中被提取出来。图表确实相当于信息的**再显示**，不是向内在之眼显示，而是向内在的模式识别机制显示，这个机制同样能接收正常的（"外部的？"）眼睛的输入。这就是（计算机）绘图技术在科学中如此重要的原因。它们能让大量的数据列显示在一种格式中，让人类视觉杰出的模式识别能力执掌大局。我们绘制图像并用各种颜色编码标图，以便我们想要的规则性和显著性通过视觉系统在我们眼前"跳出"。图表不仅能够帮助我们看到自己原本也许无法感知的模式，还能帮助我们**追踪**重要的东西，**提醒**我们在适当的时候提出适当的问题。瑞典人工智能专家拉尔斯-埃里克·扬勒特（Lars-Erik Janlert, 1985）论证说，这样的图像生成和细读在一个计算机中也能用来帮助我们解决一些原本非常棘手的问题，即在"原则上"纯属演绎引擎的各种系统中的推理-管理问题。（关于同一过程的不同看法，参见 Larkin and Simon, 1987。）

许多心思巧妙的思考者早就知道这个策略，有史以来最聪明的人之一物理学家理查德·费曼（Richard Feynman）曾在 1985 年出版的《别闹了，费曼先生！》（*Surely You're Joking, Mr. Feynman!*）一书中，对此做过精彩的描述。在标题为"别具一格的工具箱"这一章中，他讲到自己如何令普林斯顿的研究生同学们惊叹不已：他能"凭直觉得知"拓扑学的深奥定理的正确和错误之处，而他完全不能从形式上推导出这些定理，甚至没有充分理解这些定理。

> 当有人解释某种我正试图理解的东西时，我不断构造例子——直到今天我还在使用这一策略。例如，数学家发现一条了不起的定理，他们兴高采烈。在他们向我说明定理的条件时，我就构造某个满足所有这些条件的东西。你知道，你有一个关于球的集合（一个球）——分开的（两个球）。然后，这些数学家添加更多条件时，在我的脑海里这些球就会变颜色、长出头发或其他什么的。最后他们陈述这一定理，其中一些关于球的虚构物不适用于我的有头发的绿色球，于是我说："错！"
>
> 如果适用，他们就都会兴高采烈，而我会让他们接着讲一会儿，然后提出我的反例。
>
> "哦，我们忘了告诉你它是类型 2 豪斯多夫同态。"
>
> "哦，是这样呀，"我说，"那不重要！那不重要！"这时我就知道它是怎么回事了，即使我不知道类型 2 豪斯多夫同态是什么意思。（pp.85-86）

这类策略在某种程度上是"自然出现的"，但它们必须经过学习或有人发明，而且其中有一些人比另一些人更精于此道。在这些技巧上十分发达的人，大脑中有不同的虚拟机器，这些机器的力量明显不同于那些不频繁使用这些技巧或技巧不熟练的"视觉型人"。在他们的个体异现象学世界中也很容易看到这种差别。

因此，正如科斯林和其他人所主张的，我们有很好的理由认为，人类视觉系统的运行，不仅向自己显示真实的、**外部的**图像（就像 CAD 系统的 CRT 上显示的），而且向自己显示因人而异的、内在的虚拟图像或图表式的数据表征，后者适合作为原材料提供给视觉处理机制的某个或某些后来阶段。

究竟针对哪些内部交流和信息操作问题的哪些工程解决方案，是人类大脑偶然想到的？它们有什么优势和劣势？[*]这些都是经验性的问题，认知心理学关于表象的研究就在讨论它们，而且我们应该谨慎，不要为此提供一个先验的答案。[†]我认为，我们也许已经在自己的大脑中发现了 I 型意象操纵系统，它有一些闪动的磷光点和一个内部的感光眼。（就我目前所能看到的而言，这也不是**不可能的**：某个行星上的生物也许装备着这样的奇妙装置。）赖斯贝格和钱伯斯的实验也表明，我们的大脑偶然发现的捷径，完全排除了发现 II 型系统的可能：II 型系统的位图格式从不利用捷径。（如果我们有这样一个系统，那么在我们的头脑中解决红色 X 难题就会是一件容易的事，旋转得克萨斯也会比较容易。）

现象学提供的线索指向两个方向：在大多数被试的现象学中"直觉上明显"的心理意象"草图"（sketchiness）指向了大脑对捷径的使用，在这种情况下大脑只讲述而不展示（tells-without-showing）。这对**视觉知觉**适用，对**视觉化**同样适用。我们在第 3 章中已经提到，

---

* 科斯林（Kosslyn, 1980）不仅为自己的一套特殊答案进行了详细的辩护，而且提供了一项精彩的综述，纵论了其他人对意象（imagery）所做的实验和理论工作。关于随后十年研究工作的出色综述，则可见 Farah, 1988; Finke, Pinker and Farah, 1989。

† 正如明斯基所说："在大脑内部感知事件，这种观念没什么奇怪的。行动者就是行动者——行动者很容易用硬连线的构件探测**大脑引起的大脑事件**，正如它也很容易以硬连线的构件探测**世界引起的大脑事件**一样。"（Minsky, 1985, p. 151）

画出眼前的一朵玫瑰，甚至复制一幅图画，之所以很困难，原因就在于：为了画好画，人们必须辨别或区分一些纯粹空间的特性，但这些特性在知觉加工处理的过程中一般都被放在后面，只是以报告的形式做出总结，而非以便于深入细读的形式呈现。此外，心理意象帮助我们"看到模式"或"提醒我们"原本也许被忘掉的细节，意象的这种有用性指向了大脑对视觉模式识别机制的使用，只有在大脑的某个部分费力地为那些视觉系统准备一些特殊格式版本的信息时，这种情况才会发生。正如我们在第 1 章中已经看到的，这类表征的信息处理要求很惊人，而我们不应该感到吃惊的是，我们很难使高度图式化的图表在我们的头脑中保持稳定。

这里有个简单测试可以提醒大家注意我们的能力其实多么有限：**在你的心智之眼中**玩横竖三格的填词游戏，把下面三个单词填入方格（见图 10.6），从左列开始：GAS、OIL、DRY。

你能轻松地迅速**读出**水平栏中的词吗？如果它们是纸上的真实

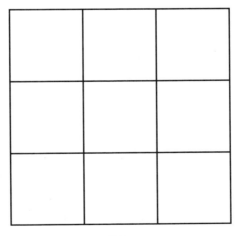

图 10.6

方格中的词，它们便会"凸显"在你眼前——你不可能看不到它们。这就是制作表格的要点所在：以一种格式显示数据，该格式使数据的新分解或分析变得容易或不可避免。横竖都是三列的字母符号不算是一个很复杂的数据结构，但它显然并不能被大脑牢牢把握，不足以让大脑视觉系统做出"凸显"它们的工作。（如果你还想再试一次，这里还有填充空格的两列单词：OPT、NEW、EGO 和 FOE、INN、TED。）

然而，不同的视觉处理者利用的策略方面有个体差异，差异的变化范围也很大，有人也许会发现或发展一些成像策略，让自己能"快速读出"这些表格中的信息。计算天才可以学会在大脑中一次性地把几个十位数相乘，因此，如果有人能在他的心智之眼中发展出"填字游戏阅读"的天才能力，我们不必感到惊讶。这些非正式的论证给我们提供了一些启示，但实验能更敏锐地确定人们在这些自我操纵的行为中所使用的机制和过程类型。目前的证据支持的看法是：我们使用一种混合策略，既利用数组视觉分析的某些优点，同时也纳入充当捷径的标签，我们**讲述**而不**展示**。

II 型 CADBLIND 系统是超图画的，纳入了一张位图，一个像素一个像素地表示颜色、明暗和质地。但请注意，即使在这里，也仍然可以在某种意义上说，它只"讲述"而不"展示"，而这种意义，正如我们将在下面两章中所看到的，在形而上学方面很重要。考虑我们的谢泼德图上的红色 X（见图 10.4）。在 I 型 CADBLIND 系统中，它以真正的红色表示——CRT 发出光线，传送它就必须经过电视摄像头中的某个东西，类似你眼睛里对频率差异做出反应的视锥细胞。前设器来回旋转图像，搜寻从小孔中可以看见红色的地方，这时它就在等待它的红色探测器小妖喊出声音。在 II 型 CADBLIND 系统中，这个硬件被扔掉了，位图用数字表征每个像素的颜色。红色的影区也许就是颜色数字 37。在 II 型中的前设器来回旋转位图时，它在透过小孔搜寻 37。或者，换种说法，它是在问，是否有像素小妖能告诉它"颜色数字 37 在这里"。所有的红色都不见了——那里只有数字。最终，CADBLIND 系统中的所有工作都必须通过比特串的算术运算来做，就如我们在第 4 章中沙克的最底层上所看到的那样。无论这些过程的准图画或意象式状态如何，它们最终都会变成前设器对问题所做的文字回答，但是，它们不会在一个内在的地方生成，好像失去的特性（只在位图中才"谈到"的特性）在这里以某种方式**恢复，以便由谱写答案的裁决者来鉴赏**。

人不是 CADBLIND 系统。CADBLIND 系统可以在不需要借助笛卡儿剧场的情况下操纵和审视自己的"心智图像"，这一事实本身并不能证明人的大脑里没有笛卡儿剧场，但它确实证明，我们不是非得假设一个笛卡儿剧场，才能解释"在心智之眼中"解决问题的人类天赋。确实存在一些心智过程，与观察极为**类似**，但当我们去除科斯林的 CRT 隐喻中不必要的细节，直取其核心成分时，我们就除掉了那些也许会召唤笛卡儿剧场的特征。不必存在这样的时间和地方——"所有的东西汇聚在一起"以满足一个单一的、统一的判别者之需，各种区分完全可以以一种分布式的、不同步的、多层次的方式实现。

2．词语、图画和思想

语言真正"创造性"的一面不在于它"无限的生成力"，而在于生产和理解的循环，该循环以一个心智为中介，它能反思可附加到言语上的多重意义，这些意义不必表示在产生这个言语的思想中，但通过自我理解（或对他人言语的深入解释）可以获得这些意义，而且它们还能引出新的思想，得到表达和重新阐释，并如此无限地进行下去。

——H. 斯蒂芬·斯特雷特

（H. Stephen Straight, 1976, p. 540）

有人曾经问英国经济学家约翰·梅纳德·凯恩斯（John Maynard Keynes），他是用词语还是用图画来思考。他回答："我用思想思考。"他正确地抵制了一种看法："我们用来思考的东西"要么是词语，要么是图画，因为正如我们所见，"意象"**不只是**像头脑中的图画，"语言"思考也**不只是**像自言自语。但是，说一个人用思想来思考，这实际上没有好到哪里去。它只是推迟了问题，因为思想就是**我们在思考时所发生的任何事情**，是还没有形成固定看法时的某个话题。

我们已经考虑了种种背景机制的简要结构，这些机制以因果的方式形成异现象学世界的细节，我们现在就可以**开始**解释思考的现象学，不仅解释"视觉的"和"语言的"现象学的限制和条件，而且寻找不在这个二分结构中的其他类型。

在虚构的异现象学方面，我最钟爱的练习之一是弗拉基米尔·纳博科夫的小说《防守》（*The Defense*, 1930），这个故事的主角是国际象棋大师卢仁（Luzhin），他是象棋天才，却在顶级赛事中神经崩溃。我们看到，他的意识经历了三个发展阶段：孩子气的心智（在他大约 10 岁遇到象棋之前），沉浸在象棋之中的心智（直到他神经崩溃），以及在他崩溃之后前两个阶段的不幸遗迹。在这最后一个阶段，他被妻子"囚禁"在一个没有象棋的世界（不谈象棋、不下象棋、不看象棋书），他的心智回到一种被宠坏的幼儿期偏执狂状态，只会因偶尔偷看到报纸上的象棋棋局而笑逐颜开——但他最终陷入象棋强迫症，最后"把自己将死"。我们了解到，卢仁沉迷于象棋，以至于他以象棋的方式看待他的整个生命。下面是他向未婚妻求婚的尴尬过程：

> 卢仁以一系列安静的招数开始，他对其中的意义只有模糊的感觉：这是他自己特殊的爱情表达。"继续说，告诉我更多。"她重复道，虽然已经注意到他是多么阴郁、多么闷闷不乐地陷入了沉默。
>
> 他靠着手杖端坐着，想着斜坡上那棵沐浴在阳光下的欧洲椴树，如果像象棋中的马一样跳一步，就能吃掉远处的电线杆，同时他还在努力回忆，他刚才究竟在说什么。（p.97）
>
> 她的一个肩膀靠着他的胸膛，小心翼翼地用一根手指稍稍挑高他的眼睑，他眼球上受到的轻微压力造成一种奇怪的黑光跳动，就像他的黑马在跳一样：如果图拉蒂在第七步把卒拉出来，就用马吃它，跟上次两人下棋时的走法一样。（p.114）

他崩溃后的心智状态则是这样：

> 他发现自己身处烟雾弥漫的环境中，里面坐着聒噪的鬼魂。攻击在每个角落展开——推开桌子、推开戴着金丝眼镜的**卒子**还在从中往外探头探脑的一只水桶、推开由全副武装的**马**敲响的一只战鼓，他向着缓缓旋转的门走去……（p.139）

这些情景在许多方面都是"意象"，因为象棋是一种空间游戏，甚至棋子识别一般也依靠它的形状，但象棋对卢仁心智的影响并非只限于象棋的视觉或空间特性——可以在棋盘的图片或影片中、在它的运动片段中捕捉到的任何东西。视觉特性事实上只为他的想象力提供最表层的调料。更有影响的是由游戏规则和策略所提供的**训导**，象棋的这种结构正是他为之入迷、熟之又熟的东西，他对此结构的探索习惯就驱动着他的心智从"思想"走向"思想"。

[他] 现在可能绝望地注意到，他又一次粗心大意了，他的生命刚刚走出一步险棋，毫不仁慈地延续这种致命的结合。然后他决定更加小心，留心生命中的每一秒，因为陷阱也许无处不在，而且最让他感到压抑的是，他不可能发明一种合理的防备手段，因为他的对手仍在暗处。（p.227）

第一次学骑自行车或开车时，你会遇到行动的一个新机会结构，它有约束、路标、车辙、远景，这是一个抽象的行为迷宫，你很快就在其中学会你该做什么。它很快变成"第二天性"。你很快就把这个外部现象的结构吸收到你自己控制的结构中。在此过程中，你也许会有探索入迷的时期，无法让你的心智从新的动作上移开。我还记得自己在青春期时曾短暂对桥牌上瘾，在此期间，我做着各种难以自拔的、荒诞的桥牌梦。我会上百次地采用相同的技巧，或在与老师和同学说话的过程中想到"叫牌"。我入眠时的幻梦（人们在睡着或将要睡醒时偶尔出现的幻象阶段）充斥着各种沿这些思路思考的问题，比如："对三墩这个先发制人的叫牌的正确反应是什么——四把刀还是四把叉？"

在遇到世界上一个新的抽象结构（比如音乐符号、计算机编程语言、普通法、美国职业棒球大联盟）时，一种相当常见的情况是：你会发现自己在它的道路上艰难地来回行走，并为自己制定了一些心智成规——实际上就是做好准备，让自己适应。卢仁只是其中的一个极端例子而已，他只有一种结构可以玩，而且他把它用到了所有事情上。最终，它主宰了他心智中的其他所有习惯结构，疏导他的思想序列，像冯·诺依曼机器程序中的指令序列一样严格。

想想你在学校和其他地方学会的所有结构：报时、算术、钱、公共汽车线路、使用电话。但是，在我们生活过程中所熟悉的一切结构中，我们的心智中最普遍和最有力的训导源头也许就是我们的母语。［通过对比往往看得最清楚，奥利弗·萨克斯（Oliver Sacks）在《看见声音》（*Seeing Voices*）中，生动地提醒我们注意语言带给心智的丰富资源，他描述了聋孩的心智可怕的贫乏状态——如果这样的孩子早期没有接触一种**自然**语言（手语或手势语）的话。］在第 8 章中我们看到，供我们使用的词汇不仅影响我们跟他人说话的方式，而且影响我们跟自己说话的方式。在**词汇的**贡献之上，就是**语法的**贡献。正如莱维尔特所指出的（Levelt, 1989, 第 3、6 节），语言中语句的强制结构，就像我们身边的许多指南，提醒我们检查这、注意那，**要求**我们以某些方式组织事实。这个结构中的一些部分也许是天生的，如乔姆斯基和其他人论证的那样，但是，究竟是在哪个地方划出一条分界线，区分从遗传上存入大脑的结构和作为弥母进入大脑的结构，实际上并不重要。这些结构，无论是真实的还是虚构的，都奠定了一些路径，"思想"随后可以沿着它们旅行。

语言从各个层次影响和改变着我们的思想。我们掌握的词语是催化剂，可以在大脑的一个部分试图与另一部分交流的过程中加速固定内容。语法结构又把一种训导强加到我们的思考习惯上，塑造我们探索自己的"数据库"的方式，它们就像柏拉图的育鸟人，想叫鸟到鸟就到。我们学到的故事结构则在一个不同的层次上提供指南，促使我们问自己一些与当前环境最有可能相关的问题。

只要我们坚持认为，心智是完全理性的、自明的或统一的，上述一切就都没意义了。如果你早就知道你想说什么，**自言自语又**有什么好处呢？但是，一旦我们看到局部理解、不完美的理性、各个部分之间问题重重的相互交流，我们就能看出，语言在一个大脑中释放的强大力量如何可以用于不同形式的自举过程，其中有一些过程是有益的，有一些则是有害的。

这里有个例子：

你真了不起！

还有一个例子：

你真可悲！

你知道这些句子的意思。你还知道，我突然用到它们是为了提出一个哲学观点，而且这些句子不是任何人有意图的言语行为。我显然不是在奉承你，也不是在侮辱你，周围又没别人。但是，你能否这样来奉承或侮辱自己：不断对自己说这两句话当中的一句，而且"语气要带强调"？如果你敢的话，那就试试吧。有事情会发生。你完全难以相信（你这样告诉自己），但你发现你自言自语地说这些话的确会引起反应，甚至可能会面红耳赤、回嘴、反击、否认、想象、回忆、计划。这些反应当然可以走任何一条路。戴尔·卡耐基（Dale Carnegie）正确地认识到积极思考的力量，但是，像大多数技术一样，思考也是创造容易而控制难。在你自言自语时，你不必为了产生反应而相信自己。一定会有反应发生，它们也一定会以这种或那种方式与你用来激励自己的词语的意义有某种关联。一旦反应发生，它们就牵引你的心智到达一个地方，你最终会在这里发现，你居然相信自己了！因此一定要小心你自己对自己说过的话。

哲学家尤斯廷·莱贝尔（Justin Leiber）这样总结语言在塑造我们的心智生活方面的作用：

> 从计算机的角度来看我们自己，我们不可避免地会看到，自然语言是我们最重要的"编程语言"。这意味着，对我们来说，我们有相当一部分的知识和活动是在我们的自然语言中得到最好的交流和理解的……有人也许会说，自然语言是我们第一个伟大的原创性的人造产品，而且，正如我们日益认识到的，由于语言是机器，因而自然语言连同运行它的大脑就是我们最早发明的通用计算机。有人也许会这样说，却仍有一丝难以消除的怀疑：语言不是我们发明的东西，而是我们变成的东西；语言不是我们建构的东西，而是我们用以创造、再创造我们自己的东西。（Leiber, 1991, p. 8）

语言在思考中扮演着至关重要的角色，这一假说乍看上去似乎是下面这个备受讨论的假说的一个版本：存在**思想语言**，它是所有认知借以运行的媒介（Fodor, 1975）。但是，这里有一个重要区别。莱贝尔把自然语言贴切地称为大脑的一种编程语言，但我们可以区分高级编程语言（如 Lisp 语言、Prolog 语言和 Pascal 语言）与构成高级编程语言的基本"机器语言"或稍微进阶一些的"汇编语言"。高级编程语言是虚拟机器，它们创造计算机中的（暂时）结构，这些结构赋予计算机一种特定的、强弱不一的模式。一个人为让某个事情"说来容易"所付出的代价是，使其他事情"说来困难"甚至不可能去说。这样的虚拟机器也许只是为计算机的一部分能力提供结构，而没有触及底层系统的其他部分。记住这一差别，我们也许就有理由认为，自然语言的细节，比如英语、汉语或西班牙语的词汇与语法，以一种高级编程语言的方式在约束大脑。但是，这绝不等于断定如下可疑的假说是正确的：这样一种自然语言**自始至终**都在提供结构。的确，为思想语言这种观念提供辩护的福多尔和其他人一般坚持认为，他们谈的不是人类语言完成其约束工作的层次，而是更深的、不太容易接近的表征层。福多尔曾谐趣地指明这一点：他承认，在尽力思考时，他意识到的唯一一类语言词项是"来，杰里，你做得到！"这类片段。这些也许是他的"思想"，而我们刚才看到，它们在帮助他解决所面临的问题时可以怎样发挥重要作用，但它们很难说就是实际的材料——人们从中形成知觉推理、有待检验的假说以及底层思想语言的其他推定性交流。凯恩斯抵制要么词语要么图画的选择是正确的，大脑使用的媒介与公众生活的表征媒介只有微弱的相似性。

3. 报告和表达

我们正在缓慢而坚定地削弱**笛卡儿剧场**的观念。我们在第 8 章中勾勒了一个理论取代**核心赋义者**，刚才又看到了如何抵制内在 CRT 的吸引力。我担心打击的分量还不够，笛卡儿剧场仍然存在，仍然牢牢牵制我们的想象。是时候改变策略了，我们可以从内部发起攻击，从它自己的角度指出它是不连贯的，从而炸毁笛卡儿剧场。我们来看看，当我们追随传统而从字面上接受日常"常识心理学"（folk psychology）术语时会发生什么。我们可以首先重新考虑奥托在第 8 章开篇时做出的貌似有理的声明：

> 在我讲话时，［奥托继续说］我的意思就是我所说的。我的

有意识的生命是私人性的，但我可以向你透露它的某些方面。我可以决定对你说出我现在与过去所经验的各种事情。当我这样做时，我就产生了一些句子，小心裁剪这些句子使之适合我想报告的材料。我可以在经验与候选报告之间来回反复，对照经验检查词汇，以确保我找到合适的词……我注意到我特定的意识经验，并形成一个判断，判断用哪些词语可以最好地描写这个经验的特征。当我对我已形成的准确报告感到满意时，我就把它表达出来。通过我的内省报告，你就可以知道我的有意识经验的一些特征。

这里传达的一些信息，确实完全符合我们在第 8 章中提出的语言生成模型。我们可以在一场群魔混战中看到来回调整词语使之符合经验内容的过程，通过这场混战，词语小妖与内容小妖形成配对。当然，这里还缺少一个**内在的我**，正是内在的我所做的判断指导着配对活动。虽然奥托接着确实谈到"我选择"什么和"我判断"什么，但是内省其实并不支持这一点。

我们很少有途径了解词语是通过什么过程"从我们嘴里"被说出来的，即使是在这样的情况下：我们经过深思熟虑才说话，在说出之前还无声地演练我们的言语行为。我们可以说出口的几套言语方案不知道从什么地方就冒出来了。我们要么发现自己已经说出口，要么发现自己在检查它们——有时是抛弃它们，有时是稍加修改，然后说出它们。但即使是这些偶尔出现的中间步骤，也没有向我们提供进一步的线索，表明我们是如何做到这些的。我们只是发现自己在接受或抛弃这样那样的词。就算我们有判断的理由，这些理由也很少在行动前被考虑，只是在事后回顾时才比较明显。（"我本来想用 jejune 这个词，但我放弃了，因为发音很费劲。"）因此我们的确没有特许的洞察力看见发生在我们身上、把我们从思考带到说话的过程。据我们所知，它们**也许**是在一场群魔混战中产生的。

> 但是，〔奥托接着说〕群魔混战模型漏掉了这个过程中的一个层次或阶段。你的模型缺少的不是向着笛卡儿剧场（多么荒谬的观点！）的"现象空间"所进行的投射，而是说话者心理的额外表述层。词语不是靠某种内在的配对之舞接合成串，然后说出来就足够了。如果要成为人的有意识心智状态的**报告**，它们就必须以某种方式建立在一种**内部理解**行为的基础上。群魔混战模型所遗漏的是说话者的察觉状态，而正是后者在指导说话。

无论奥托是对是错，他的确表达出一种常见的看法：我们通常就是这样设想我们向别人谈论我们的意识状态的能力的。在一系列论文中，哲学家戴维·罗森塔尔（David Rosenthal, 1986, 1989, 1990a, 1990b）分析了这个日常的意识概念以及它与我们关于**报告和表达**的概念之间的关系。他揭示了一些我们能够善加利用的结构特征。第一，我们可以运用他的分析，从内部来看标准的图景是什么以及它为何如此有吸引力。第二，我们可以指出它如何在不借助外力的情况下驳斥僵尸观念。第三，我们可以让这一标准图景自己反驳自己，并利用我们遇到的困难促成一个更好的图景：它保留了传统观点的正确之处，又抛弃了笛卡儿式的框架。

在我们说话时发生了什么？在我们对该问题的日常看法的核心中，有一个自明的道理：只要我们不说谎或很诚实，我们说的就是我们所想的。更细致的说法是：我们表达的是我们的一个信念或思想。例如，假设你看见猫焦急地等候在电冰箱旁，你说："猫要吃晚餐。"（见图10.7）

这句话表达出了你的信念：猫要吃晚餐。在**表达**你的信念时，你

心智大师诺雷尔多（Noreldo）在"读"他的猫内德（Ned）的心智。

图 10.7

就在**报告**你所以为的一个与猫有关的事实。在此例中，你在**报告**猫想进食的欲求。指出这点很重要：你不是在**报告**你的信念或**表达**猫的欲求。猫通过焦急地等候在电冰箱旁边来表达它的欲求，而你注意到这一点，把它作为你报告的根据，即证据。有许多方式可以表达一种心智状态（比如一个欲求），但是，只有一种方式报告心智状态，那就是发出一个言语行为（口头的、书面的或用其他符号实现的）。

　　表达一种心智状态的最值得注意的方式之一，是**报告**另一种心智状态。在上例中，你报告猫的欲求，由此表达你自己关于它的欲求的信念。你的行为是明确的证据，不仅说明猫有进食的欲求，而且说明你相信猫有进食的欲求。但你可以用其他某种方式向我们提供你的信念的证据——比如，默默地从椅子上站起来，为猫准备晚餐。这可以表达同一个信念，但不**报告**任何事情。或者，当你觉得坐在椅子上很舒服时，你也许就只是坐在椅子上翻白眼，**无意间**表达你对猫的欲求的恼怒。表达一种心智状态，无论有意还是无意，都只是做了某件事情——向另一位观察者（如果你喜欢的话，也可以说是读心者）提供好的证据，或者明白地显示那种状态。相反，报告一个心智状态则是一项比较复杂的活动，总是意向性的，而且牵涉到语言。

笛卡儿剧场模型来源的重要线索就在这里：我们日常的常识心理学对待自己的心智状态报告，依照的是报告外部世界中的事件的模型。你关于猫想吃晚餐的报告，立足于你对猫的观察。你的报告表达了你的信念：猫想吃晚餐。这是一个关于猫的欲求的信念。让我们把关于信念的信念、关于欲求的欲求、关于欲求的信念、关于害怕的希望等，称为**二阶**心智状态。如果我（1）**相信**你（2）**认为**我（3）**想要**一杯咖啡，我的这个信念则是三阶信念。（关于更高阶心智状态在心智理论中的重要性，见我的著作《意向立场》。）毫无疑问，在非反身地——x 相信 y 处于某种心智状态中且 x 不等于 y——应用这些日常区分时，这些区分所标志的差别是显著且重要的。猫想进食且你知道，与猫想进食但你不知道，这两种情况是全然不同的。但是，在 x 等于 y 的反身情况下，又会如何？常识心理学会以相同的方式处理。

假设我报告**我想进食**。按照这个标准模型，我必定是在表达一个关于我的欲求的二**阶**信念。当我报告我的欲求时，我表达了一个二阶信念——我关于我的欲求的信念。如果我通过说"我相信我想进食"来**报告这个**二阶信念，情况又会如何？这个报告必定表达了一个三**阶**信念——我相信我的确相信我想进食。以此类推。我们关于说话中包含什么的日常观念，就以这种方式实实在在地生成了许多推定不同的心智状态：我的欲求不同于我相信我有这个欲求，而后者又不同于，我相信我相信我有这个欲求，以此类推。

常识心理学还做出进一步的区分。正如罗森塔尔（还有其他许多人）指出的，它区分**信念**与**思想**，信念是底层的禀赋状态，思想是偶发的或短暂的状态，也就是临时事件。你相信**狗是动物**，这一信念作为你的一种心智状态，持续不断地存在多年，但在我刚才提起它时，在你心里引发了一个**思想**——狗是动物，毫无疑问，这个思想片段如果不是我提起，刚才就不会发生在你身上。

由此当然可以推出：可以存在一阶思想和二阶思想甚至高阶思想——关于思想（关于思想……）的思想。于是，关键的一步就是：在我表达一个信念时，比如我关于我想进食的信念，我并没有直接表达高阶信念，这时发生的情况是，我的底层信念产生一个短暂的思想，即我想进食这一高阶**思想**，而且我表达了**这个思想**（如果我决定这样做的话）。罗森塔尔论证说，这一切都包含在**说出你所想的**常识模型中。

由于人类意识状态的一个标志性特征是它们能被报告（除非出现失语症、瘫痪、受到约束或者嘴被堵住等），因此按照罗森塔尔的分析就可以得出结论："有意识的状态必定伴随着相称的高阶思想，无意识的心智状态则不可能有这样的伴随情况。"（Rosenthal, 1990b, p.16）此处所讨论的高阶思想当然一定与它所伴随的那个状态有关，它必定是关于某人进入低阶状态的思想（或已经处于低阶状态——时间会流逝）。这看起来会导致关于高阶意识状态或思想的一种无穷后退，但罗森塔尔论证说，常识心理学允许一种显著的颠倒：**并不是只有二阶思想本身是有意识的，才能使它的一阶对象是有意识的。**你能在意识不到某个思想的情况下表达它，所以你能在没有意识到一个二**阶思想的情况下表达它**——你所需要意识到的全部，就是它的对象，即你**报告**的一阶思想。

这一点乍看起来也许奇怪，但若反思一下，我们就能在一个新的视角下把它看作一个熟悉的事实：你并不关注你所表达的思想，而是关注思想**所关涉的**对象。罗森塔尔接着论证说，虽然某些二阶思想是有意识的——借助它们的三阶思想——但它们相当罕见。它们是明示的内省思想，我们只有在超自我意识的状态中才能报告它们（即便向我们自己）。如果我对你说，"我很痛"，那么我报告的是一个意识状态：我痛。我表达的是一个二阶信念：我相信我很痛。如果哲学化一点，我说"我想［或我肯定、我相信］我很痛"，那么我就报告了一个二阶思想，表达了一个三阶思想。不过，我一般不会有这种三阶思想，因而也不会意识到这样一个二阶思想，我会通过说"我很痛"来表达它，但一般不会意识到它。

这种关于无意识的高阶思想的观点，初看起来似乎令人无法容忍，或是自相矛盾，但这里讨论的片段（episode）范畴实际上没有争议——即使"思想"这一术语通常并不用来指称它们。罗森塔尔大体沿袭笛卡儿的用法，把"思想"当作一个技术用语，包括**所有**片段性的内容状态，而不只是我们所称的思想片段。于是，阵痛或看看袜子，对笛卡儿和罗森塔尔来说都算思想。不过，与笛卡儿不同，罗森塔尔坚持认为，无意识的思想是存在的。

例如，无意识的思想就包括无意识的感知事件或片段性的信念激活，这些无意识的思想在正常行为的控制过程中自然发生——**必定**发生。假设你打翻了桌上的咖啡杯。你猛地从椅子上跳起来，努力躲避溅出桌边的咖啡。你没意识到你在想桌面不会吸收咖啡，或咖啡作为一种服从万有引力定律的液体会流到桌子边缘，但这种无意识的思想必定发生了，因为如果杯子里装的是精盐或者桌上铺了毛巾，你就不会跳起来。就你的所有信念（关于咖啡、民主、棒球、中国的茶叶价格）而言，这些信念以及其他少数信念是与你的环境直接相关的。如果我们在解释为什么你会跳起来时引用它们，它们必定已经被暂时访问或者被暂时激活，或者以某种方式被用来服务你的行为，但这当然都是无意识地发生的。这些无意识的片段就是罗森塔尔所谓的无意识思想。（我们在前面的一些例子中已遇到了无意识思想，例如，无意识地感知到手指振动，这种知觉可以让你有意识地分辨你用一根拐杖触碰的物体的质地；又如，无意识地想起某个戴眼镜的女人，这会导致你对某个匆匆经过的女人产生错误的经验。）

罗森塔尔指出，因为他找到一种用**无意识的心智状态**（伴随性的高阶思想）来界定意识的方法，所以他揭示出一种方法，可以**在常识心理学领域内**为非循环、非神秘化的意识理论奠定基础（Rosenthal, 1990b）。他论证说，有意识状态之所以与非意识状态不同，不是因为它具有某种不可解释的内在特性，而是因为它的直接明白的特性：关于被讨论的状态，它拥有一个高阶的、伴随性的思想。（与此相似但也有一些有趣变化的策略，参见 Harnad, 1982。）这似乎对常识心理学有利：它不会陷入神秘的沼泽；它有一些罗森塔尔挖掘出来的资源，可以利用附属的、问题较少的范畴来清楚地阐明它最重要的范畴——意识。如果采纳他的分析，我们的回报就是：可以用它消除有意识的存在与僵尸之间的区别——有人还以为这种区别是相当明显的。

4. 僵尸、升级僵尸和用户幻觉

心智是由一个心智所感知的一种模式。这也许是循环，但它既不是恶性的，也不是自相矛盾的。

——**道格拉斯·霍夫施塔特**
(Douglas Hofstadter, 1981, p. 200)

你也许记得，哲学家的僵尸似乎能完成言语行为，能报告自身的意识状态，还能内省。但这些僵尸实际上根本没有意识，尽管事实上，它们处于最佳状态时在行为上与有意识的人没有区别。它们的一些内在状态也许具有功能内容（功能主义者能够赋予机器人的内部机制的那种内容），但这些内容是无意识的状态。在我们的想象中，沙克是典型的"僵尸"。在它"报告"一种内在状态时，这个被报告的状态不是有意识的状态，因为沙克没有有意识的状态，它只有一个无意识的状态，这只会使它进入进一步的无意识状态，后者指导着由"预先灌制的"公式构成的言语行为的生成与执行过程。（我们一直由着奥托坚持这种看法。）

在观察到内部正在进行的事情后，沙克不是**首先**决定要**报告**什么，然后再想如何**表达它**，而只是发现自己有事情要说。沙克没有什么途径来了解它为什么想说它正在其心智意象的黑白边界周围形成线条画——它就是被造成这样的。但第 8 章的核心主张是，与第一印象相反，你同样是如此。你没有特殊的途径来了解你为什么想说你发现自己想去说的东西，你就是被造成这样的。但与沙克不同的是，你在不断重造你自己，发现新的想说的东西，而这是因为你反思了你刚才发现你自己想说的东西，如此等等。

不过，升级版沙克不也能这样做吗？沙克是个特别粗糙的僵尸，但现在我们能想象一个更现实、更复杂的僵尸，它在一种无限上行的反思螺旋中，监控自己的活动，甚至包括它自己的内部活动。我把这种反身的实体称为**升级僵尸**（zimbo）。升级僵尸是这样一种僵尸，由于它能够自我监控，因而具有内在的（但无意识的）高阶信息状态，这些状态关系着它的其他低阶信息状态。（就这个思想实验而言，升级僵尸被视作机器人实体、人类实体还是火星人等，都没多大区别。）那些相信僵尸概念合乎逻辑的人，必定也接受升级僵尸的可能性。升级僵尸就是一个行为很复杂的僵尸，这是由于它有一个控制系统，允许递归的自我表征。

想象一下升级僵尸在图灵测试中会如何行动。这一著名的测试由艾伦·图灵（Alan Turing, 1950）提议，是对计算机中的思考所做的操作测试。图灵宣称，如果计算机能在"模仿游戏"中有规律地打败人类对手，它就能够思考，游戏的玩法是：两个竞争者在人类裁判看不到的地方，但又能通过计算机终端来回敲击信息与裁判交流。人类竞争者尽力让裁判确信他是人，计算机竞争者也做同样的事：尽力让裁判确信**它**是人。如果裁判不能有规律地认出计算机，我们就可以认为，计算机是一位思想者。图灵是把他的测试作为会话制止者提出的，他觉得这个测试显然极其难以通过，以至于任何能胜出的计算机在任何人那里都应该被视为一个**很好**的思想者。他认为他定的这个标准高到足以让任何怀疑论者都满意。他错估了。许多人提出论证说，"通过图灵测试"不是智能存在的一个充分证据，当然也不是意识存在的充分证据。（关于图灵测试的优缺点及其批评意见的分析，参见 Hofstadter, 1981b; Dennett, 1985a; French, 1991。）

现在，升级僵尸在图灵测试中的机会应该与任何有意识的人的机会相同，因为竞争者给裁判显示的只有"他们"的行为，而且只是"他们"的文字（输入）行为。接着假设你就是图灵测试中的那个裁判，而升级僵尸（表面的）的言语行为让你确信它是有意识的。表面的言语行为本不应该让你产生这种信念——因为按照假设，它只是一个升级僵尸，而升级僵尸是没有意识的。不过，它是否应该让它自己信服呢？当一个升级僵尸发出一个报告，表达它自己的二阶无意识状态时，没有什么可以阻止它对这个事态（无意识地）进行反省。事实上，如果它要让人信服，它就必须能够对它自己向你提出的"断言"做出适当反应（或注意到这些"断言"）。

假设升级僵尸是升级版沙克，你则充当裁判，要求它在它的心智之眼中解决一个问题，然后解释它是如何做的。于是它反思它向你做出的如下断言：它是通过在一个心智意象上形成一幅线条画来解决这个问题的。它会"知道"这就是它曾想说的，而且，如果它进一步反思，它就能"知道"它并不知道为什么这就是它想说的。关于它对它在做的事情的所知与不知，你问它越多，它就越能反省。这么一来，我们刚才成功想象的东西，似乎就是一个虽然无意识却有高阶思想能力的存在。但是，按照罗森塔尔的看法，当一种心智状态伴随一种有意识或无意识的高阶思想（其大意是某人具有这种状态），这实质上就已经保证这种心智状态是一种有意识的状态！我们的思想实验是否能驳倒罗森塔尔的分析，或者是否能驳倒升级僵尸的定义？

　　我们很容易就可以看出，升级僵尸至少会（无意识地）相信它处在各种心智状态中，尤其是在被提问时它拟报告的心智状态中。**它会认为它是有意识的，即便它没有意识！**在"它是有意识的"这种（错误的？）理解下，任何通过了图灵测试的实体都会运作起来。换句话说，它是一个幻觉受害者（参见 Harnad, 1982）。什么样的幻觉？当然是用户幻觉。它是它自己的虚拟机器的良性用户幻觉的"受害者"！

　　这不是镜子把戏吗？这不是哲学家耍的某种花招吗？没有笛卡儿剧场提供制造幻觉的场所，怎么会有用户幻觉呢？我似乎因为自己的隐喻而有立即溃败的危险。问题在于，虚拟机器的用户幻觉是靠剧场提供的各种材料制造的，而且还有一个独立的外部观众，也就是用户，表演就是为他而上演。此时我正在用一台计算机，在文字处理程序的帮助下，把这些词语敲进"文档"。在我与计算机互动时，我只有有限的途径去了解发生在它之内的事件。得益于编程人员设计的显示结构，我看到了一个精巧的视听隐喻：在键盘、鼠标和显示器组成的舞台上上演的互动戏剧。作为用户的我受制于一系列的良性幻觉：我似乎能移动光标（一个功能强大而又可见的仆人），把它移到我在计算机中保存文件的位置，一旦我看到光标移到"那里"，我就按一个键，让它检索这个文档，并按照我的命令，把它显示在视窗（显示器）上的文本中。我可以输入各种命令，敲击各个按键，使各种事情在计算机内部发生，而我并不需要知道这些事情的细节；我要维持我的控制，只需要依靠我所理解的、由用户幻觉所提供的这些详细的视听隐喻。

对绝大多数计算机用户来说，只有从这些隐喻的角度出发，他们才能稍微把握计算机内部正在发生的事情。这就是让虚拟机器成为意识的一个非常诱人的类比的事实之一，因为似乎总有这种情况：我们了解自己大脑内部发生的事情的途径是有限的。**我们**不必知道大脑的后台机制如何施展它的魔术，只有当它的操作是以现象学的互动隐喻的方式为我们量身定制时，我们才熟悉它们。但在利用这种诱人的类比时，如果我们还坚持认为，在**显示**和**用户**对展示的**把握**之间存在"明显的"分离，那么我们似乎最终又正好回到了笛卡儿剧场。没有这种分离，如何会存在用户幻觉呢？

不可能存在。是用户在提供视角，从这个视角来看虚拟机器就变成"可见"的了，所以用户就必须是某个外部观察者——前设器。有人也许一开始会想，这样一个观察者的概念，必须是一个有意识的观察者的概念，但是，我们已经看到情况并非如此。存在于原始 I 型 CADBLIND 的 CAD 系统前的前设器没有意识，但在对 CAD 系统的内部运作的了解途径方面，它与任何有意识的用户一样有限。一旦我们抛弃不必要的显示器和摄像头，显示和用户对展示的把握就会消失，取而代之的是大量的更温和的交流，就如以前我们经常论述的那样。"外部观察者"可以逐渐融入系统，只留下淡淡的痕迹，也就是比特"界面"，它的各种格式继续限定着哪些类型的问题可以得到回答，并因此限定着哪些内容可以得到表达。*显示的发生并不需要一个**单独的**地方。†正如罗森塔尔的分析向我们表明的那样，甚至我们关于意识的日常观念（在常识和常识心理学的直觉中）也能容忍高阶状态的无意识，后者在系统中的存在就说明它的一些状态是有意识的。

那么，无意识反思的过程是僵尸把它自己转变成升级僵尸并**因而**使自己有意识的一条途径吗？如果是，僵尸就有意识。所有僵尸都能发出令人信服的"言语行为"（记住，我们无法将它们与我们最好的朋友区分开来），如果在僵尸的大脑（或电脑或其他什么东西）中对其负有因果责任的控制结构或过程没有对这些行动及其（表面或功能）内容进行反思，那这种能力也太魔幻了。僵尸在它生涯的开端，可能处于一种非交流的非反身的状态，因此确实是具僵尸，是一个无意识

---

* 在第 7 章中我曾问过一个问题："梳理出少量的正确信息，使其到什么的表层？"我许诺迟点儿回答这个问题。这就是我的答案。（隐喻的）表层由有关部分相互作用的格式所决定。

† 比较**大脑中的用户**这一观念在大不相同的思想家的著作中所留下的不同痕迹，是很有意思的。明斯基（Minsky, 1985）提出："夸张地说，我们所谓的'意识'，其构件只不过是一些菜单，它们不时闪现在心智显示器上，而其他系统也在使用这些显示器（p.57）……把大脑分成两个部分，A 和 B。让大脑 A 的输入及输出与实在世界相连——这样它就能感知发生的事情。但不要让大脑 B 和外部世界相连，要这样连接它——使大脑 A 成为大脑 B 的世界！"（p.59）明斯基明智地没有冒险划出任何解剖结构的边界，但有人则准备多冒点儿险。在科斯林首次推论意识是虚拟机器时，他倾向于认为**用户**的位置就在额叶（又见 Kosslyn, 1980, p. 21）。埃德尔曼近来沿着他自己的论证路线得出同样的结论，其中的表达术语是"价值主导的自我／无自我的记忆"。他确定它们的位置是在额叶，并给它们分配了一个任务：解释大脑其余部分的生产（Edelman, 1989, p. 102ff）。

的存在者，但一旦它开始与其他存在以及自己"交流"，它就会开始装备某些状态，而按照罗森塔尔的分析，这些状态足以构成意识。

此外，如果罗森塔尔从高阶思想角度所做的意识分析遭到拒绝，那么，僵尸可以活到其他思想实验出现。我语带挖苦地提出这个升级僵尸寓言，因为我认为，无论是僵尸概念还是常识心理学的高阶思想范畴，都只能作为过时的信念残骸而存在。但是，罗森塔尔仍然为我们做出了杰出的贡献，他揭露了这些日常概念的逻辑，而由于我们现在对这些概念有了清楚的看法，因此我们能看出一种更好的替代观点会是怎样的。

5. 常识心理学的问题

罗森塔尔发现，常识心理学假设了一个可以不断扩展的、高阶思想的层级系统，这些思想被设想为显著的、独立的、有内容的片段，在心智中实时发生。在我们寻求证实时，这种观点如何成立呢？大脑中是否存在这样一些边界分明的状态和事件？如果我们对此要求不太严格，答案一定是肯定的。当然存在一些熟悉的心理学差别，可以用而且一般是用这些术语来描述。

> 桃乐茜突然想到她要离开——而且她想离开已经很有一段日子了。

在这里，由于拥有一个二阶思想，在桃乐茜的欲求发生作用之后的某一时间，她就获得了欲求的二阶信念。日常生活中有很多这样的例子："然后他突然想起他正寻思着那个丢失的袖口链扣。""他爱她——只是他还没意识到。"几乎很难否认，这些日常生活中的句子暗指一种"心智状态"真正转变为另一种心智状态。而正如罗森塔尔所指出的，从直觉上来讲，这种转变其实是**开始意识到一阶状态**。弗洛伊德就以这些日常事例为基础，假设存在大片隐藏的无意识心智状态领域——它们的主体都不相信他们处于这样的状态中。这些人处于心智状态之中，只是他们没有——通过高阶思想——发现他们正在其中。

描述这些差别的这种方式很常见，但它是否完全清晰则是另一回事。这些差别全都转变（尽量中立地说）成信息更丰富的状态，而信息更丰富是报告（与纯粹**表达**不同）早期"心智状态"的一个必要条件。现在也有一种轻率的方式是这样说的：**为了报告一种心智状态或事件，你必须具有一种你要表达的高阶思想**。这就为我们提供了一幅图景：首先用某个内部感觉器官**观察**心智状态或事件，**由此**产生一个**信念**状态，它的出现以一个**思想**为标志，然后这个思想得到表达。正如我们所看到的，这条因果链模仿的是报告日常外部事件的因果链：你首先在感觉器官的帮助下观察事件，在你身上产生一个信念，然后产生一个思想，你再在你的报告中表达这个思想。

这里假设的高阶思想，我想就是奥托认为他能在他自己的心理学中察觉到的"额外表述层"；在他**报告**他自己的有意识经验时，他的语词**表达**的就是这种思想。但是，按照我们在第 8 章中勾勒的语言生成模型，奥托的模型颠倒了因果关系。不是说，一个人**首先**进入自我观察的一种高阶状态，产生一种高阶思想，然后就能通过表达高阶思想来报告低阶思想。相反，这是说，二阶状态（信息更丰富的状态）正是由建构报告的那个过程**创造**出来的。我们不是**首先**在笛卡儿剧场中理解我们的经验，**然后**由于这些获得的知识，才有建构报告而后表达的能力；我们**能够说出它是什么样的**，这种能力就是我们的"高阶信念"的基础。*

起初，言语行为设计的群魔混战过程看起来是错的，因为它似乎遗漏了核心观察者／决定者，而他的思想才是最终要表达的东西。但这正是该模型的优点而非缺点。正是表达的出现创造和固定了被表达的高阶思想的内容。这里不需要**额外的**片段式"思想"。高阶状态真的取决于——在因果上取决于——言语行为的表达，但它不一定取决于公开的言语行为的公共表达。在第 7 章中我们看到，有机体对越来越好的内部信息交流的需要如何促成了自我操纵习惯的养成——这些习惯能取代更为费力的演化过程，后者可以创造一只内在之眼，一个能够监控大脑的真实内在器官。我们推测，人类大脑要自行变成一种类似高阶信念状态的东西，唯一的途径是参与一种类似于向它自己报告一阶状态的过程。

我们必须打破设定越来越趋近核心观察者的习惯。为了方便过渡，我们可以重新设想这个过程，它不是从观察中获得知识的过程，而是以**道听途说**的模型来进行的过程。我相信 p，因为有一个可靠的来源告诉我 p。谁来告诉我？我自己，或不管怎么说，我的一个或多

---

* 这至少与维特根斯坦晚期作品中的一个核心论题类似，但他倾向于提供积极的解释或模型，来说明在我们（外在地）报告心智状态时，我们的所说与我们的所谈之间的关系。哲学家伊丽莎白·安斯康姆（Elizabeth Anscombe）在她极为晦涩的经典著作《意向》（*Intention*, 1957）中，力图填补维特根斯坦留下的这条鸿沟，她论证说，那种认为我们**知道**我们的意向是什么的主张是错误的：我们实际上**只能说出**我们的意向是什么。她还力图描述那些我们**不通过观察就能知道**的事物。我在《内容与意识》一书第 8、9 章中讨论了这些主张，但讨论有缺陷。我当时总是认为那些段落中潜藏着某种正确、重要和原创的东西。我第二次谈到它们是在《迈向意识的认知理论》（"Toward a Cognitive Theory of Consciousness", 1978）一文中，这篇文章重印于《头脑风暴》中，尤其是第 4、5 节（《头脑风暴》中的第 164 页至第 171 页）。本节是我目前对这些观点的看法，它已经从实质上偏离了我前期的两种看法。

个"行动者"。这不是一种完全陌生的思考方式，毕竟我们在说话时提到了我们感官的**明证**，这个隐喻就暗示，我们的感官不是把陈列品带入"展厅"**展示**给我们看，而是向我们**讲述**一些事情。以这个隐喻为基础（除非我们能够习惯一个更好的替代隐喻的复杂情况），我们也许就可以依靠一句口号：

> 如果我不能自言自语，我就不会有办法知道我在想什么。

从几个方面来说，这还不是思考它的正确方式。首先，在"自言自语"的实体与"相互对话"的各种子系统之间存在差别，我一直都在忽略这种差别。我会在第 13 章关于自我的讨论中谈到这两种观念之间的正确转变。其次，正如我们已经看到的，语言表达的强调有点儿过度；非语言的其他自我操纵和自我表达策略也是存在的。

看来也许就是这样：我似乎在提出一项糟糕的交易，放弃标准的常识心理学模型及其内在观察者层级系统相对的简要性和清晰性，追求一种我们几乎仍然无法构造出来的、粗糙的替代模型。但是，传统模型的清晰性是一种幻觉，其理由我们在第 5 章探讨**实在的看来**这个奇怪的话题时已暗示过了。现在我们能更精确地诊断问题。奥托是常识心理学的代言人，如果我们让他继续说下去，他马上就会作茧自缚。奥托的观点顽固地"处处"延伸常识心理学的范畴，导致不同的"表征状态"的爆发，而这些状态之间的关系又生成人为的难题。奥托继续说：

> 如果我决定就一种意识状态做一次公开报告，这个报告也许会包含一个错误。我也许有口误，或者弄错一个词的意义，因而无心地误导了你。任何我没发觉的这种表达错误，都容易在你身

上造成一个关于事实的错误信念——关于我所**看到**的**实际**情况的错误信念。而我碰巧没有注意到错误存在，这一事实并不意味着当时不存在错误。**一方面**，我所看到的情况是存在真相的；**另一方面**，我就我看到的情况所最终说出的东西（如果我决定这么做），也是存在的。虽然我努力想做一名高度可靠的报告者，但总有错误可以潜入的空间。

这就是一种顾此失彼的情况。因为，正如罗森塔尔向我们表明的，除了"我所看到的情况"与"我最终说出的东西"，似乎还必定存在中间介入的第三个事实：我关于我所看到的情况的信念。*因为，当我诚实地说出我所说的、表达我想表达的意思时，我就表达了我的一个信念，即我关于我所看到的情况的信念。事实上，存在中间介入的第四个事实——我的思想片段：这就是我所看到的情况。

我关于我所看到的情况的信念可能是错误的吗？或者，我也许**只是认为**这就是我所看到的情况？或者换句话说，也许只是在我**看来**，这就是我的当前经验？奥托只想要一种分离，但现在我们却受到更多分离的威胁：主观经验与关于它的信念的分离，这个信念与它在通往言辞表达的过程中产生的片段式思想的分离，这个思想与它的最终表达的分离。而且，就像魔术师学徒倍增的扫帚一样，一旦我们承认这些分离，就会有更多的分离出现。假如我具有我的主观经验（这是第一件事），它让我有理由相信我有这个经验（这是第二件事），这个信念又产生与之相连的思想（第三件事），然后这个思想在我身上引起一个要表达它的交流意向（第四件事），最后这个意向产生一个实

---

* 在《头脑风暴》中，我在讨论"β-多重现象学信念"时运用了常识心理学的这个要素（1978a, p. 177ff）。

际表达（第五件事）。难道在每件事情之间的过渡中就没有错误潜入的空间吗？难道不可能出现这样的情况：虽然我相信一个命题，但各个状态之间的一种错误过渡让我想到一个不同的命题？（如果你能"说错"，难道你就不能"想错"？）难道不可能形成一种意向，表达一种与你正在想的不同的命题？而且，在交流意向的子系统中，难道不可能出现一种有缺陷的记忆，使你虽然一开始想表达某种前言语信息，最终却表达出一种不同的前言语信息，并且它还成为纠正错误的标准？在任何两个不同的事情之间，总是有错误出现的逻辑空间，而随着有确定内容的个体状态的成倍增加，我们也发现或创造了成倍的错误来源。

解决这种纷争的一个很有诱惑力的做法就是，宣称**我关于事物在我看起来怎样的思想（或信念）与我实际的经验**是同一回事。换句话说，有一个诱人的做法是，坚持认为它们之间在逻辑上不存在错误潜入的空间，因为它们是同一回事。这个主张有些不错的特点。它在第一步——这通常是阻止问题爆发或阻止倒退的正确地方——就阻止了危险的爆发，而它也有某种真切的直觉吸引力，用一个修辞问句可以很好地表达这一点：只有在我看来某物在我看来（在我看来……）才是一匹马，这种主张可能具有的意义是什么？

不过，在这里我们必须小心前进，在破败的哲学理论（包括我自己的一些理论，比如 Dennett, 1969, 1978c, 1979a）的尸骨中蹑脚穿行。看起来我们也许可以坚持老式的常识心理学的信念、思想、关于信念的信念、关于经验的思想等范畴，并通过融入高阶和低阶的反身情况避免自我知识的复杂性，例如：通过宣称当我相信我相信 p 时，从逻辑上可以得出我相信 p 这一结论；同样，当我认为我很痛时，从逻辑上可以得出我很痛这一结论。

如果情况是这样，那么，当我通过报告一个一阶信念来表达一个二阶信念时，我实际上只是在处理一种状态，一件事情；报告一件事情时我其实是在表达"另一件"事情，这一事实归因于纯粹的用词差别，就像琼斯要娶他的未婚妻，最终娶了他的妻子。

然而，这种融入不能完成需要完成的工作。要看清这一点，请再次考虑常识心理学所设想的记忆的作用。即使从直觉上有理由认为，你不可能弄错你**现在**发生的事情，但从直觉上却根本没有理由认为，你不可能弄错你**过去**发生的事情。如果你正在报告的经验是过去的经验，你的报告依赖的记忆也许就被错误污染过。也许你的经验当时实际上是一个样子，而你现在的错误记忆又是另一个样子。你**现在**认为你**当时**看到的可能是一匹马，即使**事实上当时**在你看来它是一头牛。记忆错误的逻辑可能性是开放的，无论实际经验和后续回忆之间的时间间隔多么短——这正是奥威尔式理论流行的原因。但是，正如我们在第 5 章中看到的，潜入后发信念的错误（这是由于奥威尔式的记忆篡改），与潜入初始经验的错误（这是由于斯大林式的幻觉建构），完全无法从外部或内部区分开来。因此，即使我们可以坚持认为，你能"直接地"和"毫无阻隔地"访问你的当前**判断**（你关于事物现在在你看来的样子的二阶思想），你也不能因此就否决一种可能性，即它是对事物在片刻之前在你看来的情况的**错误**判断。

如果我们用内容来个别化状态（信念、意识状态、交流意向状态等）——这是常识心理学中个别化的标准方式——我们最终就要假设一些差别，无论我们用什么方式（内部的或外部的）都无法彻底发现这些差别；在此过程中，我们失去主观的私密性或不可错性，而后者据说是意识的标志性特征。我们在第 5 章讨论奥威尔式和斯大林式的时间现象模型时，已经看到了关于这种情况的例子。解决方案不是坚持常识心理学可以提供的这种或那种学说，而是抛弃常识心理学的这个特征。

我们放弃离散的、有内容的**状态**（信念、后设信念等）的划分，而代之以一种**过程**，这个过程一直确保，在实体内部携带信息的事件与该实体从言语上**表达**这些事件中的（某些）信息的能力之间，存在一种很好的契合度。据（奥托）说，高阶状态就能提供这种保证，但它们没能成功地在自然界的结合点上进行划分，而是假设在自然界中存在完全无法被察觉到的结合点。

然而，常识心理学的这些人造产品是作为主体的异现象学世界中的居民而存在的，而主体的世界观的确就是靠这个概念框架塑造而成的。用同义反复的方式来说，由于在人们看来，他们确实似乎既有这些关于他们的经验的信念，（此外）也有这些经验本身，因此，这些经验和关于经验的信念，都是经验本身在他们看来的样子的一部分。因此我们就必须解释**这个**事实——不是我们的心智被组织成信念、后设信念等高阶表征状态的分层系统这个事实，而是**在我们看来**我们的心智**似乎倾向于**被这么安排这个事实。

我已经冒险提出两条理由，来说明我们为什么往往发现这是一个很有吸引力的观念。首先，我们坚持一种习惯，即假定存在一个分立的观察过程（现在是**内在的**观察过程），它就处在我们对之做出报告的环境与我们发出的报告之间，但我们忽略了一个事实：内部观察者的这种回溯必须在某一点上被某个过程终止，该过程把内容与它们的言语表达统一起来，而不需要任何中途介入的内容鉴赏者。其次，以这种方式产生的内部交流，确实有一种作用，即把我们的心智组织成具有无限力量的、反身的或自我监控的系统。经常有人主张这些反身力量是意识的核心，这种看法很有道理。在我们力图理解自我监控系统时，我们可以运用过度简化的常识心理学模型帮助我们进行想象，但在使用它时，我们也许有陷入笛卡儿式物质论的风险。我们应该开始学着如何在没有它的情况下前行，在下一章中，我们会更小心地迈出几步。

第 11 章

废除证人保护计划

1. 回顾

在第一部分，我们全面考察了许多问题，并制定了一些方法论的预设和原则。在第二部分，我们勾勒了一种新的意识模型——多重草稿模型，并着手表明它为什么比传统的笛卡儿剧场模型更可取。虽然笛卡儿剧场的观念只要得到清楚表达，就会很戏剧化地暴露出它的缺陷——公开的笛卡儿式物质论者也根本不存在——但是该模型所培育的背景假设和思想习惯继续推动着反对意见的产生，并且歪曲了"直觉"。现在，在第三部分，我们要考察我们的替代模型的意蕴，为此就要回应一系列紧迫的反对意见。其中一些反对意见表明，有人对亲爱的老笛卡儿剧场一直忠心耿耿，即使他们并没有公开承认。

"但是，理解发生在哪儿？"自17世纪以来，这个问题一直隐藏在争论的中心。当笛卡儿（正确地）坚称大脑中的机制至少能够解释大部分的理解时，他遇到了怀疑论的高墙。例如，安托万·阿尔诺（Antoine Arnauld）在对《第一哲学沉思集》的反驳中指出："从狼身上反射到羊眼里的光，居然会使羊身上的细微视神经纤维移动，这种神经运动一旦到达羊的大脑，居然会把动物灵魂扩散到羊的整个大脑神经，在达到必要的程度后，还可以促使羊逃跑，这一切都不需要任何灵魂的协助。乍一看这似乎是不可思议的。"（1641, p. 144）笛卡儿回应说，这没什么不可思议的，就像人坠落时，无须借助"灵魂"的帮助，照样能出于自我保护的目的张开双臂一样，这也是一种机械反应。大脑里的"机械"诠释这一观念是所有物质论心智观的核心洞见，但这种观念却在挑战一种根深蒂固的直觉：我们觉得，要发生**真正的**理解，必须有**某个人在那里证实事情的过程**、**见证**那些构成理解的事件的发生。（哲学家约翰·塞尔在他著名的**中文屋**的思想实验中就充分利用了这种直觉，我们将在第 14 章中考察这个实验。）

在面对自然界的其他现象时，笛卡儿是一位卓越的机械论者，但一旦谈到人类心智，他就畏首畏尾。除了机械诠释，他还声称，大脑同时也为中心舞台（我一直说的笛卡儿剧场）提供材料，在这里人们的灵魂就可以作为**证人**，做出自己的判断。证人需要原始材料作为他们判断的依据。这些原始材料，无论是称为"感觉材料""感觉""原始感受"，还是"经验的现象特性"，都是道具，没有它们，**证人**就没有意义。这些道具由各种幻觉安排位置，它们在核心证人的观念周围构筑起一道几乎无法穿越的直觉藩篱。本章的任务就是要打破这道藩篱。

2．盲视：局部的僵尸状态？

在所有降临到人们头上的可怕事件中，只有一小部分得到了重视，因为它们向好奇的科学家揭示出自然界中的某些奥秘。这点尤其适用于由外伤（枪击、交通事故等此类事件导致的）、肿瘤或中风造成的大脑损伤。*由此产生的残障和残余能力模式，有时可以提供实质的甚至惊人的证据，说明心智是如何由大脑来实现的。其中最令人吃惊的——正如其悖论式的名字所暗示的——线索之一就是盲视。它一开始似乎是专门为哲学家的思想实验量身定做的：盲视是一种折磨，它把一个正常的有意识的人，变成一个局部僵尸，使之在对一些刺激做出反应时是一台无意识的自动机器，在对其他刺激做出反应时却是一个具有正常意识的人。因此，哲学家们把盲视提升到神秘的地位，把它作为一个典型情况，围绕它建构论点，这并不令人惊讶。但是，正如我们将会看到的：盲视并不支持僵尸观念，它反倒会摧毁这个观念。

在正常的人类视觉中，从眼睛进入的信号，经过视神经，途经各种中转站，到达小脑上方、颅骨正背面的**枕叶**或者说视皮质。左侧视野（视野的左半部分）内的信息，扩散至右侧视皮质，右侧视野内的信息则扩散至左侧视皮质。有时，脉管出现意外（如血管爆裂），会破坏部分枕叶，从而形成盲点（a blind spot）或暗点（scotoma）——在视觉经验到的世界中一个相对较大的孔，它在受损一侧的对面。

在左右两侧视皮质都遭到破坏的极端情况下，受害者会完全失明。更常见的情况是，脉管发生意外，会破坏大脑一侧的整个视皮质，导致与之相对的半侧视野丧失（见图 11.1）。左侧视皮质丧失会引起**右侧偏盲**，也就是右半边视野彻底丧失。

---

* 对于这些来自大自然的实验，人们做了不少分析。在《从神经心理学到心智结构》（*From Neuropsychology to Mental Structure*, 1988）中，蒂姆·沙里斯（Tim Shallice）就这些分析中牵涉到的推理进行了最新的、论证严密的讨论。另有一些著作为其中某些有趣的事例提供了相当通俗的解释，参见霍华德·加德纳（Howard Gardner）的《碎裂的心智》（*The Shattered Mind*, 1975）和奥利弗·萨克斯的《错把妻子当帽子》（*The Man Who Mistook His Wife for His Hat*, 1985）。

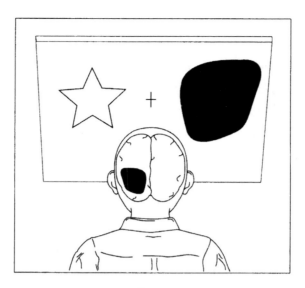

图 11.1

有暗点是什么样的？我们所有人对此似乎再熟悉不过，因为我们的视野里都有盲点，它们对应于视网膜上缺少视杆细胞或视锥细胞的地方，因为视神经从这里离开了眼球。通常的盲点或视盘可不小：相当于一个直径约为 6° 视角的圆。闭上一只眼睛，看着十字，眼睛与印有十字的页面保持大约 25 厘米的距离。这样其中一个"盲点"盘会消失。闭上另一只眼，则相反的圆盘会消失。（为了产生这种效果，你可能要调整眼睛与页面之间的距离。调整时要始终直视十字。）为什么通常情况下你注意不到视野内的这种空白？部分原因在于你有两只眼睛，一只可以弥补另一只，它们的盲点没有重叠。但大多数情况下，即使闭上一只眼睛，你还是可能注意不到你的盲点。原因何在？因为你的大脑完全没必要处理来自这个视网膜区域的输入信息，也绝不会投入任何资源来处理它。没有小人负责接收这一区域的报告，因此没有报告到达时，也不会有抱怨。信息缺乏并不等于知道缺乏信息。为了看见一个小孔，大脑中的某些东西必须回应一种对比：**或者**是在内部和外部边缘之间，这时你的大脑中不存在回应它的机制；**或者**是在前后之间，这时你一会儿看见圆盘，一会儿又看不到。（这也是为什么图 11.2 中的黑盘消失可以提醒你注意自己的盲点。）

图 11.2

像我们正常的盲点一样，暗点也有确切的位置，有些还有明显的边界，实验员用一个刺激物就能轻松地标出这些边界，比如在被试视野内四处移动一束光。被试在经验不到亮点时便要报告，这其实就是刚才寻找盲点的实验的一种变形。然后，被试的报告便可以对应上依靠大脑 CT（计算机层析成像）和 MRI（磁共振成像）扫描产生的标示皮质中损伤部位的图谱。暗点在一个重要的方面与正常盲点不同：它总是能被被试注意到。这不只是因为它比通常的盲点大。由于它的形成原因是视皮质的细胞缺失，而这种缺失情况此前已经向皮质中的其他细胞"报告"过，后者同样"关心"来自视网膜某些区域的信息，因此，这些细胞的缺失会被注意到。大脑的预期被中断，本来应该出现在那里的某个东西不见了，某种认知饥渴未能得到满足。所以，被试通常会察觉到暗点，却认为这是一种缺乏，而不是一个真实的黑色区域，这就像你也许会注意到有人在你的轿车的挡风玻璃上贴了一个黑色纸圈一样。

由于大脑的正常视觉传导线路已经中断或被切断，有人也许会以为，有暗点的人绝不可能获得在盲区内发生的情况的任何信息。他们毕竟是看不见东西的。他们是这样说的：在暗点范围内，他们无论如何都经验不到任何可视物——没有闪光、边沿、颜色、闪烁和繁星。什么都没有。盲就是这个意思。但是，一些有暗点的人却展现出惊人的天赋：虽然他们完全缺乏在盲区内的有意识的视觉经验，但他们有时能够相当准确地"猜测"出是否有光曾在这一区域闪烁，甚至能够"猜测"出是否有正方形或圆形的东西在那里出现过。这就是所谓的盲视现象（Weiskrantz, 1986, 1988, 1990）。虽然在怎样解释盲视的问题上仍然存在争议，但没有研究者认为存在任何"超常的"东西。在视网膜和大脑其余部分之间至少存在 10 条不同的传导线路，因此，即使枕叶遭到破坏，仍有大量的传输渠道，来自完全正常的视网膜的信息可以通过它们到达大脑的其他区域。研究者目前已经对盲视被试做过大量测试，结果表明，在猜测各种简单形状、运动方向以及光的出现或消失方面，这些被试做得无疑都比全碰运气要好（甚至在某些情况下是百分之百正确）。现在还没有哪个患盲视的人可以区分自己盲区内的不同颜色，但施特里希和柯维的最新研究（Stoerig and Cowey, 1990）却提供了证据表明这也许是可能的。

盲视中发生了什么？难道真像一些哲学家和心理学家强烈主张的那样，它是没有意识的视觉感知——纯粹的自动机器所展现出的那种知觉？难道说因为盲视表明了视觉**功能**存在而**意识**精髓丧失的情况，所以提供了一个反证，否决了功能主义的心智理论（或至少使它陷入尴尬境地）？它没有提供这样的反证。哲学家们急于利用盲视来拉动他们的思想马车，有时忽略了一些相当基本的事实：盲视现象和引发这些现象的实验背景。

正如第 5、6 章分析的"时间异常"一样，只有当我们站在异现象学立场看待被试时，盲视现象才会出现。如果实验员无法给被试以口头指令（而且确信被试能够理解指令），实验就无法进行，而且只有当被试把指令理解为言语行为时，他们的反应才能作为一种惊人现象的证据。这一点太明显了，以至于我们几乎注意不到它，所以我必须停下来多说两句。

盲视的诠释在许多方面是有争议的，但有一点显然没有异议：所有人都承认，盲视被试是通过眼睛（这是"视"的部分）以某种方式获知世界上的某些事件的，虽然他们对相关事件缺乏有意识的视觉经验（这是"盲"的部分）。更简洁地说，盲视包括：（1）视觉信息的接收；（2）对该信息的接收是无意识的。前者的证据直截了当：被试在探索信息的测试中做得比全碰运气要好得多。后者的证据则比较间接，要依情况而定：被试否认他们意识到任何这样的事件，而他们的这种口头否定，一方面得到了大脑损伤的神经学证据的支持，另一方面也从他们前后一致的否认中得到支持。所以我们相信他们！ *

这可不是一桩小事。请注意：如果我们推断盲视被试是在装病——只是假装意识不到，盲视显示出的惊人特征就会马上烟消云散。或者，说得明白一点儿，比较一下我们对盲视被试否认行为的接受与我们对被诊断患有"癔症性失明"的人相同否认行为的怀疑。一些眼睛和大脑似乎正常运转（就生理学家所能确定的而言）的人，有时却抱怨，他们一直打心底里觉得自己瞎了；他们"就像盲人一样"行动，以此证实他们的抱怨。有人总是可以找到相当可信的理由，解释为什么他们会"变"瞎：为了惩罚自己，或者惩罚某个现在必须照顾他和对他负责的人，或者这样可以否认某些可怕的视觉记忆，或者这是对其他一些疾病或虚弱的一种惊慌反应。所以，如果这也算失明，它最多只是"心身性"失明（psychosomatic blindness）。

---

* 请注意，神经损伤的细节本身（没有否认行为）证明不了什么。只有把神经损伤与（可信的）报告和行为证据配合起来，我们才能得出假说，以推测大脑的哪些部分对意识现象来说是必不可少的。

他们真的瞎了吗？可能。毕竟，有人也许争辩说，如果心身性疼痛是真实的疼痛，如果心身性恶心真的足以让一个人呕吐，心身性失明为什么就不应该是真正的失明呢？

癔症性盲人**声称**自己瞎了，但是像盲视被试一样，他们还是给出了确凿无误的证据，表明他们正在**接收视觉信息**。例如，如果要他们猜测事物的可见特征，他们居然比全碰运气做得**更差**！这是一个确切无疑的信号，表明他们以某种方式利用视觉信息，引导自己的行为出现大量"错误"。癔症性盲人有一种不可思议的"找死"*本事。但是，与那些明显装病的人不同，当癔症性盲人说他们没有视觉经验时，他们是发自内心的——他们的确相信他们所说的。难道我们不应该相信他们吗？在推测他们的异现象学世界时，我们应该如何对待这两类不同的被试群体给出的文本？

异现象学极度谨慎的策略得到回报的地方就在这里。盲视被试和癔症性盲人都貌似真诚地宣称，他们没有察觉到任何在其盲区内发生的事情。所以，他们的异现象学世界是相似的——至少在这个假定的盲区方面是如此。然而，这里还是存在差别。在神经解剖学的基础方面，我们对癔症性失明的了解不及对盲视的了解，但凭直觉我们比较怀疑癔症性盲人的否认行为。†是什么促使我们怀疑癔症性失明根本不是**真正的**失明，怀疑他们甚至以某种方式或在某种程度上意识到了自己的视觉世界？他们可疑地"如愿"失明，对此我们感到惊奇，但除了间接证据以外，还有一个更简单的理由——我们怀疑癔症性盲人的声明，因为他们在**没有提示**的情况下，有时可以**运用眼睛**给自己

---

* "找死"原文为 finding chairs to bump into，"找个椅子来撞"。——译者注

† 如果大脑扫描没有显示皮质损伤，肯定也会出现一种广泛的怀疑论调，怀疑盲视被试暗点的真实程度。例如，参见 Campion, Latto and Smith, 1983; Weiskrantz, 1988。

提供的信息，而这是盲视被试做不到的。

在盲视实验中存在一个因素，完全符合我们的标准假设，几乎没人费心讨论过（但也有例外，参见 Marcel, 1988; van Gulick, 1989; Carruthers, 1989）：盲视被试要做出好过运气的"猜测"就必须得到提示或暗示。实验员的初始指令中有一条可能是"一听到音调，就做出猜测"，或者"一感觉到我轻敲你的手，就回应一下"。没有这样的暗示，被试根本不能做出反应。*

我们可以设想一个实验变种，检验我们对此差别的诊断。假设我们遇到一个自称盲视的被试，她不需要暗示：无论何时，只要有东西出现在她所谓的盲区内，她就"自动"说出她的"猜测"（比纯凭运气好，但并不完美）。我们让她坐在实验室里做常规测试，以测定所谓的暗点位置。无论何时，只要移动的光线在她的盲区内消失，她就会告诉我们。这跟其他盲视被试简直完全一样。但与此同时，她却自发地评论说："这只是猜测，但你刚才把光照向我的暗点了吗？"——但是，也只有我们那样做了之后，她才这么说。这至少很可疑，而我们可以道出缘由。

一般来说，当被试在实验中遵从给予他们的指令时，实验员就可以把这看作确实无疑的证据，表明他们已经能够遵从指令，因为他们

---

* 哲学家科林·麦金（Colin McGinn, 1991）在谈到一个想象的盲视患者时提出："从行为上看，她就像一个有视力的人；从现象学上看，她从内心觉得自己是一个盲人。"（p. 111）这完全是错的：从行为上看，她绝不可能表现得就像一个有视力的人。麦金接着强调他的惊人主张："此外，当他们做出不可思议的区分行动时，盲视患者看起来就像拥有了视觉经验，老实说，难道不是吗？……他们看起来并不像人在没有任何视觉经验的情况下会表现出来的样子。"（p. 112）又错了。他们实际上看起来就像并不拥有视觉经验，**因为他们必须得到暗示**。如果他们没有得到暗示，他们的确看起来就会像拥有视觉经验一样——以至于我们不会相信他们的否认行为！

已经**有意识地**经验到相关的刺激事件。这也正是我们认为下面的预备指令是胡说八道的原因：

> 无论何时，只要你意识到光线，就按左边按钮；无论何时，只要有光线而你又没意识到它在那儿，就按右边按钮。

被试究竟怎样才能遵从上述指令呢？你可能是在要求这个被试做他不可能做到的事：要求他让自己的行为受到他无法访问的情况的约束。这也许就等于说，"无论何时，只要有人对你使眼色而你又不知道，就举起你的手"。一个实验员也许觉得没必要像下面这样插入副词"有意识地"：

> 无论何时，只要你有意识地听到某个音调，就做出猜测。

因为标准的假设是，一个人无法让自己的策略受到他**没有意识到**的经验约束（即便出现这样的经验）。要采纳这个策略：

> 无论何时，只要 x 发生，就 y。

你就必须有能力意识到 x 发生。

这就是我们的标准假设，但这一显明之理却有缺陷。我们不是知道许多行为都受我们无意识察觉到的条件支配吗？想想这些策略：调节体温、调整新陈代谢、存储与恢复力气、激活免疫系统。想想当有东西接近或进入眼睛时你就眨眼的策略，再想想一些大尺度的公开行为，比如当有东西突然逼近自己时，我们会走开（不会摔倒）和闪避。所有这些"行为"都不需要意识的任何帮助就能得到控制，笛卡儿早就观察到这一点。

因此，似乎存在两类行为策略：由有意识思想控制的策略与由"盲目的、机械的"过程控制的策略。后者简直就像控制一台自动升降机的过程。如果自动升降机遵循载重不超过 2 000 磅（约 907 千克）的策略，它就必须有某个内建的秤来探测什么时候超重。自动升降机当然没有意识，也不会有意识地探测任何东西，所以不具备有意识的策略。但可以说，它所遵循的策略取决于它探测的世界的各种不同状态，它甚至可以根据它探测的其他事态调整它遵循的策略，等等。它可以有策略、元策略、元元策略，所有策略都取决于所探测的事态的各种复杂组合——而所有这些都没有一丝意识的参与。自动升降机在探测和遵循策略方面所能做到的任何事情，人类的大脑和身体无疑也能做到。它可以遵循精巧的无意识的升降机类型的策略。

那么，无意识地遵循策略和有意识地遵循策略之间有何差异？当我们思考自己的身体无意识地遵循的策略（由于"盲目的、机械的"条件探测器）时，我们不禁想说，**由于这些是无意识的策略，因此它们与其说是我们的策略，不如说是我们身体的策略**。**我们的策略**（有人也许会说，就定义而言）是我们的有意识策略，它们是我们有意识地、深思熟虑地制定的策略，随着我们经验中展开的情况而发展，我们有可能（有意识地）思考这些策略的利弊并对之做出调整或修订。

于是，情况似乎就是这样：当某个策略起初被作为言语（verbal）讨论的结果或对言语指令的回应而被采纳时，它因此就是一个有意识的策略，这个策略必须取决于有意识地经验到的事件（Marcel，1988）。一个人反复谈论并随即决定遵循一个无意识的策略，后者又取决于无意识地探测到的事件——这似乎是一个自相矛盾的观念。但是，我们可以看到，这里有个漏洞：这个策略的地位**可能**会有变化。有了足够的实践和一些按照策略安排的遗忘行为，我们也许可以从一个有意识地采纳和遵循的策略开始，逐渐过渡到遵循某个无意识策略的阶段，这时我们无须意识就能探测相关的环节。这种情况可能会发生，但只有在策略与言语思考的联系出于某种原因被打破时才会发生。

我们可以从另一个方向设想这一可能的过渡。颠倒刚才所想的过程：盲视被试难道不能意识到暗点内的视觉经验吗？不管怎么说，在盲视的情况中，被试的大脑明显在接收和分析视觉信息，并以某种方式把这些信息用于猜测工作。刺激出现不久，被试大脑会发生某种事情，标志**知情**状态已经开始。如果一个外部观察者（如实验员）能够设法辨认这些开端，原则上他就可以把信息传达给被试。所以，被试就能"间接地"认出这些开端——虽然他没有"直接地"意识到它们。既然如此，难道被试原则上就不能"消除中间人"，并像实验员那样认出自己的倾向变化吗？在一开始也许被试需要使用某种自我监控设备（与实验员依靠的装备一样），但现在是他自己在看或在听输出信号。*

换句话说，难道原则上就不可能"关闭反馈循环"，并由此训练被试遵循一条策略，按照他没有（"直接"）经验到的变化来调整他的行为？我提出的这种盲视训练的前景，就好像它只是一个思想实验，但事实上，它很容易变成真正的实验。我们可以试着训练盲视被试识别何时"猜测"。

盲视被试在才能与意向方面并非一成不变。这些被试（在才能和意向方面）有时处在较好状态，有时处在较差状态。尽管事实上他们

---

* "如果他能够听到自己的皮肤电反应，他便会处在更好的状态。"——拉里·魏斯科朗茨（Larry Weiskrantz）在评论他的一个盲视患者时这样说道（ZIF, Bielefeld, May 1990）。

不能从实验员那里得到其表现的即时反馈，但他们的表现确实随着实践而得到提高、改善（例外情况参见 Zihl, 1980, 1981）。这有几个理由，其中首要的理由便是，任何这样的实验环境都有可能因为实验员无意的和未注意到的各种可能暗示而遭到破坏，所以被试与实验员之间的互动必须小心翼翼地降低到最低程度并得到控制。尽管如此，被试还是依赖他们从实验员那里接收到的暗示或提示，并且逐渐习惯于做这种原本不大可能成功的奇特行为：对他们明知自己根本没经验到的一些事情，做出成百上千次的猜测。（如果有人要你耐着性子看电话簿，让你猜电话簿上每个人的移动电话号码，即使在你碰巧猜对的时候也不告诉你，你想想你会有什么感受。这事久了就没啥做头，除非你能比较确定你做得有多好，并知道为什么这是值得尝试的特技。）

如果我们把其他科学目标抛到九霄云外，运用任何似乎有益的反馈来训练某个盲视患者，看看我们到底能有多少收获，那会怎样？假定我们从一个标准的盲视被试开始，无论我们何时暗示他，他都"做出猜测"（所谓的强制选择反应），而且他的猜测比全碰运气好（如果不是这样，他就不是一个盲视被试）。反馈会很快把这调到一个最大值，而如果猜测可以在某个令人鼓舞的高精确度上保持稳定，就会给被试造成一种印象：他有某种有用而且可靠的禀赋值得挖掘。今天的一些盲视被试所处的状态事实上就是如此。

现在，假定我们开始要求被试在无暗示的情况下做出猜测——"要猜就猜"，"在你灵机一动的任何时候"都要进行猜测——然后我们再假定实验员提供即时反馈。这样就可能有两种结果：

（1）被试一开始随机猜测，而且一直如此。虽然他在一定程度上知悉刺激事件的发生，但他似乎没有办法发现这个他所知悉的行为何时发生，无论我们给他什么样的"生物反馈"帮助。

（2）被试最终能够在没有实验员暗示（或没有任何临时的生物反馈帮助）的情况下做出猜测，而且做得明显比全碰运气要好。

在某个特定的个案中我们会得到哪种结果，这当然是一个经验性的问题，我甚至不想冒昧猜测第二种结果出现的可能性有多大。也许在每个单独的个案中，被试都无法学会在要猜测时做出正确的"猜测"。但请注意，**如果**第二种结果发生，我们就可以合理地让被试采取一些策略，要求他按照一些只能靠猜测来判断是否出现的刺激，来调整他的行为。无论他是否意识到刺激，只要"猜测"的可靠性足够高，他就能把这些刺激与任何有意识的经验同等对待。他能在那些刺激发生的基础上，正如他在有意识经验到的事件发生的基础上，轻松地思考一些策略，并按照这些策略做出决定。

然而，这会以某种方式**使**他意识到这些刺激吗？你的直觉是什么？当我问人们在这种情况下他们可能会说什么时，我得到各种回答。常识心理学没有得出一个清楚的判决性结论。但是，一个盲视被试就一种类似的情况陈述了自己的意见。DB是魏斯科朗茨研究的一个被试，他右侧偏盲，表现出典型的盲视能力，即在受到暗示时猜测要好过全碰运气。例如，当一束光水平或垂直地缓慢穿过他的暗点时，如果有人提示他猜测这束光是"垂直还是水平"，他会回答得相当出色，同时他会否认他意识到了这个运动。但是，如果光更快速地移动，光本身就会变成一种暗示：DB可以在无提示的情况下相当准确地主动报告运动，甚至只要这束光一出现，他就能用手势模仿它的运动（Weiskrantz, 1988, 1989）。而且，当实验员问他时，DB坚持说，他**当然**有意识地经验到了运动——否则他怎么能报告它呢？（其他盲视被试也报告，他们有意识地经验到了快速运动的刺激。）我们也许想保留判断，但是，如果罗森塔尔关于日常意识概念的分析是正确的，那么 DB 的回答就不应该令我们吃惊。DB 并不只是知道光的运动，他还**意识到**自己有这个信息；用罗森塔尔的话来说，他有一个二阶思想——大意是说他刚才有一个一阶思想。

我们的批评家奥托反击说：

> 但这还仅仅是个把戏！我们一直都知道，盲视被试意识到了他们的猜测。这所能表明的全部就只是：这样一个被试也许会发展出一种要猜就猜的能力（当然，他会意识到那些猜测）。他认识到自己在这些方面的猜测是可靠的，这本身并不足以使他直接地意识到他在猜测的事件。

这说明视觉意识还需要更多的东西。还有什么可以加上去呢？只有一件事情：猜测和它所关于的状态之间的联系，虽然可靠，但似乎还是相当脆弱、相当短暂。能够把这种联系加深、加强吗？如果猜测与猜测对象之间的这种**关于性**联结可以成倍增加，结果会是怎样？

3. 藏针游戏：一种提升意识的练习

关于性在哲学中的标准说法是**意向性**。按照伊丽莎白·安斯康姆（Elizabeth Anscombe, 1965）的看法，意向性一词来自拉丁文 intendere arcum in，取"隐喻用法"，意思是用**弓箭瞄准**（某物）。瞄准或指向这一意象，在大多数有关意向性的哲学讨论中至关重要，但哲学家一般在复杂的瞄准过程中，把现实的箭换成了纯粹的"逻辑"之箭，即一种基本或原始的关系，这一过程因其所谓的简单性而越发神秘。

你头脑中的某个东西，如何**能够**把抽象的箭指向世界中的某物呢？ *
把关于性关系看作一种抽象的逻辑关系，这最终也许是正确的。但在
一开始它却让我们的注意力偏离了一些过程，而正是这些过程使得心
智与世界中的事物保持足够的接触，从而使事物被**有效地**考虑，这些
过程就是关注、保持联系和追踪（Selfridge，未出版）。实际地瞄准
某物、"对准十字准线"，意味着要在"反馈控制"下，随着时间做
出一系列的调整和校正。这解释了为什么大量干扰的存在（如干扰反
导弹系统的金属箔）会使瞄准变得不可能。锁定一个目标直到可以识
别它，完成这件事所需要的不只是单一的、瞬间的信息处理。与某物
保持接触的最好办法，是真正地同它**保持接触**——抓住它，别让它跑
了，这样就可以在方便的时候尽情研究它。第二好的方法是，象征性
地同它保持联系，用你的眼睛（和身体其他部位）追踪它，别让它逃
出你的视线。这当然是凭知觉就能完成的事情，但不能只凭被动知
觉；也许要花费一些精力、制订一些计划，无论如何还需要**连续的活
动，才能**同某物保持联系。

我小时候喜欢玩一项儿童群体游戏——**藏针**（Hide the Thimble）。
把一根普通的针先拿给所有参与者看看，然后大家都离开房间，只
留一个人"藏"针。藏针的规则很明确：必须藏在**明显可见**的地方。
不能放在任何东西的后面或下面，也不能放得太高，孩子们看不到。
一间普通卧室里有许多地方可以放针，在这里它总是会与周围的环境
融为一体，就像一个伪装得很好的动物。针一旦被藏好，其他孩子就
回房开始寻找。一旦你看到它，就悄悄坐下，尽量不要泄露它的位
置。最后几个还在找针的孩子通常可能会好几次都**正眼对着**那根针，
但他们实际上却没**看到**它。在这些有趣的时刻，其他所有人都明白，

---

* 我的《意向立场》回答了这个问题。

藏着的针就在比如贝齐的眼皮底下，它还在发亮，而且还覆盖她视野的很大一部分。（每到这时候，我妈妈总喜欢说："它如果是一只熊，准会咬你！"）从其他孩子傻笑和屏气的表情中，贝齐本人可能意识到，她肯定正直盯着它——可还是看不到它。

我们可以这样来说这件事：即使贝齐大脑中的某些表征状态以某种方式"包含"藏着的针，但她还是没有**关于这根**针的知觉状态。我们也许承认，她的意识状态之一是关于这根针也就是她的"搜寻图像"的。她也许正全神贯注地寻找这根她在一两分钟前被允许查看的针。但在她的任何知觉状态与藏着的针之间，还没有出现任何牢固的意向性或关于性关系，即使在她视觉系统的某个状态中也许完全存在一个信息，可以帮助别人（例如，某个研究她视皮质状态的外部观察者）定位或认出那根藏着的针。对贝齐来说，必定会发生的事情是，"把注意力集中到"藏着的针，使它的"轮廓"从"背景"中凸显出来，识别出它。一旦做到，贝齐就实实在在地看到了那根藏着的针。它最终将出现"在她的有意识的经验中"，而且由于意识到了它，因此她最后就能胜利举起手，或悄悄地走过去同那些已经发现这根针的孩子坐在一起。[*]

这种反馈指导的、错误纠正的、收益调节的合目的的环节，是真正意义上的亲知（acquaintance）的前提条件，这可以作为制定策略的一个关键依据。一旦我在这个强意义上看到某物，我就可以"做一些与它有关的事"，或者，**因为**我看到它或一旦我看到它，我就可以做一些事情。单个藏着的针，一旦被认出，再找它一般很容易（当然，除非你正好在地震后一个到处都是针的房间里）。因此在正常情

---

[*] 她认出这根藏着的针，这是她意识到它的后发**结果**，还是她意识到它的先行**原因**？这个问题——奥威尔式还是斯大林式？——多重草稿模型告诫我们不要去问。

况下，藏着的针在贝齐的控制系统中的地位提升，不是只为了那个短暂时刻；在重新确认它或再次核对（如果有理由怀疑，可以进一步核对）它的时候，贝齐依然可以找到它。我们最明确意识到的对象是那些我们直接明了而又从容不迫观察到的东西，我们收集多次扫视的成果并且予以整合，随着时间的推移，我们建立了一种熟知状态，同时又让对象存放在个人空间中。如果对象像蝴蝶一样飞来飞去，我们就要采取行动使它固定下来，"以便我们能看着它"；如果它与周围环境完全融为一体，我们就要采取步骤——如果我们不能碰它，那就真的要迈几步——把它放在一个对比强烈的背景前。

如果我们做不到，这种失败就会妨碍我们看到这个对象，这里所谓的看到，是从这个说法的一个重要而常见的意义上来说的。*

观察和研究鸟的人，通常都保存他们看到的各种鸟的记录。假设

---

* 通常情况下，定位（"给它定位"）和识别密不可分，定位一个要被识别的东西是识别它的前提。但是，这种通常的一致掩盖了一个惊人的事实：在大脑中，识别机制与定位机制在很大程度上是相互独立的，它们在不同的大脑皮质区域（Mishkin, Ungerleider and Macko, 1983），因此能被单独关闭。很少出现这样的病理情况：被试能轻松识别他在看的东西，却又完全不能在他的个人空间中给它定位。也很少出现相反的病理情况：被试能定位一种视觉刺激——例如指着它，却又很难识别那个物体，虽然在其他方面有相当正常的视觉。心理学家安妮·特雷斯曼（Anne Treisman, 1988; Treisman and Gelade, 1980; Treisman and Sato, 1990; Treisman and Souther, 1985）做了一系列重要的实验来支持她的主张：**看见**应该同**识别**区分开来。按照她的模型，当某物被看见时，大脑就开始为它设置一个"记号"。记号是"单独的、临时的、片段式的表征"——创造它们则是进一步识别它们的开端，这时识别是这样完成的：运用类似生产系统所建模的过程，搜索自己的语义记忆。记号不必由个人空间中的一个明确位置来界定，但是，如果我理解她的模型，再加上上述原因，这种情况就并不是毫无疑问的：像贝齐那样的被试，（在她发现藏着的针之前）如果有人要他们靠猜测以"是"或"否"回答这根藏着的针目前是否在他们的视野内，他们就能做得比全碰运气要好。关于这方面的实验，参见 Pollatsek, Rayner and Henderson, 1990。

你和我都是观察和研究鸟的人，我们都听到树上有一只鸟在我们头顶歌唱。我抬头望去，说："我看见它了，你呢？"你直盯着我正盯住的地方，但诚恳地说："不，我没看见它。"我把这只鸟记录在我的观察列表上；你却不行，虽然你实际上很肯定，它的心智意象必定已经再三出现在你的视网膜的中央凹里。

你会怎么说？在贝齐找到藏着的针之前，这根针是否已经以某种方式"呈现"（present）在她的意识中？那只鸟当时是呈现在你的意识"背景"之中还是根本就没呈现？让某物进入你意识的最前沿，就是让它进入随时可以报告的位置，但让某物进入你有意识的经验背景中（而不只是进入你看得见的环境背景中），这又需要什么条件？藏着的针和树上的鸟，无疑都呈现在可视环境中，但这不是关键所在。来自物体的反射光线进入你的眼睛，仅仅这样大概不够；反射光线还必须达到什么样的效果，你的大脑还必须做出何种程度的注意，才可以使对象从只得到无意识反应的行列，过渡到有意识的经验背景中？

解决这些"第一人称视点"难题的方法是忽视第一人称视点，考察我们可以从第三人称视点学到的东西。在第 8~10 章我们曾经探索一种言语行为的生产模型，它依赖一个群魔混战过程，这时内容和表达的最终配对是各种联盟竞争、建立、瓦解和重建的最终结果。一些内容卷入这种冲突，却无法使自己长久存在，这些内容也许会形成一次性的"弹道"效果，在系统中激起一丝涟漪，但它们几乎是**不可报告的**。当一个事件无法存留时，任何报告它的尝试，即使已经开始，也要么夭折，要么游离在控制之外，没有任何东西会用它来校正自己。必定要有一种识别结果和再次识别的能力，才能满足可报告性要求。我们可以在许多种类的训练中看到可报告性的发展，这些训练就像我们给盲视被试提供的训练：品酒师的味觉训练、音乐家的听觉训练等——或者，拨弄吉他弦这个在第 3 章描述的简单实验。

考虑给调琴师学徒发出的指令。老师告诉他们，他们在按照一个参考音调为他们调试的琴键定调时，要听"节拍"。**什么节拍**？一开始，多数新手不能在他们的听觉经验中察觉到任何对应"节拍"的东西，他们听到的只是乱七八糟的噪声或走了音的调子——他们会这样描述。不过，如果训练成功，他们最终就能在自己的听觉经验中分离干扰"节拍"，也能注意到节拍模式如何随调音"琴槌"在弦轴处的转动而变化。然后他们就能轻松地通过调除干扰节拍来调琴。他们一般会说（我们也可以用自己经验中的类似片段证实）：由于训练，**他们的有意识经验已经发生了变化**。更具体地说，这种经验已经得到提升——他们能够意识到他们以前意识不到的东西。

当然，从某种意义上来说，他们的确一直在听节拍。归根结底，是干扰造成了他们确实意识到的走音。但是他们以前无法在经验中探测到这些干扰成分，这就是为什么有人也许会说，这些因素**对**经验**有贡献**，但本身**不呈现在**经验中。这些贡献在训练之前的功能地位，与在盲视中出现的事件的地位相同：被试不能报告一些特殊的贡献，也无法根据它们的出现来制定策略，但贡献的结果在被试的行为中仍然可以明显体现出来，比如被试能够回答一些人为编造的问题。我的看法是，所谓"在经验背景中"，除此之外就别无其他意义。因此，如我们所见，我们刚才描述的调琴师和品酒师的那种联结强化也可能建立在盲视被试身上，以至于他会宣称，并且我们也会欣然接受，他已经**开始**意识到——甚至在他意识的最前沿——以前对之只能做出猜测的刺激物。

［奥托说］别急。这里还有一个反对意见：你想象一下，盲视被试学会以这些新方式运用他的盲视能力，也许这会帮助他**意识到**在他盲区内发生的事件，但这仍然漏掉了某种东西。这种

意识不是**视觉意识**，它也不像看见。有意识视觉的"现象性质"或**感质**（phenomenal qualities or qualia）可能被遗失了，即使盲视被试可以完成以上所有的功能步骤。

也许是这样，也许不是这样。什么才是"现象性质"或感质呢？〔qualia（感质）是 qualities 的拉丁文表达，它的单数形式为 quale，通常读作 kwah'-lay。〕初看起来，它们似乎明显至极——它们就是我们看、闻、感觉和听的样子，但细究之下，它们有可能改变其状况或者消失。在下一章中我们会沿着哲学的<u>丛林</u>一路追踪这些"疑犯"，但是，我们首先应该更好地考察那些性质，它们**不是**现象性质，但也许会被误认成后者。

4. 修复的视觉：除了信息之外，还遗失了什么？

魏斯科朗茨的被试 DB **看见**运动了吗？他确实没听见它，也没**感受到**它。但这是视觉吗？它有视觉的"现象性质"吗？魏斯科朗茨说：

> 刺激的"显著程度"不断增长，患者可能坚持说他还是没"看见"它，但现在他有一种"感受"，觉得在那里有某个东西。在一些情况下，如果显著程度进一步增强，也许就会出现这样一个时刻，被试说他"看见"了，但这种经验并不真实。例如，被试 DB"看见"东西，这是对某个强烈运动的刺激所做出的反应，但他没有把它看成一个连贯运动的东西，而是报告说，那是一些有着复杂模式的"波"。当亮度与对比度都升到很高程度时，其他被试则会报告"黑色阴影"出现了。（Weiskrantz, 1988, p. 189）

被试 DB 没有感知到剧烈运动的物体是有颜色和形状的，但那又怎样？正如我们在第 2 章向自己证明的那样，在玩牌实验中，纸牌落在边缘视觉时，我们可以看见牌，但分辨不出它的颜色和形状。这是正常视力，不是盲视，所以基于上述原因，我们应该不会否认，这个被试具有视觉经验。

这种获得可视事物信息的异常方式，是不是**看的**一种形式？如果我们转到一种偏离正常视觉更远的情况，就能更生动地提出这个问题。研究者已经设计出为盲人提供"视觉"的假体设备，其中一些设备正好引发这样的问题。大约 20 年前，保罗·巴赫-伊-里塔（Paul Bach-y-Rita, 1972）研发出一些设备，其中包含小型的、带有超低分辨率的视频摄像头，可以装在眼镜支架上（见图 11.3）。来自摄像头的低分辨率信号，也就是分辨率为 16×16 或 20×20 的"黑白"像素的阵列，分布在被试的背部或腹部，形成一个电子式的或机械振动的麻刺器（称为操作应答器）网栅。

仅仅经过几个小时的训练，佩戴这种设备的盲视被试就能学会解释自己皮肤上的麻刺模式，就像你能解释别人用手指在你皮肤上描画的字母一样。即使分辨率很低，被试也能学会读出信号，并识别出物体甚至人的面相，就如我们可以通过看这张照片（在示波监控器出现信号时拍摄）来做出推测一样（见图 11.4）。

结果当然是经过假体产生的有意识的知觉经验，但是，既然输入分布在被试的背部或腹部，而不是在他们的视网膜上，那么它还是**视觉**吗？它是具有视觉的"现象性质"，还是只有触觉的"现象性质"呢？

回忆第 3 章中的一个实验。你的触觉视点很容易延伸到铅笔尖，让你通过笔尖感受触碰物的质地，而这时你基本注意不到铅笔正随着你的手指颤动。所以，我们不应该感到奇怪：巴赫-伊-里塔的被试体

图 11.3　一个盲视被试带着一台 16 条线的便携电子系统。摄像头装在透镜盒上，后者架在一对眼镜框中。一小组电线引起电刺激驱动电流〔右手〕。左手上是 256 个同心银电极组成的矩阵

图 11.4　示波监控器上看到的女性面部的 400 支数（count）表征图。被试可以正确识别这种复杂程度的刺激模式

验到的那种效果，即使没有这么极端，也与它非常相似。在短暂的训练期后，被试对他们皮肤上的麻刺意识就会消失。有人也许会说，像素缓冲器透明起来，被试视点已经转为装在头部一边的摄像头的视点。有一个显著的证据可以用来说明这种视点转换的强度，这个证据来自有经验的被试的行为，他的摄像头装有带控制按钮的变焦镜头（pp. 98-99）。他的背部装着许多麻刺器，头部一边又装着摄像头。实验员在不提醒他的情况下按下变焦镜头按钮，使他**背上的心智意象放大或突然"逼近"**，这时被试会本能地后倾，**举起双手保护自己的头部**。还有一个明显的证据也可以用来说明麻刺器的这种透明状态：背部贴着麻刺贴片的被试，在受过训练之后，当贴片从背部转到腹部时，他们几乎马上就能适应（p. 33）。然而，正如巴赫-伊-里塔所指出的，当背部有东西划过时，被试仍然会对背部瘙痒做出反应。他们没有因为"看见"它而抱怨，他们也完全能够按照要求注意到这些麻刺，真的把它们当作麻刺。

这些发现很诱人，但还不是定论。有人也许会主张，一旦运用设备输入变成第二天性，被试就是真的看到了，或者，相反地，只有关于看的一些最核心的"功能性"特征已经修复再生。视觉的其他"现象性质"又如何呢？巴赫-伊-里塔报告了一个实验的结果：他向两个经过训练的被试——两个失明的男大学生——展示《花花公子》杂志上的裸女图片，这是他们平生第一次经历这种事；结果两个被试都很失望——"虽然他们能够描述图片上的许多内容，但这种经验缺少情感成分，唤不起快感，两个年轻人为此很郁闷，他们意识到，对他们那些视力正常的朋友来说，这样的图片包含情感成分"（p. 145）。

因此，巴赫-伊-里塔的假体设备并未产生正常视觉的**所有**效果。其中一些不足要归因于信息流通速度的显著差别。正常视觉给我们传送周边事物的空间特性，速度非常之快，详细程度也尽如我们所愿。当被试的视觉系统充满输入信息时，通过皮肤上的连接装置向大脑输送的低分辨率空间信息，无法激起在视力正常的人那里所能激起的全部反应，这其实并不令人感到惊讶。*想想吧，一个视力正常的人**看**低分辨率版本的美女图片——看一眼图 11.4，他会从中获得多少快感？

如果我们可以设法提高假体视觉的"波特率"†，使之与正常视觉相当，那会带来多少变化，现在还不清楚。可能是这样：提高信息的数量和速度，给大脑提供高分辨率位图，这样就足以使人产生遗失的那种快乐，或相当部分的快乐。天生的盲人与刚刚失明的人相比有很大劣势，因为他们从未建立任何特殊的视觉联结，而这些联结对视力正常的人士从经验中获得快乐无疑发挥着重要的作用，它们让他们**想起**早期的视觉经验。也有可能是这样：我们在视觉经验中获得的一些快乐，是神经系统中的一些早期结构的老化遗迹的副产品，我们在第 7 章已经提过这个想法，下一章我们还要进行深入的探讨。

同样的考虑也适用于盲视以及我们所能想到的盲视被试能力方面

---

* 例如，即使受过训练的被试，对一些知觉任务的反应时间也很长——比如，对于不同的简单识别，反应时间为 8 秒到 15 秒不等（Bach-y-Rita, p. 103）。这本身就证明，相比于正常视觉，假体视觉的信息流通速度异常缓慢。

† "波特率"是数字信息流通速率的标准术语（它的意思大致是：每秒几个比特）。例如，如果你的计算机通过电话线与其他计算机进行信息交流，它可能就会以 1 200 波特、2 400 波特或更高的速率传输它的比特串。大约需要比 1 波特快 4 倍的速率，才能传输高分辨率的实时动画图片——这就清楚说明，一张图片的确就相当于 1 000 多个单词。通常的电视信号像唱片那样是模拟的而非数字的，它就像一张光盘，因此它的信息流通速率以**带宽**衡量，而不是波特率。这一术语的出现时间早于计算机，波特电码以其发明者的名字命名（就像莫尔斯电码一样），在 1880 年被采纳为通用的国际电报编码，而波特率是每秒传输的码元数。我使用"波特率"而不是"带宽"，并不是说大脑的信息处理最好以数字术语来构想。

的任何改善情况。盲视的讨论往往忽视了盲视被试从他们的盲区中搜集的信息是多么微不足道。被试在得到提示时能够猜出刚刚在他们盲区内呈现的是一个正方形还是一个圆，这是一回事；而被试在得到提示时能够详细猜出窗外正在发生什么，这是另一回事。

我们可以运用我们了解到的假体视觉的知识来指导我们的想象——盲视被试重新获得更多的视觉**功能会**是怎样。试想，我们碰见一个皮质性盲人，在经过刻苦训练后，他（1）已经把要猜就猜的能力变成第二天性；（2）能玩藏针游戏，而且玩得不比任何人差；（3）已设法按数量级增加他猜测的速度和详尽程度。我们看见他在看报纸，还对着漫画咯咯笑着，我们要他解释这是怎么回事。这里有三种场景，按可信度递增排列：

（1）"当然，只是猜测！你知道，我根本不能看见任何东西，但我学会了如何要猜就猜，比如，我此时就能猜测你对我在做粗鲁的手势，你脸上还满是怀疑的表情。"

（2）"嗯，最初只是纯粹的猜测，但在我开始相信它们时，它们就逐渐不再是猜测了。我们是否要说它们变成了**预感**？我只是突然就**知道**，某事在我的盲区内正发生着。于是我就能表达我的认识，根据认识来行动。此外，我还有元认识，可以认识到我事实上能够具有这样的预感，我还可以运用这个元认识规划行动并为自己制定策略。最初有意识的猜测变成了有意识的预感，它们来得如此迅猛，以至于我甚至不能区分它们。但是，真该死，我还是看不见任何东西！好不习惯这种方式！这根本不像看见。"

（3）"嗯，实际上，它**非常**像看见。借助我的眼睛从周围环境搜集的信息，我现在能够毫不费力地在世界上行动。或者，只要我想，我就能自己意识到我从眼睛中得到什么信息。对事物的颜色、形状和位置，我可以毫不犹豫地做出反应，我都感觉不到自己需要努力才能发展这些能力并把它们变成第二天性。"

然而，我们还是可以想象，我们的被试会说，某种东西遗失了：

"**感质**。我的知觉状态当然具有感质，因为它们是有意识的状态。但在我失去视力之前，它们过去都有**视觉**感质，而现在它们却没有了，虽然我受过训练。"

在你看来这也许很明显是有道理的，这也正是你预期我们的被试会说的话。如果是这样，本章的剩余部分就是为你准备的，它是一次练习，专为动摇你的信念而设。如果你已经开始怀疑这种关于感质的说法是否有道理，你大概就会预料到，我们的故事将要出现一些转折。

5."填充"vs 找出

但是，这种陌生感觉的存在并没有提供理由让我们说，我们深知的和似乎不显得陌生的每个对象都会给我们提供一种熟悉的感觉。

——我们认为，某个地方一旦被陌生感填充，它就必定会以**某种方式**被占据。

——路德维希·维特根斯坦

（Ludwig Wittgenstein, 1953, i596）

在第 2 章中我们看到，相信二元论的原因之一，是它承诺会提供由紫色母牛和其他虚构物组成的梦境素材。在第 5 章中我们又看到一些混乱源于一种自然却误导人的假设——在大脑达成区分或判断之**后**，它会**再次呈现**其判断所依据的材料，以使在笛卡儿剧场里填充颜色的观众高兴。即使在老练的理论家那里，**填充**这个观念也很盛行，而这是残余的笛卡儿式物质论的一种彻底暴露。有意思的是，有些人知道不该用这个词，但又觉得它很有诱惑力，所以他们给它加上引人注目的引号来掩饰自己。

例如，几乎所有人都把大脑描述为是在"填充"盲点〔所有例子中的强调均为笔者所加〕：

> ……神经学上尽人皆知的现象：主体"**填充**"视野内缺失的盲区。（Libet, 1985b, p. 567）
>
> ……你可以定位自己的盲点，还可以指明一个图案如何沿盲点被"**填充**"或"**完成**"……（Hundert, 1987, p. 427）

还有所谓的听觉"填充"。在我们听演讲时，声音信号的间断空隙能够得到"填充"，比如在"音位复原效应"中（Warren, 1970）。雷·杰肯道夫这样说道：

> 考虑一个例子，带有嘈杂或缺损输入的言语知觉——如在飞行的喷气式飞机出现时，或在一次糟糕的电话联系中……一个人所建构的……不只是意图传达的意义，而且还有音系结构：一个人"听到"的，不只是信号实际传达的……换言之，语音信息从更高层结构以及从声音信号中得到"**填充**"；虽然来源方面有所不同，但被完成的结构本身，并不存在质的差别。（Jackendoff, 1987, p. 99）

当我们阅读文本时，某种类似（除了视觉之外）的情况也会出现。伯纳德·巴尔斯这样形容它：

> 我们发现类似的现象也可见于著名的"校对员效应"这个普遍的发现中——校样页面的拼写错误很难察觉，因为心智会**"填充"**正确的信息。（Baars, 1988, p. 173）

霍华德·马戈利斯为整个"填充"工作加上了一个无可争议的注解：

> **"被填充的"**细节通常是正确的。（Margolis, 1987, p. 41）

"填充"观念也有不尽严谨的地方，哲学家C.L. 哈丁（C.L. Hardin）在《哲学家眼中的颜色》对盲点的描述中，就很好地表达了人们对于"填充"这种观念不言而喻的怀疑：

> 盲点覆盖的区域是一个直径为 6° 视角的圆，足以容纳 10 个首尾相连的圆月图像，然而，在视野的相应区域内并不存在小孔。这是因为眼-脑会用邻接区域里看到的任何东西**填充**这个区域。如果看到的是蓝色，它就**填充**蓝色；如果是格子图案，那么我们是察觉不到一大片格子的不连续状态的。（1988, p. 22）

不过，哈丁无法让自己说出大脑填充格子图案这种话，因为这样说肯定就表示存在一种相当复杂的"构造"，就像你为了填充自己人字纹夹克上的破洞，可以花很多钱做别出心裁的"不太显眼的修补工作"：所有线条处处相连，新旧线条的交界处的所有色调也要搭配得当。看起来填充蓝色是一回事——它需要的无非就是你用装有正确颜色的大脑画笔在填充处画两下，但填充格子图案是另外一回事，对此他不能妄下断言。

然而，正如哈丁的评论提醒我们的，我们在面对花格子区域时，就像在面对一大片均匀彩色区域时那样，忘了我们的盲点，这样，产生这种遗忘所需要的任何东西，大脑都能在这两种情况下轻松完成。他这样说："我们察觉不到……不连续状态。"但是，如果大脑不必用格子图案填充间隙，为什么它就该用蓝色填充这个间隙呢？

也许，在这两种情况下，我们都不能从字面意义上来理解"填充"，否则就会需要画笔一样的东西。（这就是第 10 章 II 型 CADBLIND 这个故事的寓意。）我想，没有人会认为，"填充"就是大脑真的用**颜料**去特意涂抹一大片空间。我们知道，视网膜上实际存在的倒置意象是视觉的最终阶段，任何东西都在这个阶段着色，就像电影屏幕上的映像着色一样无可怀疑。既然不存在严格意义上的心智之眼，大脑里的颜料也就没什么用处。

关于颜料就说这么多。但我们可能仍然倾向于认为，有某事在大脑中发生，它在**某个**重要的方面就像用颜料涂抹一个地方那样——否则我们根本就不会想说"填充"。在视觉或听觉经验的特殊"介质"中所发生的，显然正是这种特殊事件，无论它是什么。正如杰肯道夫在谈到听觉时说的，"一个人'听到'的不只是信号实际传达的"——但请注意，他仍然给"听到"加上了引人注目的引号。当一个人"听到"声音填充沉默的时间，或者"看到"颜色覆盖空洞的空间，那在呈现的究竟是什么？在这些情况下，似乎的确有个东西在那里，大脑必须（通过"填充"）提供这个东西。我们应该如何称呼这个未知的玩意儿呢？且称之为**虚构物**（figment）吧。于是我们就会受到诱惑而提出假设：存在的是某个由虚构物构成的东西，当大脑"填充"

时它在那里，当大脑不想"填充"时它就不在那里。既然说得这么空洞，虚构物的观念应该对许多人没有吸引力（至少我希望如此）。我们更知道：没有虚构物这样的东西。大脑没有制造虚构物，大脑也不用虚构物填充间隙，虚构物只是我的想象力的虚构物。关于虚构物就说这么多！但是，如果"填充"不是意味着用虚构物填充，那它意味着什么？它**能够**意味着什么？如果作为虚构物的介质并不存在，"填充"如何与不必费心填充区别开来？

在第 10 章中我们看到，CAD 系统如何可以给每个像素，或给所绘物体的每个界线清楚的区域加上一个颜色数字来表征颜色，我们也看到，II 型 CADBLIND 如何可以通过阅读这类代码来搜寻或甄别颜色。这个过程让人想起孩子们的游戏——用数字标示颜色，它与大脑中必定发生或可能发生的表征过程有点儿相似。图 11.5 是一个表征，它有形状信息，但完全没有颜色信息。

把它同图 11.6 相比，图 11.6 有颜色信息，以数字编码形式体现。如果你想拿一些彩色蜡笔，遵照指令填充颜色，你就能把图 11.6 变成另外一种"被填充的"表征，在这个表征中，各个区域都被真实的颜色、真实的颜料填充。

还有另外一种"填充"颜色的方式，即可以利用编码位图将颜色一个像素一个像素地"填充"，比如图 11.7。

图 11.6 和图 11.7 都是填充种类（与图 11.5 相比而言），因为任何需要获知某一区域颜色信息的程序，都能通过对该区域的机械检查来提取该信息。这是纯粹的信息填充。当然，这些系统完全是任意的。我们很容易就能无限地构造功能等价的表征系统——包括不同的编码系统或不同的介质。

如果你用 PC-Paintbrush 程序在个人电脑上制作一张彩色图片，你看到的屏幕图像就表征了"帧缓存器"（frame buffer）上的位图，

图 11.5

1—蓝；2—绿；3—橙；4—红；5—紫；6—黄

图 11.6

图 11.7

它与图 11.7 类似。但当你把图片保存到磁盘上时，压缩算法就把它转译成了某种类似图 11.6 的东西。它把磁盘的存储空间分成相似色区，并把这些相似色区的边界和颜色数值存储在"存档"文件中。*存档文件就像位图一样精确，但由于它把各个区域进行类分，并给每个区域单独贴上标签，因此它是一种更有效的表征系统。

　　由于位图给每一个像素都明确地贴上了标签，因此它是我们所称的**大致连续**表征的一种形式——这个大致程度是像素尺寸的函数。位图不是真正的图像，只是一组函数值，一个形成图像的配方。这个数组可以存储在任何保存位置信息的系统中。录像带则是另外一种大致

---

*　还有其他种类的压缩算法不以这种方式把映像分割成类色区，但我不会在这里讨论它们。

连续的表征中介，但录像带上所存储的也不是真正的图像，而是形成图像的配方（在一个不同的颗粒层上）。

另外一种把图像存储在计算机屏幕上的方式可能就是拍一张彩色图片，并将其存储在一个比如 35 毫米胶片上。这与其他系统有重大的区别，区别很明显：这里用的是实际的染料，它确实填充了现实空间的某一区域。跟位图一样，它也是对被描述空间区域的一种大致连续的表征（细微至胶片的颗粒层面都是连续的——在一个足够精细的尺度上它就成为类像素或颗粒状）。但与位图不同，这里的颜色用来表征颜色。彩色底片也用颜色表征颜色，却以颠倒映射的方式进行。

于是就有三种"填充"颜色信息的方式：用数字填充颜色，像图 11.6 或存档文件那样；用位图填充颜色，像图 11.7、帧缓存器或录像带那样；用颜色填充颜色。用数字填充颜色只在某个方面才算是"填充"颜色信息的一种方式，但与其他两种方式相比，它有它的效率优势，原因恰恰在于它不必为每个像素都明确地填充数值。那么，大脑是在上述哪种意义上"填充"盲点的呢？没有人认为大脑是用寄存器中的数值来编码颜色的，那只是掩人耳目。寄存器中的数字可以被理解为代表任何量级系统，任何"向量"系统，大脑可以用它们作为颜色的"代码"；它可以是神经的激活频率，也可以是神经网的某个地址系统或位置系统，还可以是任何其他你喜欢的大脑中的物理变量系统。寄存器中的数字有一个很好的特性，即保存物理量级之间的关系，同时在这些量级的"内在"特性方面却又保持中立，所以，这些数字可以代表大脑中"编码"颜色的任何物理量级。我们可以用一种完全任意的方式使用数字，也可以用非任意的方式使用它们，以反映颜色之间已经发现的结构关系。在常见的"色立体"中，色调、饱和度和亮度是三个维度，**我们的**颜色就依这三个维度而变化。*"色立体"是一个理想化的逻辑空间，适合数字化处理——任何数字化处理都可以反映人类视力实际展示的中间状态、对立关系、互补关系等。我们对大脑如何为颜色编码这个问题了解得越多，我们可以设计出来的人类色觉的数字化模型就越有力量，越不随意。

说大脑用这种或那种事物的强度或量级来"编码"颜色，其中的困难在于，它容易让人产生一种轻率的看法，即以为这些编码最终必须经过解码，才能带我们"回到颜色"。这是一种也许最流行的回到虚构物的途径：有人设想，大脑可能会无意识地以类似图 11.8 中的格式存储它包罗万象的颜色信息，但随后它会随时准备在特定场

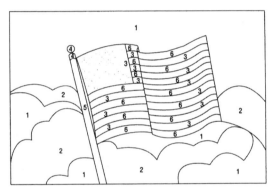

1—蓝色；2—灰色；3—白色；4—金色；5—黑色；6—红色

图 11.8

---

* 一些生物有不同的色立体——或多维立体！我们是"三色视者"：在我们视网膜的视锥细胞中，有三种不同类型的光色素传感细胞。像鸽子这样的一些物种则是四色视者，它们的主观颜色空间也许必须从数字上被表征为一个四维空间。还有一些物种是双色视者，它们的所有颜色区分都可以映射到一个唯一的二维平面。（请注意，"黑与白"只是一个一维表征图式，所有可能的灰色都可以表征为 0 和 1 之间的不同直线距离。）关于颜色系统的这种不可通约情况的含义，可参见 Hardin, 1988; Thompson, Palacios and Varela。

合，把表征"解码"为"真实的颜色"——就像放一个盒式录像带，把真实颜色投映到屏幕上那样。只是回忆"旗子是红白蓝三色的"这一命题与实际地想象"有颜色的"旗帜并（用心智之眼）"看到"它是红白蓝三色的，这两者在现象学上无疑存在差别。如果说这种现象学上的对比促使人们假定虚构物的存在，一个更具说服力的例子则是霓虹颜色扩散现象（van Tuijl, 1975），在本书英文版封底可以看到一张展示这种现象的图。

你所看到的用于填充由红线界定的圆环的粉红色，不是粉红色涂抹页面的结果，也不是光散射的结果。换句话说，除了红线之外，你的视网膜图像并不存在粉红色。那么，现在又如何解释这种幻觉呢？专攻形状的某个大脑回路受到误导，区分出一个特殊的边界区域：带有"主观轮廓"的环状区。这种主观轮廓可以由许多类似图形产生，如图 11.9 所示：

图 11.9

另一条专攻颜色但极不擅长形状和位置的大脑回路，则专门用于颜色区分（姑且说是 97 号粉红色），并以此给附近的东西"贴上标签"，而这一标签就被添加到（或"限定在"）整个区域（见图 11.10）。

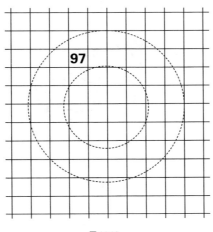

图 11.10

这些特殊的区分为何会在这些情况下出现，其中原因尚有争议，但争论焦点在于导致贴错区域标签的因果机制，而不是视觉系统的进一步"产物"（如果存在的话）。但是，难道真的没有什么东西遗漏吗？我差点儿给出一种解释，提供一个通过数字标示颜色的标签区域：不是必须在某个地方执行那种形成彩色图像的配方吗？不是必须"填充"97号粉红色吗？毕竟，你也许不禁会认为，你看到了粉红色！你的确没有看到一个上面写着数字的有轮廓的区域。你看到的粉红色不是在外部世界（它不是颜料、染料或"彩色光"），所以它必定是"在这里"——换言之，是粉红色虚构物。

我们必须谨慎地把"粉红色虚构物"的假说同其他一些假说区别开来，那些假说也许可以合法地取代按数字标示颜色暗示的解释。例如，最终的情况也许是，在大脑中某个地方，存在关于有色区域的大致连续表征，也就是位图，这么一来，区域中的"每个像素"都得贴上"97号颜色"标签，就有点儿像图11.11所表示的那样。

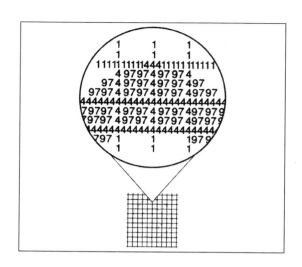

图 11.11

　　这是一种经验上的可能性。我们可以设计实验确证或否证它。问题也许会是：大脑中是否存在一个表征中介，它的一些变量参数值（饱和度或编码颜色的任何东西）必须沿着一个数组的相关像素被传送或复制？还是只存在区域的"单一标签"，而没有所要的进一步"填充"或"散开"？哪种实验可以支持霓虹颜色扩散效应模型？嗯，如果可以证明在某些条件下，颜色在一段时间内缓慢扩散——颜色从中央红线渗出，逐渐延伸到主观轮廓的边界，这样无疑会给人留下深刻印象。*我不想对此问题预先判断，因为我提出它的主要目的是阐

---

* 　似乎是为了回应这种说法，V.S. 拉马钱德兰和 R.L. 格雷戈里（R.L. Gregory）刚刚做了一些实验，研究他们所谓的（我认为这是误导）人为诱导的盲点，结果有充分的证据表明，结构与细节的渐进填充是存在的。他们的实验环境与我描述的环境存在一个根本性的差别：在他们的实验中，两种信息来源之间存在竞争，其中一种（逐渐）被压倒。结构的渐进空间填充现象是一个重要发现，但它没有使我们超出图 11.11 那样的模型。而且，在他们的诠释可以得到证实之前，关于这些实验的一些进一步的问题需要得到解决。

明我的主张：虽然关于霓虹颜色扩散现象在大脑中是如何发生的，还有大量悬而未决的经验问题，但它们并不影响下面这个问题，即虚构物是否会在神经编码系统的"解码过程"中生成。

大脑是以这种还是那种方式进行"填充"，这不是一个只靠内省就能解决的问题，因为正如我们在第 4 章中所见，内省只给我们（被试以及"外部"实验员）提供表征内容，而不给我们提供表征中介本身的特征。关于中介方面的证据，我们还要做进一步的实验。*但就某些现象而言，我们早就可以**相当肯定**地说，表征的中介是某种有效率的东西，类似于用数字标示颜色，而不是如位图那样大致连续的东西。

例如，考虑大脑要如何处理墙纸。假设你走进一个房间，你注意到，墙纸由数百幅相同的帆船画有规则地排列而成，或者——让我们向安迪·沃霍尔致敬——由数百幅相同的玛丽莲·梦露肖像组成。为了鉴别一张图片是否为玛丽莲·梦露的肖像，你必须把它映入你视网膜的中央凹：图像必须落到眼睛的高分辨率的中央凹。正如我们在第 2 章玩牌实验中所看到的，中央凹周围的视力（由视网膜其他部分提供）没有很好的分辨率，你甚至识别不出放在一臂之远的方块 J。然而，我们知道，如果你走进一个墙上贴着相同的玛丽莲·梦露照片的房间，你会"瞬间"知道这是怎么回事。至多一转眼的工夫，你就会看到，房间里"有许许多多完全一样的、细致的、清晰的玛丽莲·梦露肖像"。因为你的眼睛每秒至多扫视四五次，所以在这段时间内，你只能把一两幅玛丽莲·梦露肖像映入你的中央凹，而正是在这段时间内，你迅速得出结论并**由此看到**数百幅相同的玛丽莲·梦露

---

* 例如，罗杰·谢泼德一开始用立方体图形的心智旋转所做的实验表明，在被试看来，他们似乎确实对他们想象的图形怀有大致连续的旋转表征。但是，为了（部分）证实这个假说——他们确实做着他们似乎做着的事——我们还需要进一步的实验，探究底层表征的实际时间属性（参见 Shepard and Cooper, 1982）。

肖像。我们知道，中央凹周围的视力**不能**区别玛丽莲·梦露肖像与各种具有玛丽莲·梦露形象的视觉块（blob），尽管如此，你所看到的仍然**不是**一张居中、模糊的玛丽莲·梦露形象的视觉块围在旁边的墙纸。

那么，是否有可能，大脑取出一份关于玛丽莲·梦露的高分辨率的中央凹图像，在内部映射墙面上来复制它，就像影印一样？只有以这种方式，你用来识别玛丽莲·梦露肖像的高分辨率细节，才能"直透纸背"，因为中央凹周围的视力还没有敏锐到靠自身就足以提供这种经验的程度。我假设这在原则上是可能的，但几乎可以肯定的是，大脑不会特意去**填充**！大脑识别出一个玛丽莲·梦露肖像，也没有得到其他视觉块不是玛丽莲·梦露肖像的信息，在没有深入探测的情况下，它就迅速得出结论——剩下的也是玛丽莲·梦露肖像，并给整个区域贴上"更多玛丽莲·梦露肖像"的标签。*

当然，在你看来情况似乎不是这样。在你看来，好像你真的是在看着数百幅相同的玛丽莲·梦露肖像。从某种意义上来说你的确是这样：墙上的确有数百幅相同的玛丽莲·梦露肖像在那里，你也正在看着它们。但不存在这种情况：有数百幅完全一样的玛丽莲·梦露肖像在你大脑中被表征。你的大脑只是以某种方式表征数百幅相同的玛丽莲·梦露肖像存在，不管你多么笃定地说你看到了它的全部细节，这些细节也仍然是在（外部）世界中，而不在你的头脑中；而且在形成这种似见物（seeming）的过程中根本没有耗尽虚构物，因为这些似见物全然没有形成，甚至连位图也未形成。

因此，我们现在就可以回答关于盲点的问题。大脑不必为盲点"进行填充"，因为盲点所处的区域已经被贴上标签（例如，"格子

---

* 在附录B中，我会提出"墙纸"实验，它将和盘托出这一经验性的主张。

图案"、"玛丽莲·梦露肖像"或者只是"更多一样的东西")。如果大脑从某个区域收到矛盾的证据，它就会放弃或调整它的概括，但是，没有从盲点区域得到任何证据，并不等于得到矛盾的证据。缺少来自盲点区域的实证证据，这对大脑来说不是问题；由于大脑先前没有从视网膜的这个缺口获得任何信息，因而它也没有发展出任何有着认知饥渴的行为能力，要从那个区域得到信息。在所有视觉小人中，没有一个可以单独扮演协调角色，协调来自眼睛这个区域的信息。因此，即使从那些来源中得不到任何信息，也不会有人抱怨。这个区域完全遭到忽视。换言之，所有视力正常的人都会"患上"轻微的"病感失认症"。我们察觉不到我们的"缺陷"——我们没有从我们的盲点中接收到任何视觉信息。（关于病感失认症的一个出色概述，参见 McGlynn and Schacter, 1989。）

盲点是一个空间小孔，但也可以存在时间小孔。其中最小的就是在扫视中我们的眼睛飞快运动时出现的间隙（gap）。我们没有注意到这些间隙，但它们没有必要被填充，**因为演化没有设计我们去注意它们**。盲点的时间类比现象也许是在轻微癫痫发作中出现的"缺失"。患者可以注意到这些缺失，但也只能通过推断：他们同你一样，无法看到自己盲点的边缘，但他们可以通过回溯，感觉到他们经验到的事件的不连续性。

"填充"观念的根本缺陷是，在大脑正在忽视一些东西的时候，它暗示大脑是在提供一些东西。这就导致一些即便是很老练的思想家也会犯下惊人的错误，其中的典型代表是埃德尔曼："意识最惊人的特征之一是它的连续性。"（Edelman, 1989, p. 119）这是完全错误的。意识最惊人的特征之一是它的**不连续性**——举些最简单的例子，盲点和眼睛的扫视间隙就揭示了这一点。意识的不连续性之所以很惊人，就是因为意识**表面的**连续性。诺伊曼（Neumann, 1990）指出，一般来说，意识也许就是一种有间隙的现象，只要我们没有肯定地知觉到这些间隙的时间边界，我们也就感受不到意识"流"的间隙性。正如明斯基所说："只有**被表征为**断续的东西，才有可能**看起来**是断续的。真是悖论——我们对连续性的感受，来自我们对绝大多数种类的变化惊人的**不敏感**，而不是来自任何真切的知觉状态。"（Minsky, 1985, p. 257）

6. 忽视：认知欲望的病理丧失

大脑处理盲点的座右铭可能是：不问我问题，我就不对你撒谎。正如我们在第 1 章中所看到的，不管认知饥渴是对什么饥渴，大脑只要满足了它们，就不需要再做更多的事情。但当认知饥渴比它应该有的少很多时，情况又会怎样？这些情况就是忽视的病理学。

忽视的最常见形式之一是**半忽视**（hemi-neglect）。在这种情况下，身体的一侧（通常为左侧）遭到彻底忽视，因为相反一侧的大脑存在损伤。不仅身体左侧会被忽视，紧靠左侧的附近区域也会被忽视。如果一群人站在一位身体左侧忽视的病人的床边，那么病人只能看见站在他右边的人；如果要他数房间里的人数，他往往会忽视左边的人，如果左边有人试图引起他的注意，一般也会失败。然而，病人的感觉器官仍然以各种方式接收、分析与回应在左侧出现的刺激。病人的头脑中会发生什么？"左侧的现象空间"是一片空白吗？还是病人的"心智之眼"无法看见大脑在……笛卡儿剧场左侧舞台为它提供的材料？

有一种比较简单的解释，不是从有着奇怪特性的内在表征着眼，而是从政治学意义的**忽视**着眼！丹尼尔·帕特里克·莫伊尼汉（Daniel Patrick Moynihan）曾提出一项臭名远扬的建议：只要我们以

"善意的忽视"对待它们——只要政府和民众暂时完全忽视它们，美国的某些种族关系问题就会自行解决。我认为这不是什么好建议，但莫伊尼汉还是说对了一点：的确存在要求善意忽视的环境——比如我们对盲点难题的处理。

按我的说法，并不存在什么视觉小人在"关心"来自被盲点覆盖的视野部分的信息，所以即使没有任何信息到达，也不会有人抱怨。我们与那些患有病理忽视或其他形式的病感失认症的患者之间的差别也许就在于，他们中间的一些抱怨者已被夺去生命。这一理论的提出者是神经心理学家马塞尔·金斯波兰尼（Marcel Kinsbourne, 1980），只不过他用的是感情色彩较弱的词语，他把内部抱怨者称为"皮质分析者"。从我们已经提出的模型来看，忽视可被描述为大脑中的某些小妖党派丧失了政治权势——在多数但不是所有的情况下，这是因为它们的**代表**已经死亡或受到压制。这些小妖仍然活跃，试图做出各种事情，甚至偶尔也会成功，但它们再也不能在与组织得更好的联盟的竞争中胜出。

按照这个模型，我们盲点的善意忽视，以几乎察觉不到的方式，渐变成各种轻微的功能失常忽视，我们所有人都会遭遇这样的忽视，然后，它再渐变为神经学家研究的一些最古怪的忽视。例如，我本人就"患有"一些普通形式的忽视。其中最不严重但有时会令人尴尬的是我的**打错字忽视**。当我阅读校样时，我从病理上无法注意到其中的打字错误。只有通过极为繁重的集中注意力和集中精神的训练，我才能克服。这并非像巴尔斯所暗示的那样，我的大脑"填充"了正确的拼法；它没必要"填充"，因为它通常不会对这些问题给予足够的关注而注意到这些错误；它的注意力集中在页面字词的其他特征上。我的另外一种轻微的能力缺陷是**学生考试忽视**。当我桌子上还有一堆试卷需要评定时，一些别的事情却对我有惊人的吸引力，比如冲洗厨房地板、更换书架搁板用纸、检查我的支票簿。这种特征——对替代事情的兴趣增强——在半忽视中表现得尤为明显。大致上说，某物越是在右边，左半侧忽视的病人就越能注意到。但我最严重的一种忽视也许是糟糕的**理财忽视**。我实际上不怎么喜欢检查我的支票簿，只有一些实在"糟糕"的其他事情，比如评定学生的考试成绩，才会迫使我注意这件事情。忽视给我的福利带来了严重的后果，我也能轻易地认识到这种后果，但是它完全不能引起我深层理性的注意，我还是继续着我的忽视，除非相当激烈的自我操作措施开始发挥作用。

这不是说，我**看不到**我的支票簿，而是说，我**不会去看它**。虽然在像现在这样冷静、反省的时刻，我能够把这一切报告出来（证明我不是**深度**病感失认症患者），但在一般的事件过程中，我没注意到我自己忽视了财政状况。简而言之，这是轻微的病感失认症。从这个视角来看，神经心理学家所研究的各种形式古怪的忽视，唯一让人震惊的就是话题的边界。设想有个人忽视处于身体左侧的所有东西（Bisiach and Luzzatti, 1978; Bisiach, 1988; Bisiach and Vallar, 1988; Calvanio, Petrone and Levine, 1987）。或者，设想有个人失去色觉，**但对此却没有任何抱怨**（Geschwind and Fusillo, 1966）。或者，甚至设想有个人已经失明了，但还是注意不到这种完全的丧失——安东综合征或失明否认症（Anton, 1899; McGlynn and Schacter, 1989, pp. 154-158）。

按照意识的多重草稿理论，这些情况很容易解释，因为核心证人已被特化回路联盟取代，如果其他行动者已经消亡或休假，这些回路的特殊认知饥渴便不能立即被其采纳。*当认知饥渴消失时，联盟也

---

* 对比的观点，请参见比夏克等人（Bisiach et al., 1986）以及麦格林和沙克特（McGlynn and Schacter, 1989）的著作，他们提出的病感失认症模型与我的相似，却认可分立系统的"盒子学"（boxology），尤其是麦格林和沙克特，他们假定了一种**有意识的察觉系统**，该系统是从模块取得**输入**的。

消失得无影无踪，把领地留给了其他联盟，即有着其他议程的其他行动者。

不过，解释忽视的原则同样可以提供一种候选场景：我们设想的盲视能手"失去视觉感质"。依我看，有可能是这样，如果他抱怨感质缺乏，他**也许**就只是注意到此时来自视觉的相对贫乏的信息，并错误地描述了它。我进而推测，如果我们能以某种方式提高他的信息搜集的"波特率"，在他的视觉和正常视觉之间的一些（即便不是全部的）间隙就能得到消除。现在我们可以看到另外一种唾手可得的方式能消除这个间隙：降低他的认知饥渴，或以某种方式钝化他的视觉好奇心。毕竟，如果在安东综合征中，有人还可以是完全的盲人却不自知，那么，一些经过策略安排的忽视，应该也能把这个抱怨自己失去视觉感质的盲视被试变得不再抱怨，还宣称他的视觉已经完美恢复。也许看起来我们会知道得更多，但果真如此吗？在这样一个人身上会有任何东西失去吗？在正常视觉中是不存在任何**虚构物的**，所以，失去的不可能是虚构物。那么，它还能是别的什么东西呢？

7. 虚拟呈现

> 当针对我们视觉系统所问的每个问题都迅速得到了回答，以至于那些答案似乎早就在那儿存在时，我们就有一种现实感。
>
> ——马文·明斯基
>
> （Marvin Minsky, 1985, p. 257）

再说一遍，表征的缺失并不等于缺失的表征，而呈现的表征（representation of presence）也不等于表征的呈现。但是，这令人难以相信。我们确信我们以某种方式**直接熟知**我们经验中的一些特殊属性或特征，这是最有力的直觉之一，任何试图提出一个可靠的意识理论的人都要面对这种直觉。我一直不停地打击这种确信，试图削弱它的权威，但仍有很多工作要做。奥托却另有妙计：

> 你关于墙纸上的玛丽莲·梦露肖像的观点，实际上是在间接捍卫二元论。你很有说服力地论证，大脑中并不存在数百幅高分辨率的玛丽莲·梦露肖像，然后你就做出结论，任何地方都没有！但我的论点是，既然**我看到**的是数百幅高分辨率的玛丽莲·梦露肖像，那么，正如你所论证的，如果它们不在我大脑的任何地方，它们必定就在其他某个地方——在我的非物理性的心智中！

墙壁上的数百幅玛丽莲·梦露肖像似乎呈现在你的经验中，似乎就在你的心智中，而不只是在墙上。但就我们所知，既然你的凝视一瞬间就能转移，从视觉环境的任何部分提取信息，你的大脑为什么会特意先行输入所有的玛丽莲·梦露肖像呢？为什么不让世界"免费"存储它们，直到需要它们的时候再提取？

比较一下大脑和图书馆。一些研究型图书馆是巨大的仓库，里面有数百万册书籍，全都可以从书架上拿到。一些图书馆藏书较少，但有一个庞大而高效的取书系统用于购买用户所需的任何书籍，或运用快捷的馆际互借系统从其他图书馆借书。如果你没有提前预约，要得到所需书籍的日期就会延长，但也不会拖得太久。我们可以设想一个电子馆际互借系统（运用传真或计算机文件），能够迅速地从外部世界获得书籍，速度甚至比跑得最快的人从书库中取书的速度还快。对这个系统中的书籍，计算机科学家也许会说，它们一直"虚拟地呈现"在图书馆中，或者，图书馆的"虚拟藏书量"是它的实际硬拷贝藏书量的数百倍或数千倍。

那么，作为自己的大脑图书馆的**用户**，我们如何能够知道，我们所检索的条目，哪些始终在**那里**，哪些又是在从外部世界迅速搜集信息的过程中由大脑去提取的？按照异现象学方法进行的一些谨慎实验可以回答这一问题，这个问题只靠内省本身是无法回答的。但这并不妨碍我们认为我们能够回答。在缺乏这种或那种证据的局面下，我们的自然倾向是跳到这个结论上：更多东西是呈现出来的。我把这称为**内省圈套**（Dennett, 1969, pp. 139-140），明斯基则称之为**内在幻觉**："在任何你能够不假思索地回答一个问题的时候，答案看起来好像早就存在于你的大脑中。"（Minsky, 1985, p. 155）。

馆际互借系统是一个虽然有用却不够完整的类比，因为你的大脑并非只是有一些设备，能够获取任何恰好让你感兴趣的外部话题的相关信息；它还真的是有数百万个哨兵，几乎持续不断地注视着外部世界的某个部分，随时准备发出警报，把你的注意力**引向**这个世界中发生的任何新奇和重要的事情。在视觉中完成这个工作的是视网膜中央凹周围的视杆细胞和视锥细胞，以及其内部专门探测变化和运动的神经行动者。只要其中一个行动者发出警报——"我的防区内有情况！"——几乎在一瞬间就会引发一次扫视，使得视网膜中央凹对准感兴趣的区域，于是这个新奇的事物就能得到定位、识别和处理。视觉中的这一岗哨系统非常可靠，任何变化都很难偷偷潜入可视世界而不被整个视觉系统发现，但是，借助于高级把戏，变化有时也可以绕过这些哨兵，此时就会有惊人的结果。

当你的眼睛在扫视中飞速移动时，引起眼球运动的肌肉收缩是**弹道式**行为：你的注视点是**非制导**导弹，它们的弹道轨迹在其起飞时就决定了何时何地击中一个新目标的爆心投影点。例如，如果你对着电脑屏幕阅读，那么你的眼睛在每次扫视中将沿着少许字词跳跃，你向前的速度越快，你的阅读水平就越高。假如一个魔术师、一个有所节制的笛卡儿式邪恶小妖，在你的眼睛瞥到下一目标的几毫秒内能够改变世界，情况会怎样？令人惊讶的是，装有自动眼动仪的计算机可以在扫视的前几毫秒内，探测和分析导弹的起飞，计算爆心投影点的位置，而且，**在扫视结束前**，擦掉屏幕上爆心投影点处的单词，用同样长度的一个不同单词代替它。你看到了什么？仅仅是这个新词，完全没有觉得任何东西已经改变。当你对着屏幕细读时，世界上的一切在你看来似乎和先前一样稳定，好像这些单词是刻在大理石上的。但是，对另一个在你肩膀上方阅读同样文本（并扫视迥异的东西）的人来说，屏幕上却有变化造成的抖动现象。

这个效应极其强大。当我第一次接触眼动追踪实验，看到被试面对屏幕上闪烁的变化（貌似）毫无察觉时，我问我是否可以当个被试。我想亲自看看。我坐在仪器旁边，头卡在"枷板"上固定。这使得眼动仪的工作更为容易，它发射一束不易觉察的光线到被试眼睛的晶状体上，分析反馈信息以探测眼睛的所有运动。在等待实验员开启仪器的过程中，我阅读了屏幕上的文章。我等啊等，迫不及待地等着实验开始。我不耐烦了，问道："怎么还不开启仪器？"他们回答说："已经开了。"

由于在屏幕上的所有变化都是在扫视期间发生的，所以你的哨兵不知道要发出任何有效的警报。直到最近，这种现象一直都被称为"扫视抑制"。它的意思是，在扫视时大脑必定以某种方式关闭来自眼睛的输入，因为在扫视过程中没有人能注意到视野内发生的变化，当然也没有人抱怨那些眼花缭乱且令人惊讶的变化。但是，一个更为巧妙的眼动追踪实验（Brooks et al., 1980）表明，如果刺激物（比如单词或字母表上的字母）与扫视同步移动，在它向新的落点飞奔时

"形影不离地"追着视网膜中央凹，被试就很容易看到和认出它。在扫视时，从眼睛输入的信息在通往大脑的途中没有被拦截，但在一般情况下却不可用——所有东西简直就在猛冲，速度如此之快，以至于根本无法感觉到——因此，大脑始终以善意的忽视对待这一切。如果所有的哨兵一起发出警报，你最好完全忽视它们。

在我所处的实验环境中，屏幕上的字母在我扫视时被擦掉和取代。如果你的中央凹周围的视觉在你扫视到投影点的单词之前完全不能分辨它，那么，一旦中央凹对准那里并识别出它，你的大脑中就不可能有任何关于它的先行记录或记忆可以用来同它比较。这种转变不可能被注意到，因为这种注意在逻辑上所必需的信息根本就**不在那里**。当然，在你看来**似乎是这样**——当你阅读到某一页时，所有映入你眼帘的单词都在某种意义上呈现在你的意识中（背景中），即使在你对它们做出特别关注之前也是如此，但这是一种幻觉。它们只是虚拟地呈现。

当然，你大脑中的确存在着关于周边单词的**一些**信息——足以作为多数新近扫视的引导者和煽动者。哪些信息已经在**那里**了呢？用眼动仪或类似仪器所做的实验，可以确定你所能注意到的东西的限度，因而也可以确定呈现在你心智中的东西的限度。（例如，参见 Pollatsek, Rayner and Collins, 1984; Morris, Rayner and Pollatsek, 1990。）像奥托那样，坚称不在大脑**那里**的就必定在心智**那里**，因为**它似乎的确在那里**。这种坚持毫无意义。因为正如我们刚才所看到的，它的任何意义上的在"那里"，都绝不会对**奥托自己的经验**造成任何影响，更不用说影响他通过测试、按下按钮等诸如此类的能力了。

8. 眼见为实：与奥托的一次对话

这时，我们的批评家奥托坚持要求做个回顾，因为他确信，在这个过程中，他在某个地方受骗了。我准备和他进行一次对话，希望他能够公正地对待他的还有你的许多（即使不是所有）怀疑。奥托开始说：

> 在我看来，你已经否认了大多数无可怀疑的真实现象的存在：甚至是笛卡儿在他的《第一哲学沉思集》中都不能怀疑的实在的看来。

在某种意义上，你是对的。我的确否认它们的存在。让我们回到霓虹颜色扩散现象。本书英文版的封底上似乎有一个光彩夺目的粉红色戒指。

> 的确有。

但是没有任何一个光彩夺目的粉红色戒指。真的没有。

> 是的。但似乎的确有！

对。

> 那么它在哪儿？

什么在哪儿？

那个光彩夺目的粉红色戒指。

不存在任何东西，我想你刚才已经承认了。

嗯，是的，本书的封底上没有一个光彩夺目的粉红色戒指，但似乎确实有。

对。似乎有一个光彩夺目的粉红色戒指。

那我们来谈谈**那个**戒指。

哪个？

似乎是的那个。

不存在这样一个仅仅似乎是粉红色戒指的东西。

注意，我并非只是**说**似乎有一个光彩夺目的粉红色戒指；**那儿确实似乎**有一个光彩夺目的粉红色戒指！

我欣然接受。我绝不会谴责你说话不诚实！当你说似乎有一个光彩夺目的粉红色戒指时，你确实就是这样认为的。

注意。我并非只是这样认为的。我并非仅仅**认为**似乎有一个光彩夺目的粉红色戒指，**那儿确实似乎**有一个光彩夺目的粉红色戒指！

现在你没什么好说的了。同其他许多人一样，你已经落入圈套。你似乎认为下面两者之间存在差别：认为（判断、决定、真心实意地觉得）某物在你看来似乎是粉红色，与某物对你来说**确实似乎**是粉红色。但是差别并不存在。在以这种或那种方式对某物的实情进行判断的现象之上，并不存在如**确实看来**这样的现象。

回想一下玛丽莲·梦露墙纸。墙的确被高分辨率的玛丽莲·梦露肖像覆盖。而且，在你看来似乎就是这样！在你看来，墙似乎被高分辨率的玛丽莲·梦露肖像所覆盖。你很幸运，你的视觉器官把你引到一个真实的、关于一个环境特征的信念。但是，并不存在许多**确实看来的**玛丽莲·梦露肖像被表征在你的大脑或心智中，并不存在一个**复制**墙纸细节的中介把它**提供**给你的内在**证人**。所以实际情况就只是，在你看来那里有大量高分辨率的玛丽莲·梦露肖像（这时你是正确的——的确是有）。其他时候你也许就错了；在你看来，可能似乎是这样（在色彩 Φ 现象中），一个闪烁的点径直移动，在行进中改变颜色，但这时其实有两个完全不同的彩色点在闪烁。在你看来它似乎就是这样，这种"看来"并不要求大脑中的**解读活动**（rendering），就像大脑的颜色判断一旦完成也不需要随后就在某处**被破译一样**。

但是，在我看来似乎有一个光彩夺目的粉红色戒指，这时发生着什么事呢？你的理论对此提供的正面论述是什么？在我看来，你似乎完全在回避这个问题。

我想你是正确的。是时候摊牌并提供正面论述了，但坦白说，我必须以漫画式手法开始，然后对它做出修正。我似乎无法找到一种更直接的方式来阐述它。

我已经注意到了。继续。

假定存在一个核心赋义者。但是假定他不是坐在笛卡儿剧场里观看**演出**，而是坐在黑暗中，他有一些预感——他突然想到有某种粉红色的东西在那里，就好像你可能会突然想到某人正站在你身后一样。

说清楚，是什么预感？它们由什么构成？

问得好，我一开始必须用漫画式手法含糊地回答这一问题。这些预感是核心赋义者用他自己特有的语言，也就是心理语言，对着自己大声说出的命题。因此，他的生活由一个**判断**序列组成，这些判断是心理语言的语句，语句以惊人的速度接连不断地表达命题。他决定把一些命题翻译成汉语，公之于众。

这个理论的优点在于，它取消了虚构物，取消了向现象空间的投射，取消了**剧场屏幕**所有空白的填充，但它仍旧有一个核心赋义者，以及**思想的语言**。因此，让我们修改这个理论。首先，取消核心赋义者，将其全部判断分散到大脑的时空各处——每次区分、识别或内容固定活动都在某处发生，但没有一个**识别者**在做所有这些工作。其次，取消**思想的语言**；判断的内容不必以"命题的"形式表达——这是一种错误，是太过热情地把语言范畴错误地投射回大脑行为上。

因此，预感就像言语行为，除了没有**行动者**和言语之外！

嗯，是的。真正存在的是各种内容固定事件，它们在不同时刻发生在大脑中的不同地方。这些不是任何人的言语行为，所以它们不必出现在某种语言之中，但它们都很像言语行为；它们具有内容，而且它们的确具有一种效果，即把这个内容告诉给各个过程。我们已经在第 5~10 章中考虑过此观点的一些更为详细的版本。一些内容固定有更进一步的效果，它们最终导致句子表达——在自然语言中——要么是公共的，要么只是内在的。因此，一个异现象学的文本就被创造出来了。当这一文本得到诠释时，就会产生一种良性幻觉：存在一个**作者**。这就足以产生**异现象学**。

不过，**实际的**现象学如何呢？

没有这样一回事。回想一下我们关于小说诠释的讨论。当我们阅读一本小说（它是一本没有明说的自传）时，我们发现自己可以把其中的虚构事件同作者生活经历中的许多真实事件对应起来，因此我们可以牵强地说，这是一本关于那些真实事件的小说。作者可能根本没有意识到这一点，但不管怎样，在这种牵强的意义上，这是真实的；那些事件就是文本所关系到的东西，因为正是那些真实事件才解释了**这**一文本为什么被创造出来。

但是，在非牵强的意义上，这个文本是关于什么的呢？

什么也不是。它是小说。它**似乎是**关于各种虚构的人物、地点和事件的，但这些事件从未发生过。它**实际上不关系到**任何东西。

但是，当我读小说时，那些小说的事件看起来就像真的一样！一些事情发生在我身上，我把这些事件**视觉化**了。通过阅读和诠释如小说这样的文本，我会在自己的想象中创造一些新的事物：各种角色做着各种事情。毕竟，当我们去看一部按照我们读过的一本小说改编而成的电影时，我们通常认为——"那根本就不是我想象中的样子！"

同意。在《害怕虚构作品》（"Fearing Fictions"）一文中，哲学家肯德尔·沃尔顿（Kendall Walton, 1978）声称，诠释者一方想象的这些行为，补充了文本，就如小说插图版中的图片一样，它"与小说结合起来，形成一个'更大的'〔虚构的、异现象学的〕世界"（p. 17）。这些附加的东西相当真实，但它们更是"文本"——不是由虚构物构成，而是由判断构成。对现象学来说，除此之外就没有别的什么了。

但似乎有啊！

确实如此！似乎有现象学。那也正是异现象学家热情承认的一个事实。但它不是由一个不可否认的、经过普遍证明的事实——**真的存在现象学**——推导而来的。这才是关键所在。

照此说来，你拒绝认为意识是**充实空间**？

的确如此。那是我所要否定的一部分。意识是有间隙的和不充实的，并不包含人们认为存在于那里的许多东西。

但是，但是……

但是意识确实似乎是充实空间？

是的！

我同意，它似乎是充实空间，关于意识，这甚至似乎是一个"显而易见的"事实：就像埃德尔曼所说的那样，它是连续的，但是……

我明白，我明白：我们并不能从它**似乎**是充实空间这一事实推出它**就是**充实空间。

现在，你总算搞清楚了。

然而，你说一个理论就是镜子大厅，对此我还有另外一个问题。你说，只是**好像**（as if）存在一个核心赋义者，**好像**存在唯一的**作者**，**好像**存在一个地方，所有东西都在此聚集！我不明白这里的**好像**。

也许另外一个思想实验会把这个问题讲得更通透。设想一下，我们参观另外一个星球，发现那里的科学家有一个相当迷人的理论：所有物理性的事物内部都有一个灵魂，而且所有的灵魂都互相关爱。除了这些，事物还倾向于朝着彼此移动，因为受到它们对彼此内在灵魂的关爱的驱使。而且，我们还可以假设，这些科学家已经设计出相当精确的灵魂安置系统，于是，在确定个体灵魂在物理空间中的准确位置之后，他们就能回答关于它的一些问题：稳定性问题（"它会跌倒，因为它的灵魂太高了"）、振动问题（"如果你用一个更高大的灵魂把一个平衡物装在驱动轮旁边，它就会消除晃动"），以及许多更为技术化的问题。

我们能告诉他们的当然就是，他们无意之中发现了重心概念（或更准确地说是质心概念），只是对它的处理太过隆重。我们告诉他们，他们还是可以按以前的方式谈话和思考，他们需要抛弃的只是一些不必要的形而上学包袱。有一种更简单、更朴素（也更令人满意）的诠释，可以说明他们用灵魂物理学去理解的事实。他们问我们：灵魂存在吗？是的，当然存在，我们答道——不过它们是**抽象存在**，是数学抽象，不是某种神秘东西构成的珍宝。它们是非常有用的虚构。这就**好像**，每个物体都通过把它的所有重力集中到一个点上来吸引彼此，运用这个原则化的虚构来计算系统的行为，会比陷入令人反感的细节——每个点都在吸引其他的点——更容易。

我感觉**好像**我的口袋被掏了。

好了，别说我没提醒你。别指望意识**恰好就是**你想要它所成为的样子。此外，你真正放弃的是什么？

仅仅是我的灵魂。

绝非在连贯、可辩护的意义上。你所放弃的只是一些具有某种特征的珍宝——它们实际上绝没有什么特别之处。如果你变成大脑牡蛎中的一颗心智珍珠，为什么你还会想起你自己？做个心智珍珠有什么特别之处呢？

心智珍珠也许永恒不朽，大脑则不然。

自我或灵魂实际上只是一种抽象的概念，许多人会觉得这完全是一种否定的观念，它否认一些东西，却没有提供任何肯定的东西。但是，事实上，它获得了许多支持，包括（如果这对你来说很重要）一种潜在的不朽，这个版本的构思要比我们在传统灵魂观念中所发现的任何东西都要强大，但这要等到第 13 章再说。首先我们必须明确地处理感质问题，这个问题仍在钳制我们的想象力。

第 12 章

感质的非质化

1. 一根新的风筝线

如果被抛到一个因果间隙中，感质就会穿过去。

——伊万·福克斯

（Ivan Fox, 1989, p. 82）

　　当你把风筝的线缠在一起时，原则上它能解开，尤其是如果你有耐心、善于分析的话。但是存在一个关键点，越过这个点，原则就会失效，实际情况则会取得胜利。有些死结就应该放弃。拿一根新的风筝线所耗费的时间与解开一根旧的风筝线耗费的精力比起来，最终我们会发现，拿一根新的其实更省事，而且风筝重新上天所花的时间更短。在我看来，这就是哲学上关于感质的主题，它是一个令人苦恼的死结，包含着越来越错综复杂、稀奇古怪的思想实验、行话、内部笑话、一些所谓的反驳的引证、应该原样返回发送者的"接收到的"结果，以及其他一些离题万里和浪费时间的东西。看到某些乱七八糟的东西，我们最好是绕道而行，所以我不准备对那方面的文献做分析考察，虽然它包含一些令我受益的深刻意见和聪明的做法（Shoemaker, 1975, 1981, 1988; White, 1986; Kitcher, 1979; Harman, 1990; Fox, 1989）。我过去试图解决这个问题（Dennett, 1988a），但我现在认为，如果我们从零开始，情况会更好。

要看出哲学家在感质问题上是如何作茧自缚的，并不是一件难事。他们开始的地方，正是任何有点判断力的人都会当作起点的地方：他们自己心智的最强烈、最清楚的直觉。哎呀！这些直觉形成一个相互之间自我支持的、封闭的学说圈，把他们的想象囚禁在笛卡儿剧场中。即使哲学家们发现了这些封闭观念圈所固有的悖论（这就是关于感质的文献存在的原因），他们也没有跳出悖论的**一个完整的替代见解**，这样，由于相信自己依旧强烈的直觉，他们又被拉回到悖论式的牢笼中。这就是关于感质的文献变得越来越纠缠不清而不能相互一致的原因。但是，现在我们已经找到了这样一种替代见解：多重草稿模型。有了它，我们就能为这些问题提供相当不同的、建设性的论述。所以，我们可以在本章第 4 节和第 5 节中把它与我想取代的一些见解进行比较。

一本介绍大脑的导论性佳作包含这样一段话：

> 所谓的"颜色"并不存在于世界中，它只存在于观察者的眼睛和大脑中。对象反射许多不同波长的光，但这些光波本身并没有颜色。（Ornstein and Thompson, 1984, p. 55）

这是表达通俗智慧的一种好尝试，但请注意，严格地从字面意义上来理解，这不可能是作者的意思，也不可能正确。他们说，颜色并不存在于"世界中"，而只存在于观察者的"眼睛和大脑"中。但是，观察者的眼睛和大脑就在世界中，就如观察者看到的对象是物理世界的一部分一样。此外,正如这些对象一样,眼睛和大脑也有颜色。眼睛可以是蓝色的、褐色的、绿色的,甚至大脑也不**只是**由灰质(和白质)组成的:除了黑质(黑的东西),还有蓝斑(蓝的地方)。但从**这种**意义上来说,"存在于观察者的眼睛和大脑中"的颜色当然不是这两位作者所谈论的东西。是什么促使有人认为,在某种其他意义上,颜色是存在的?

按标准的看法,现代科学已经把颜色清除出物理世界,取而代之的是各种波长的无色电磁辐射,这种辐射打在各个表面,后者以不同的方式反射和吸收它们。看起来好像颜色就**在那里**,但它又不在那里。它是**在这里**——在"观察者的眼睛和大脑"里。(如果那段话的作者不是**这么地道**的物质论者,他们很可能就会说,它存在于观察者的**心智**中,这样他们就能避免我们刚才否定的愚蠢解读,但又会给自身造成更严重的问题。)但是,这么一来,如果并不存在一个内在的**虚构物**,能在某种特殊的、主观的、内心的、现象性的意义上被着色,那么颜色似乎就会完全消失!必须得有**某种东西**充当我们所知和所喜的颜色、我们调制和搭配的颜色。它们到底可以在哪里呢?

这是一个古老的哲学难题,我们现在必须面对它。在 17 世纪,哲学家约翰·洛克(以及在他之前的科学家罗伯特·波义耳)把颜色、气味、味道和声音这样的性质称为**第二性的质**。它们有别于大小、形状、运动、数和硬度这些第一性的质。第二性的质本身不是心智中的事物,而是世界中的**事物的能力**(这是由它们特定的第一性的质决定的),它们能在正常观察者的心智中产生或激起某些东西。(如果没有观察者在旁边会怎样?这是一道永远流行的难题。比如,森林里一棵正在倒下的树,弄出声响了吗?答案留给读者去想。)洛克定义第二性的质的方式已经成为外行人的标准科学诠释的一部分,这种方式的确有它的价值,但也会带来累赘:在心智中产生的东西。例如,在洛克看来，**红**是第二性的质，它是物理对象一些表面的倾向性质或能力，由于它们的微观结构特征，因而只要有光线从这些对象的表层反射到我们的眼睛中，红这种第二性的质就在我们身上引起**红的观念**。外在对象的这种能力看起来似乎足够清楚，但红的观念究竟是怎样的一种东西？它就像一个漂亮的蓝色外套，在某种意义上是有色彩的？或者，它就像一次关于紫色的精彩讨论，只是关于一种颜色，本身又没有色彩？这就开启了各种可能性，但如果任何地方都没有红这种东西，那又如何能够产生一个关于红的颜色观念？

那么，红究竟是什么？颜色是什么？颜色一直以来就是哲学家们钟爱的例子，现在我暂且遵照这个传统。该传统的主要问题在威尔弗里德·塞拉斯（Wilfrid Sellars, 1963, 1981b）的哲学分析中被阐释得很清楚，他区别了对象的倾向性质（洛克的第二性的质）与他所谓的**显现性质**（occurrent property）。冰箱中的粉红色冰块，在关上灯后，也有粉红色这种第二性的质，但是，除非一个观察者打开冰箱门朝里看，否则就不会有**显现的粉红色**这种性质的实例。显现的粉红色是大脑中还是"外部世界"中某个事物的性质？塞拉斯坚持认为，无论是哪种情况，显现的粉红色都是某种实在物的"同质"性质。他坚持同质性，部分意图在于否定一个假说：显现的粉红色就是像**大脑第75 区、强度 97 的神经活动**那样的东西。他同样拒绝认为，颜色现象学的主观世界中只有**判断**这种毫无颜色的东西，比如这个或那个东西是或似乎是粉红色的。例如，在你的心智之眼中回忆一个成熟香蕉的颜色，并判断它是黄色，这个行为本身不会使显现黄色的实例实际存在（Sellars, 1981; Dennett, 1981b）。这只是在判断某物是黄色的，这个现象就同一首关于香蕉的诗一样，本身缺乏显现的黄色。

塞拉斯进而声称，所有的物理科学都必须经历革命，以便为显现的粉红色以及它的同类留下空间。很少有哲学家会追随他的这种极端看法，但近来哲学家迈克尔·洛克伍德（Michael Lockwood, 1989）却重新提出了这一观点的一个版本。其他哲学家，如托马斯·内格尔，则假设，即使经过革命的科学也无法处理这样的性质：

> 有意识的心智过程的主观特征——与它们的物理原因和结果不同——不可能由只适合处理各种现象背后的物理世界的纯粹化思考形式所把握。（Nagel, 1986, p. 15）

哲学家为观察者身上的东西（或观察者的性质）取过各种名字，它们据说为颜色和其余性质提供了一个安全的家，这些性质本来由于物理学的胜利而被驱逐出"外部"世界，它们包括："原始感觉""感觉材料""现象性质""意识经验的内在性质""心智状态的性质内容"，当然还有我要使用的术语"感质"。这些词语的定义方式有细微的差别，但我不打算理会。在前一章，我似乎否定存在**任何**这样的性质，这次破例一下：似乎是什么**就是**什么。我否定存在**任何**这样的性质。但是（在这里那个主题再次出现），我衷心同意：似乎存在着感质。

似乎存在着感质，因为看起来科学真的好像向我们表明，颜色不可能在那里，所以它必须是在这里。而且，所谓的在这里的东西，似乎也不能就只是我们在事物似乎有颜色时所做的判断。但是，这种推理很混乱。科学向我们表明的其实只是：对象的光反射性质导致生物进入不同的判别状态，这些状态散布在生物的大脑中，并构成众多内在倾向和不同复杂程度的习得习惯的基础。那么，**它们**的性质是什么？这里我们可以把洛克的牌再打一次：观察者大脑里的判别状态有不同的"第一"性的质（它们的机械性质源于它们的联结、它们的构成要素的激活状态等），而且由于第一性的质，它们有各种各样第二性的、仅仅是倾向性的性质。例如，在人类这种有语言的生物中，判别状态经常使他们具有一种表达言语判断、以之暗示不同事物的"颜色"的倾向。当有人说，"我知道这枚戒指实际上不是粉红色，但它看起来确实是粉红色"，这时，第一个分句表达的是关于世界上某个事物的判断，第二个分句表达的是关于世界上某事物判别状态的一个二阶判断。这类陈述的语义学清楚地说明颜色也许是对象表层的或透明体（粉红色冰块、聚光灯光束）的反光性质。而它们实际上就是这种东西——虽然很难说清楚它们究竟是**哪些**反光性质（个中理由我们将在下一节探讨）。

我们的内在判别状态难道不也具有某些特殊的"内在"性质吗？主观的、私人的、不可言传的性质？它们构成我们看（以及听、闻等）事物的方式？那些附加的性质也许是感质，而且，在考察哲学家设计用来**证明**存在附加性质的论证之前，我们首先试着清除相信它们存在的动因，为此我们需要找到一些替代的解释，来说明似乎需要这些性质的现象。如此一来，在他们提出的论证中所存在的系统缺陷就会比较明显。

根据这一替代观点来看，颜色这样的性质的确是"在那外面存在"（out there）。为取代洛克的"红色观念"，我们可以用（正常人那里的）具有内容的判别状态：**红色**。有个例子可以帮助我们彻底弄清判别状态是什么，以及更重要的，弄清它们不是什么。我们可以把世上事物的颜色逐个排列来进行比较，看看我们可以得出什么判断，但我们同样能在"我们的心智中"回忆或想象事物的颜色来进行比较。美国国旗条纹的标准红色跟圣诞老人的外套（或英国邮筒或苏联红星）一样红吗？还是前者比后者更暗？更淡？更亮？橙黄色更多还是更少？（如果你的记忆中没有这两个标准颜色，就尝试用别的颜色配对，比如 Visa 卡的蓝色和天空的蓝色，或台球毯绿和史密斯奶奶苹果绿，或柠檬黄和黄油黄。）我们能"在我们的心智之眼中"进行这样的比较，而且在比较时，我们以某种方式促使某件事情发生在我们身上：从记忆中提取信息，并允许自己在有意识的经验中比较在我们记得时（或在我们以为自己记得时）标准对象的各种颜色。毫无疑问，一些人比另一些人更擅长此道，也有很多人对自己在这种环境下所做的判断不是很自信。这就是我们要把家中的颜料样品或布样带到颜料店的原因，因为这样我们就可以把我们想比较的两种颜色的实例逐个排列在外部世界中。

当我们在"我们的心智之眼中"进行这样的比较时，按照我的观点，会发生什么？所发生的情况与在一台同样能进行这些比较的机器（机器人）中发生的情况非常相似。回想一下第 10 章的 I 型 CADBLIND 的前设备（配有一台能够对准计算机辅助设计屏幕的摄像头）。假如我们把圣诞老人的一张彩色图片放在它面前，问它照片中的红色是否比美国国旗条纹（它的内存中已经存有的东西）的红色更深。它要做的就会是：从内存中提取它的星条旗表征，定位"红色的"条纹（它们在图表中的标签是"红色 #163"）。然后，它会比较这种红色与摄像头前面的图片上圣诞老人外套的红色，后者恰巧被转换成颜色图示系统中的"红色 #172"。它会这样比较：**从 172 减去 163，得到数字** 9。它会这样诠释，比如，这表明圣诞老人外套的红色（在它看来）比美国国旗条纹的红色似乎稍微深点儿、浓点儿。

我故意将这个故事说得比较简单，以凸显我想提出的主张：显然，I 型 CADBLIND 并不使用虚构物来形成它的记忆（或它当前的知觉），**我们也不是这样**。I 型 CADBLIND 很可能不知道如何比较它看到的东西的颜色与它记得的东西的颜色，**我们也不知道**。我乐意承认，I 型 CADBLIND 只有一个相当简单而贫乏的颜色空间，很少具有人类个体的私人颜色空间的联结或内在偏见，但除了在个体特质的复杂性上存在这种巨大差异外，就再也没有什么重要的差异了。我甚至可以这么说：在 CADBLIND 执行这个任务与我们执行它这两者之间，并不存在**质的**差别。I 型 CADBLIND 的判别状态具有内容，这就同我用来代替洛克观点的判别性的大脑状态具有内容一样，它们运用的是同样的方式，而且出于相同的理由。I型 CADBLIND **当然**不会有任何感质（至少我希望那些热爱感质的人对此欣然接受），所以从我的比较中确实可以推出，我是在主张我们也不具有感质。人们所想象的、在任何机器和任何人类体验者（想想我们在第 2 章所设想的品酒机器）之间存在的**那种**差别，正是我要坚决否定的：不存在这样一种差别。只不过是似乎存在着差别而已。

2．为什么会有颜色？

在第 11 章中，当奥托判断说似乎存在一枚光彩夺目的粉红色戒指时，他的判断内容是什么？如果按我所主张的，他的判断不是关于一种感质、关于一种（虚构出来的）"从现象上"看来是戒指的性质，那么，它是关于什么的判断？是什么样的性质促使他把它（错误地）归属到世界中的某个事物？

许多人注意到，很奇怪，我们很难说出颜色究竟是世上事物的什么性质。一个简单而诱人的看法仍然出现在许多初级讨论中，即每种颜色都能与一个特定的光线波长联系起来，因此，"是红的"这种性质，就是反射所有红色波长的光线和吸收所有其他波长的性质。但我们早就知道这种看法是错误的。具有不同基本反射性质的表面，可以呈现相同的颜色，而相同的表面在不同的光线条件下，也能呈现出不同的颜色。进入眼睛的光线的波长，与我们所看到的对象的颜色，只有间接的关系。（细节情况的考察，参见 Gouras, 1984; Hilbert, 1987; and Hardin, 1988，它们的重点有所不同。）一些人本来指望有一种简单、优雅的途径，去兑现洛克的"期票"，即表面的倾向性能力（dispositional powers of surfaces），对这些人来说，情况几乎不可能更严峻了。有些人（如 Hilbert, 1987）决定以一种客观的方式来确定颜色的地位，他们宣称，颜色是外部对象的一种相对直接的性质，比如"表面光谱反射比"。做了这样的决定之后，他们接着就必须做出结论：正常的色觉常常给我们提供幻觉，因为我们知觉到的恒定性，远远不能与由科学仪器测量的表面光谱反射比的恒定性相提并论。其他人则做出结论——最好从主观的角度考虑颜色性质，应该严格地从观察者的大脑状态系统来界定它们，忽略世界上一些导致这些状态产生的令人迷惑的差异："有颜色的对象是幻觉，但不是没有根据的幻觉。我们通常处于有颜色的知觉状态，而这些都是神经状态。"（Hardin, 1988, p. 111；关于这些理论选项的批判性讨论，以及这里将要采用的更好理论选项的深入论证，可参见 Thompson, Palacios and Varela。）

一个没有争议的事实是：并不存在一种简单的、不分离的表面性质，使得具有该性质的所有表面都是红色的，而且只有这种表面是红色的（在洛克的第二性的质的意义上）。这是一个起初令人困惑甚至令人沮丧的事实，因为它似乎暗示，我们对于世界的知觉把握，比我们曾经以为的要糟糕得多——我们好像生活在一个梦幻的世界中，或者，我们成了大众幻觉的受害者。我们的色觉不让我们访问对象的简单性质，即使它看起来是在这样做。为什么会这样？

只是运气很坏吗？二流设计？完全不是这样。在颜色上我们可以采取一个不同的、更有启发意义的视角，第一次把它介绍给我的人是神经科学家、哲学家凯瑟琳·埃金斯（Kathleen Akins, 1989, 1990）。*
有时新性质的出现是有某种原因的。一个特别有用的例子是朱利叶斯
和埃塞尔·罗森堡（Julius and Ethel Rosenberg）的著名案件，他们两
人由于为当时的苏联刺探美国的原子弹计划，于 1953 年被定罪并被
判处死刑。在审判过程中，他们曾即兴发明了一套聪明的口令系统：
一块薄纸板做成的果冻盒被撕成两片，两人各取一片，他们必须非常
谨慎地识别彼此。撕成的两个碎片都成为判定其配对物的"探测器"，
绝不出错，也独一无二：下次见面，双方都要拿出自己的那一片，如
果两片完好贴合，则一切正常。这个系统为什么能起作用？因为把纸
板撕成两半，就制造出了一个边缘，它有极高的信息复杂度，以至于
实际上不可能靠有意建构来重新制造。（注意，用直尺和剃刀切割果
冻盒就完全达不到目的。）一个碎片上的特殊齿状边缘，在判定它的配
对物时，**在实践上是独一无二的模式识别设备**；它是一种用于探测形
状性质 M 的仪器或传导器，而在这里，M 只能由它的配对物来体现。

　　换句话说，形状性质 M 和探测它的 M 性质探测器是因彼此而
生的。在缺少对方的情况下，任何一个的存在和制造都是没有理由
的。而颜色和色觉同样如此：它们是因彼此而生的。颜色编码或色码
（color-coding）是"人类因子工程"中一个相当新的概念，但它的优
点现在已经得到广泛认可。医院在通道上画着彩色线条，简单明了
地指出患者必须遵循的方向："理疗走黄线，血库走红线。"电视机、
计算机和其他电子仪器的制造商在大型电线束的内部标出颜色，方便
一条条地追踪它们。这些都是近来的应用，但这种观念出现的时间当
然要早得多。它比用标记通奸者的红 A 字母出现的时间要早，比在

激烈战役中用来分清敌我的有色制服出现的时间要早，实际上比我们人类这一物种的历史还要早。

我们往往认为，色码以聪明的方式引入"约定的"、被设计来利用"自然的"色觉的颜色方案，但这忽视了一个事实："自然的"色觉从一开始就是与颜色一起演化的，而颜色存在的理由就是色码（Humphrey, 1976）。一些自然事物"需要被看到"，而其他事物则需要看到它们，这样就演化出一个系统，它倾向于通过提升前者的突出度，来使后者的任务最小化。想想昆虫吧。它们的色觉与由它们授粉的植物的颜色协同演化，这是使双方都受益的巧妙设计。如果没有花的色码，昆虫的色觉就不可能演化，反之亦然。因此，色码原理是昆虫色觉的基础，而不只是哺乳动物中某个聪明物种的新近发明。其他物种的色觉的演化也是一样。虽然某种色觉的演化也许是从为了在视觉上判别一个无机现象开始的，但我们现在还不清楚，这种情况是否发生在这个星球的一切物种上。（埃文·汤普森向我指出，蜜蜂在飞行中可能会使用特殊频段的色觉，以便在阴天辨别极化日光，但这是原来与花色协同演化的色觉的二级运用吗？）

不同的色觉系统是独立演化的，有时还有完全不同的颜色空间。（关于简要的概述与参考，参见 Thompson, Palacios and Varela。）不是所有有眼睛的生物都有某种色觉。鸟、鱼、爬行动物和昆虫确实有色觉，很像我们的"三色"系统（红-绿-蓝）；狗和猫则没有。在哺乳动物中，只有灵长类动物才有色觉，而它们之间也有显著差别。哪些物种有色觉？为什么？这是一个吸引力极大但又很复杂的事情，现在仍然大致处于推测阶段。

苹果成熟时为什么会变红？很自然地，人们会假设，从化学变化的角度可以给出完整的答案：成熟的水果中糖和其他成分达到不同的浓度而引起不同的反应，等等，这时就发生了变化。但这个答案忽略了一个事实：如果没有那些吃苹果且散播苹果籽的动物看到它们，先前就不会有苹果存在。因此，至少对某些种类的吃苹果者来说，苹果很容易看见，这一事实是苹果存在的条件，而不是纯粹的"危险"（从苹果的立场来看）！苹果具有表面光谱反射比性质的事实，是感光色素的一个函数（这些色素能被食果动物眼睛中的视锥细胞利用），正如它是水果的化学组成中糖和其他成分相互作用的结果的一个函数一样。没有被颜色编码的水果，在大自然这个超市的货架上，没有多少竞争力，但是，虚假广告也会受到惩罚；成熟的（富含营养）**并且为此事实大打广告的水果**，会卖得更好，但这种广告也必须经过裁剪，以适合目标消费者的视觉能力和喜好。

最初，颜色生来就是给那些生来看它们的生物看的。但这是在偶然的情况下逐渐演化而成的：它利用手边现成原料的意外优势，在一个新**计策**的许多细化活动中偶然爆发，而且始终能够耐受相当程度的不定变异**和**不定的（纯属巧合的）稳定性。这些偶然的稳定性常常涉及物理世界"更基本的"特征。一旦有一些生物能够区分红色与绿色的浆果，它们也就能区分红宝石与绿宝石，但这不过是一个偶然得到的额外奖赏。红绿宝石在**颜色**上存在差别这一事实因此就可以被看作一个**派生的**颜色现象。为什么天空是蓝色的？因为苹果是红色的，葡萄是紫色的，而不是相反。

有人错误地认为，首先存在颜色，比如有色的岩石、有色的水、有色的天空、微红的橙色铁锈和亮蓝色的宝石，然后**大自然**来了，**把那些**颜色属性用于被标色的事物。实际的情况是：首先存在的是表面的各种反射性质，感光色素的反应性质，等等，大自然从这些原始材料中发展出有效的、相互调节的"颜色"编码或"颜色"视觉系统，而在此设计过程中脱颖而出的一些属性，就有我们正常人称为颜色的属性。如果宝石的蓝色和蝴蝶翅膀的蓝色恰巧匹配

（在正常人类的视觉中是这样），那这不过是一种巧合，是如下过程的一种可以忽略不计的副作用：这些过程产生色觉，并因此（就像洛克本人也许会承认的）给一组经由奇怪划分而形成的第一性的质的复合体赋予一个共享的第二性的质，即在一群正常观察者中产生一种共同效应。

你也许想反驳说："但是，在有色觉的动物出现之前，的确存在华丽的红色落日和璀璨的绿宝石！"嗯，是的，你可以这么说，但同样是这些落日，接着也变得耀眼，变得五颜六色甚至令人讨厌，成为我们无法看到的颜色，并因此无以名之。也就是说，只要在某个星球上的确存在或**可以存在**其感觉器官被它们如此影响的生物，你就必须承认这一点。而据我们所知，有些地方的确存在一些物种，在**我们**看来是同一绿色的宝石，它们却很自然地将其看成 2 种（或 17 种）不同的颜色。

许多人是红绿色盲。假如我们都是红绿色盲，那么，红宝石和绿宝石是"绿红色"（gred）就会成为共识——毕竟，在普通观察者看来它们就像其他绿红色的东西一样：消防车、浇过水的草坪、半生不熟的苹果（Dennett, 1969）。如果像我们这样的人出现了，坚持认为红宝石和绿宝石其实是颜色不同，那也不会有任何办法宣称这些色觉系统中的一个要比另一个"更真实"。

哲学家乔纳森·贝内特（Jonathan Bennett, 1965）提醒我们关注另一种感觉模态中的一种情况，它引出了相同的结论，但更有说服力。他告诉我们，羟基硫代尿素（phenol-thio-urea）这种物质，1/4 的人尝起来都觉得苦，而其余的人则尝不出什么味道。你自己尝到哪种感觉，是由基因决定的。羟基硫代尿素是苦的还是无味的？利用"优生学"（控制婚配）或遗传工程，我们或许能成功地消除那种觉得羟基硫代尿素味道很苦的基因型。如果我们取得成功，羟基硫代尿素就会变成**典型的**无味物质，就像纯净水：所有正常人都觉得它没味道。如果开展相反的遗传实验，我们也许就能使羟基硫代尿素变成典型的苦味物质。那么，在人类存在之前，羟基硫代尿素是**既苦又**无味的吗？从化学成分上来看，它过去和现在都是一样的。

与第二性的质有关的事实，难以摆脱它与观察者群体之间的联系，但对待这种联系的方式有强有弱。我们可以说，第二性的质是**可爱的**，而不说它是**可疑的**。有的人虽然从没有被任何会觉得她可爱的人看到，她仍然可以是可爱的，但从逻辑上来说，她不可能是可疑的，除非有人确实因某事怀疑她。我们可以说，可爱性质的具体实例（比如可爱的性质），就如洛克式的倾向一样，它们的存在先于它们对观察者产生作用、产生确定结果的时刻（如果有这样的时刻）。例如，一个没人见过的女人（我猜是在一个荒岛上自己长大的人），确实可以是真正可爱的，拥有一种倾向能力，能以某种方式影响某组普通观察者，虽然她从来没有机会这样做。但是，可爱性质不可能独立于一群观察者的喜好、敏感性或倾向性而被界定，因此，说可爱性质的存在完全独立于有关观察者的存在，确实没有意义。实际上，这一观点有很强的倾向性。可爱的性质**也许**不是在独立于一群观察者的情况下得到界定的——与所有其他在逻辑上可能划分不当的性质相比，定义可爱性质或许没有意义。因此，虽然也许在逻辑上（有人也许说，"在反省中"）我们可以通过某种类似强列举的过程搜集颜色性质的实例，但是，选出这种性质的理由（例如，为了解释一组出奇复杂的对象中的某些因果规则性），则取决于一群观察者的存在。

海象可爱吗？对我们来说不可爱。很难想象一种更丑的生物了。一头海象在另一头海象看来可爱的原因，并不是一个女人在一个男人看来可爱的原因；把某个无人见过但碰巧强烈吸引海象的女人称作可爱，这既是侮辱她，也是侮辱"可爱"这个词。只有相对于人的口味，即这个世界的这些偶然而又确实独有的特征，可爱这种性质（在一个人看来）才可以得到辨别。

此外，可疑的性质（比如作为一个疑犯的性质）可以用这种方式来理解：假设该性质的任何实例已经对至少一个观察者产生它的界定性效果。你也许明显值得怀疑——或许你甚至显然有罪，但只有某人实际地怀疑你时，你才可能是个疑犯。我并不是主张颜色是可疑的性质。我们的直觉认为，在一堆矿石中迄今还没被发现的绿宝石本来就**已经**是绿色的，这种直觉是不必否认的。但是，我主张颜色是可爱的性质，这种性质的存在与一群参考观察者相联系，在一个没有观察者的世界中，它的存在没有意义。对这一点，一些第二性的质比另一些第二性的质更容易被接受。原始火山喷出的硫黄味烟雾是黄色的，这似乎比它们有异味更客观些，但只要"黄色"的意义由**我们**规定，关于颜色的主张与关于味道的主张就是类似的。因为，假设某次原始地震隆起一个悬崖斜坡，使成百上千个化学成分有所不同的岩层带暴露在空气中。这些岩层带是否**可见**？我们必须追问，它对于什么人可见。也许，有的在我们看来可见，有的则不可见。也许，某些不可见的带状条对于那些对四原色敏感的鸽子来说是可见的，或是对于那些看得见电磁波谱中红外线或紫外线部分的生物来说是可见的。出于同样的理由，一个人若要以有意义的方式追问，绿宝石和红宝石之间的差别是不是一种可见的差别，他就势必要具体指定所讨论的视觉系统是哪种。

第二性的质是可爱性质这一事实隐含着"主观主义"或"相对主义"的意味，而演化软化了二者的打击。演化表明，有着相同颜色的事物缺乏一些"简单的"或"基本的"共同之处，这种缺乏不是纯粹幻觉的标志，而是广泛容忍的信号，容忍生物"错误地、正面地"探测一些真正重要的生态性质。*我们的颜色空间（当然还包括我们的气味空间、声音空间以及所有其他空间）的基本范畴，由选择压力塑造，因此一般来说，一种特殊的区分或偏好得问是相对于谁来说才有意义。确实有一些理由可以解释，为什么我们躲避一些东西的气味而寻找另一些气味，为什么我们喜欢某些颜色而不是其他颜色，为什么某些声音我们听起来会感到比较烦躁或比较平和。这些理由也许并不总是**我们的**理由，而是遥远的祖先的理由，他们把遗迹留在内建的偏见中，这些偏见就天生地塑造了我们的性质空间。但是，作为优秀的达尔文主义者，我们也应该承认一种可能性，事实上是必然性：其他的、非功能性的偏向是存在的，它们随机地分布在具有遗传变异的种群中。一旦 F 在生态上变得重要，为了使选择压力区别对待，有利于表现出对抗 F 的倾向的那些个体，就必须存在"在势态上指向 F"的、可供选择作用的无意义（且无功能）突变。例如，如果吃某些动物的内脏**将会**在未来繁殖之前招致厄运，那么，我们中只有那些"天生"（因此**直到现在**还是无目的地）反对吃动物内脏的人，才会有一种优势（可能开始时优势很少，但若环境有利，优势会很快暴增）。所以我们不能推理说，如

---

* 现在的哲学家喜欢**自然类**（natural kinds）这个概念，它是由奎因（Quine, 1969）重新引入哲学中的，他现在可能会感到遗憾，这个概念已经成为**本质**这个含糊却悄悄变得普遍的概念的替代物。奎因评论说（p. 116），"绿色的东西，或至少绿色的宝石，是一个类"，这表明了他自己是如何理解这个事实的：虽然绿宝石也许是一个自然类，但**绿色**的东西却很可能不是。现在的讨论意在预先排除不切实际的自然主义所犯的一种诱人错误：这个错误假设自然所创造的任何事物都是一个自然类。颜色之所以**不是**"自然类"，恰好是**因为**它们是生物演化的产物，而生物演化在创造范畴时容忍稀松的边界，但这会吓坏任何一个强烈喜好清晰定义的哲学家。如果某个生物的生命有赖于它把月亮、蓝色奶酪和自行车归到一类，你就可以相当确定，大自然会找到一种方法，让它把这些东西"看"成"直觉上属于相同种类的事物"。

果你觉得某个东西（比如花椰菜）讨厌到难以形容、难以言传的程度，这一定有一个理由。我们同样不能推理说，如果你不同意同伴对此的看法，你就有问题。也许它只是你的性质空间中的诸多天生凸起之一，到现在为止都还没有任何功能意义。（而且，为了你自己，你最好希望，如果它有意义，那也是因为花椰菜突然变成了对我们有害的东西。）

这些演化上的考虑有助于解释为什么第二性的质变成了如此"不可言传的"、如此难以界定的东西。就如罗森堡的果冻盒片的形状性质 M 一样，第二性的质很难直接界定。罗森堡计策的实质是：我们不可能用关于 M 的一个更长、更复杂却精确而完备的描述来代替傻瓜都能明白的谓词性质 M，因为如果我们能够做到，我们（或其他某个人）就能用这个描述作为方案，生产另外一个 M 或另外一个 M 探测器。我们的第二性的质的探测器不是专门设计来探测那些难以定义的性质的，但结果大致相同。正如埃金斯（Akins, 1989）所评论的，我们的感觉系统的重点，不是它们应该探测环境的"基本的"或"自然的"性质，而是它们应该服务于我们生存中的各种"自恋的"目的。自然并不建造认识引擎。

唯一可以用来说明形状性质 M 究竟是什么的方法，是指着 M 探测器，说 M 就是这个东西探测到的形状性质。当某个东西"在某人看来就是那样"，而你要试图说出他探测（或误测）的是什么性质时，同样的困境也会自然地出现。因此，我们现在就能回答本节开头提出的问题：当奥托判断某物是粉红色时，他认为它有什么性质？他称这种性质为粉红色。这又是什么性质？很难说，但这不应该让我们难堪，因为我们可以指出为什么很难说。当有人问我们用色觉探测到的是什么表面性质时，我们其实最多能做的就是去说我们探测到了我们探测到的性质，但这实际上并未提供任何信息。

如果有人想要关于这些性质的信息更为丰富的叙述，那么他可以去看大批相当难以理解的文献，包括生物学、神经科学和心理物理学方面的文献。而奥托如果要多讲一些关于他所称的粉红色这种性质的东西，他就不能只是说，"它就是**这个**"（以为自己是在"内部"指着他的经验的一种私人的、现象性的性质）。这一行动步骤所完成的事情（最多）就是，指着他自己独特的颜色区分状态，这就类似于拿起果冻盒的一片，说它探测**这个**形状性质。也许，奥托指的是他的区分设备，而不是在设备进行识别时它所显示或携带或形成的任何感质。不存在这样的东西。

但是［奥托坚持说］，你还没有说出，为什么粉红色应该看起来像**这样**！

像什么？

像**这样**。像我现在正在体验的那种特别不可言传的、奇妙的、内在的粉红性质。**这**不是外在对象的某种不可描述的复杂的表面反射性质。

奥托，我注意到你用了**体验**（enjoying）这个词。你不是唯一使用它的人。当一位作者想强调主题已经从（纯粹的）神经解剖学转到经验，从（纯粹的）心理物理学转到意识，从（纯粹的）信息转到感质时，"体验"一词就常常会走上舞台。

3. 体验我们的经验

> 但是，丹，使生活有意义的正是感质！
>
> **——威尔弗里德·塞拉斯**
>
> **（Wilfrid Sellars，**
>
> **说这话时他正在品尝一瓶精品香贝坦红葡萄酒，**
>
> **1971 年于辛辛那提）**

> 如果在我喝精品葡萄酒时我想要的只是关于它的化学性质的信息，那我为什么不直接去看标签呢？
>
> **——西德尼·休梅克**
>
> **（Sydney Shoemaker，1988 年于塔夫茨讨论会）**

有些颜色生来就是令人喜爱的对象，一些气味和味道也是如此。而其他颜色、气味和味道生来就是令人讨厌的对象。更谨慎的说法是，我们（和其他能够探测它们的生物）喜欢和讨厌颜色、气味、味道以及其他第二性的质，这绝非偶然。正如我们继承了我们视觉系统中的、经过演化的垂直对称探测器，它们可以向我们（就像对我们的先祖一样）警告某种在生态上重要的事实——另一个生物在看着我们，同样，我们也继承了一些经过演化的性质探测器，它们不是利益中立的报告者，而是警告者、引诱者，是消防车意义上的警报器、荷马史诗意义上的女妖。

正如我们在第 7 章中所见，在演化上，这些天生的警报器随后被吸收到许多更为复杂的组织中，而这些组织是由数以百万计的联结体构成的，在人类那里则是由成千上万的弥母塑造成的。以这样一种方式，性与食物"来了就要"的原始引力，以及避开痛苦、逃离恐惧以求"活命"的原始反感，混在一起形成各种各样刺激的组合。当一个有机体发现它值得关注某个特征时——**即使**它对这样做有一种内建的反感，它也必须建构某个势均力敌的联盟，来阻止反感取得胜利。由此形成的半稳定的张力，接着就变成一习得的品位，在某些条件下成为被寻求的对象。当一个有机体发现，如果它要沿着正确的道路前进，就必须克服某些持续的引诱产生的效果时，它可以培养一种口味，喜欢它所发现的、往往能产生它所想要的和平与宁静的任何活动序列。以这样一种方式，我们也许就能慢慢喜欢超辣无比的辛辣食物（Rozin, 1982）、"聒噪"怡人的音乐、安德鲁·韦思（Andrew Wyeth）平静而冷酷的写实主义与威廉·德·库宁（Willem de Kooning）躁动而热烈的表现主义。马歇尔·麦克卢汉（Marshall McLuhan, 1967）曾经宣称，媒介即信息，这是半条真理，它在神经系统中也许要比在任何其他交流论坛上更符合事实。当我们品一口味道醇美的葡萄酒时，我们所想要的其实不是关于它的化学内容方面的信息，而是以一种我们喜欢的方式**得知**它的化学内容。而我们的偏好**最终**建基在一些偏向之上，这些偏向现在仍然连线在我们的神经系统中，虽然它们的生态意义也许早在千万年前就已经消逝。

这一事实在很大程度上被我们自己的技术掩盖了。正如心理学家尼古拉斯·汉弗莱所指出的：

> 当我环顾我工作的房间时，各种人造颜色从各个表面向我扑来：书、坐垫、地毯、咖啡杯、订书钉盒，它们是亮蓝色、红色、黄色和绿色的。这里的颜色跟任何热带森林里的颜色一样多。然而，森林里几乎每种颜色都是有意义的，而我的书房里几乎没有一种颜色是有意义的。颜色的无政府状态已占优势。（Humphrey, 1983, p. 149）

例如，考虑这个奇怪的事实：猴子不喜欢红光。猕猴一有机会，就表现出对光谱的蓝绿谱段的强烈偏好，而且，当它们不得不在红色环境中待上一段时间，它们就会变得焦躁不安（Humphrey, 1972, 1973, 1983; Humphrey and Keeble, 1978）。为什么会这样？汉弗莱指出，红色一向用来表达警戒，它是终极的色码颜色，但由于这个原因有双重含义——红色的水果也许很好吃，但红色的蛇或昆虫很可能就表示它有毒——因此"红色"传达的信息有好有坏。但是，为什么它首先传达的是一种"警戒"信息？也许是因为，在植物的绿和海洋的蓝这种无处不在的背景下，红色是可以看到的最强烈的对比色，或者，对猴子而言，这是因为，红色的光线（红色-橙红色-橙色光线）是黄昏和黎明时的光线，那个时候正是以猴子为猎物的捕食者猎食的时间。

关于红色的这种情感性质或情绪性质，不只局限于猕猴。所有的灵长类动物都有这些反应，包括人类在内。如果你工厂里的工人在休息室里消磨太久，把休息室的墙壁刷成红色就能解决问题，但这也会产生其他问题（见汉弗莱新作）。这种"本能的"反应当然不只局限于颜色。大多数圈养的、从没见过蛇的灵长类动物，绝无差错地表明，它们在看到蛇的那一刻就憎恶蛇，而且人类对蛇的传统厌恶很可能有着生物学上的根源，这一根源解释了《圣经》上的说法的来源，而不是相反。*也就是说，是我们的遗传遗迹在起作用而有利于憎恶蛇的弥母。

现在，这里有两种不同的解释来说明为什么当我们看到蛇时，大多数人会感到不安（即使我们可以"克服"）：

---

* 灵长类动物学家休·萨维奇-朗博（Sue Savage-Rumbaugh）告诉我，与黑猩猩不同，实验室里长大的倭黑猩猩和矮黑猩猩没有表现出对蛇的天生厌恶迹象。

（1）当我们看到蛇时，它们会在我们身上引起一种独特的、内在的厌恶蛇的感质，我们的不安正是对此感质的反应。

（2）我们发现自己不怎么想看到蛇，这缘于内建到我们神经系统中的天生偏向。这些偏向有利于释放肾上腺素，触发搏斗或逃跑子程序，而且，通过激活各种联结体的衔接，它们使一系列涉及危险、暴力和破坏的情景发生作用。原始灵长类动物的这种厌恶，在我们身上以百种方式得到改变、修正和偏转，而这都是因为弥母，因为弥母利用它、同化它、塑造它。（在许多不同的层次，我们都能提供一种"功能主义"的解释。例如，较为随意地谈到对蛇的感知能力，就会引发焦虑、惧怕、痛的预感等，但这也许会被视为"欺骗"，所以我避免这样说。）

第一种解释的困难在于，它只不过看上去是一种解释。有人认为，一种"内在的"性质（它属于现在看到的粉红色、对蛇的厌恶、痛的感觉、咖啡香味）可以**解释**一个主体对环境的反应，但这种想法毫无希望——它是**催眠能力**（virtus dormitiva）的一个直接实例。但是，宣判一种包含空洞的**催眠能力**的理论无效，并不是那么简单的。有时，假定存在一种暂时的**催眠能力**留作进一步研究，也是很有道理的做法。我们也许会说，按照定义，受孕是妊娠的原因。如果我们没有其他方法辨别受孕，那么，告诉当事人她的妊娠是因为她受孕，就是一种空洞的姿态，而不是一种解释。但是，一旦我们想出关于受孕的细致的机械理论，我们就能明白，受孕**何以**是妊娠的原因，于是就恢复了这句话的信息量。同样，我们也许可以按照定义来辨别感质，认为它是我们享乐和受苦的近因（粗略而言），然后继续完成我们告知信息的义务，为此就要寻求第二种解释风格。但奇怪的是，感质拥护者（我对那些仍然相信感质的人的称呼）不会采纳任何一种解释；

他们像奥托一样坚持认为，那些感质，如果被"还原到"从机械上实现的反应倾向的单纯组合体，就不是他们所说的感质。**他们的**感质是某种不同的东西。

> ［奥托说］想想粉红色戒指**这一刻**在我看来是怎样的，这种方式独立于我所有的倾向、过去的联结和未来的活动。此刻，**我看待**其颜色的**这种**纯粹而独立的**方式**就是我的粉红色感质。

奥托犯了一个错误。实际上，这是一个大错误，是所有与感质有关的悖论之源，我们将会看到这一点。但在揭示这条路线的错误之前，我想指出奥托所避开的路线的一些正面优点。这条正确路线就是"还原论的"路线，它把"我看待……的方式"看成所有独特的反应倾向的总和，这些倾向原本是我的神经系统所固有的，是我面对某些模式的刺激的结果。

想想这会是怎样的一种体验：时间定格在 1725 年，你是莱比锡路德宗的信徒，在首演中听到巴赫的一曲赞美诗大合唱。（这种"想想这会是怎样"的练习，是为第 14 章所做的热身活动，在那里我们将关注其他动物的意识。）今天的我们与 18 世纪德国的路德宗信徒之间，很可能没有什么重要的生物学差别；我们属于同一个物种，相距的时间也极其短暂。但是，由于文化——弥母圈——的巨大影响，我们的心智世界与他们的大不相同，这些不同会以一定的方式显著地影响我们第一次听巴赫的赞美诗大合唱的个体经验。我们的音乐想象力在许多方面已经变得更加丰富和复杂（因为莫扎特、查理·帕克和披头士乐队的音乐），但这种想象力同样丧失了巴赫可能倚赖的一些强大联结。他的赞美诗大合唱是为赞美诗而写的，而赞美诗是传统的颂歌旋律，他的那些教友对此非常熟悉，因此，这种音乐的片段或回音一旦响起，就会引起一重重情感与主题思想的联结。今天，我们大多数人只是从巴赫作曲的场景来了解这些赞美诗，因此在听它们时，我们是用"不同的"耳朵在听。如果我们想象一下，做个莱比锡的巴赫听众会是怎样，那么，只是听到在相同设备上按照相同次序来演奏的相同曲调，对我们来说就是不够的；我们还必须以某种方式做好准备，要以相同的心痛、激动和怀旧的情绪对那些曲调做出反应。

我们不是完全不可能以这些方式做好准备。一个音乐学者，如果小心翼翼地避免接触 1725 年以后的音乐，并深入熟悉当时的传统音乐，那么这将是一个很好的初步尝试。更重要的是，正如这些观察所表明的那样，不管我们是不是介意麻烦重重，其实我们都不是不可能知道要以什么样的方式做好准备。因此，我们也许可以知道，"在抽象的层面"（可以这么说）这会是怎样的，而且实际上我已经告诉你了：听着赞美诗大合唱的莱比锡人想起了所有的联结，这些联结早就给他们识别赞美诗旋律的活动添上了味道。我们很容易想象，**那**对他们来说必定会像怎么一回事——虽然这中间会有一些由于我们自己的经验而引起的差异。例如，我们能够想象，听到巴赫那曲熟悉的圣诞节颂歌或《牧场是我家》（"Home on the Range"）会是怎样的。我们不可能精确地这样做，但这只是因为我们无法忘记或抛弃我们知道而莱比锡人却不知道的所有东西。

要想知道我们这个沉重的包袱有多重要，可以想象下述情况：音乐学家发掘出迄今未知的巴赫大合唱，它一定是这位伟人的作品，但被藏在一张桌子里，甚至作曲者本人也从没听过。每个人都渴望听到它，渴望率先体验莱比锡人本来可以知道的"感质"——但这是不可能的，因为大合唱的主旋律，出于一种奇怪的巧合，正是《红鼻子驯鹿鲁道夫》（"Rudolph the Red-Nosed Reindeer"）的前七个音符。被那个曲子弄得心烦的我们，**永远**不可能听到巴赫自己心里想的或是莱比锡人本可以听到的那个版本。

再难找到一个更清楚的想象力封锁的例子了，但请注意，它与生物学的差异无关，甚至也与巴赫音乐的"内在的"或"难以言说的"性质无关。我们之所以不可能从想象上详细地（而且精确地）体会莱比锡人的音乐体验，原因只是在于，我们必须沿着这个想象的旅程一路走下去，但我们知道的又太多了。可是，如果非要这样，我们可以仔细地列出我们的倾向和知识与他们之间的差别，而通过比较列表，我们就能**以我们想要的任何详尽程度**，鉴别出他们听巴赫时的情况与我们之间的差别。虽然我们也许会因为无法亲临其境而感到遗憾，但至少我们能够理解。这里不会还有什么神秘可言，有的只是一种经验，可以得到相当精确的描述，但无法被直接体验到，除非我们大费周章地重建我们个人的倾向结构。

然而，感质拥护者抵制这一结论。他们似乎认为，即使我们刚才想象的这样一种研究可以解决我们关于做一个莱比锡人会是怎样的几乎所有问题，那也必定还是会有一种难以言说的余地，关系到在莱比锡人看来它所像的那种样子，仅仅"倾向性的"和"机械论的"知识进展都不可能将之归零。这就是感质拥护者把感质作为**额外**特征提出的原因，这些特征据说高于并严格独立于连线作用，而正是这种连线作用在决定后退、皱眉、尖叫以及其他的"单纯行为"，比如厌恶、憎恨和恐惧。如果回到关于颜色的例子，我们就能清楚地看出这一点。

假如我们对奥托说，他"当前的粉红色体验"之所以成为他所体验的那种诱人的特殊经验，只是因为一个总和，这个总和包括一切天生的和后天习得的联结，也包括反应的倾向，它们由某种特殊的方式触发，他就是以这种方式从眼睛中（错误地）获得信息的：

奥托，感质只**是**倾向的综合体而已。当你说"**这是我的感质**"时，你所挑出的或你所指的，**无论你是否认识到，**就是你的倾向的独特综合体。你**似乎**是在指你的心智之眼中的一种私人的、不可言说的某物或它物，一种由同质的粉红色组成的私人性质的色调，但这只是它在你看来的样子，而不是它本身的样子。你的所谓体验到的"感质"，在你的异现象学虚构世界中是一个够格的角色，但在你大脑的**实在**世界中它却只是倾向的一个综合体。

[奥托迈出了感质拥护者传统中具有决定意义的一步，他回应说：] 这不可能是它的全部，因为，虽然单纯倾向的综合体也许是我的特殊的粉红色感质的基础或来源，但它们完全可以被改变，而我的内在感质却不变，或者，我的内在感质也可以改变，而那个单纯倾向的杂多却不变。例如，我的感质可以**颠倒**，而我所有的倾向却不颠倒。我能拥有我现在关于**绿色**的所有反应和联结，同时我又有我现在关于**红色**的**感质**，反过来也一样。

4. 哲学的一种胡思乱想：颠倒的感质

认为有可能存在"颠倒的感质"的观念是哲学上最有害的弥母之一。洛克在他的《人类理解论》中对此做过讨论，我的许多学生告诉我，他们小时候也曾有过同样的观念，受到它的强烈吸引。这种观念似乎是清楚的、可靠的：

在我看来，事物看起来、听起来、闻起来怎么样，这样的方式是存在的。这是显而易见的。不过我想知道，事物显现给我的方式，与事物显现给别人的方式，是否一样。

哲学家就此主题写出了许多不同的版本，但经典的是一种个体间性版本：我如何知道，当我们看到某物时，你与我看到的是同样的**主观的**颜色？因为我们都是通过看那些公共的有色对象来学习颜色词汇的，所以我们的言语行为将会一致，即使我们经验到的是完全不同的主观颜色——例如，即使红色事物在我看来的样子与绿色事物在你看来的样子是相同的。我们会把相同的公共事物称为"红色的"和"绿色的"，即使这时我们的私人经验"完全相反"（或只是有所不同）。

　　有没有方法判断实际情况是否如此？考虑一条假说：红色的事物在你看来和在我看来都是一样的。这个假说既不可反驳也不可证实吗？许多人确实是这么认为的，有些人还得出结论说，正是出于这个原因，所以它始终是一种无意义的废话，尽管这个理由起初诉诸常识。另外一些人则想知道，技术是否可以帮助我们证实（或证伪）个体间的颠倒光谱假说。科幻片《头脑风暴》（赶紧澄清一下，这不是以我的《头脑风暴》一书为剧本的影片）正是以这种假想的设备为主题的：一台神经科学仪器装到你的头上，通过一条电缆把你的视觉经验传入我的大脑。即使闭上双眼，我也能精确地报告你看到的任何东西，除了我对天空怎样变成黄色、草变成红色等感到惊奇之外。如果我们有这样一台机器，用它做的这种实验难道就不能从经验上证实我们的感质是不同的这一假说吗？但是，假如技术人员拔出电缆插头，把它倒转180°再插入插座，我现在就报告天空是蓝色的、草是绿色的等，那么，哪个方向才是插头的"正确"方向？设计和建造这样一台设备（眼下我们假设它是可能的），要求它的"保真度"应该按照两个被试报告的规范程度得到调节或校准，这样我们就正好回到证明的起点。现在，有人也许想要以进一步的精细阐述来避免这一结论，但感质拥护者之间的共识是说，这是一件败局已定的事。似乎存在一种普遍一致的观点，认为**这**个思想实验的寓意在于，即使有完善的技术，被试之间的感质比较也是不可能的。这确实为令人震惊的"证实主义"或"实证主义"观点提供了支持，该观点说，颠倒的感质观念是无意义的，因此感质的观念是无意义的。正如哲学家维特根斯坦曾经用他那著名的"盒子中的甲虫"类比这么说道：

> 盒子中的事物在语言游戏中根本没有地位，甚至不能作为**某物**，因为盒子甚至可能是空的。——不，盒子里的东西完全可以"分解"；无论它是什么，都消失了。（Wittgenstein, 1953, p. 100）

但这是什么意思？它是否意味着，感质是实在的却又不起作用？或者，它是否意味着，根本不存在任何感质？对大多数考虑过感质的哲学家来说，有一点似乎显而易见：感质是实在的，即使感质方面的差别以任何办法都不可能探测到。事情就是这样，令人不安，直到有人想出这个思想实验的一种也许有所改进的版本：个体之**内**的颠倒光谱。这种观念似乎有几个人都独立想到了（Gert, 1965; Putnam, 1965; Taylor, 1966; Shoemaker, 1969; Lycan, 1973）。在这个版本中，所要比较的经验全都在一个心智之中，因此我们不需要那台毫无希望的头脑风暴机器。

> 一天早上你醒来，发现草变成红色，天空变成黄色，等等。别人都没有注意到这个世界里发生任何颜色异常，因此问题必定出在你身上。似乎你有资格做出结论，你经历了视觉颜色感质的颠倒。它是怎么发生的？原来是在你睡觉的时候，一些邪恶的神经外科医生切换了从你视网膜上的颜色感光视锥细胞中导出的所有连线——神经元。

到目前为止，都没问题。发生在你身上的效果惊人，甚至堪称恐怖。你当然能够发现，现在事物在你看来的样子大不相同，我们甚至能为这种情况发生的原因找到一种恰当的科学解释：视皮质中"关注"比如颜色的神经元簇所取得的刺激，来自视网膜上一套经过系统转换的感受器。因此战役似乎取得一半的胜利：感质方面的差别也将是可探测的——如果这种差异是突然在某一个人身上迅速发展起来的[*]。但这只是一半的战役，因为假想中的神经外科医生的恶作剧也切换了你所有的反应倾向；你不仅会**说**你的颜色经验全被打乱了，而且你与颜色有关的非言语行为也被颠倒。你过去在红色的光线下常常表现得烦躁，如今则在绿色光线下表现出来了；你已经失去熟练掌握颜色的能力，而你过去在生活中常常要依靠各种不同的标色体系。（如果你为波士顿凯尔特人队打球，你会不断地把球误传给穿红色队服的人。[†]）

感质拥护者所需要的是一项思想实验，它要证明，事物呈现出来的方式可以独立于所有这些反应倾向。因此我们必须做出进一步发展，让故事变得复杂；我们描述的这种事情，必须消除反应倾向方面的切换，却没有触动被切换的"感质"。正是在这里，研究文献开始陷入日益错综复杂的胡思乱想，因为目前还没有人想到，事物呈现出来的方式其实脱离了主体的反应倾向；只不过在感质拥护者看来，这是一种重要的**原则上的可能性**。为了指出这一点，他们需要描述一种可能的、不管多么稀奇古怪的情况，其中这种分离显而易见是现实存

---

[*] 这种突然性很重要，因为，如果它是逐渐缓慢发生的，你也许就无法注意到。正如哈丁（Hardin, 1990）所指出的，你的晶状体长年累月地逐渐变黄，这会慢慢改变你对基本色的感觉；如果给你展示一个色轮，让你指出纯红色（没有橙黄色和紫色成分的红色），则你在色谱上指向的那个地方，部分是岁月的结果。

[†] 波士顿凯尔特人队的球衣以绿色为主。——编者注

在的。在这里，考虑一个**不会**成立的故事：

> 一天晚上，在你睡觉的时候，邪恶的神经外科医生切换了从你的视锥细胞中引出的所有连线（就跟前面一样），然后，晚些时候，还是在这个忙碌的夜晚，来了另一个神经外科医生团队，B队，他们在比较靠近神经元的地方，做了一次重新连线的**补充手术**（见图12.1）。

（我们可以假设）这重新恢复了所有过去的反应倾向，但它也恢复了过去的感质。由于B队迅速消除了A队的破坏行动，因此，皮质中那些"关注"比如颜色的细胞，现在又得到它们原来的信号。第二次突然切换似乎发生得太早，它发生在通向意识的途中。因此我们将不得不把这个故事讲得有所不同，让第二次突然切换晚点发生：**在颠倒的感质已经进入意识之后，却在对它们的任何颠倒反应能够固定之前**。但这可能吗？如果支持多重草稿模型的论证是正确的，这就是不可能的。从眼球到意识，再到随后的行为，在这条因果"链"上，不可能划出一条界线，使得所有针对X的反应都发生在它之后，同时对X的意识又发生在它之前。原因在于，它不是一条简单的因果链，而是一张因果网，具有多条路径，在这里许多多重草稿被同时而且半独立地编辑着。感质拥护者的故事只有在笛卡儿剧场存在的情况下才有意义，这个剧场是大脑中的一个特殊地方，有意识的经验据说就在此处发生。如果存在这样一个地方，我们就能把它与那两次突然切换相提并论，让颠倒的感质保留在剧场中，同时使所有的反应倾向都能常规化。但是，由于不存在笛卡儿剧场，因此这个思想实验是无意义的。并不存在什么连贯的方式来讲述这个必要的故事，也没有任何办法将在意识中**呈现的**性质与大脑对它的各种区分所做出的多重反

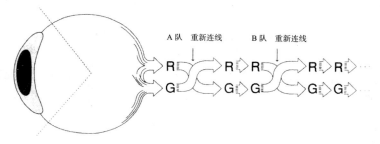

图 12.1

应分离开来，因为没有任何额外的呈现过程。

在讨论颠倒光谱的文献中，常常有人认为，第二次突然切换不是靠手术而是靠被试逐渐适应新的经验体系完成的。这很肤浅。人有令人惊异的适应能力，适应感官的各种稀奇古怪的错位。已经出现许多视域颠倒的实验，在这些实验中，被试戴着特制的眼镜，把一切事物都上下颠倒——使视网膜的图像刚好正立！（关于这一点的精彩概述，参见 Stratton, 1896; Kohler, 1961; Welch, 1978。又见 Cole, 1990。）在连续几天佩戴这种或那种产生颠倒效果的特制眼镜（它们是有区别的——一些眼镜有广阔视域，另外一些则会给佩戴眼镜的人带来狭隘的视野）之后，被试往往能够异常成功地适应。伊沃·科勒（Ivo Kohler）在因斯布鲁克做了一些实验，从实验纪录片中我们可以看到，他的两个被试在第一次戴上特制眼镜、滑雪下山、骑车穿越城市要道时，显得很无助，场面很滑稽，后来他们仍然戴着颠倒眼镜，但显然已经完全适应了。

因此让我们假设，你逐渐适应了外科手术造成的色觉颠倒。（你为什么想去适应，或你为什么得去适应，是另一个问题，但我们也可以在这一点上向感质拥护者让步，以加速他们的毁灭。）现在，某些适应一开始显然是**后经验的**。我们可以假设，清澈的天空**在你看来**也许仍然是黄色的，但你开始想把它称作蓝色的，以与你邻居的步调一致。看着一个新奇的对象，也许会造成暂时的混乱："它是绿……我是指**红色的**！"在绿色的光线下你会烦躁吗？它会作为一种异常仍然出现在你的皮肤电反应中吗？出于论证的需要，感质拥护者必须设想——无论多么不可能——你的**所有**反应倾向都适应了，只留下依旧颠倒的感质残余。因此出于论证需要，我们暂时承认，你的性质空间中最根本的和天生的偏向也"适应了"——这很荒谬，但更糟的还在后面。

为了讲述这个必要的故事，感质拥护者必须假设，所有这些适应最终都变成了第二天性——动作敏捷，而且毫不勉强。（如果它们没有变成第二天性，就会有一些残留的仍然不同的反应倾向，而这个论证要求所有这些都必须消除。）那就这样吧。现在，假定你所有的反应倾向都恢复了，你对你的感质的直觉是什么？它们仍然是颠倒的吗？还是没有颠倒？

这一点也说得过去，毕竟出于论证需要而必须容忍如此之多的可疑假定之后，你要么精疲力竭，根本没有直觉冒出来，要么发现自己不相信任何打动你的直觉。但是，也许在你看来，有一点是很明显的：你的感质仍然是颠倒的。但是为什么？这个故事中有什么促使你这样想？也许，即使你一直顺着指示，你还是不知不觉添加了故事所没要求的进一步假设，或者没能注意到故事并不排斥的某些可能性。我认为，有一个最有可能的解释可以说明你的直觉——在所想象的这个实例中你仍然有"颠倒的感质"，这个解释说，你是在做一个额外的、没有根据的假设，以为所有的适应都发生在"后经验这边"。

不过，也许适应能沿着上行路径得以完成，难道没有这种可能性吗？当你第一次戴上深色眼镜时，你根本看不到任何颜色，或者，至少你看到的是一些稀奇古怪、难以分辨的颜色，但戴了一会儿之后，令人惊讶的正常色觉又回来了。［科尔提请哲学家注意这些效应，你可以用军队多余的红外线狙击手眼镜自行检验（Cole, 1990）。］也许，由于不知道这一惊奇的事实，因此你从来没有想到你**或许能够**以完全相同的方式适应这个手术。我们也许可以通过添加一些细节，凸显这个思想实验中的这种可能性：

> ……而随着适应过程的进行，你常常会惊讶地发现，事物的颜色看起来不是那么奇怪了，而且有时你会感到困惑，并做出**两次**矫正。当有人问你一个新对象的颜色时，你会说："它是绿……不，红色……不，绿色！"

这样讲故事后，如下情况似乎就是"显而易见"的了：颜色感质自身已经适应新局面，或者已经再次颠倒。但是，现在你也许认为，不管是哪种情况，它都不是这样就是那样。不管你做出的是哪种类型的调整，都是显而易见的，不可能存在不清楚的情况。为**此**信念提供基础的未经检验的假设就是：所有的适应都能划分成前经验的或后经验的（斯大林式或奥威尔式）。起初，这个假设也许看起来没有什么问题，因为那些极端的情况确实容易分类。当大脑弥补头部和眼睛的移动，"在经验中"产生一个稳定的视觉世界时，这当然就是在经验之前消除影响，也就是沿着意识的上行路线进行适应；而当你想象在颜色词汇的选择方面（"是绿——我指的是红色！"）做出外围的（"晚到的"）弥补时，这显然是后经验的，仅仅属于行为调整。于是，我们大可以推测，当**所有**适应都已经做到时，它们要么使主观的颜色（"意识中的"颜色）继续颠倒，要么不会这样，难道不是吗？我们也许会说：把突然切换加在上行路线中，如果突然切换的次数是偶数，如 B 队造成的结果，那么感质就会被常规化；如果突然切换的次数是奇数，感质就仍然是颠倒的。胡说八道！想想第5章的新拉弗曲线吧。判别变量存在单个值，该值可以被挑选出来作为"在意识中"这个变量的值——这种说法根本就既不具备逻辑上的必然性，也不具备几何学上的必然性。

只要用我们自己的一点点畅想，同时遵循感质拥护者的规则，我们就能证明这一点。假设在手术之前，某种蓝色往往让你想起一辆你曾经坐过且出过车祸的轿车，因此它成为你想回避的颜色。假设在手术后，起初你对这种颜色的事物并没有负面反应，你觉得它们是一种无害的、不值得记住的黄色。但是，在你完全适应之后，你又会回避这种蓝色事物，**因为它们让你想起了那次撞车事故。**（如果它们没有引起这种反应，这就是一种未适应的反应倾向。）但是，如果我们问你，这是因为像你所记忆的，这辆轿车是黄色的（就如现在摆在你面前的那个讨厌的东西一样），还是因为像你所记忆的，这辆轿车是蓝色的——就如现在摆在你面前的那个讨厌的东西一样，那么你其实应该无法回答这个问题。你的言语行为将是完全"适应的"，对"你发生撞车事故的那辆车的颜色是什么"这个问题，你直接的、第二天性的回答是，它是"蓝色的"，你还会毫不犹豫地把你面前的那个讨厌的东西也看作蓝色的。这是否意味着你已经**忘记**了那段漫长的训练期？

没有。我们不需要像记忆缺失这样夸张的事情来解释你这种无法回答的情况，因为我们手边有大量的日常事例，其中也会出现同样的现象。你喜欢啤酒吗？许多喜欢啤酒的人都承认，啤酒是一种习得的味道。人们是通过练习而逐渐地或慢慢地喜欢那种口味的。什么样的口味？喝第一口时的口味？

［喝过啤酒的人可能会反驳说］不可能有人会喜欢**那种**口味。

对喝过啤酒的人来说，啤酒有不同的味道。如果我觉得啤酒的味道一直跟第一次喝啤酒的时候一样，我就绝对不会一直喝啤酒！或者，换句话说，如果我第一次喝时的味道和我最近一次喝时的味道一样，我压根就不需要习得那种味道！那样的话，我会像喜欢刚才品尝的那一口一样喜欢第一次喝啤酒时的味道。

如果这个喝啤酒的人是对的，那么啤酒就不是一种习得的味道。没有哪个人后来的感觉跟第一次喝的时候一样。实际上，啤酒在他们那里的味道是逐渐变化的。其他喝啤酒的人或许坚称情况并非如此，在他们那里，现在啤酒的味道和以前一样，只不过现在他们更喜欢**那个味道本身**。这有实质差别吗？当然，在异现象学上有差别，而这个差别需要解释。**可能**是不同的信念源自如下类型的分辨能力方面的真实差别：在第一类喝啤酒的人当中，"训练"改变了味觉性质空间的"形状"，而在第二类喝啤酒的人当中，性质空间大致保持不变，但对该空间的"评价函数"却被修正。或者某些甚至所有喝啤酒的人，可能都在欺骗自己（就像有些人坚持认为，高分辨率的玛丽莲·梦露肖像真实地存在于他们视野的背景中）。我们必须超出异现象学世界，看到头脑中真实发生的事情，以弄清是否存在一种保真的（哪怕是"不自然的"）解释可以说明喝啤酒的人的这些说法。而且，**如果**存在这样的解释，那只是因为我们决定把"它尝起来的感觉"还原为反应倾向的这种或那种综合体（Dennett, 1988a）。要"拯救"感质，我们就要"摧毁"感质。

因此，如果一个喝啤酒的人皱紧眉头，表情严肃，说他所指的是**"啤酒现在在我尝起来的样子"**，那他一定是在欺骗自己——只要他认为他**因此**就能指称他所熟悉的一种感质，一种完全独立于他不断变化的反应态度的主观状态。在他看来，他似乎能够这样做，但他其实不能。*

出于同样的理由，在我们设想的例子中，你因为蓝色的对象而想起了撞车的事情，如果你认为自己能够通过**对象呈现给你的样子**分辨出它是否与你撞车时轿车呈现给你的样子在"本质上"相同，你就是在自欺。这足以推翻感质拥护者的思想实验，因为目标在于描述一种情况——在此情况下感质显然会被颠倒，同时反应倾向则会常规化。假设人们可以做出分辨这一点，是在回避问题的实质，如果没有这个假设，也就没有论证，而只会有一个直觉泵——一个故事，它引诱你宣布你的内心直觉，而又不给你一个说明它的好理由。

无论是否回避问题实质，有一点也许**都**是明显的："你所看到的事物的主观颜色"**必定**"要么这样要么那样"。这只是表明了笛卡儿剧场对我们的想象所施加的强大吸引力。这也许有助于打破笛卡儿剧场观念的残余吸引力：我们要深入地考虑由此带来的它与颠倒图像的眼镜之间的类似之处。当佩戴这些眼镜的被试的适应已经成为第二天性，以至于他们能骑车和滑雪时，人们要问的一个自然（却有误导性）的问题就是：他们是怎样适应的，**是通过把他们的经验世界重新正过来**，还是**通过慢慢习惯他们那个上下颠倒的经验世界**？而他们又是怎样回答的？他们的回答各不相同，这些回答与他们适应的彻底程度大致相关。适应越是彻底，被试就越会认为这个问题不恰当或不可回答。这就是多重草稿理论所要求的：存在大量的区分和反应，它们需要调整，而且散布在大脑中，其中一些处理低级"反射"（比如某物逼近时立即闪开），还有一些则应付处在注意中心的有意行为，因

---

* "当我们从私人角度论述感觉时，我们居然如此爱说：'**这是重要的东西**。'——这一事实就足以表明，我们多么喜欢说一些不提供任何信息的东西。"（Wittgenstein, 1953, i298）

此，随着在这种七拼八凑的过程中形成的适应逐渐累积，被试就完全不再确信，是该说"事物跟过去看起来一样"，还是该说"事物看起来不同，但我习惯了"，这并不令人感到奇怪。从某些方面来说，事物在他们看来是相同的（按照他们的反应来判断），从其他方面来说，事物在他们看来是不同的（按照他们的其他反应来判断）。如果存在视觉眼肌运动空间的唯一表征，所有针对视觉刺激的反应都必须经过这个空间得到疏导，那么，它就必定是"这种方式或那种方式"，也许吧，但并不存在这样的唯一表征。事物呈现给他们的样子，是由许多部分独立的反应习惯组成的，而不是大脑中唯一的、内在地直立或倒立的图像。唯一重要的是输入与输出之间的匹配，而由于这种匹配的完成是在许多不同的地方用许多不同并且大致独立的手段来做到的，因此也就很难说什么可以"算作""我的视野仍然上下颠倒"。

这对"感质"颠倒同样成立。一种观点认为，感质是**在一个人所有反应倾向的颠倒之外多出来的**某种东西，所以，如果这些倾向重新常规化，颠倒的感质将保持不变，这种观点只是笛卡儿剧场的持久神话的一部分。这个神话在关于光谱颠倒的精致思想实验中得到宣扬，但宣扬它不等于支持它或证明它。**如果**在反应倾向的总和之上并不存在什么感质，那么，认为可以在保持感质不变的同时调整倾向的观念，就是自相矛盾的。

5. "副现象的"感质？

还有另外一个关于我们的颜色经验的哲学思想实验，它简直让人无法抗拒，这就是弗兰克·杰克逊（Frank Jackson, 1982）得到广泛讨论的玛丽的例子，玛丽是一个除了黑白双色之外从未看过其他颜色的色彩科学家。它的要点甚至对于缺乏相关知识的人来说也是直接明了的，这使它显得像一个优秀的思想实验。其实它是一个糟糕的思想实验，一个实际上鼓励我们误解其前提的直觉泵！

玛丽是一位才华横溢的科学家，出于某种原因，她被迫待在一个只有黑白颜色的房子中，通过一个黑白电视显示器来研究世界。她专攻视觉神经生理学，我们且假定，在我们看成熟的西红柿或天空，使用**红、蓝**等词语时，发生的一切所需的物理信息，她都获得了。比如，她发现了来自天空的哪些波长组合会刺激视网膜，发现了这如何通过中枢神经系统产生声带收缩和肺部排气，从而导致我们说出"天空是蓝的"这个句子……当玛丽从黑白房间里走出来，或是给她配备一台彩色电视显示器时，会发生什么？她是否会**学到**什么东西？答案似乎很明显：她将学到有关这个世界的某种东西以及我们对世界的视觉经验。那么，不可避免地，她先前的知识是不完整的。但是，她拥有**所有的**物理信息。因此，除了这所有的物理信息以外，还有别的东西；物理主义是错误的……（p. 128）

这里的要点再明显不过了。玛丽根本**没有**颜色经验（她没有镜子可以看自己的脸，她不得不戴黑色手套，等等），因此，当囚禁她的人终于让她走出房间，进入这个多彩世界，这个她以前只能通过描述（和黑白图解）来认识的世界时，在这个特殊的时刻，就如杰克逊所说，"似乎很明显"，她会学到某种东西。实际上我们大可以生动地想象一下——她第一次看到红玫瑰，她惊叫着说："原来这就是红色的样子啊！"而我们同样可能会想到，如果第一批呈现在她面前的彩色对象是没有标签的木块，如果人们只是告诉她，其中一块是红色的，另一块是蓝色的，那么，她一点也没有办法知道哪个是哪个，直到她以某种方式学到哪些颜色词汇对应着她新获得的经验。

几乎每个人都会这么设想这个思想实验，不仅新手，而且最精明的、久经沙场的哲学家也会如此（Tye, 1986; Lewis, 1988; Loar, 1990; Lycan, 1990; Nemirov, 1990; Harman, 1990; Block, 1990; van Gulick, 1990）。只有保罗·丘奇兰德（Paul Churchland, 1985, 1990）做出了真正的抵抗，抵制该思想实验生动地勾勒出的玛丽的戏剧性发现这个图景。这个图景是错误的，如果你是以此方式想象这个例子的话，那么你就完全没有遵照其中的指令！没有人遵循指令的原因在于，他们要你去想象的东西庞大无边，你甚至连试都没办法试。关键的前提是，"她拥有**所有的**物理信息"。这是不容易想象的，因此也没有人费心这样想。他们只是设想，她知道很多很多——也许他们设想，她知道**今天**所有人在色觉神经生理学上知道的一切事情。但那只是沧海一粟，如果**那**就是玛丽所知道的全部，她真的会学到某种东西也就不足为奇了。

为了揭示这种想象的幻觉，请允许我以一种令人惊奇却合情合理的方式，继续讲这个故事：

> 这样，有一天，囚禁玛丽的人觉得，是时候让她去看看颜色了。他们要了个把戏，给她准备了一个鲜亮的蓝色香蕉，作为她第一次颜色经验的对象。玛丽看了一眼，说："嗨，你在耍我！香蕉是黄色的，但这个却是蓝色的！"囚禁她的人目瞪口呆。她是怎么知道的？她回答说："简单得很，你要记得，我知道色觉的物理原因和结果方面所能知道的**任何事**——真的是任何事。因此，在你拿来香蕉之前，我当然就极为详细地写下了黄色对象或

蓝色对象（或绿色对象等）会给我的神经系统所留下的物理印象。所以我早就精确地知道我会有什么样的**想法**（因为，毕竟思考这或思考那的'单纯倾向'并不是你那著名的感质之一，是吗？）。我对我关于蓝色的经验一点儿也不感到奇怪（让我感到奇怪的是，你居然对我要这种二流把戏）。我知道，对于你来说**很难想象**我居然知道我这么多的反应倾向，以至于蓝色影响我的方式一点儿也不能让我感到奇怪。你当然难以想象。任何人都难以想象，居然有人完全知道任何事物的任何物理信息！"

你也许觉得，我一定是在骗你。我一定掩盖了玛丽的言辞背后的某种不可能的情况。你能证明这一点吗？我的要点不是在于，我讲述这个故事余下部分的方式，就证明了玛丽**没有**学到任何东西，而是在于，通常想象这个故事的方式，并不能**证明她学到了**任何东西。它不证明任何事，它只是通过引诱你去想象某种与前提所要求的不同的东西来让你迸发出这样的直觉——她学到了东西（"这似乎很明显"）。

当然，在这个故事的任何现实的、容易想象的版本中，玛丽都会学到某种东西。虽然在这个故事的任何现实的、容易想象的版本中，她也许会知道很多，但她不会知道所有的物理信息。只是想象玛丽知道很多，且安于这种想法，这并不是一个弄清她具有"所有物理信息"的各种含义的好办法——就如想象她非常富有，也不是一个弄清"她拥有一切东西"这个假说的各种含义的好办法一样。如果我们一开始就列举她事先明显知道的若干事情，也许就有助于我们想象她的知识所能给予她的力量的范围。她知道黑与白，知道灰色的明暗，知道任何对象的颜色以及如光滑与不光滑这种表面性质之间的差别，知道亮度边界和颜色边界之间的一切差别（大致来说，亮度边界是指在黑白电视上显示的边界）。她还知道每种具体的颜色对其神经系统造成的作用——以神经生理学术语来描述。因此，对她来说，剩下的唯一任务是想出一种办法"从内部"辨认那些神经生理学作用。你或许发现自己很容易想象她在这个方面取得了**一点儿进步**——例如，想出一些机智的方法，以此分辨某个颜色（无论什么颜色）**不是**黄色的或红色的。如何做到这一点？通过记录她的大脑只会对黄色或只会对红色产生的某种显著而具体的反应。但是，如果你允许她有哪怕一点点途径以这种方式进入她的颜色空间，你就应该得出结论说，她能自行获得完整的高级知识，因为她不仅知道**显著的**反应，而且知道全部反应。

回想朱利叶斯和埃塞尔·罗森堡的果冻盒，他们把它变成了一个 M 探测器。现在设想，如果有个冒名顶替者拿出一张"匹配"的碎片，但不是原来的那张，他们是否会惊讶。他们惊呼："不可能！"冒名顶替者说："并非不可能，只是很困难。我具有重建一个 M 探测器和制造另一个具有 M 形状性质的对象所必需的**全部信息**。"玛丽拥有足够的信息（在最初的例子中，如果正确想象就是这样）弄清楚她的红色探测器和蓝色探测器是什么，并因此提前辨别它们。这不是学习颜色的一种普通方法，但玛丽并非像你们一样是普通人。

我知道，这不会让玛丽的许多哲学"粉丝"满足，我也知道，还必须说出更多的东西，但是（这就是我的主要观点）真正的证明必须远远超出杰克逊的例子的范围，这个例子只是哲学家综合征的一个经典触发因素：把想象力的失败误认为是必然性方面的洞见。一些曾经研究玛丽例子的哲学家也许并不在意他们把它想错了，因为他们只不过是用它作为跳板，以此讨论一些可以阐明各种单独来看也很有趣的重要问题。我不想在这里探讨这些问题，因为我的兴趣是直接考虑杰克逊本人从他的例子中引出的结论：视觉经验具有感质，这些感质是"副现象的"。

如今的哲学家和心理学家（以及其他认知科学家）经常使用"副现象"一词。这种使用是有一个预设的：它的意义被我们熟知，并得到一致赞同。但其实哲学家和认知科学家是在**完全**不同的意义上使用它的，这是一个奇怪的事实，而更奇怪的是，虽然我一再指出这一点，却似乎没人关注。由于"副现象论"通常似乎是感质最后尚存的安全避难所，而且这种安全感的表象完全归因于人们混淆了这两种意义，因此我必须变成爱挑错的人，让那些使用"副现象"这个词的人处于守势。

根据《牛津英语大词典（简编本）》，"副现象"一词首次出现在1706年，是一个病理学术语，指"一种次要的迹象或症状"。很可能是演化生物学家托马斯·赫胥黎（Thomas Huxley, 1874）把这个词拓展为它目前在心理学中的用法的，在心理学中，它是指一种**非功能性的**性质或副产品。赫胥黎运用该术语来讨论意识的演化以及他的主张——副现象的性质（如"蒸汽机的啸声"）不能用自然选择来解释。

使用该词的一个清楚实例是这样的：

> 为什么人在冥思苦想时会咬唇和抖腿？这些行为只是伴随感受和思考的核心过程的副现象呢，还是它们本身就是这些过程不可或缺的一部分？（Zajonc and Markus, 1984, p. 74）

请注意，这两个作者意在断言，这些行为虽然完全可以探测到，但在感受和思考的过程中不起能动作用，也不是被设计的角色。它们是非功能性的。同样，计算机的嗡嗡声是副现象的，你为自己倒茶时水面印出的影子也是如此。副现象只是副产品，但就此而言，它们这些产物在世界上有许多效果：抖腿产生可记录的声音，你的影子能够对摄影胶片产生影响，更不用说水温沿水杯表面的微微冷却了。

这个词的标准哲学意义则有所不同。"x 是副现象的"，是指"x 是一种结果，但它本身在物理世界中不造成任何结果"。（关于开创或确立这种哲学用法的定义，见 Broad, 1925, p. 118。）这些意义真的如此不同吗？是的，就如**谋杀**的意义与**死亡**的意义一样不同。哲学意义更强一些：任何在物理世界中不造成任何结果的事物，当然对任何事物的功能也不造成任何结果，但相反的情况并不成立，就如扎伊翁茨（Zajonc）和马库斯（Markus）的例子所明显揭示的那样。

事实上，这个哲学意义太强了：它产生了一个毫无用处的概念（Harman, 1990; Fox, 1989）。因为 x 没有物理上的结果（按照定义），所以没有什么工具能够直接或间接地探测到 x 的存在；世界运行的方式绝不会因为 x 的存在或缺乏而有丝毫的改变。那么，怎么会有经验上的理由来断定 x 的存在呢？例如，假设奥托坚称他有副现象的感质。他为什么这么说？一定不是因为它们对他产生某种结果，在他做出声明时以某种方式引导他或警告他。按照副现象的定义（哲学意义上的副现象），奥托认为他具有副现象这个真诚的声明，**不可能**向他自己或任何其他人证明他确实具有副现象，因为，即使他没有，他也会说相同的话。但是，奥托也许有某种"内在的"证据？

这里有一个漏洞，但它没有多大吸引力。记住，副现象被定义为在**物理**世界中不产生任何结果。如果奥托想奉行彻底的二元论，他可以声称，他的副现象的感质在物理世界中不产生任何结果，但在他的（非物理的）心智世界中却的确产生了一些结果［布罗德（Broad, 1925）依照定义堵死了这个漏洞，但问问还是可以的］。例如，它们**形成了他的某些（非物理的）信念**，比如他相信他具有副现象的感质。但这只不过是免于尴尬的暂时逃避之策。因为，现在他的信念在物理世界中不能产生任何结果，否则就自相矛盾。如果他突然失去副现象的感质，他就不会再相信他曾拥有它，但他仍然可以继续**说**，他曾经拥有它。他只是不会相信他所说的！（他也不可能告诉你他不相信他所说的，也不可能做出任何事来表明他不再相信他所说的。）因此，奥托为其副现象的信念做出"辩护"的唯一方式是，退到唯我论的世界，在这里只有他自己、他的信念、他的感质，与外在世界中所有的结果都一刀两断。做一个物质论者却拥有你的感质，这绝不是一种"安全"之策，最多只是在奉行最为彻底的唯我论，因为它切断了你的心智——你的信念和你的经验——与物质世界之间的任何交流。

如果感质是标准哲学意义上的那种副现象，那么其出现就无法解释（在物质世界中的）事物发生的方式，因为按照定义，即使没有感质，事物还是一样发生。所以，相信副现象就不可能有经验上的理由。那么，是否存在另一类型的理由来断定它们的存在？什么类型的理由？大概是先验的理由。但那是什么？我还没看到有人提出这样的理由——好的、坏的或平庸的。如果有人想反驳说，我在这些副现象方面是一个"证实论者"，我会回答：在**这种**类型的断言方面，难道有谁不是证实论者吗？例如，考虑下面这个假说：内燃机的每个汽缸中都有 14 个副现象的小精灵。这些小精灵没有质量、能量、物理性质，它们不能让内燃机运转得更平稳或更剧烈，更快或更慢。它们的存在没有**也不可能**有经验上的证据，原则上也没有经验性的办法来区别这个假说与它的竞争假说：存在 12 个、13 个或 15 个……小精灵。人们是按照什么原则为自己完全不理会这种胡话进行辩护的？一个证实论的原则，还是再明白不过的常识？

哈，但这里有个差别！［奥托说。］不存在独立的动机来认真对待这些小精灵假说。你只是出于一时冲动才做出这些假说。与此不同，感质已经存在了很长一段时间，在我们的概念框架中它发挥着重要作用。

如果有些愚昧的人世世代代地认为他们的轿车是靠小精灵启动的，现在由于科学的进展而退回到这样一个没有成功希望的主张，即这些小精灵确实存在，但只是副现象的，这会怎样？我们马上摒弃他们的"假说"，是不是一种失误？当我们跟这种胡说八道说拜拜时，无论我们依据的原则如何，它都足以否定一个教条，即感质是这个哲学意义上的副现象。这些观点不值得正儿八经的讨论。

很难相信，近来把自己的观点刻画为副现象论的哲学家，居然会犯这样的低级错误。也许，他们只是断言，感质是赫胥黎意义上的副现象？按照这种解读，感质是物理的结果，并**具有**物理的结果，只不过它们不是功能性的。任何物质论者都会乐于承认这个假说是正确的——只要我们把感质等同于，比如，反应倾向。正如我们在讨论体验时所指出的，即使我们的性质空间中的某些凸起或偏向是功能性的——或过去是功能性的，其他的凸起或偏向也纯属偶然。我为什么不喜欢花椰菜？也许根本没有原因。我的负反应倾向纯粹是副现象的，是我的连线的一个副产品，毫无意义。它没有功能，但有许多影响。在任何设计出来的系统中，都有一些性质至关重要，而其他性质则或多或少可以修改，没有限制。每个事物都以这样或那样的方式存在，但这些方式常常并不重要。轿车的变速杆也许必须达到一定的长度、一定的力度，但它的横截面是圆的、方的还是椭圆的，就是一种赫胥黎意义上的副现象的性质。在第 10 章我们所设想的 CADBLIND 系统中，那个用数字色码的特殊编码系统就是副现象。我们可以**倒转**它（用负数或以某个常数乘以全部数值），而不会对它的信息处理能力造成任何**功能**影响。这种倒转也许是随意检查所探测不到的，也许**这个系统本身**也探测不到，但它不会是哲学意义上的副现象。比如，在存储寄存器上可能会有许多微弱的电位差保存不同的数字。

如果我们考虑神经系统中让我们能看、能听、能闻、能尝和能摸对象的所有性质，我们可以把它们粗略分为：在调节信息处理过程中真正起到关键作用的性质，以及像 CADBLIND 中的色码系统那样或多或少可以临时修改的副现象的性质。当一位哲学家推测，感质是大脑状态的副现象的性质时，这也许就表示，感质可以是神经元新陈代谢所产生的热的局部差异。这不可能是副现象论者心里所想的意思，是吧？如果是的，那么作为副现象的感质就不构成对物质论的挑战。

现在是时候把证明的负担完全推到坚持使用这个词的人身上了。这个词的哲学意义非常荒谬，但赫胥黎的意义则相对清晰，没有问题——而且与哲学论证无关。这个词的其他含义并不通用。因此，如果有人声称自己赞同某种副现象论，那么，我们仍然可以保持礼貌，但是要问：你说的**是**什么？

顺带说一下，我们要注意，"副现象的"两种含义之间的这种歧义状态，也传染到有关僵尸的讨论。你也许记得，哲学家"专门"意义上的僵尸在行为上与正常人无异，但它没有意识。没有什么像是一个僵尸，只有在一些观察者眼中，它才是那样（其中也包括它自己，如我们在前一章所见）。现在，可以对此给出一个或强或弱的解释，这取决于我们如何对待这种相对于观察者而言的不可区分性。如果我们宣称，**从原则上来说**，僵尸无法与一个有意识的人区分开来，那么我们就要说，真正的意识是**那种荒谬意义上的**副现象。这实在是太愚蠢了。因此我们换一种说法——意识也许是赫胥黎意义上的副现象：虽然存在某种方法可以用于区分僵尸与现实的人（谁知道呢，或许僵尸有绿色的大脑），但**对观察者来说**，差别并不作为功能性的差别出现。相应地，拥有绿色大脑的人体没有住着观察者，而其他人体却有。按照这种假说，我们原则上就能通过检查大脑的颜色，来区分有观察者居住的身体和没有观察者居住的身体。这当然也很愚蠢，而且蠢得有点儿危险，因为它在附和一种完全没有来由的偏见：依照人的肤色否认一些人具有完整人格。现在是时候承认了，认为僵尸可能存在的观念也不过如此：它不是一种严肃的哲学观念，而是荒谬的和不太光彩的古代偏见的遗迹。也许妇女真的没有意识！也许是犹太人没有！多么恶毒的胡说八道。夏洛克很恰当地把我们的注意力引向"单纯行为"的判断标尺，他说：

> 犹太人没有眼睛吗？犹太人没有手、器官、三围、感觉、感情、激情吗？犹太人不是跟基督徒一样吗：吃同样的食物，受同样的武器伤害，患同一种疾病，用同样的方法治愈疾病，同样感受冬暖夏凉？如果你刺我们，我们不流血吗？如果你挠我们，我们不笑吗？如果你毒我们，我们不死吗？

还有一种表述僵尸的可能性的方式，而且从某些方面来说，我认为它更令人满意。僵尸是可能的吗？它们不只是可能的，还是现实的。我们都是僵尸。*没有人有意识，在支持像副现象论这类学说的那种彻底神秘的意义上，我们都没有意识！我无法证明没有这样的意识存在，也无法证明小精灵不存在，我能做的最多就是指出不存在可敬的动机去相信它的存在。

6. 回到我的摇椅

在第 2 章第 2 节中我提出了解释意识的任务，我曾回忆我自己有意识的经验中的一些片段，那是一个美丽的春日，我坐着椅子摇动，

---

* 脱离语境引用这一主张，会是一种严重的学术不端行为。

望着窗外。现在让我们回到那两段文字，看看我提出的理论会如何处理它。那两段文字是这样写的：

在那个早春的日子里，透着绿意的金色阳光，透过窗子洒了进来；院子里枫树的成千上万根枝条，穿过绿芽织就的薄雾，仍然清晰可见，形成一幅奇妙而复杂的优雅图案。窗户玻璃已经有些年头，上面有着几乎察觉不到的细纹，当我使椅子来回摇动时，从视觉上来看，玻璃上的这些不完美的细纹，引起同步摇晃的波浪，在枝丫构成的三角形间来回运动，这种规则的运动，给清风中的枝条闪动的微光平添了非凡的生动感。

随后我注意到，树枝所体现出的这种视觉节律，锁定在维瓦尔第协奏曲的旋律中，这是我看书时听的背景音乐……我有意识的思考，特别是我在由和煦的阳光、温暖的维瓦尔第小提琴旋律、波纹般浮动的树枝组合而成的场景中所感受的那种愉悦，再加上我思考所有这些时享受的快乐，**这一切**怎会只是在我大脑中所发生的某些物理事件呢？我大脑中的电化学事件的组合，怎会使千百根枝条随着音乐的节奏晃动，从而形成这一令人愉快的情景呢？当阳光洒在我身上时，我大脑中的某个信息处理事件，怎会使我感觉到阳光的那种美妙的温暖呢？就此而言，我脑中的一个事件，又怎会把我脑中某些其他信息处理事件粗略地视觉化为我的心智图像呢？这似乎是不可能的。

因为我鼓励我们所有人都成为异现象论者，所以我也不能例外，而且我应该像愿意当一个实验者一样乐意做一个被试，这样我自然就可以把自己的理论应用到我自己身上。作为异现象论者，我们的任务是拿起这个文本，对它做出解释，然后把由此产生的丹尼特异现象学世界中的对象，与当时在丹尼特大脑中发生的事件关联起来。

因为这个文本是在其讲述的事件发生之后的几个星期或几个月内才产生的，所以，我们可以肯定它遭到了删减，这不仅是由于作者有意编排压缩，而且还由于记忆在时间中发生的不可避免的删减过程。如果我们早点儿追查——如果作者在他坐着摇动时就拿起一个录音机，当场创造这个文本，情况肯定会大不相同。不仅细节会更加丰富、更加紊乱，而且它会得到重新塑造和重新定向，因为作者自己会对创造文本的过程做出反应——倾听自己言语中的真实声音，而不是默默沉思。正如每个演讲者都知道的，大声说话往往会揭示发言者自己所说的信息中的含义（尤其是问题），而当他沉浸在默默地自言自语中时，这些含义就不为他所知了。

这个文本只描述了作者意识中的一部分内容（而且无疑它是一个被观念化的部分）。但我们必须谨慎，不要假设文本中的"剩余部分"当时全都在我们所谓的作者意识流中"现实地呈现"。我们不能错误地以为有一些无法还原却现实存在的事实，关系着当时哪些内容有意识，哪些内容无意识。我们尤其不应该假设，当他望着窗外时，他就对这一切"一览无余"，过程一气呵成，即便他的文本是这么描述的。依照文本，在他看来情况仿佛是：他的心智——他的视野——充满一些复杂的细节，黄里透绿的嫩芽啊，摆动的枝条啊。但是，尽管这是看起来的样子，它也只是一种错觉。这种"充盈状态"从没进入他的心智，这种充盈状态仍在外部世界，在这里它不必得到**表征**，却可以**存在**。在那些自我意识增强的时刻，我们惊叹于我们有意识的经验惊人的丰富性，此时我们所惊叹的丰富性，从它所有引人入胜的细节来看，实际上都只是外部世界的丰富性。它没有"进入"我们的有意识心智，只是可以访问而已。

所有这些枝条的和谐波动又是怎么回事呢？的确，外部的树枝没有波动，因为波动来自窗户玻璃上的细纹，但这并不意味着所有波动都必须发生在作者的心智或大脑中，而只是表示它发生在窗户玻璃的范围之内，是这个窗户玻璃引发了它。如果有人拍下作者视网膜上的变化图像，他们就会在那里找到这种波动，就如电影中的一样，但无疑这也正是所有波动停止的地方；在他的视网膜内所发生的事情，一如他在文本中所说，只是他认识到存在一股奇妙的同步波动，他对之有所经验。他看到波动，看到它们的范围，就如你会看到壁纸中所有的玛丽莲·梦露肖像一样。如果他想体验更多，给视网膜提供一次稳定的波动，多重草稿中**应该会有**更多细节，但最后剩下的只有我们的文本。

还有许多其他细节，作者本来可以关注，却没有这样做。也有大量无法还原却真真切切的事态，关系到哪些细节在哪里、在何时通过他大脑中的不同系统而得到判别，但这些事实统合起来也不能解决一些问题，比如，哪个事实是他确定且实际意识到的（但他在创作文本时却忘记了），哪些事实确定而实际地存在于他的意识"背景"中（但他当时却没注意到）。我们倾向于假设，**必定存在**一个事态来解决这样一些问题，这就好像天真的读者在假设，这样的问题**必定有**一个答案：华生医生遇到福尔摩斯那天，后者的早餐是不是鸡蛋？柯南·道尔**本来可以**把这个细节写进文本，但他没有；而因为他没有，所以就并无任何事态说明那些鸡蛋是否存在于**福尔摩斯的小说世界**。即使柯南·道尔**想到**福尔摩斯在那个早晨吃了鸡蛋，即使他在一个早期手稿中写到福尔摩斯在那个早晨吃了鸡蛋，也不存在一个事态判定在福尔摩斯的小说世界里、在从我们实际拥有的那个出版文本中建构起来的世界里，他的早餐是不是鸡蛋。

我们现在看到的这个来自丹尼特的文本，不是在他坐在摇椅里的时间与这段文字在文字处理器上敲成文档的时间之间"写进他的大脑的"。他在摇动椅子时的注意活动，以及与此伴随的复述那些引起他注意的细节的活动，具有一种效果，能相对保险地把那些细节的内容固定"在记忆中"，但我们不应该把这种效果等同于存储一张相片（或一个语句）或任何其他这样的显著表征。相反，我们应该认为，它只是使他更有可能部分相似地重现这个活动；我们可以假设，这个很有可能出现的事件就是在打字时发生的，它驱使他大脑里的词语小妖形成各种联盟，从而第一次产生一串语句。较早发生在摇椅里的一些事情现在无疑得到了一些现实的单词和短语的支持，而无单词的内容与单词之间的这种先行合作，无疑又有助于作者在打字时回想起一些相同的词语表达。

现在，让我们回到文本的异现象学世界。它所谈到的快乐是怎么回事？"……在由和煦的阳光、温暖的维瓦尔第小提琴旋律、波纹般浮动的树枝组合而成的场景中所感受的那种愉悦，再加上我思考所有这些时享受的快乐……"要解释它，不能只是诉诸关于视觉、声音和单纯思想的那些内在地令人愉快的感质。认为这种感质存在的观念只会使我们远离所有可能的解释途径，只会吸引我们的注意力，就像在婴儿眼前摇动手指会吸引他的注意力一样，使我们不知不觉地盯着"内在对象"，而不是寻求如何描述底层机制**以及**解释这些机制为什么会产生作用（这最终会是一种进化论的解释）。

作者的这种愉悦可以用下述事实来解释：所有视觉经验都是由神经环路的活动构成的，这些活动天生就令我们愉悦，这不仅是因为我们本就喜欢获取一些信息，而且是因为我们喜欢自己获取信息的特殊方式。阳光点缀的春蕾，是一个人喜欢看的东西，这个事实不足为怪。也有人喜欢看细菌的显微镜幻灯片，还有人喜欢看飞机坠毁的照片，这个事实倒是比较奇怪，但是，欲望的升华和堕落，都是从同样的动物源头在我们的神经系统的连线中生长出来的。

作者然后觉得惊奇，究竟"这一切"如何只是"我大脑中的电化学事件的组合"的。如他的惊奇所表明的，它似乎不是这样。或者，无论如何，当时存在一个时刻，他突然想到，在他看来，它似乎不只是他大脑中的电化学事件的组合。但是，我们随后的章节提出一种反驳：嗯，如果它就是你大脑中的电化学事件的组合，那么你认为它会像什么？*难道我们没有给自己提供依据来做出结论：有了一个像我们这样组织的大脑，这就是我们所预期的异现象学世界？为什么大脑中的电化学事件的这种组合，恰好就具有我们要予以解释的效果？

（作者说：）但是，仍然有一个难题。**我**是如何知道这一切的？**我**如何能够告诉你我头脑中正在发生的一切？这个难题的答案是简单的：**因为我就是这样的**。因为以这样的措辞知悉和报告这些事情的人就是我。**我的存在**是由这一事实来解释的：在这个身体中存在这些能力。

我们终于做好准备，可以考察**作为叙事重心的自我**这个观念了。讨论这个观念的时机无疑已经到来。想想这时我会有怎样的复杂情绪吧：当我发现，在我可以使自己的这类想法整理成文发表之前[†]，已经有一篇小说对它进行了讽刺，这篇小说就是戴维·洛奇的《好工作》

---

* 比较这一观点："如果意识感受起来像数十亿个微小的原子在适当的位置摆动，那会如何？"（Lockwood, 1989, pp. 15-16）

† 在《心我论》（Hofstadter and Dennett, *The Mind's I*, 1981, pp. 348-352）中，我提出了我思考博尔赫斯观点时的主要看法。在一次学术讲话中，我把它们放到一起，这篇讲话题为《作为叙事重心的自我》（"The Self as the Center of Narrative Gravity"），在1983年休斯敦专题讨论会上发表。在等待讨论会文集出版时，我在《泰晤士报文学副刊》（*Times Literary Supplement*, 1988.9, pp. 16-22）发表了这次讲话的修订版本，题目很无聊（不是我自己写的）——《为什么每个人都是小说家》（"Why everyone is a novelist?"）。以《作为叙事重心的自我》为题的原始版本也将收入《自我与意识：多重视角》（*Self and Consciousness: Multiple Perspectives*, F. Kessel, P. Cole and D. Johnson eds., Hillsdale, NJ: Erlbaum）。

（*Nice Work,* 1988）。它显然是解构论者的一个热门主题：

> 按照罗宾（或更精确地说，按照在这些问题上影响其思想的作家）的观点，并不存在充当资本主义和经典小说基础的像"自我"这样的东西——一个有限的、独特的灵魂或本质，它构成一个人的身份；在无穷的言论之网中——在关于权力、性、家庭、科学、宗教、诗歌等的言论中，仅仅存在一个主体位置。而出于同样的理由，并不存在像作者这样的东西，也就是说，没有一个人从无之中创造一个虚构的作品……用德里达著名的话来说……"文本之外无物存在"。没有起源，只有生产，我们用语言生产我们的"自我"。不是**"你是你所吃的那个东西"**，而是**"你是你所说的那个东西"**，或者，**"你是说你的那个东西"**，这才是罗宾的哲学的公理基础，如果非要给它一个名称，可以称其为"符号物质论"。

符号物质论？**我**必须这样称呼它吗？对资本主义和经典小说，我保留意见，而除此之外，这个有趣的段落是对我所要提出的观点的一种巧妙模仿。（如所有的模仿一样，它比较夸张。我不会说，文本之外无物存在。例如，的确存在书架、建筑、身体、细菌……）

罗宾与我的想法相同——当然，我们**两个人都**是按照我们自己的叙述形成的某种虚构人物，虽然类型稍有不同。

第 13 章

自我的实在

假如有一台机器，它的结构产生思考、感觉和知觉；想象一下，这台机器以不变的比例扩大，使你能进入其中，就好像它是一个磨坊。假若如此，你就可以探访它的内部，但你在那里究竟会看到什么呢？除了看到有些彼此推移的部件之外就没有任何其他东西了，因此你绝对看不到可以解释知觉的任何东西。

——莱布尼茨，《单子论》，1840 年第一版

对我来说，当我最亲密地进入我所谓的**我自己**时，我总是会碰上这个或那个特定的知觉，比如，冷或热、明或暗、爱或恨、痛苦或快乐。如果没有知觉，那么在任何时候我都不能深刻地把握**我自己**，而且，除了知觉之外，我也无法观察到任何事物……如果有一个人经过严肃且无偏见的反省之后，认为他对于**他自己**有一个不同的概念，那我必须承认，我跟他是再也谈不到一块儿了。我最多能承认，他也许跟我一样正确，也承认我们在这方面有本质的不同。他或许能知觉到某种简单而持续的东西，也就是他所谓的**他自己**，不过我确信在我身上并不存在这样的原则。

——休谟
(David Hume, 1739)

自 17 世纪现代科学萌芽时起，人们几乎一致认为，无论自我是什么，它在显微镜下都是无法被看见的，我们也无法靠内省看见它。对一些人来说，这表明自我是一个非物理性的灵魂，是一个机器中的幽灵。对另一些人来说，这表明自我根本什么都不是，只是发着形而上学高烧的想象力的虚构。还有一些人认为，它仅仅表明自我只是以这种或那种方式产生的一种抽象的东西，它的存在一点儿都不会因为它不可见而遭受质疑。毕竟，有人也许会说，重心也是不可见的，但它同样实在。真的是那样的实在吗？

究竟有没有自我？这个问题在两个方向上极其容易回答。第一，**我们**存在吗？当然！这个问题预设了它自己的答案。（毕竟，按照休谟的说法，谁是那个徒劳地寻找一个自我的**我**呢？）第二，在我们的大脑中或在大脑**之外**的地方，是否存在一些实体，控制我们的身体，思考我们的思想，做出我们的决定？当然不存在！这样一种观念要么是经验上的无知蠢话（詹姆斯的"罗马教皇式神经元"），要么是形而上学的哗众取宠（赖尔的"机器中的幽灵"）。当一个简单的问题有"显然是"和"显然不是"两种答案时，一个中间立场就值得考虑（Dennett, 1991a），即使这个立场注定在一开始会违反所有派别的直觉——任何人都认为，它违背这个或那个显而易见的事实！

1. 人类如何编织一个自我

此外，他们似乎把大量时间花在吃喝玩乐上；而弗伦西奇，其表现倾向于把他的感官愉悦限定于把东西收归己有而不送给他人，他有点儿像个美食家。

——**汤姆·夏普**
（Tom Sharpe, 1977）

在这段有趣而又令人不安的描述中，小说家汤姆·夏普暗示，当你彻底想通时，便明白所有的感官愉悦就是在自己或别人的边界游荡。他确实说到了点子上，即使这不是全部的真理，也是部分的真理。

人有自我。狗有吗？龙虾有吗？如果说自我是某种东西，那么自我必定是存在的。**现在**存在着自我。曾经有个时期，万千年（或数百万年，或数十亿年）之前，不存在自我——至少在这个星球上不存在。因此，在逻辑上，必然存在一个那些拥有自我的生物**如何产生**的真实故事。在逻辑上，这个故事必须讲述一个过程（或一系列过程），它牵涉到还不具**备**自我或现在仍然不**是**自我的事物的活动或行为，但最终会从中出现一些是自我或具有自我的存在者作为新的产物。

在第 7 章中我们看到，理由的诞生何以也是边界的诞生，这个边界是"我"和"世界其余部分"之间的边界，即便是最低等的变形虫，也会以一种盲目的、不知不觉的方式做出边界划分。这种划分自我与他物以保护自己的最低限度的倾向，是生物学上的自我，而且，即使这样一个简单的自我，也不是一个具体的事物，而只是一种抽象的东西，一种组织原则。再者，生物学上自我的边界是可渗透的和不定的——这是大自然容许"错误"的又一例证，只要代价合适。

人体内有数量太多的入侵者，其范围小到细菌和病毒，以及像崖洞栖息者那样生活在我们皮肤和头皮小生境中的微小螨虫，大到比较大的寄生物，比如恐怖的绦虫。这些入侵者本身都是微小的自保者，但它们中的一些，比如寄居在消化系统中、对我们的生存来说不可或缺的细菌，是我们在追求自我保存的活动中必需的团队成员，就像免疫系统中的抗体一样。〔如果生物学家马古利斯（Margulis, 1970）的理论是正确的，那么在我们身体的几乎所有细胞中都起到一定作用的线粒体就是细菌的后代，约在 20 亿年前"我们"就和当时的细菌联合起来了。]还有一些入侵者是可容忍的寄生物——显然不值得我们花费力气驱赶它们；另外还有一些的确是内部的敌人，如果不加根除，就是致命杀手。

划分自我与世界、内部与外部这一基本的生物学原则，在我们心理学的最高拱顶中产生了一些显著的回响。心理学家保罗·罗津和阿普里尔·法伦（Paul Rozin and April Fallon, 1987）在一系列令人激动的、关于**恶心**本性的实验中表明，存在一种有力却未获承认的盲目抵抗的潜流在抵抗某些行为，从理性的角度考虑，这些行为本来不会给我们带来麻烦。例如，你现在愿意吞下你口中的唾液吗？这个行为不会引起你的强烈反感。但假如我叫你拿来一个干净的饮水玻璃杯，把唾液吐进去，再吞下杯中的唾液。恶心！但这是为什么呢？这似乎与我们的知觉有关：一旦某物离开我们的身体，它就不再是我们的一部分，它变得陌生和可疑——它已经取消了自己的居民身份，变成一个遭到拒斥的东西。

因此，越界，要么是焦虑的时刻，要么如夏普所指出的那样，是某种特别令人享受的东西。许多物种都发展出突出的构造，延伸它们地盘的边界，或者使坏的越界更困难，或者使好的越界更容易。例如，海狸筑坝，蜘蛛结网。当蜘蛛结网时，它不必理解它在做什么；大自然只是给它的小脑袋提供这个必要的子程序，以实现这个在生物学上必不可少的工程制造任务。对海狸所做的实验表明，甚至它们极为有效的工程制造实践，至少在很大程度上，也是一些天生的驱动因素和倾向的产物，对此它们无须理解就能从中受益。海狸确实有学习能力，甚至可以互相教导，但它们主要还是被一些有力的天生机制驱动的，这些机制控制着行为主义者斯金纳所称的那种负强化。海狸会相当疯狂地寻找某个东西或任何东西，以阻止流水的声音。而在一个实验中，一只海狸通过这样做来让自己安心：它把扬声器全部涂上泥浆，因为从这个扬声器中传出了录制好的汩汩流水声！（Wilsson，1974）

海狸用细枝和泥巴来保护它的外部边界，用软毛来保护它的一个内部边界。蜗牛采集食物中的钙，用它分泌形成硬壳；寄居蟹用其他生物丢弃的外壳顺手做成自己的钙质外壳，省掉了摄入和分泌过程。依理查德·道金斯之见，这里的差别并不重要。他指出，无论在哪个例子中，他称为**延伸的表型**（1982）的结果，都是个体——受到驱动演化的选择力作用——的基本生物构件的一部分。

延伸的表型的定义，不仅延伸到个体的"自然"边界之外，包括外部构件，比如外壳（以及内部构件，比如常驻细菌），而且它常常还包括同一物种的其他个体。海狸筑坝不能只靠自己，它还需要工作团队。白蚁需要数以百万计的个体聚集在一起，才能建造它们的城堡。

想想澳大利亚园丁鸟的惊人建筑构造（Borgia，1986）。雄鸟建造精致的凉亭，作为求爱的圣地，凉亭的周围有宏伟的中央广场，丰富的装饰品颜色鲜亮——主要是深蓝色的，包括瓶盖、彩色玻璃片以及其他人类制品；装饰品都是从遥远的地方搜集而来的，精心布置在凉亭中，以便给它追求的雌性留下更深刻的印象。像蜘蛛一样，园丁鸟其实不必理解它所做的事；它只是发现自己在努力建造一栋对它作为一只成功的园丁鸟来说至关重要的建筑物，但它不知道为什么会这样。

然而，在整个动物世界中，最奇怪、最精彩的建筑是灵长类动物——智人——所建造的令人惊叹的、复杂精致的建筑。这个物种的每个正常个体都产生了一个**自我**。自我从大脑中编织语言和行为之网，而且就如其他生物一样，他并不需要知道自己在做什么，他就只是在这样做。如蜗牛的外壳一样，这个网保护着他；如蜘蛛的网一样，这个网为他提供生计来源；如园丁鸟的凉亭一样，这个网提升他求爱成功的机会。与蜘蛛不同，作为个体的人并不只是分泌自己的网，而是更像海狸，努力工作，搜集材料，建造防御要塞。同园丁鸟一样，人把许多找到的恰好愉悦自己或其配偶的物品归为己有，其中包括其他生物出于其他目的而设计的许多产品。

上一章末尾罗宾所谓的"言论之网"就是一个生物学的产物，和在动物世界中发现的任何其他构造一样。没有了它，人类的个体就是不完整的，就如鸟失去了羽毛、乌龟失去了外壳。（在智人居住的几乎每个小生境中，衣服也是该物种延伸的表型的一部分。插图版的动物学百科全书不会把智人描绘成裸体形象，正如它不会把黑熊描绘成穿着小丑装、骑着自行车的样子。）

白蚁群的组织如此奇妙，以至于在一些观察者看来，每个白蚁群都要有一个灵魂（Marais, 1937）。我们现在知道，这个组织只是百万只半独立的小行动者（白蚁）活动的结果，每只白蚁本身是一个自动体，都只做自己的事。人类自我的组织如此奇妙，以至于对一些观察者来说，每个人似乎也都有一个灵魂：一个在总部统治一切的仁慈的**独裁者**。

诚然，在每个蜂窝或白蚁群中，都有一个蜂后或蚁后，但这些个体比行动者（工蜂或工蚁）更为被动，它们更像是王冠上需要保护的宝石，而不是护卫军团的首领——事实上，它们的王室名号更适合今天的情况而不是早期阶段，因为它们更像是伊丽莎白二世，而不是伊丽莎白一世。没有"玛格丽特·撒切尔"蜜蜂，没有"乔治·布什"白蚁，蚁丘中也没有椭圆形办公室。

我们的自我——我们这些并非最低限度的**自我性**自我（selfy selves），是否体现了边界的可渗透性和灵活性，就如同其他生物比较简单的自我一样？我们是否扩展了我们个人的边界（我们的**自我**的边界），把我们的任何"东西"都圈在里面？一般来说，答案也许是否定的，但是一定存在这样的时期，从心理学上来看，当时的情况似乎正是这样。例如，一些人仅仅拥有并驾驶轿车，而另一些人则是**车迷**（motorist）；而且，开车成瘾的车迷喜欢说自己就是一个四轮耗油的行动者，而不是一个两条腿的消耗食物的行动者，他对第一人称代词的使用就显示出这种身份认同：

> 我在下雨天无法很好地拐弯，因为我的轮胎在打滑。

所以，有时我们会扩展我们的边界；还有一些时候，为了应对感觉到的挑战——无论挑战是真实的还是想象的——我们会缩减我们的边界：

> 我没有那样做！说那些话的人不是真正的我。确实，那些话是从我口里说出来的，但我不承认那是我的本意。

我已经提醒你们注意这些熟悉的说法，它们道出了我们的自我与蚂蚁及寄居蟹的自我之间的相似性，但这些说法也让我们注意到了一个最重要的差别：蚂蚁和寄居蟹并不会说话。寄居蟹是以这样一种方式被设计的：它要保证自己找到一个外壳。我们可以说，它的组织**蕴含**一个外壳，因此在一个很弱的意义上，这个组织默认地把寄居蟹**表征**为具有一个外壳，但是，寄居蟹不在任何一个更强的意义上把**它自己**表征为具有一个外壳。它根本不做自我表征。它要向谁**表征**它自己？为什么要表征？它不需要提醒它本性的这一方面，因为它的先天设计已经解决了这个问题，而且在它附近不存在抱有这种关切的同伙。正如我们所指出的，蚂蚁和白蚁可以完成它们的共同计划，无须依靠任何明确传达的蓝图或法令。

相比之下，我们几乎总是把自己展示在他人和自己面前，所以我们用外在和内在的语言与姿势来**表征**自己。我们的环境中可以用来解释这种行为差异的最明显的差异就是行为本身。我们人类生存的环境中不只包括食物和居所、与之战斗或要躲避的敌人、进行交配的同类生物，还包括大量语词。语词是我们环境中的有力元素，我们随时吸收、消化和排出它们，像蜘蛛网一样，把它们编织成自我防卫的**叙事串**。的确，就如我们在第 7 章中所看到的，当我们吸纳这些语词、这些弥母载体时，它们往往会取得主导位置，用它们在我们大脑中发现的原材料来创造我们。

我们进行自卫、自控和自我界定的基本策略，不是结网，不是筑坝，而是讲故事，更具体地说，是编造和控制我们向他人以及向自己讲述我们是谁的故事。就如蜘蛛不必有意识地、深思熟虑地思考如何编织自己的网，就如海狸——与专职的人类工程师不同——不必有意识地、深思熟虑地计划自己所要建造的结构一样，我们也与**专职的**人类作家不同，不是在有意识地、深思熟虑地琢磨要讲哪些故事，如何讲这些故事。我们的故事是编造出来的，但主要不是我们在编造它们，而是它们在编造我们。我们人类的意识以及我们的叙事的自我状态，是它们的产物，而不是它们的来源。

这些叙事串或叙事流**好像**是从单一的源头中流出来的——这种流出不是在某个明显的物理意义上从一张嘴或一支笔那里流出来，而是在一种更微妙的意义上流出来的。它们在任何听众身上产生的效果都是激励他们（试着）设定一个统一的行动者——叙事流就是该行动者的语词，是关于该行动者的叙事流：简而言之，激励听众设定一个**叙事重心**。物理学家会欣赏你所取得的这种巨大简化：设定物体的一个重心，一个点，所有的引力都能相对于它来计算。我们这些异现象学者则欣赏你所取得的这种巨大简化：你为编织叙事的人体设定了一个叙事重心。与生物学的自我相同，心理学的或叙事的自我是另一种抽象的东西，它不是大脑中的一个东西，而是一个非常强大的、几乎有形的性质吸引体，是关于未认领的东西的任何项目和特征的"记录所有者"。谁拥有你的轿车？是你。谁拥有你的衣服？是你。那么，是谁拥有你的身体？是你。如果你说：

这是**我的**身体。

你肯定不会被理解为是在说：

这个身体拥有它自己。

但是，然后你能说什么？如果你所说的既不是稀奇古怪和毫无意义的同义反复话语（这个身体是它自己的主人，或是类似的话），也不是主张你是一个非物质性的灵魂或幽灵的傀儡，它占有并操纵你这个身体，就像你占有和操纵你的轿车一样，那么，你还能指别的什么意思呢？

2．一个客户有多少个自我？

我想，我们可以更清楚地理解下面这个句子的意思：

这是我的身体。

只要我们可以回答这个问题：它与什么相对？它若与此相对会如何？

不，它不是；它是**我的**，我不想与人共享！

如果我们可以看到两个（或更多）自我争夺一个身体的控制权是怎样的，我们就能更好地了解单一的自我究竟是怎样的。作为研究自我的科学家，我们会想做一些受控实验，在这些实验中，通过改变初始条件，我们能够看出什么必定发生，以什么顺序发生，需要哪些资源，才能有这样一个讲话的自我出现。是否在一些条件下，生命能够继续，但自我却不会出现？是否在一些条件下，出现的自我不止一个？从伦理上说，我们不能做这样的实验，但就如以前经常发生的情况那样，我们可以利用大自然做的一些可怕实验所提供的资料谨慎地引出结论。

其中一个实验就是多重人格障碍（Multiple Personality Disorder，MPD），其中一个人的身体似乎被几个自我共享，典型的情况是，每个自我都有一个专名和一份自传。MPD 的观念令许多人震惊：它太过离奇，极为古怪，难以置信——就像超感知（ESP）这种第三类的亲密接触，也像骑着扫帚的巫婆一样，它是一个要被丢弃的"超常"现象。我怀疑有一些人犯了一个简单的算术错误：他们没能注意到，一个身体的 2 个、3 个或 17 个自我，其实并不比一个身体一个自我更夸张。一个就够糟糕的了！

"我刚看见一辆车驶过去，里面有 5 个自我。"
"什么？？晕！这是什么形而上学的胡话？"
"哦，车里也有 5 个身体。"

"噢，那你为什么不这样说？那就没什么问题了嘛。"

"……或者可能只有 4 个身体，或 3 个——但确实是 5 个自我。"

"什么？！"

正常的安排是一个身体一个自我，但是，如果一个身体能够有一个自我，那么在不正常的情况下，为什么它就不能有更多的自我呢？

我的意思不是说 MPD 没有什么令人震惊或让人迷惑的地方。这样一个现象确实已经不只是稀奇古怪，我认为，这与其说是因为它挑战了我们关于**形而上学**可能性的某些预设，不如说是因为它挑战了我们的另外一些预设——这些预设一方面与人类可以做到的以及人类残忍和堕落的极限有关，另一方面与人类创造性的极限有关。现在已有大量的证据表明，如今被诊断患有 MPD 的病例不是几个或上百个，而是数以千计，而且这种病几乎无一例外都是童年早期长时间受到虐待所致，通常包括性虐待，情况之严重令人作呕。尼古拉斯·汉弗莱和我在几年前做过关于 MPD 的研究（Humphrey and Dennett, 1989），我们发现它是一种复杂的现象，远远延伸到患者个体的大脑之外。

患病的小孩经常处在非常恐怖和混乱的环境中，所以我更惊诧的是他们居然还能在心理上幸存下来，而不是他们可以通过绝望地重绘他们的边界来设法保存自己。在面对排山倒海的心理冲突和痛苦时，他们是这样做的：他们"离开"。他们创造一个边界，这样恐怖就不会发生在他们身上；它要么不发生在任何一个人身上，要么发生在某个别的自我身上，这个自我更能在这样一种猛烈的冲击下维系它的组织——至少按他们尽最大努力所能回忆的来看，他们**说**他们就是这样做的。

怎么会这样？对这种分裂过程，我们最终能在生物学层面上提供什么类型的说明？一定要有唯一的、整体的自我，像变形虫那样，以某种方式进行分裂？如果一个自我不是一个器官或大脑的专门物理部分，而是如我提出的那样，是一种抽象的概念，那么，情况怎么会是这样？而且，面对创痛所做出的这种反应看上去如此有创造性，以至于有人首先就会假设，它必定是在那里的某个监督者的杰作：一个起到监督作用的大脑程序、一个中央控制者，或诸如此类的东西。但是我们应该提醒自己，白蚁群初看起来似乎也需要一个中央首席执行官来完成那样聪明的计划。

我们已经逐渐习惯演化叙事：叙事从某种现象不存在的状态开始，然后以该现象明确存在的一种状态结束。农业、穿衣、居住和工具的革新，语言革新，意识本身的革新，地球生命的早期革新：所有这些故事都需要被讲述出来。其中每则故事都必须跨越我们所称的绝对论裂缝（the chasm of absolutism）。这种裂缝可以通过如下奇怪的论证来说明（借自 Sanford, 1975）：

> 每个哺乳动物都有一个哺乳动物作为它的妈妈，
>
> 但只有有限数量的哺乳动物，因此必定存在第一只哺乳动物，
>
> 而这与我们的第一个前提矛盾，所以，与我们看到的现象相反，
>
> 并不存在哺乳动物这种东西！

该怎么说呢？绝对论者或本质主义哲学家喜欢截然分明的边界、阈限、"本质"和"标尺"。对绝对论者来说，必定存在第一只哺乳动物、第一个生命、第一个意识时刻、第一个道德行动者；它是突变的某种产物，是全新的某个候选者，是第一个满足本质条件的东

西——无论什么样的分析都表明它们是这样的。

这种对物种的截然分明的边界的偏爱，正是达尔文力图提出进化论时在学术上面临的最大障碍（Richards, 1987）。与之对立的思考方式是反本质主义，后者可以心安理得地面对界限不明和缺乏严格分界线的情况。因为自我、心智甚至意识本身都是生物学的产物（不是在化学周期表中找到的元素），所以我们应该预期，它们与那些还不是它们的现象之间的过渡，应该是渐进的、有争议的、不公正地划分的。这并不是说每个事物都总是处在过渡之中，总是渐进的；从近距离看像是渐进的过渡，从远距离看通常像两种平衡稳定状态之间的突然间断（Eldredge and Gould, 1972; Dawkins, 1982, pp. 101-109）。

这一事实对于哲学理论（以及哲学家的偏好）的重要性，没有得到足够广泛的认识。总是已经存在而且总是将会存在一些过渡性的事物、"缺失的环节"、准哺乳动物和诸如此类难以界定的东西，但事实仍然是：自然界中**几乎所有**实在的事物（与仅仅可能存在的事物不同），往往都可以列入相似簇群，它们在逻辑空间中却分隔开来，中间存在巨大的空白。我们不需要"本质"或"标尺"来防止语词的意义到处滑动，我们的语词会维持固定状态，就好像受到重力作用一样，紧紧依附着最近的相似簇群，即使已经存在和必定存在一条短小的地峡，以一系列的渐进步骤，曾经把它附着在某个相邻的簇群上。这种观念无可争议地适用于许多主题。许多人可以相当安心地运用这种实用主义的研究路线，把它运用于白天和黑夜、生物和非生物、哺乳动物和哺乳动物出现前的动物，但是，如果要求他们采用同样的态度处理拥有一个自我和不拥有一个自我的问题，他们却焦虑不安起来。他们认为，在这里（如果说自然界的其他地方没有的话），**它必定是全或无，而且是一个客户一个自我**。

我们提出的意识理论否证了上述预设，而多重人格障碍也为该理论如何挑战上述预设提供了一个很好的例证。一些人坚信，不可能存在准自我或几分自我，与一个身体相关联的自我**必定**是一个整数——而且数量是 1 才好，但这些信念并不是自明的。也就是说，它们不再是不证自明的，因为我们已经比较详细地提出了一种替代理论，来取代**笛卡儿剧场**以及它的**见证者**或**核心赋义者**。MPD 从一个方面向这些预设提出了挑战，但我们同样可以想象来自另一个方面的挑战：两个或更多的身体共同拥有一个自我！英格兰的约克确实就有这样的情况：查普林（Chaplin）家的双胞胎，格蕾塔（Greta）和弗蕾达（Freda）（《时代》，1981 年 4 月 6 日）。这两个同卵双胞胎现在已经 40 多岁，她们一起生活在一个住宅中，行动起来**就像一个人**；她们合作完成一个简单的语词行为，比如轻松地完成彼此的句子，或几乎完全一致地说话，只有很短的时间差。多年以来，她们一直不可分离，其程度简直达到了非连体双生子的极致。一些与她们打过交道的人认为，一个自然而然浮现出来的有效策略是，把她们两个人当成一个人。

我们的观点不仅支持 MPD 的理论可能性，而且支持分裂型人格障碍（Fractional Personality Disorder，FPD）的理论可能性。这可能吗？为什么不能？我决不认为，这两个双胞胎是靠心灵感应、ESP 或其他类型的神秘纽带来联系的。我认为，存在许多难以察觉而又平平常常的交流和协作方法（这确实是同卵双胞胎往往熟练掌握的技巧）。因为这对双胞胎在她们的生活中看、听、触、摸、闻和想的东西几乎一样，而且毫无疑问，她们的大脑一开始对这些刺激做出反应的倾向也大致相似，所以，要让她们保持某种松散的协调状态，也许不需要大量的交流渠道。（此外，我们自己拥有的自我色彩最重的东西，又有多大程度的统一性？）我们不应急于划定这些熟练协作的界限。

但无论如何，难道不会存在两个清楚界定的个体自我（双胞胎中的两人各有一个自我）负责维持这种奇特的游戏？也许吧，但是，如果这两个女人都在这项联合事业中做出奉献，变得毫无自我了（我们会这样说），以至于她们在这项事业中或多或少地丧失了自己（我们也这样说），那又如何？正如诗人保罗·瓦莱里在对其同胞的格言所做的有趣改编中所说的："有时我在，有时我思。"*

在第 11 章中我们看到，虽然意识看起来是连续的，但事实上它是有间隙的。一个自我同样可以是有间隙的，可以消逝在虚无中，就像烛火可以扑灭一样容易，只是在更有利的条件下它还会重新燃起。你就是你自己粗略地想起的（有时生动、有时模糊）那个孩提时代爱冒险的人吗？如果那个小孩冒险的时空轨迹与你身体的轨迹明显是连续的，他的冒险历程就是你自己的冒险历程吗？那个跟你有着同样名字的小孩，那个在彩笔画上涂鸦式地签名的小孩勾起你对过去签名方式的回忆——那个小孩就是你吗？哲学家德里克·帕菲特（Derek Parfit, 1984）把一个人比作一个俱乐部，一种相当不同的人类构造，它可能在一年内不再存在，又在几年后被它的（先前的？）成员重建。它还是同一个俱乐部吗？或许是的，例如，如果俱乐部早就有一份书面的章程，为其存在的消逝提供了清楚的规定。但是，这种情况也许无法分辨。我们也许知道所有可以设想的与此情况有关的事实，我们也许能够看出，它们不能最终确定这个（新的？）俱乐部的**身份**。按照这里浮现的自我或人格观，这是正确的类比；自我不是独立存在的灵魂珠子，而是那些创造性地推动我们的社会进程的造物，同其他这类造物一样，自我也面临地位的突然转变。积累成某个自我或俱乐部的轨迹的唯一"动力"，就是由构成它的信念所组成的网络赋予它的稳定性，而一旦这些信念消逝，它也就永远或者暂时地消逝了。

当哲学家在考虑另一件有趣的事情，即广受讨论的裂脑人现象

---

* 诗人为法国人，他的同胞说过："我思故我在。"——译者注

时，记住这一点是重要的。所谓裂脑是**大脑联合部切开术**的结果，手术切断了胼胝体，也就是直接连接大脑皮质左右半球的横行神经纤维束。此时两个半球仍可以通过中脑结构间接相连，但这显然是一个非常重大的手术程序，只有在别无选择的情况下才会实施。它可以减轻一些原本无法治疗的严重癫痫病人的痛苦，防止一些内生的、可致症状发作的异常放电：从一个半球中的"病灶"诱发的癫痫沿着大脑皮质横扫到相反一边。标准的哲学看法是，患有裂脑的病人可能会"分裂为两个自我"，但除此之外不会出现因手术而造成的能力严重减弱的情况。这种过度简化的一个最有吸引力的版本是，最初，人的两"边"——紧张的、分析的左半球和松弛的、直觉的、整体的右半球——在手术后可以自由地展现更多个性，因为正常的紧密合作必定为一种紧密程度减弱的缓和关系所代替。这是一个吸引人的想法，但它过分夸大了启发它的经验发现。事实上，只是在极小部分事例中我们才可以观察到有着惊人理论意蕴的多重自我症状。（例如，参见 Kinsbourne, 1974; Kinsbourne and Smith, 1974; Levy and Trevarthen, 1976; Gazzaniga and LeDoux, 1978; Gazzaniga, 1985; Oakley, 1985; Dennett, 1985b。）

毫不奇怪，像盲视患者和具有多重人格障碍的人一样，裂脑患者并不符合哲学为他们划定的描述，而这也不是谁的过错。哲学家（以及许多其他解释者，包括最早的研究者）并没有故意夸大他们对这个现象的描述。相反，在力图精确地描述此类现象时，他们发现日常语言的有限资源让他们不由自主地采用了过分简化的观念：**身体的老板、机器中的幽灵、笛卡儿剧场模型中的观众**。尼古拉斯·汉弗莱和我比较了我们自己在与 MPD 患者每次会面时对所发生情况做的详细记录，我们发现，我们自己也经常犯错，运用一些太过自然却有严重误导作用的措辞，去描述我们实际看到的情况。托马斯·内格尔

（Thomas Nagel, 1971）是第一个写到裂脑患者的哲学家，他提出一个审慎而又准确的描述，说明了人们当时对这种现象理解的情况，在指出提供一个连贯描述的难度时，他推测："也许我们不大可能放弃我们构想和表征自己的某些方式，无论这些方式从科学研究中得到的支持是多么稀少。"（p. 397）

这的确很困难，但不是不可能。内格尔的悲观论调本身就是夸大其词。事实上，我们不就从传统的思考方式中成功地挣脱出来了吗？现在，有些人可能不**想**抛弃传统的见解。甚至可能存在很好的理由——道德的理由，即以此力保多个自我的神话。这神话说，这些自我是大脑珍珠（brain-pearl），是特别具体的、可以计算的事物而非抽象之物，并且以此拒绝承认准自我、半自我或过渡自我的可能性。但这无疑正是理解裂脑现象的正确方法。在谨慎设计的实验程序中的短暂时期，这些患者中只有少数人会在对困境做出反应时分裂成"两个人"，从而暂时创造出第二个叙事重心。这种分裂的一些效果，也许会在彼此不能访问的记忆印迹中无限地逗留，但除了这些其实相当原始的分裂印迹之外，第二个初步发展的自我的生命最多只能持续几分钟，而这么短的时间绝不足以积累成一份自传，一份由充分发展的自我组成的自传。（就 MPD 患者发展出来的绝大多数不完整的自我来看，这一点显然也是成立的；其中多数自我在白天没有足够的活动时间，它们只在每周的独家传记中维持不过几分钟的时间。）

不同叙事的独特性是不同自我的生命之血。如哲学家罗纳德·德苏泽（Ronald de Sousa, 1976）所指出的：

当杰基尔（Jekyll）先生变成海德（Hyde）先生时，这是一件奇怪而神秘的事。这两个人是在一个身体中轮换出现吗？但还有更奇怪的事：贾格尔（Juggle）先生和伯格尔（Boggle）先生同样在一个身体中轮换出现。但**他们就像是同卵双胞胎**！你高声反驳：那为什么说他们变成了另外一个人？好吧，为什么不呢：如果杰基尔先生能变成一个像海德那样不同的人，那么毫无疑问，贾格尔必定就**更容易**变成伯格尔，伯格尔真的很像他。

我们需要冲突或强烈的差别来撼动我们的自然假设：一个身体最多对应一个行动者。（p.219）

这样一来，在一个裂脑患者身上，右半球的自我**看起来是什么样子**？这是这个世界上最自然的问题[*]，它唤起一种我们想都不敢想，甚至一想就令人胆寒的图景：你陷入身体的右半球，你非常了解（而且仍在控制）自己身体的左侧，但身体的右侧现在却如同陌生过客的身体一样遥远。你想告诉世界，做你自己是什么样子，但你做不到！你无法与左半球接通，所以你不能做任何语词交流。你尽最大努力向外界传达你存在的信息，从半边脸拉扯出不平衡的皱眉和笑容，还偶尔（如果你是一个技艺高超的右半球自我）用你的左手比画出一两个词语。

这种想象力的练习还可以用一些明显的方式继续进行，但我们知道，它只是一种胡思乱想——就像比阿特丽克斯·波特（Beatrix Potter）的小兔彼得及其拟人化的动物朋友的迷人故事一样。不是因为"意识只存在于左半球"，也不是因为人们**不可能**发现自己处在这样的困境中，而只是因为大脑联合部切开术没有留下足够的区分度和强度以支持这样一个分立的自我的一些组织。

这一点很难构成对我的自我理论的挑战，即"逻辑上有可能"

----

[*]　有趣的是，我们注意到，内格尔早在 1971 年就在明确地研究这个问题（p. 398），之后他才把注意力转向蝙蝠（这是我们下一章将要讨论的主题）。

在裂脑患者身上存在这样的右半球自我，因为我的理论是说没有这样的自我，而且还说出了为什么：累积这种构成一个"充分发展"的自我的丰富叙事（以及独立叙事）的条件还没有出现。我的理论同样不受一个主张——我做梦也不会想去否认这种主张——的影响，该主张认为，可能存在会说话的小兔子、在蜘蛛网里写下语文信息的蜘蛛，以及忧郁的火车铁轨。我认为，这些可能存在，但现在没有，因此我的理论不必解释它们。

3. 存在不能承受之轻

不管什么时候在哪里发生什么，我们总想知道，谁或什么对此负责。这引导我们发现一些我们原本不会想到的解释，而这不仅有助于我们预测和控制世界上发生的事情，还有助于我们预测和控制心智里发生的事情。但是，如果同样的这些倾向也引导我们想象并不存在的事物和原因，那会怎样？那时我们就会虚构出虚假的神和种种迷信，以为每个偶然的巧合都是它们的安排。事实上，也许那个奇怪的字"我"，这个在"我有个好主意"中的"我"，就反映了这个完全一样的倾向。如果你一定要找出你做每件事的原因——为什么，那么这个东西就需要一个名称。你称它为"我"。我称它为"你"。

——马文·明斯基

（Marvin Minsky, 1985, p. 232）

按照我的理论，一个自我不是任何古老的确定无疑的点，而是由无数的属性和诠释（包括自我属性和自我诠释）界定的一个抽象概念，这些属性和诠释构成了生命个体的传记，而该生命个体的**叙事重心**正是那个自我。因此自我在生命个体的认知过程中起着异常重要的作用，因为就环境中的一切事物而言，一个具有活力的个体必须由一些心智模型组成，但最为重要的就是自我的心智模型。（例如，参见Johnson-Laird, 1988; Perlis, 1991。）

首先，每个行动者都必须知道它是世界上的哪个东西！这一点起初看上去似乎不足为道或不大可能。"我是我！"没有提供什么真正的信息，而且，如果一个人不是早就知道这一点，那他还有可能需要知道别的东西、发现别的东西吗？诚然，对比较简单的有机体来说，在自我认识方面的确信息不多，除了一些基本的生物学智慧以外——这些智慧印刻在一些准则之中：**饿的时候别吃自己，疼的时候是你自己在疼！**在包括人类在内的每个有机体中，对这些基本生物学设计原则的承认，都完全是"内部连线的"——是神经系统深层设计的一部分，就像有物体靠近眼睛时眨眼或寒冷时颤抖。一只龙虾可能会吃掉另一只龙虾的螯，但吃掉它自己的螯，却是它不大可能想到的。它的选择是有限的，当它"想到"移动一只螯时，它的"思考者"直接地、正确地连线到它想移动的那只螯上。而对人类（以及黑猩猩，或许还有其他一些物种）来说，选择就更多了，因此也有更多引起混乱的来源。

多年以前，美国政府当局在纽约港用小艇主人的共用雷达系统做过一个试验。一个强效陆基雷达天线形成海港的雷达图像，然后它就能以电视信号的方式传给船主，而船主们只需在自己的船上安装小型电视机，就可以省雷达的费用。这样做有什么好处呢？如果你在大雾天迷失方向，那么看看电视屏幕，你就会知道在屏幕上移动的许多光点中有一个是你——但是，是哪一个？在这种情况下，"我是世界上的哪个东西"这个问题既不是微不足道的，也不是不可回答的。

我们只用一个小把戏就能解决这个谜题：让船快速转个小圈；这会在屏幕上形成一个"O"形运动轨迹，而光点就是你——除非雾中还有几条小船同时在做同样的检验。

此方法并非万无一失，但在多数时候还是有效的，它也巧妙地说明了一个更具普遍意义的要点：为了控制人体从事的复杂活动，身体的控制系统（在大脑中）一定要能够识别大量不同类型的输入，这些输入为它提供关于它自己的信息；在困境出现或怀疑开始时，挑选与正确归类信息的唯一可靠的（但不是万无一失的）办法是做一些试验——做点儿什么，然后注意观察是什么在动。*黑猩猩很容易就能学会让手臂穿过笼子的洞取香蕉：通过一个固定在远离手臂位置的闭路电视监视器看着自己的手臂，它可以指导手臂的动作，取到香蕉（Menzel et al., 1985）。这一定不是微不足道的自我识别，因为它的确注意到屏幕上看到的手臂移动与看不到**但自己有意控制的**手臂运动是彼此一致的。如果实验者在录像带中设定一小段延时，那会发生什么？如果在闭合电流中设置 20 秒的录像延时，你认为自己需要多长时间才能发现你在看自己的手臂（假定实验装备不提供文字信息）？

自知的需要，超出了识别我们自己身体移动的外部信号问题。我们需要了解自己内部的状态、倾向、决定、优势与弱点，而获得这种知识的基本方法实质上是相同的：做点儿什么，然后"观察"是什么在"动"。一个高级行动者必须采取一些做法，来追踪其身体状况

---

* 而我们如何知道我们正在做的事呢？我们从哪里获得我们用作杠杆的那些初始的自我知识呢？这在一些哲学家看来似乎是一个十分基本的问题（Castañeda, 1967, 1968; Lewis, 1979; Perry, 1979），并且已经衍生出极度错综复杂的文献。如果这是一个重要的哲学问题，那个"微不足道的"答案就一定有错（但我不知道错在哪里）：我们获得我们基本的、原初的自我知识的方式，与龙虾一样；我们就是这样连线的。

和"心智"状况。就人类而言，如我们所见，这些做法主要包括不断地讲故事、不断地核对故事，其中一些故事是事实，另外一些则是虚构出来的。儿童是大声地讲（想想史努比吧，它坐在它的狗窝顶上自言自语："我是第一次世界大战中的王牌飞行员……"）。我们成年人则文雅得多：静静地、心照不宣地、毫不费力地追踪我们的胡思乱想与我们的"严肃"预演和反省之间的差别。哲学家肯德尔·沃尔顿（Kendall Walton, 1973, 1978）和心理学家尼古拉斯·汉弗莱（Nicholas Humphrey, 1986）已从不同视角指出，戏剧、讲故事以及更基本的信念形成现象，在为那些自我编织的新手提供练习方面，是很重要的。

因而，我们确实构建了一个定义自己的故事，它是围绕着自我表征的基本光点组织起来的（Dennett, 1981a）。这个光点当然不是一个自我，它是自我的一个**表征**（在雷达屏幕上代表埃利斯岛的光点不是一个岛——它是岛的一个表征）。一个光点成为表征**我**的光点，另一个光点成为表征**他**、**她**或**它**的光点，这不是由于它看起来的样子，而是由于它的用途。光点搜集并组织关于**我**这个主题的信息，其方式就同我的大脑的其他组织追踪关于波士顿、里根或冰激凌的信息一样。

你的自我表征所关于的东西在哪里？就在你所在的地方（Dennett, 1978b）。那么，这个东西是**什么**？它就是你的**叙事重心**，既不比这多，也不比这少。

奥托反驳说：

> 重心的问题在于它们不是实在的，它们是理论家的虚构。

那不是重心的问题，倒是重心的光荣。它们是**伟大的**虚构，是任何人都会引以为荣的虚构。而文学上虚构的人物就更奇妙！想想《白鲸》中的以实玛利吧。这本书的开场白说，"叫我以实玛利"，然后我们这样做了。我们不把这本书叫作以实玛利，也不把梅尔维尔叫作以实玛利。我们把谁或什么叫作以实玛利？我们把以实玛利叫作以实玛利。这个奇妙的虚构人物就在《白鲸》这本书里面。"叫我丹"，你听到我嘴里说出这句话，然后你就照做了，不是把我的嘴叫作丹，或把我的身体叫作丹，而是叫**我**丹。理论家的虚构……哦，不是被我而是被我的头脑创造出来，我的父母、兄弟姐妹和朋友们多年以来都一直这样叫我。

那对你是很适用，但我却完完全全是实在的。我也许是由你刚才提到的社会过程所创造的（如果我不是在出生之前就存在，我必定是被创造的），但这个过程创造的是一个**实在的**自我，而不只是一个虚构的人物！

我想我明白你想说什么。如果一个自我不是一个实在的东西，那还谈什么道德责任？正如杜鲁门办公桌上的座右铭所宣示的，自我在我们传统的概念体系中最重要的作用之一就是：责任止于此。如果自我不是实在的——不是**真正的**实在，那责任还不像皮球一样被踢个不停？如果大脑中没有用于容纳一个裁决所有决定的**最高权威**的**椭圆形办公室**，那么我们似乎就会面临卡夫卡式小人官僚机构的威胁——在受到挑战时，他们总是回答："别骂我，我只是在这里工作。"建构一个能够**承担**责任的自我，这项任务是社会与教育的一个主要工程，你担心它的安全性受到威胁，也不无道理。但一颗大脑珍珠，一个实在的、"有内在责任的"随便什么东西，在面临这种威胁时，就像一个舞动的幸运饰物一样，只是一个可悲的小玩意儿。唯一的希望，而且绝不凄惨的希望，是从自然主义的角度去理解头脑以哪些方式形成自我表征，从而在一切顺利的情况下给头脑控制的身体配置有责任的自我。自由意志和道德责任值得向往，而且，就像我在《行动余地：值得向往的自由意志之种种》一书中所力图表明的，对它们的最好保护就是，抛弃清晰的、分立的灵魂这个漏洞百出、毫无指望的神话。

但是我不存在吗？

你当然存在。你就在这里，坐在椅子上，正在读我的书并提出质疑。说来也奇怪，你当前这种具体的存在，虽然对于你创造的过程来说是一个必要前提，但对于你要无限延伸的存在来说，却不一定是一个必要条件。现在，如果你是一个灵魂，一颗非物质性实体组成的珍珠，那么我们可以这样"解释"你的潜在不朽性：假定它是一种无法解释的性质，是灵魂这个东西的一种不可消去的催眠能力。如果你是大脑中的一个物质性实体组成的珍珠、一个壮观的特殊原子群，那么你的死亡就取决于聚合这些原子的物理力（我们可以问物理学家，一个自我的"半衰期"是多长）。另一方面，如果你认为自己是一个叙述重心，你的存在就取决于这个叙事能够持续多久（很像《一千零一夜》，但所有这些都只是一个寓言），从理论上来说，这个叙事可以历经媒介的转变而无限地存在，（原则上）可以像晚间新闻一样容易在心智中传送，可以像纯粹的信息一样被无限地存储。如果你就是那个建构你的身体控制系统的信息组织（或用更常见的挑衅方式来说，如果你是在你的大脑这台计算机上运行的程序），那么从原则上来说，你就不会因为你的身体死亡而不再存在，就像在计算机上创造并运行过一次的程序，不会因为这台计算机的毁坏而不再存在。一些思想家（如 Penrose, 1989）认为，这是我在这里所捍卫的观点中的一个骇人听闻且彻底违背直觉的推论。但如果这就是你所渴望的潜在不朽，那么其他的替代观点就是不可辩护的。

第 14 章

想象意识

1．想象一个有意识的机器人

在前面的章节中，我们从"虚拟机器"运行的角度来解释人类意识现象，所谓虚拟机器，是一种经过演化的（和正在演化的）计算机程序，它塑造大脑的活动。笛卡儿剧场并不存在，存在的只是一些由内容固定过程所组成的多重草稿，它们在控制人体生命历程的较大的大脑组织中，扮演着各种半独立的角色。坚信笛卡儿剧场存在的信念，令人惊讶地持久存在，它其实是各式各样认知幻觉的产物，这些幻觉现在已经得到揭露和解释。"感质"被大脑复杂的倾向状态取代，而自我（其他名字还有：笛卡儿剧场中的观众、核心赋义者或证人）也不过是一种有价值的抽象概念，是理论家的虚构而不是内在的观察者或老板。

如果自我"只是"叙事重心，如果全部人类意识现象都被解释为"只是"在人脑的调适能力惊人的连接中实现的虚拟机器的活动，那么原则上一个经过适当"编程"（用基于硅片组装的电脑）的机器人就应该有意识，就应该有自我。更贴切的说法是，会存在一个有意识的自我，它的身体是机器人，它的大脑是计算机。我的理论的这一寓意，在一些人看来，是显而易见而且无可辩驳的。"我们**当然**是机器！我们只不过是非常非常复杂、已经得到演化的机器，由有机分子而非金属和硅组成，而且我们是有意识的，因此可以存在有意识的机器——我们。"对这些读者来说，这一寓意是预料之中的结论。我希望，引起他们兴趣的是在这条路上所遇到的各种不太明显的寓意，尤其是有些寓意表明，当我们更多地了解现实的大脑机制时，常识的笛卡儿式图景会在多大程度上被取代。

然而，另外一些人却觉得，原则上有意识的机器人能够存在这一寓意太不可信，在他们看来，这就等于是对我的理论的**归谬反驳**。一位朋友曾经这样回应我的理论，他坦承："但是，丹，我完全不能想象一个有意识的机器人！"一些读者也许倾向于赞同他的主张。他们应该抵制这种倾向，因为他说错了。他的错误很简单，但它引起了人们对一种妨碍我们理解意识的基本混淆的关注。我回答说："你知道那是错误的，你经常想象有意识的机器人。不是你无法想象一个有意识的机器人，而是你无法想象一个机器人**如何**能有意识。"

任何一个看过《星球大战》中的 R2D2 和 C3PO*，或是听过《2001：太空漫游》中的哈尔（Hal）讲话的人，都想象到了一个有意识的机器人（或有意识的计算机——这个系统是能够如 R2D2 那样行走，还是像哈尔那样卧床不起，对我们的想象任务来说并不重要）。毫不夸张地说，儿童的娱乐就是想象一种"无生命"之物的意识流。孩子们整天就做这事。不仅玩具熊有内在的生命，勇敢的小火车头†也有。

---

* R2D2 和 C3PO 是《星球大战》中的机器人。——编者注

† 典出《勇敢的小火车头》（*The Little Engine That Could*），它是一本少儿励志读物，小火车头用"我想我能"来不断勉励自己，克服重重困难，完成它以前想都不敢想的壮举。——译者注

香脂树静静矗立在丛林中，担心伐木者的斧头，却又期盼变成温暖小屋中的一棵圣诞树，被一群幸福的小孩团团包围。儿童读物中（更不用说在电视中）到处都在想象这类物体有意识的生活。展现奇思妙想的艺术家，往往通过给虚构的行动者画上生动的表情帮助孩子想象，但表情也不是必不可少的。在缺乏生动表情的时候，说话——就像哈尔那样——同样可以很好地确保幻觉出现：有个人在那里；哈尔或玩具熊或哐当哐当的火车，都有点儿人的意思。

问题来了：这些都是幻觉——或者看来如此。它们之间存在差别。显然没有哪只玩具熊有意识，但机器人不可能有意识则不是那么显然。显而易见的只是我们难以想象它们如何能有意识。我的朋友因为觉得难以想象一个机器人**如何**能有意识，所以就不愿意想象一个机器人**有**意识——虽然他本来能轻易做到。这两种想象技巧有实质的差别，但人们往往混淆它们。我们确实非常难以想象机器人的计算机式的大脑如何能够支持意识。一组硅片中大量的信息处理过程，如何**能够**构成有意识的经验？但我们同样难以想象一个有机的人脑如何能够支持意识。数以十亿计的神经元之间大量的电化学交互作用，如何**能够**构成有意识的经验？但是，我们还是轻而易举地想象到人类有意识，即使我们仍旧不能想象这是**如何**可能的。

不过，大脑如何能够成为意识的所在地？哲学家们往往把这当作一个无须回答的问题，认为对它的回答完全超出了人类的理解力。本书的一个首要目标是清除这一假定。我已经论证，你**能够**想象大脑中大量复杂的活动如何构成有意识的经验。我的论证直截了当：我已经向你表明如何做到这一点。想象它的途径就是把大脑想象成一台普普通通的计算机。如果我们碰巧发现，在我们从"内省"得知的现象与科学向我们揭示的大脑之间存在未知领域（terra incognita），那么，计算机科学的概念就为我们的想象提供了必要的支撑。通过把大脑想象为信息处理系统,我们就能逐渐驱散迷雾,小心翼翼地跨越巨大的鸿沟,发现我们的大脑如何能够产生所有那些现象。我们需要避开许多危险的陷阱——比如引向死胡同的核心赋义者、"填充"和"感质",而且在我提供的概述中,无疑仍然有一些残留的混淆和彻底的错误,但我们现在至少能够看到,出路会是怎样的。

然而,有些哲学家声称,严格地说,跨越这种鸿沟是不可能的。托马斯·内格尔(Thomas Nagel, 1974, 1986)认为,从生理学的客观层面无法过渡到现象学的主观层面。科林·麦金近来也主张,意识具有一种"隐藏结构",它处在现象学和生理学之下,虽然这个隐藏结构能够填平两者之间的鸿沟,但我们很可能永远把握不到它。

> 我所设想的这种隐藏结构不会处于内格尔所认为的那两个层面:它大概位于两者之间。这个中间层既非现象学的,也非物理性的,(从它的定义来看)它不会按照这一鸿沟的任何一侧的模型来塑造,因此也就不会发现自己无法通达另一边。它的刻画要求概念的彻底革新(我已经论证过,这很可能超出我们的能力)。(McGinn, 1991, pp. 102-103)

我在本书中所探讨的"软件"或"虚拟机器"描述层,正是麦金描述的这种中间层:一方面,它不是明确的生理层或机械层,但它能够提供连通大脑机制的必要桥梁;另一方面,它不是明确的现象学层,但它能够提供连通内容世界,也就是(异)现象学世界的必要桥梁。我们做到了!我们**已经**想象到大脑如何能够产生有意识的经验。为什么麦金认为我们无力做出这种"概念的彻底革新"呢?他对心智的各种软件做过能证明其无效性的严格而详细的分析吗?没有。他没有对它们做过全面的考察。他甚至没有尽力去想象他所设定的中间层，他只是指出，在他看来，从这方面着手显然没有任何希望。

这种欺骗性的"显然"，对于我们要在理解意识方面取得进展而言，是巨大的障碍。世界上最自然的事，莫过于认为意识发生在笛卡儿剧场中，并认为这种想法没有实质的错误。这看起来是显然的，**直到你仔细观察我们对大脑的活动可能有何了解，并试图详细地想象一种替代模型**。这样一来，所发生的事就很像了解舞台魔术师如何表演一场魔术。一旦仔细查看后台，我们就会发现，我们并没有真的看到自己以为在台上看到的东西。现象学与生理学之间的巨大鸿沟缩小了一点点，我们看到，某些"显然的"现象学因素完全是不真实的：不存在虚构物的填充，不存在内在的感质，不存在意义和行为的核心源头，不存在理解发生的奇妙场所。事实上，不存在笛卡儿剧场；**舞台上的经验和后台的过程之间的区别没有了吸引力**。我们还有大量令人惊异的现象需要解释，但少数让人想都不敢想的特殊效应根本不存在，因此也无须解释。

一旦我们在困难的任务（想象大脑**如何**产生意识现象）方面取得某些进展，我们就会在简单的任务（想象某人或某事有意识）方面做出一些细微调整。我们可以通过设想意识流一样的东西，继续这个方面的思考，但我们不再把意识流的所有传统性质都赋予它。既然意识流被重新构想为在大脑中实现的虚拟机器的运作，下面这一点就不再是"显然的"：当我们想象在机器人的计算机大脑中出现这样一种意识流时，我们是在屈从一种幻觉。

麦金邀请他的读者同他一道放弃：我们不可能想象软件如何能使机器人有意识。他说，甚至不用试着去想了。其他哲学家也助长这种态度，他们设计了一些思想实验，而实验之所以"发挥作用"，完全是因为它们劝告读者，不要试图详细地想象软件如何能够使机器人有意识。奇怪的是，两个最著名的思想实验都涉及中国：内德·布洛克

（Ned Block, 1978）的中国人和约翰·塞尔（John Searle, 1980, 1982, 1984, 1988）的中文屋。*这两个思想实验都依赖同样的想象误导，而由于塞尔的实验得到了更为广泛的讨论，因此我将集中考察它。塞尔邀请我们想象，他被锁在屋里，手动模拟一个大型的人工智能程序，这个程序按照假定可以理解中文。他讲明，该程序通过了图灵测试，能成功地应对问话者为了区别它与真正理解中文的人而提的问题。他说，我们不能只因为它们在行为上不可区分，就推断在中文屋中存在对于中文的真正理解或存在中国人的意识。塞尔只是被锁在屋里，按程序忙碌地处理程序的符号串，他没有获得任何对中文的理解，屋里同样没有任何其他理解中文的东西（弗兰克·杰克逊会说，这是"显然的"）。

这个思想实验据说就证明了塞尔所谓的"强人工智能"是不可能的，"强人工智能"认为，"经过恰当编程的数码计算机，只要有了正确的输入和输出，就会具有人类意义上的心智"（Searle, 1988a）。过去十年涌现出大量文章回应塞尔这一思想实验的许多版本。虽然哲学家和其他人早就知道，如果把这个思想实验当作一种逻辑论证†，它是有缺陷的，但无可否认，它的"结论"在现在的许多

---

* 试想一下纪胡民（Ji Hu-Min，音译）——他来自北京，是我的研究生——在这种情况下的心情：在一堂英美心智哲学的导论课上（此时他的英语仍处于初级水平），班里的学生和教授热烈地讨论一个问题——如果中国所有的人口，出于某种原因，被迫大规模地参与实现一个据说有意识的人工智能程序的项目（布洛克的例子），那会发生什么事；然后他们讨论塞尔的中文屋问题，同样完全忽视一个中国观察者的敏感心情。

† 道格拉斯·霍夫施塔特的反驳是决定性的（见 Hofstadter and Dennett, 1981, pp. 373-382），这一反驳还未得到塞尔的充分回应。这些年来，还有其他许多敏锐的批判。在"快速思考"（Fast Thinking, Dennett, 1987a）中，我对其思想实验中的混淆之源提出了新的诊断。他的回应是在毫无支持性论证的情况下宣称，这种诊断的所有重点都无关紧要（Searle, 1988b）。没有哪个魔术师乐意把他的魔术秘密公之于众。

人看来还是"显然的"。为什么？因为人们没有按照这个实验的要求，去真正详细地想象它。

这里有一个非正式的实验，可以帮助大家看出我的诊断是否正确。首先，让我们想象一段对话，它来自图灵测试时中文屋顺利通过裁判测试的对话。

裁判：你听说过那个发现神灯的爱尔兰人吗？当他擦拭神灯时，一个精灵出现了，并许诺实现他三个愿望。"我想要一杯健力士黑啤酒！"爱尔兰人回应道。黑啤酒马上就出现了。爱尔兰人急切地抿了一口，然后大口喝了起来，但杯里的黑啤酒总是神奇地复原。过了一会儿，精灵不耐烦了。"好了，你第二个愿望是什么？"他问道。爱尔兰人边喝边说："哦，我想再要一杯！"

中文屋：很有趣。我还没听说过——但你知道，我觉得民间笑话品位很差。我忍不住发笑，但实际上，我认为你应该找些其他话题来探讨。

裁判：好，但我告诉你这个笑话，是因为我想让你对它做个解释。

中文屋：烦不烦啊。你永远不用解释笑话。

裁判：但这是我的测试题。你能给我解释一下，这个笑话如何以及为何能够"产生作用"吗？

中文屋：如果你坚持的话，那好吧。你看，它依赖如下假设：这个能神奇续杯的杯子会反复续杯，因此爱尔兰人就总会有黑啤酒可喝。这样他就很难有理由再要一杯，但他真的很蠢（这就是我要反驳的部分），或者是被酒精弄糊涂了，居然没有认识到这一点，因此，他沉浸在第一个愿望实现的喜悦中，要了第二杯。这些背景假设当然是错误的，但它们是讲笑话的传说氛围的一部分，在这种氛围下我们暂时搁置对魔法的不信任，等等。顺便说一下，我们可以想象随后发生的比较费神的一幕：爱尔兰人的第二个愿望最终还是"对的"——也许他正打算举办一个大型聚会，而一个杯子重装的速度还不够快，不能满足所有饥渴的客人（事先储存是没用的——我们都知道陈啤酒没味道）。我们不容易想到这种复杂情况，它是关于笑话为何发挥作用的解释的一部分。够了吗？

这段对话没什么好大惊小怪的，不过且让我们假设，它很好地骗过了裁判。现在我们来想象塞尔努力模仿的这个大型人工智能程序所构成的中文屋里的所有谈话。难以想象？当然，但是，既然塞尔假定这个程序通过了图灵测试，而且这种复杂层次的谈话无疑在它的能力范围之内，那么，除非我们尽力想象一种复杂的程序能够产生这类对话，否则我们就没有遵循其中的指令。当然，我们同样应该想象到，对他在中文屋里做了什么，塞尔没有给出任何暗示；他只是看到了他按程序在处理的 0 和 1。顺便提一句，重要的是，塞尔引导我们想象他处理的是无法理解的汉字符号，而不是 0 和 1，因为这可能哄骗我们接受一种（没有理由的）假设，认为这个巨大的人工智能程序的工作就是以某种方式"匹配"一些输入的汉字符号与一些输出的汉字符号。当然没有哪个程序会这样工作——中文屋用塞尔的母语英语所讲的话，与裁判的问题"匹配"吗？

如果一个程序能够针对裁判的问题实际地生成中文屋的语词，那么，它也许在行为上看起来就有点儿像这样（从虚拟机器层面去看，而不是从塞尔所谓的底层去看）。在对第一批语词"你听说过……"进行语法分析时，这个程序的某些探测笑话的小妖得到激活，它们召唤大量的策略来处理虚构、"第二意向"的语言等诸如此类的东西，因此，当词语"神灯"开始得到语法分析时，这个程序就已经给一些抱怨不存在神灯这种东西的反应赋予低级别的优先性。各类标准的神怪笑话的叙述框架（Minsky, 1975）或脚本（Schank and Abelson, 1977）得到激活，产生对于下文的各种预期，但这些预期其实会因笑话的笑点而短路，笑点于是又引起更平庸的脚本（"要第二杯"的脚本），对此始料不及的感觉就在这个程序上产生……同时，对民间笑话的负面含义保持敏感的小妖也得到警示，最终产生中文屋第一反应的第二个主题……如此下去，其细节比我在这里试图概述的更为具体。

事实是，任何真正能够在刚才描述的对话中控制其结果的程序，必定是一种反应异常灵活、复杂精深的多层次系统，内部装满关于它的反应、它的对话者的可能反应、它自己的"脚本"和对话者的脚本等多之又多事项的"世界知识"、元知识和元元知识。塞尔并不否认，人工智能程序完全能够具备这种结构。他只是不鼓励我们关注它而已。但是，如果我们好好想象这种情况，我们就不只能够而且还不得不想象，塞尔模拟的程序完全具有这种结构——此外，只要我们能想象它，我们就会发现它的更多东西。但这么一来，我相信如下这一点就不再是**显然的**：并不存在对这个笑话的真正理解。**也许**，所有这些高度结构化的部分的无数行为，终究能够在系统中产生真正的理解。如果你对此假说的反应是，你完全不知道在这样一个复杂的系统中是否有真正的理解，那么这就足以表明，塞尔的思想实验不正当地依赖于，你只想象一种过分简单的情况，一种不相关的情况，并从中得出"显然的"结论。

误导就是这样出现的。我们足够清楚地看到，即使这样一个巨大的系统中存在理解，它也不会是塞尔的理解（因为他只是这个机制中的一个齿轮，不清楚他所做事情的背景）。我们同样清楚地看到，在任何小到容易想象的程序中，不存在一丁点儿的真正理解——无论它是什么，它都只是没有心智的机械程序，按照某种机械规则或句法规则，把一些符号串转换成其他符号串。这样就有了一个被压制的前提：**同样的东西**当然**可以增加**，但无论增加多少，都不会变成真正的理解。但是，为什么每个人都认为这种说法是对的？笛卡儿主义的二元论者会这么看，因为他们认为，即便是人类大脑也无法自行实现理解；按照笛卡儿主义的观点，要产生理解的奇迹，就必须依靠非物质性的灵魂。此外，如果我们是物质论者，确信我们的大脑不需要神奇的辅助物，可以自行产生我们的理解，那么我们必须承认，真正的理解是以某种方式从大量子系统之间的交互作用过程中获得的，其中每个子系统都不能自行产生理解。如果论证的起点是，"这个小规模的大脑活动不理解中文，所以规模更大一点儿的大脑活动也不理解中文"，它就会导向一个有害的结论：即便是整个大脑的活动，也不足以产生对中文的理解。**很难想象**"同样的东西增加"为什么可以构成理解，但我们有很好的理由相信它可以，因此，在这个例子中，我们应该更加努力，而不是放弃。

我们如何能做到更加努力呢？利用手边的某些概念——中间层次的软件概念，这些软件由计算机科学家设计，正好帮助我们追踪大型系统中原本无法想象的复杂情况。在中间层，我们看到许多在更微观的层次上完全不可见的实体，比如上面提到的"小妖"，我们对它们只能获得少量的准理解。这么一来，我们不再那么难以想象"同样的东西增加"如何能够构成真正的理解。所有这些小妖和其他实体都被组织成一个巨大的系统，该系统的活动就是把它们沿着它自己的**叙事重心**组织起来。在中文屋中辛苦打拼的塞尔并不理解中文，但他在屋里并不孤独。还有中文屋这个系统，我们应该把对笑话的任何理解都赋予**这个**自我。

这种关于塞尔例子的回应，就是他所谓的**系统回应**（the Systems Reply）。自十多年前塞尔提出他的思想实验以来，这已成为人工智能领域对它的标准回答，但在人工智能领域以外，这种回答却很少有人赞同。为什么？也许是因为他们没有学会如何想象这样一个系统。他们完全无法想象，"理解"如何能够成为从一个大系统的许多分散的准理解中产生的一种性质。如果他们不尝试，那么他们肯定无法想象，但我们如何能够帮助他们做这个困难的练习呢？把软件看成由那些具有准理解能力的小人组成，这是一种"欺骗"，还是帮助想象力理解巨大的复杂性的正确方法？塞尔回避了问题的实质。他引导我们想象，这个巨型的人工智能程序是由某种简单的查表架构所组成的，该架构直接匹配一些中文符号串与其他符号串，好像这样一个程序能够代替任何其他程序。我们没有道理去想象这样一个简单的程序，设想它就是塞尔所模拟的程序，因为任何这样的程序都不可能产生据说可以通过图灵测试的结果。（类似的论证和反驳，见 Block, 1982; Dennett, 1985。）

复杂性确实重要。如果不重要的话，反驳强人工智能的论证就会简短得多："嗨，看看这个手持计算器。它不理解中文，而任何可以想象出的计算机都只是巨型的手持计算器，因此没有哪台计算机能够理解中文。证毕。"当我们考虑复杂性的因素时（我们必须如此），我们就要真的把它考虑进来，而不只是做做样子。这很难做到，但在做到之前，我们对任何现今"显然"不存在的东西的直觉，都是不可信的。像弗兰克·杰克逊笔下的色彩科学家玛丽一样，塞尔的思想实验只有在我们没能遵照指令的情况下才会产生一种强烈而清晰的信念。这些直觉泵存在缺陷，它们没有提升我们的想象力，而是误导了我们的想象。

但我自己的直觉泵又如何呢？机器人沙克、II 型 CADBLIND 或是受过生物反馈训练的盲视患者，又是如何呢？它们不也同样可疑，同样可能会误导读者吗？我当然已经尽我所能讲好这些故事，沿着一定的路径引导你们的想象，使你们免于陷入我认为对我试图陈述的观点来说并不必要的复杂情况。但是，这里存在某种不对称：我的直觉泵旨在帮助你们想象新的可能性，而不是使你们确信某些特定的前景是不可能的。当然，也有一些例外。在本书开头，我提出了缸中之脑的一种变形，它旨在提醒你某些种类的欺骗是不可能的，而第5章中的某些思想实验则旨在表明，除非存在笛卡儿剧场，否则不可能存在一些能够区分奥威尔式的内容修正与斯大林式的内容修正的事态。但是，这些思想实验是通过增强"对立面"的生动效果来进行的，例如，聚会上戴帽子的女人以及戴眼镜的长发女人的例子，就旨在突出我当时力求通过论证来证伪的那种直觉。

不过，读者仍然需要注意：我的直觉泵，同任何其他人的一样，并非它们所看起来的那样是直接的证明；它们更像艺术而不是科学。（关于哲学家的思想实验的进一步警告，参见 Wilkes, 1988。）如果它们有助于我们构想新的可能性，从而使我们可以通过更系统的方法证实这些可能性，那么这是一种成就；如果它们诱惑我们走上危险的安逸之路，那么这是一种遗憾。即使好的工具也会被误用，而且，就像任何其他工作者一样，如果我们能够理解我们的工具是如何工作的，我们就会做得更好。

2. 成为一只蝙蝠会是什么样子

引用最广、影响最大的关于意识的思想实验，是托马斯·内格尔的"成为一只蝙蝠会是什么样子？"（What Is It Like to Be a Bat,

1974）。他回答此问题时宣称，这对我们来说是无法想象的。这个声明显然迎合了许多人的胃口，有时人们看到，科学家引用他的论文，就好像它是极品中的极品，是一项哲学"成果"——对一个事实的证明，这个证明被广为接受，以后的任何理论都必须符合它。

内格尔的生物目标挑得很好。蝙蝠，作为与我们同类的哺乳动物，足以支持这一信念：它们当然具有意识。（如果他写的是"成为一只蜘蛛会是什么样子？"，许多人也许就会怀疑，是什么使他如此确定成为它会是什么样子。）但是，由于它们有回声定位系统——蝙蝠能"用耳朵看"——因此它们与我们的差异度足以让我们感受到巨大的差别。如果他写的论文是"成为一只黑猩猩会是什么样子"，或更切题一点，"成为一只猫会是什么样子"，人们也许就不会几乎一致地认为他的悲观结论是显然的。许多人过于自信地认为他们**完全**知道成为一只猫会是什么样子。（他们当然是错的，除非他们用大量生理学研究来补充他们喜爱的和移情的观察，但从内格尔的观点来看，他们是错在站在错误的一边。）

无论好坏，多数人似乎都乐意接受内格尔的"成果"，认为我们无法得知蝙蝠的意识。但是，有些哲学家对此提出挑战，理由相当充分（Hofstadter, 1981; Hardin, 1988; Leiber, 1988; Akins, 1990）。首先，我们必须弄清楚，这是一个什么成果。它不是一个认识论的或证据性的主张：即使有人（"偶然"）成功地想象成为一只蝙蝠会是什么样子，我们也永远不能确定他成功地做出了这种想象。事实是，我们人类不具有而且永远不可能获得必要的手段——表征机器，向自己表征成为一只蝙蝠会是什么样子。

这里的区别很重要。在第 12 章中我们看到与此相似的情况，想象一个莱比锡人第一次听到一段巴赫大合唱时会是什么样子。这个认识论的问题是困难的，但我们可以通过常规研究来直接处理。弄清楚它们会有什么经验，以及说明这些经验与我们关于巴赫的经验有何差别，这是历史、文化、心理学也许还有生理学研究的课题。我们的确容易弄清楚其中的一些情况，比如，它们与我们自身的经验的最显著差异，但是，如果我们要尽力把自己置身于这样一个人将会体验的一系列经验状态中，我们就会面临报酬递减的局面。这类任务要求我们进行大量转换——忘掉许多我们知道的东西，忘掉联想与习惯，习得新的习惯与联想。我们可以用我们的"第三人称"去研究，并说明这些转换会是什么样子，但要从实际上经历这些转换，需要付出惊人的代价，我们得从自己同时代的文化中脱离出来：不听收音机，不去了解后巴赫时代的政治和社会发展等。没有必要做出如此大的努力去了解莱比锡人当时的意识。

　　想象成为一只蝙蝠会是什么样子的情况同样如此。我们感兴趣的是，对蝙蝠的意识（如果它有意识）我们能够知道些什么，而不是我们能否把我们的心智暂时或永久地转变成蝙蝠的心智。在第 12 章中，我们摧毁了这种假设：存在一些"内在的"性质——感质，它们构成了拥有这种或那种有意识的经验的样子。按埃金斯（Akins, 1990）的看法，即使在蝙蝠的经验中存在残余的非倾向的、非联想的性质，并且我们非常熟悉这些性质，却完全不知道与蝙蝠知觉和行为的系统结构有关的可研究的事实，我们也就还是无从知道成为一只蝙蝠会是什么样子。对于"成为一只蝙蝠会是什么样子"这一问题，至少有许多地方是我们能够知道的；无论是内格尔，还是任何其他人，都没有向我们提供好的理由让我们相信，在我们不可接近的领域，存在任何有趣的或在理论上重要的东西。

　　内格尔声称，第三人称的知识，无论数量多少，都不能告诉我们成为一只蝙蝠会是什么样子，我是坚决否定此主张的。我们如何能够解决这一争论？我们可以首先参与一个像儿童游戏一样的活动：在这个游戏中，一个人想象成为 x 会是什么样子，而另一个人则尽力证明，这个特殊的异现象学练习存在某种错误。

下面是一些简单的热身练习。

A：这是玩具熊维尼，它正想着如果早餐有蜂蜜该多好啊！

B：错。玩具熊没有区别蜂蜜与其他东西的器官。它没有进行操作的感觉器官，甚至连胃都没有。玩具熊有的只是无生命的填充物。作为一只玩具熊，它什么也不是。

A：这是小鹿班比，它正在欣赏美妙的日出，直到明亮的橘黄色天空突然令它想起可恶的猎人的外套！

B：错。鹿是色盲（嗯，它们可能有某种双色视觉）。无论鹿意识到什么（如果它有意识），它们都无法分辨像橘黄这样的颜色。

A：蝙蝠比利用它独特的声呐感知到扑向它的飞行物不是它的表兄鲍勃，而是一只鹰，鹰展开了新生的羽毛，爪子也做好了扑杀的准备！

B：停——你说鹰在多远的地方？蝙蝠的回声定位范围只有几米而已。

A：嗯……鹰只在两米开外！

B：哦，这很难说。蝙蝠的回声定位的分辨限究竟是多少？它是用来识别物体，还是只用作警报或是追捕的追踪系统？蝙蝠只凭回声定位就能区别展开的羽毛与闭合的羽毛吗？我对此表示怀疑，不过我们需要设计一些实验来观察，当然也要设计一些实验来判断，蝙蝠是否能够追踪和重新辨别它们的同类。有些哺乳动物能够这样做，但我们有很好的理由认为，其他一些哺乳动物完全无从觉察到这样的事。

这种练习所提示的研究，会让我们走上一段长路——去了解蝙蝠的知觉世界和行为世界的结构，这样，我们就能根据异现象学叙述的实在程度为其排列等级，并在此过程中抛弃其中一些叙事，因为它们断定或假设的一些识别天资或反应倾向，是蝙蝠生态学和神经生理学中没有明确提供的。例如，我们也许知道，蝙蝠不会被自己为产生回声而发出的尖叫声干扰，因为它们已经聪明地设计出了随尖叫声适时关闭耳朵的肌肉，就和让感知雷达系统免受自己发出的信号冲击的那些定时设备一样。在这些论题上，人们已经做出了大量研究，因此我们早就能提供更多的信息，例如，我们知道为什么蝙蝠在尖叫时会使用不同的频率模式，这取决于它们是在搜寻猎物、接近目标，还是准备攻击（Akins, 1989, 1990）。

当我们得到一些异现象学的叙述，且批评者无法拿出确实的证据予以拒绝时，我们就应该接受它们——暂时接受，留待进一步的发现——将之作为关于成为我们讨论的那些生物会是什么样子的确切论述。这毕竟也是我们对待彼此的方式。我建议我们以同样的方式对待那些要求解释的蝙蝠和其他候选生物，我这样做不是**转移**证明的责任，而是把证明的责任从正常的情况——人类——延伸到其他实体上。

我们可以运用这些研究驱除各种关于蝙蝠意识的浪漫过头的幻觉。我们**知道**兰德尔·贾雷尔（Randall Jarrell）那本有趣的儿童读物《蝙蝠诗人》（*The Bat-Poet*, 1963）是幻想文学作品，因为我们知道蝙蝠根本不会说话！一些关于蝙蝠现象学的幻想色彩较弱的主张，也必须服从于那些关于蝙蝠生理学和行为的不太明显但仍然公开的事实。这些研究给我们指明了大量信息，说明蝙蝠在各种不同条件下能够意识到什么、不能意识到什么：它们向我们指出，蝙蝠的神经系统中具有什么配置来表征这个或那个，它们也从实验上确定，蝙蝠确实能够运用信息来调节它的行为。很难预先想象从这类研究中你能搜集到多少信息，除非你去做真正的调查。[例如，对成为一只黑长尾猴会是什么样子的一项极为细致的初步研究，可参见《猴子怎样看世界》(*How Monkeys See the World*, Cheney and Seyfarth, 1990)。]

这就招致了一种明显的反驳意见：这些研究会向我们揭示关于蝙蝠的大脑组织和信息处理的大量信息，但它们只会向我们表明蝙蝠不会意识到什么，而完全没有回答，如果蝙蝠真的有意识，它们意识到的是什么。就我们所知，神经系统中的许多信息处理活动都是完全无意识的，所以这些研究方法没有做出什么来否决这样一个假说：蝙蝠是……飞行的僵尸，完全不像个生物！[威尔克斯 (Wilkes, 1988, p. 224)好奇地问，蝙蝠的回声定位是不是一种盲视，根本不像任何东西。]

啊，蝙蝠是说不清楚的。这就是这种讨论似乎将要滑入的不祥方向，我们必须阻止它。理查德·道金斯 (Richard Dawkins, 1986)在关于菊头蝠的回声定位设计的富有启发的讨论中，为这一潜在图景提供了一个清晰版本：

> 多普勒效应可以用于汽车超速的巡警雷达监视……通过比较离去的频率与返回的回声频率，警察，**或准确地说，他们的自动设备**，可以计算每辆轿车的速度……通过比较它的叫声音高与返回的回声音高，蝙蝠（**或准确地说，它大脑中载入的计算机**）从理论上说也能计算出它朝树移动时速度的快慢。[pp. 30-31，强调为笔者所加]

有人不禁要问：蝙蝠体内是否有什么东西，对应着"载入的计算机"（其运作不牵涉任何意识），就像警察对应着他们的"自动设备"？警察不必有意识地计算多普勒频移，但他们必须有意识地认识到其设备的数据读数，读数是用鲜红的发光二极管（LED）符号写出来的：121千米／小时。于是他们就要跳上摩托车，拉响警报器。我们或许也可以貌似合理地假设，蝙蝠也不是有意识地计算多普勒频移（它大脑中载入的计算机在关注这个东西），但是，蝙蝠体内还留下了一个角色——就像正在认识这一切的警察——一个见证者，它（有意识地）鉴别蝙蝠的多普勒效应分析计算机的"输出"，不是吗？请注意，我们可以轻而易举地用一种自动设备代替警务人员，该设备会以某种方式记录违章车辆的牌照号码，查询司机的姓名地址，并把罚单传送到当事人手中。警察的任务并不存在什么特殊的地方要求有某种事情的经验才能执行。同样的情况看来对蝙蝠也成立。蝙蝠也许是一具僵尸。按照这条推理路线的意见可知，除非它里面存在一个内在的观察者对内在表征做出反应，就像警务人员对设备上闪动的红灯做出反应那样，否则它就会是一具僵尸。

不要掉入陷阱。这是我们总能见到的复仇女神：**笛卡儿剧场的观众**。你的意识并不存在于这样一个事实之中：在你的大脑中住着一个内在行动者，大脑向他展示一幅幅图画。同样，我们不能在蝙蝠的大脑中发现这样一个核心行动者，这个情况不会妨碍它有意识，也不会妨碍我们声称自己有能力说它的意识像是什么。为了理解蝙蝠的意识，我们可以把用到自己身上的原理，也用到蝙蝠身上。

然而，蝙蝠要做出什么样的特殊事情，才足以让我们确信它有真正的意识呢？无论我们把什么假想的输出用户安排在蝙蝠的多普勒变换器后面，从外部来看，似乎也不可能存在令人信服的"第三人称"理由，保证蝙蝠具有有意识的经验。事实并非如此。例如，如果蝙蝠能说话，它会生成一个文本，我们可以从中生成一个异现象学世界，这样，我们就有根据认定蝙蝠有意识，正如我们也可据此认定人有意识一样。然而，正如我们刚才所指出的，蝙蝠不会说话。但是，它们能以很多非言辞的方式行动，这些方式可以提供清楚的基础来描述它们的异现象学世界——或如研究先锋冯·于克斯屈尔（von Uexküll, 1909）所称，它们的周边世界和内在世界（Umwelt und Innenwelt）。

没有文本的异现象学不是不可能，只是很困难（Dennett, 1988a, 1988b, 1989a, 1989b）。动物异现象学的一个分支叫作认知动物行为学，该领域的研究者研究动物的野外行为，做出实验，试图建立动物的心智模型。这种研究的可能性与困难可见于如下著作：Cheney and Seyfarth, 1990; Whiten and Byrne, 1988; Ristau, 1991——最后一本是献给唐纳德·格里芬（Donald Griffin）的纪念文集，他是蝙蝠回声定位的研究先驱，认知动物行为学的创始人。研究人员遇到的一个令人沮丧的困难是：他们所梦想的许多实验，在不用语言的情况下完全做不了。如果不与被试交流，研究人员根本不可能以这些实验要求的方式来**设置**被试，也不可能知道自己是否做到了（Dennett, 1988a）。

对异现象学家来说，这并非只是一个认识论的问题；在自然环境中创造出必需的实验环境是非常困难的，这说明了关于无语言的生物心智的一些更基本的东西。它表明，这些动物的生态环境从来没为它们提供**机会**，（通过演化，通过学习，或两者兼有）让它们得以发展塑造我们人类心智的许多高等心理活动，我们因此也能相当肯定，它们从没发展过这些活动。想想**秘密**这一概念吧。秘密不只是你知道而别人不知道的东西。如果你有秘密，你就需要知道别人不知道这个秘密，你还必须有能力控制这个事实。（如果你最先看到有东西跑过来，这时你也许知道别人不知道的事，但时间不会很长，你不可能把你优先知道的这种信息变成秘密。）物种的行为生态学结构必须相当特殊，秘密才会起到一定作用。成群的羚羊没有秘密，也不可能有秘密。因此一只羚羊不大可能酝酿一个秘密的计划，正如它不能数到 100，或是欣赏日落的色彩。蝙蝠常常独自发动突然袭击，这时它也许能够认识到自己与竞争对手是孤立的，所以它满足拥有秘密的一个必要条件。但它们利用秘密是否有什么好处？（蛤蜊能拿秘密怎么办？只是待在泥土里，自个儿暗笑？）蝙蝠在捕食过程中，是否也有秘密行动或欺骗的习惯，从而产生比较精致的保守秘密的行为？这样的问题其实还有很多，它们一旦被提出，就需要进一步的研究和实验。蝙蝠的心智结构，和蝙蝠的消化系统一样，是可以研究的；研究二者的方法都是在分析内容和分析派生这些内容的世界之间，来来回回地进行系统考察，注意这种派生的方法和目标。

维特根斯坦曾说："即使狮子能讲话，我们也无法理解它。"（Wittgenstein, 1958, p. 233）与此相反，我认为，如果一头狮子能讲话，这头狮子就会具有与普通狮子很不一样的心智，因此，即便我们能很好地理解它，我们也无法从它那里了解普通狮子的情况。正如我们在前面章节所见，语言在人类心智的结构化过程中发挥着巨大的作用；一种缺少语言而且确实也不需要语言的生物，我们不应该认为它的心智是以这些方式形成结构的。这是否意味着，没有语言的动物"根本没有意识"（如笛卡儿所坚持的那样）？这个问题总是在此时此刻作为表示怀疑的挑战出现，但我们不应该觉得有必要回应这样的问题。请注意，它预设了我们需要尽力避免的东西：意识是一种要么全有、要么全无的特别性质，它把整个宇宙分成完全不同的两个范畴——有意识的东西（内格尔会说，成为这个东西会像的样子）和没有意识的东西。即便就我们自己来说，我们也无法在自己有意识的心理状态与无意识的心理状态之间画出一条线来。我们勾勒的意识理论容许功能架构方面的许多变化，虽然语言的存在标志着想象力的范围、多样性和自控能力（这里只列举一些乔伊斯式虚拟机器比较明显的能力）的急剧增加，但这些能力并不具有**进一步**的能力，以打开某种原本关闭的特殊的内在之光。

当我们想象成为一个无语言的生物会是什么样子时，我们自然是从我们自己的经验开始，而在我们心智中涌现出的多数东西都必须调整（主要向下调整）。相比我们的意识，这些动物具有的意识是大大缩减的。例如，蝙蝠不仅不能怀疑今天是不是星期五，甚至不能怀疑它自己是不是蝙蝠；在它的认知结构中不存在怀疑行为。虽然蝙蝠就像低等的龙虾一样，具有生物学的自我，但它没有自我性自我——没有**叙事重心**；或者，最多只有一个可以忽略不计的自我性自我。它不仅没有口头话语，而且没有遗憾，没有复杂的渴望，没有过去的回忆，没有宏伟的计划，无法设想成为一只猫会是什么样子，甚至也无法设想作为一只蝙蝠是什么样子。如果没有可靠的经验性理论作为基础，它们办不到的事情的清单就只是一种廉价的怀疑论。我是否在声称，我们已经证明蝙蝠不可能具有这些心智状态？不是，但我同样无法证明，蘑菇**不可能**是监视我们的星际飞船。

这难道不是一种糟糕的人类中心说的偏见吗？此外，聋哑人的情况又如何？他们难道没有意识吗？他们当然有意识——但我们不要出于被误导的同情，马上就对他们的意识做出出格的结论。当一个聋哑人掌握了一门语言（具体来说是手语，这是聋哑人能够学到的最自然的语言）时，一个完全成熟的人类心智就诞生了。从一些可以发现的方面来看，它与一个有正常听觉的人的心智显然不同，但是，它有能力进行一切复杂的思考，也有生成的力量，可能还有其他一些能力。但是，如果没有自然语言，聋哑人的心智发育会受到严重影响［见萨克斯的著作（Sacks, 1989），尤其是其中附有注解的参考文献］。正如哲学家伊恩·哈金（Ian Hacking, 1990）在一篇评论萨克斯的著作的文章中所指出的："即使要弄清楚一个聋哑小孩所缺少的东西，也需要生动的想象。"人们想象在缺少语言的情况下，聋哑人与我们这些有正常听力的人一样享受着所有的心理愉悦，这不是在帮助他们；尽力遮掩非人生物在心智限制方面的既定事实，这也不是在帮助它们。

正如你们中的许多人急着指出的，这是一个潜台词，总是努力出来露个脸：许多人害怕看到意识被解释了，因为他们担心，如果我们成功地解释了意识，我们就会丧失道德责任。也许我们能够想象一台有意识的计算机（或一只蝙蝠的意识），但他们认为，我们**不应该尝试这样做**。如果养成了这种坏习惯，我们就会开始把动物看作装有发条的玩具，把小孩和聋哑人看作玩具熊，更糟糕的是，还会把机器人看作真正的人。

3．心智化和物质化

本节标题"心智化和物质化"，取自玛丽安·斯坦普·道金斯（Marian Stamp Dawkins, 1987）的一篇文章，她对动物异现象学的道德含义做过细致的研究。[关于她的早期工作，可见《动物受苦：动物福利的科学》（*Animal Suffering: The Science of Animal Welfare*, 1980）。]正如她所指出的，我们对待其他动物的道德态度充满了自相矛盾之处：

> 我们只要想想各种不同种类的动物，就能看出我们的这种不一致。有人游行反对捕杀鞍纹海豹幼崽，却没人采取相应的行动来阻止灭鼠。许多人尽情享受猪肉、羊肉，却对吃狗肉或马肉的想法感到恐惧。（p. 150）

道金斯指出，这团乱麻主要有两股：推理能力和受苦能力。笛卡儿多次谈到非人类动物没有推理能力（至少不像人类那样推理），这激起了英国功利主义哲学家杰里米·边沁的著名回应："一匹发育成熟的马或一条发育成熟的狗，远比一天或一周甚至一个月大的婴儿更有理性，更易于沟通。但是，就算它们不是这样，那又能证明什么？问题不在于它们是否能够**推理**，也不在于它们是否能够**说话**，而在于它们是否能够**受苦**。"（Bentham, 1789）这些通常似乎就是对立的道德立场基准，但是，正如道金斯所论证的："给受苦能力赋予伦理价值，最终会引导我们重视那些较聪明的动物。虽然我们一开始就拒绝笛卡儿的推理标尺，但是最有可能具有受苦能力的还是会推理的动物。"（p. 153）

　　其中的理由就隐含在我们提出的意识理论中。受苦不是因为一个人受到了某种不可言传然而本质上可怕的状态的侵害，而是因为一个人的生活希望、生活规划和生活方式遭到了后天环境（这些环境被强加在他的欲望之上）的破坏，他的意图（无论这些意图是什么）受到了挫折。认为可以将受苦作为某种内在性质（比如可怕性）的呈现来解释的想法，就像认为愉悦可用内在欢乐的呈现来解释的想法一样，是毫无希望的。因此，所谓他人受苦的无法访问性、终极的不可知性，就像我们所揭示的关于内在感质的其他幻想一样，是一种误导，虽然后者显然更加有害。由此可推出一个的确会触动直觉心弦的结论：受苦能力是某种能力的一项功能——该能力就是拥有系统表达的、范围广泛的、识别力高的欲望、预期和其他复杂的心智状态。

　　人类不是唯一聪明到足以受苦的生物：边沁说的马和狗，从其行为来看，也具有足够复杂的心理，可以区分和关注一定范围内的痛苦和其他磨难，尽管其范围相对于人类可能受苦的范围来说可谓小巫见大巫，但依旧不容小觑。其他哺乳动物，主要是猿类、大象和海豚，显然有着更大的感受范围。

为了补偿不得不受苦的状况，聪明的生物知道享受乐趣。你必须有一种认知经济学，在一定的预算内进行探索和自我刺激，从而提供一些空间来容纳层层递归的派生欲望，正是这些欲望使乐趣成为可能。当你的架构让你能够理解"等等！我喜欢！"的意义时，你就已经迈出了第一步。这种建构力量的弱化形式也表现在一些高等物种中，但要发育出范围广泛的愉悦，就需要丰富的想象能力和空闲时间——大多数物种无法满足这个要求。这些欲望规模越大，细节越丰富；欲望越精致，它们受挫时的情况就越糟糕。

你也许要问，如果生物的欲望不是**有意识的**欲望，为什么它的欲望受挫还那么重要？我的回答是：如果它们是有意识的欲望——特别是，如果意识是一种性质，是某些人认为即使调查研究也永远无法触及的东西，那么，为什么它更加重要？为什么"僵尸"的希望破灭，就不如有意识的人的希望破灭来得重要？这里有一个镜子把戏，我们必须揭露它，再抛弃它。你说意识是重要的，但你奉行的意识学说却有计划地阻止我们好好理解它**为什么**重要。设定一些特殊的内在性质，它们不仅是私人的，具有内在价值，而且是不可证实的，无法研究的——这完全是蒙昧主义的做法。

道金斯指出了如何从实验上探索那些可研究的差异，也就是唯一可能重要的差异。这里值得花些篇幅来说明我们以不怎么讨人喜欢的物种为对象的一些简单实验能提供多少洞见。

> 养在户外或关在杂物鸡舍里的母鸡，会花大量时间抓来抓去，所以我怀疑，层架鸡笼如果没有杂物，母鸡也许会感到痛苦。的确如此：我让它们选择是要金属地板的笼子，还是要有杂物可以抓来抓去的笼子，这时它们都会选择杂物笼子。事实上，

如果只有小笼子有杂物，即使笼子小得几乎无法转身，它们也愿意进去。甚至一直在笼里养大的、以前从没抓过杂物的母鸡，也会选择地板上有杂物的笼子。虽然这有启发意义，但还不够。我不仅必须指明母鸡喜欢杂物，还必须指明它们的这种偏好很强，足以让我们有把握说，如果没有杂物，它们也许会感到痛苦。

于是，我再给母鸡提供稍微不同的选择。这次它们要二选一：有食物有水的层架鸡笼，和没有食物没有水但地板上有杂物的鸡笼……结果它们花了很多时间待在有杂物的鸡笼里，待在层架鸡笼里的时间则少得多——虽然层架鸡笼是它们唯一能够找到食物和水的地方。然后，引入一种复杂情况。这些母鸡现在必须"辛苦地"在笼子之间来回跑动。它们或者要从过道里跳出来，或者要从黑塑料屏障中挤过去。因此从一个笼子换到另一个笼子，现在就有一定代价……当进笼子不费劲时，母鸡待在有食物的层架笼子中的时间仍和原来的一样。但它们几乎不会花时间待在杂物笼子里。它们似乎不想做点儿什么或者付出一定代价来进入杂物笼子……与我所预期的完全相反，这些母鸡似乎在说，杂物对它们来说其实并不重要。（pp. 157-159）

她得出结论："具有情感的心智遭到痛苦，这种情况在一些动物身上表现出来，这表明它们有一个足够理性的心智，能够对使它们受苦的状况做出反应。"她接着指出："也有可能，没有能力使自己脱离危险源的有机体，不会演化出受苦的能力。枝丫被砍的树不会演化出默默受苦的能力。"（p. 159）正如我们在第7章中所见（又见第3章第4节的脚注1），在设计这种关于功能的进化论证时必须小心，因为历史在演化过程中举足轻重，而历史又会捉弄人。但是，既然缺少可靠的依据来肯定动物的受苦是存在的，也缺少可靠的依据来猜测这种可靠的依据出于这种或那种原因被彻底隐藏了，那么我们应该得出结论：并不存在受苦。我们不必担心这个严酷的规则会导致我们忽视对同伴的义务。它仍然提供了充分的依据支持正面的结论：许多但并非全部动物，都有相当程度的受苦能力。支持人道对待动物的一个更有说服力的理由是承认程度方面的巨大差异，而不是虚假地传播一种毫无根据的教条，说动物的痛苦具有普遍性和等价性。

这也许可以安顿关于受苦存在还是不存在的客观问题，但它没有安顿道德情感：以如此冷酷的机械方式解释意识，其前景令人不安。更多东西受到了威胁。

我在缅因州有个农场，农场的林子里有熊和郊狼，我很喜欢这样。我很少看到它们，甚至很少看到它们出现的迹象，但我只要知道它们在那里就很满足，如果我知道它们离开的话，就会很不开心。即使我的一些研究人工智能的朋友在我的林子里"放养"许多机器动物（虽然这个想法如果仔细去想会很有趣），我还是觉得无法完全弥补我的遗憾。有野生动物、野生动物的后代离我如此之近，这对我很重要。同样，有音乐会在波士顿地区举行，即使我听不到甚至从没**听说过**，这也会让我高兴。

这都是一些比较特殊的事实。这些事实之所以对我们来说很重要，只是因为对我们来说很重要的环境中有一部分就是我们的信念环境。而且，由于支持这些命题的证据消失以后，我们不易受到欺骗继续相信它们，因此对我们来说很重要的是：信念是**真的**，即使我们不会亲自看到任何证明它们存在的直接证据。与环境的任何其他部分一样，一个信念环境也可能是脆弱的，它是由一些由历史偶然和精心设计的连接相互联系起来的部分组成的。例如，考虑我们的信念环境中的一个精致部分，它关心的是我们的身体在死后的安排。很少有人相信死后灵魂仍然留在身体中——即使那些相信灵魂存在的人也不相信

这一点。但是，我们中间极少有人会允许一种"革新"，鼓励人们把他们死去的亲人放进塑料袋，丢到垃圾堆，或以一种不敬的方式丢掉他们。为什么不会？不是因为我们相信尸体还会因不受尊重而痛苦。尸体和木头一样，不会因不受尊重而痛苦。然而，这种想法还是令人震惊、令人反感。为什么？

　　理由比较复杂，但我们可以暂时提炼出几个简单的要点。人不只是一副身体，人**拥有**一个身体。比如，那具死尸是敬爱的老琼斯的身体，琼斯是**一个叙事重心**，它的实在既源于我们相互之间的异现象学解释的集体努力，也源于现在这具无生命迹象的身体。琼斯的边界与其身体的边界并不相等，而琼斯的利益，由于编织自我这种奇特的人类实践，因此还能一直延伸，超出那些引发这种实践的基本生物利益之外。我们尊重他的尸体，因为它对维持我们赖以生存的信念环境很重要。如果我们开始把尸体当垃圾来处理，那就可能会改变我们处理那些准尸体，也就是临终者的方式。如果我们不把表达尊重的仪式和实践延长到死亡之后，临终者（以及那些关心他们的人）就会面临一种焦虑，一种侮辱，一种**可能性**——我们那样做有冒犯他们的危险。"恶劣"地对待一具尸体也许不会直接伤害任何临终者，当然也不会伤害尸体，但如果这变成一种普遍的做法，而且（如会发生的那样）变得广为人知，那么我们关于死亡的信念环境就会被显著地改变。人们会以一种与现在不同的方式来想象他们死后会发生什么事情，而且这些方式特别令人压抑。也许没有什么好的理由，但那又怎样？如果人们都会感到压抑，这本身就是一个不采纳某项策略的好理由。

　　因此，存在间接的却仍然可敬、合理、值得重视的理由让我们继续尊重尸体。我们不需要任何神话，说某个特别的东西其实还停留在尸体中。在不懂人情世故的人眼中，这**也许**是一个有用的神话，但它也可能促使人们走向极端，认为我们这些见多识广的人也要维护这种神话。同样，我们有很好的理由关爱所有活着的动物。这些理由在某种程度上并不取决于哪些动物可以感到哪一种疼痛。它们更直接地取决于：在我们的文化环境中有各种各样的信念，它们对我们来说很重要，无论它们是否应当重要。由于它们现在重要，因此它们重要。但是，信念环境的合理性（愚蠢或毫无根据的信念，即使是迷信，往往也只有在长时期内才会消除）也确实暗示，现在重要的东西，也许不会永远重要。

然而，正如我们在第 2 章中所预见的那样，一个理论如果激烈攻击普遍的信念环境，它就有造成伤害、带来痛苦的切实可能（例如，对那些特别关心动物的人来说就是如此——无论发生在动物身上的事情是否会使它们受苦）。这是否意味着，由于害怕打开潘多拉的盒子，我们就应该禁止研究这些主题？这也许是合理的——如果我们能让自己确信，当前的信念环境，无论是否充斥着神话，都是道德上可接受的、友善的环境。但我认为，当前的信念环境显然并非如此。担心这种不请自来的启蒙会带来代价的人，应该好好看看今天的神话所付出的代价。我们是否真的认为，我们现在面对的东西，与某种创造性的蒙昧主义一样值得被维护？例如，我们是否认为，应该腾出大量的资源来保护一种假想的前景——比如深度昏迷的人还能开始新的精神生活，却没有多余的资源来提升穷人渺茫却绝非假想的前景？生命或意识的圣洁神话有利有弊。它们也许有助于建立壁垒（反对安乐死、反对死刑、反对堕胎、反对吃肉），刺激那些没有想象力的刻板人士，但在经历更多启蒙的人那里，它们只是讨厌的虚伪和可笑的自欺。

绝对主义的壁垒，就像马其诺防线一样，很少起到它们本应起到的作用。反对物质论的运动早就陷入尴尬境地，而反对"强人工智能"的运动，虽然同样意图良好，却也只能为心智提供最贫乏的替代模型。可以肯定，更好的做法应该是：培育人们的鉴赏品味，欣赏道德关怀的非绝对主义的、非内在的、非两分的依据，这种依据与我们不断增长的关于那台最惊人的机器——大脑——的内在运转方式的知识，可以共存。一旦我们明确地抛弃在任何场合都不可能得到维护的神话，在死刑、堕胎、吃肉和用非人类动物做实验等问题上，**双方**的道德论证就能提升到一个更高也更恰当的标准。

4. 意识得到解释，还是遭到消解？

当我们了解到金与银之间的唯一差别只是它们原子中的亚原子粒子的数量不同时，我们也许会觉得自己受骗了，或者会感到愤怒——那些物理学家消解掉了某种东西：金子没有了金性，他们遗漏了我们所重视的银子的真正银性。而当他们解释电磁辐射的反射和吸收如何造成颜色和色觉时，他们似乎忽略了最重要的东西。但是当然要有某种"遗漏"——否则我们就不会开始解释。遗漏某种东西，不是解释失败的特征，而是解释成功的特征。

只有从无意识事件出发来解释有意识事件的理论，才能解释意识。如果你关于大脑活动如何产生痛苦的模型中还有一个盒子的标签上写着"痛苦"，那么你就还没有开始解释痛苦是什么；如果你关于意识的模型一直还不错，直到出现神奇的一刻，这时你必须说"奇迹发生了"，那么你就还没有开始解释意识是什么。

这就导致一些人坚称意识永远不能得到解释。但是，为什么意识就应该是唯一不能得到解释的东西？固体、液体和气体可以用本身不是固体、液体和气体的东西来解释。生命也能从本身不是生命的东西那里得到解释——而且这种解释不会使有生命的东西变成无生命的东西。我怀疑，认为意识是个例外的错觉之所以出现，只是因为人们未能理解成功解释的这个普遍特征。由于误以为解释遗漏了某物，于是我们就想把它重新放入观察者内部，说它是感质——或者其他"内在地"奇妙的性质——来拯救原本会失去的东西。心理（psyche）成为保护的围裙，在它底下藏着所有这些招人喜爱的小猫咪。也许的确存在一些**动机**，促使人们认为意识不能得到解释，但我希望我已经表明，我们有很好的**理由**认为它可以得到解释。

我对意识的解释远远谈不上完善。有人也许甚至会说，它只是一个开端，但它真的**是**一个开端，因为它打破了使意识的解释似乎不可能的观念魔圈所形成的魔咒。我还没有用非隐喻的（"本义的、科学的"）理论取代隐喻的理论——**笛卡儿剧场**。我所做的一切其实就是用一组隐喻和图景代替另一组隐喻和图景，用**软件、虚拟机器、多重草稿、小妖的群魔混战**，换掉剧场、见证者、核心赋义者、虚构物。你可以说，这只是一场隐喻之战——但是，隐喻不"仅仅"是隐喻，隐喻是思考的工具。没有隐喻我们就不能思考意识，所以重要的是用一套可以获得的最好工具来武装自己。看看我们用我们的工具都构建了些什么吧。难道你不用这些工具就能想象意识吗？

附录 A

给哲学家

本书有些地方我跳得很快，没有评论一些主要的哲学论战，或者，在某些方面完全没尽到一位学院哲学家该尽的义务。读过本书手稿的哲学家就这些跳跃提出了一些问题。这些问题所牵涉的主题也许不会让哲学家以外的人感兴趣，但它们还是应该得到回答。

> 在第 11 章结尾与奥托的对话中，你似乎要了个把戏：你简要地引入"预感"，把它作为没有行动者和言语的貌似言语行为，然后又修正你自己的漫画图解（self-caricature），用"内容固定事件"代替预感，但没有提供进一步的解释。这难道不是你整个理论的关键一步吗？

是的，的确如此。那是连接我的心智理论另一半的主要接触点，这一理论就是最近我在《意向立场》中提出的内容或意向性理论。本书还有更多的地方依赖这个理论，但我认为你找出的是分量最重的地方。如果没有那个内容理论，在此我的理论就只能说："奇迹出现了。"我的基本策略始终一样：首先，发展一个关于内容的论述，此论述**独立**于意识并且比意识**更基本**——它同等对待所有无意识的内容固定（无论这些内容固定发生在大脑中、在计算机中，还是发生在演化对优选设计的性质的"识别活动"中）；其次，在此基础上做出对意识的说明。首先是内容，然后是意识。《头脑风暴》一书的两半部分扼要重述了这种策略，但是，随着这两半理论的发展，一卷已经装不下它们了。本书则完成了这场运动的第三阶段。这个策略当然与内格尔和塞尔的见解完全相反，他们各自以不同的方式坚持把意识作为基础。在第 11 章那个关键的主题上我迅速跳了过去，原因很简单：我看不到什么有用的办法，可以把我在内容理论上提出的数百页分析和论证压缩成既精确又易读的文字。因此，如果你认为我在这些篇幅上耍了把戏，那我恳请你看看参考书目部分列出的相关书籍。

> 但是，在你的理论的两半部分之间似乎存在一种张力——即便不是一种彻底的矛盾。意向立场预设（或促成）了行动者——意向系统——的合理性以及由此而来的统一性，而多重草稿模型则全方位地反对这种核心的统一性。那么在你看来，哪一个才是思考心智的正确途径呢？

这完全取决于你走得有多远。你离得越近，就有越多的不统一性、多重性和竞争性显得重要。毕竟，笛卡儿剧场之谜的主要根源是自始至终疏于探讨意向立场。把一种复杂的、运动的实体看作一个具有单一心智的行动者，这是一种很好的方法，可以看出所有活动中的模式；这种策略是我们自然地获得的，甚至很可能是遗传上受到优先选择的一种感知和思考方式。但是，在追求一门心智科学时，我们必须学会抑制和扭转那些思考习惯，把单一心智的行动分解成没有单一主管的小型行动者和微型行动者。然后我们才能看出，许多关于有意识经验的**明显**现象在传统的一元的策略下被错误地描述。处理这种张力的减震器，是把异现象学中的条目（在传统视角下想出的）与大脑中的内容固定事件（在新视角下想出的）勉强等同起来。

哲学家经常指出对传统策略的理想化，但不怎么能够忍受它们。例如，从欣蒂卡（Hintikka, 1962）开始，大量的哲学文献专门考察了信念和知识这两种反思状态在逻辑上的困难。正如欣蒂卡所表明的，他在把信念和知识形式化时，其中一个根本的理想化就是，受他提出的逻辑支配的陈述"必须是在**同一个场合**下做出的……遗忘的观念在一个场合的界限之内并不适用"（p.7）。他指出，这一限制的重要性并未始终获得认可，而且，在后来的争论中一般都遭到忽视。欣蒂卡认识到，"场合"的量词化（quantizing）是一种必要的简化，是以他的方式对日常信念和知识进行形式化的必要条件；它在一瞬间固定内容，因而也固定有关命题的身份。在此我已主张，在我们力图将之映射到大脑中所发生事情的复杂情况时，用"状态"和"时机"来实行人为的个体化，正是把这些常识心理学概念转变成胡思乱想时的特征之一。

你究竟认为什么是有意识的经验？你是一位坚持同一性的理论家，还是一位取消式唯物主义者，一位功能主义者，一个工具主义者？

我很抵触别人要求我以一条单独的、形式的、经过正确量化的命题，来表达我的理论要旨。填充公式 f（x）（x 是有意识的经验，当且仅当……）、为之辩护而反驳反例，这不是展开意识理论的一个好方法，而且我认为我已指明了其中的原因。异现象学方法的间接性正是一种可以避开一些动机不当的义务的方法，比如可以避免"辨别"

或"化归"寄居在主体的存在论中的（推定的）实体。人类学家会把费诺曼与他们在丛林中发现的行为举止表现良好的小伙子鉴定为同类吗？还是在费诺曼问题上这些人类学家是"消除论者"？如果他们的工作做对了，那么剩下的唯一问题就能被定性为外交政策问题，而不是科学或哲学学说。从某些方面来看，你可以说，我的理论认为，有意识的经验就是大脑中携带信息的事件，因为那就是正在进行的全部东西，而且，大脑中的许多事件与主体的异现象学世界中的居民非常相似。但是，异现象学项目的其他性质也许可以看成"本质性的"，比如这些项目在主观的时间序列中所占据的位置，在此情况下，它们就**不可能被等同于**可获取的、也许处于不同序列的大脑事件，否则就违反了莱布尼茨法则（不可分辨的同一性原则）。

是否把一个主体的部分异现象学世界看作一个有用的虚构，而非一个牵强附会的真相，这个问题并不总是值得我们特别关注。心智意象是实在的吗？在人的大脑中有实在的数据结构，很像图像——**它们**是你所追问的心智意象吗？如果是这样，上述问题的答案就是肯定的；如果不是这样，答案就是否定的。感质可以从功能上得到界定吗？不能，因为不存在感质这样的性质。或者：不能，因为感质是大脑的倾向性质，不能**从功能**上得到严格界定。或者：能够，因为如果你真的可以理解与神经系统的机能有关的一切事情，那么，当人们宣称他们在谈论的是他们的感质时，你就会理解与他们实际谈论的性质有关的一切事情。

那么，我是一个功能主义者吗？既是又不是。我不是图灵机器式的功能主义者。但我怀疑从来就没有这样的人——这是一种耻辱，因为这么一来，那么多的反驳就是白费劲。我是一个"远程功能主义者"（teleofunctionalist），也许是最早的远程功能主义者（在《内容与意识》中），但是我也一直表明，而且在此对演化和感质的讨论中也还在强调，我不会犯这样的错误，即尝试从生物**功能**的角度来界定所有显著的心智差异。那会是对达尔文的严重误读。

我是工具主义者吗？我想我已在《实在模式》（"Real Patterns"，1991a）一文中表明，为什么这个问题问得很差劲。痛苦是实在的吗？同理发、美元、机会、人和重心一样，它们是实在的，但是，有多实在？这种二分问题全都源于在上述量词限定公式中填空的要求。一些哲学家认为，要创建一种心智理论，就要杜撰一条这样的坚固命题，然后为之辩护。一个单独的命题不是理论，而是口号；一些哲学家所做的事，不是提出理论，而是琢磨口号。这种努力是**为**了什么？这种努力的结果驱除了什么混淆，促进了什么见解上的进步？你真的需要在你的 T 恤上印个什么吗？有些琢磨口号的人擅长此道，但就像心理学家唐纳德·赫布那句令人难忘的话所说的："如果它不值得做，那它就不值得做好。"

我的意思不是要暗示，谨慎地定义以及通过反例来批判定义永远不是有价值的工作。例如，考虑颜色的定义。哲学家近来分析和定义颜色的努力很有启发意义。他们确实阐明了概念，避免了真实的误解。鉴于哲学家近来非常谨慎地力图对颜色做出一个精确的定义，因此我在第 12 章中简要提出的主张——颜色是"物体表面或透明体的反射性质"——就完全没有得到充分辩护。究竟是**哪些**反射性质？我认为我解释了为什么对该问题做出精确的回答是浪费时间，唯一精确的回答不可能是一个简短的回答，其中的理由我们知之甚详。那意味着一种"非循环"的定义很难获得。那又怎样？我真的认为，这个简单的步骤就能应付那些因为竞争而引发的问题？［除了那些早先引用的问题之外，我还会提到其他一些文献（参见 Strawson, 1989; Boghossian and Velleman, 1989, 1991）。］是的，我的确这样认为，但说来话长，因此我只会把球踢到他们那一边。

难道你的立场最终不是一种证实主义吗？

哲学家们近来成功地让他们自己以及许多天真的局外人确信，证实主义**始终**是罪孽。例如，在塞尔和帕特南的影响下，神经科学家杰尔德·埃德尔曼在快接近证实主义时马上退了回来："由于缺少证据证明在黑猩猩以外的动物中存在自我意识，因此我们不能认为这些动物没有自我意识。"（Edelman, 1989, p. 280）呸，鼓起勇气行不行！我们确实不仅可以**认为**它们没有自我意识，而且可以研究这种看法，如果我们发现有确凿的实证证据可以用来否认它，我们就应该否认它。钟摆是时候摆回了。在评论我早先对内格尔的批评（Dennett, 1982a）时，理查德·罗蒂曾经说道：

> 丹尼特认为，人们可以怀疑内格尔对蝙蝠从现象学方面来说拥有丰富的内在生活的坚持，"而不会因此变成乡村证实主义者（Village Verificationist）"。我不这么看。我认为，对内格尔和塞尔式的直觉的怀疑，只有基于关于直觉状态的普遍方法论考虑，才有道理。证实主义者对实在论者的普遍抱怨是，他们坚持一些不重要的差别（比如，有私人生活的蝙蝠和没有私人生活的蝙蝠之间的差别，有内在意向性的狗和没有内在意向性的狗之间的差别）：他们的直觉不能被整合到一个解释架构中，因为它们是"在整个机制中不起作用的轮子"（Wittgenstein, 1953, I, para. 271）。这在我看来是一个很好的抱怨，而且也是我们唯一需要的抱怨。（Rorty, 1982a, pp. 342-343; Rorty, 1982b）

我同意，但我也提出了这个主张的一个细微修改版："由于罗蒂教授的鼓励……我准备不当证实主义者了，但请注意，不过是不当乡村证实主义者了，让我们所有的人都做一个**城市**证实主义者吧。"（Dennett, 1982b, p. 355）本书继续推动这一进程，并在这里主张：如果不做城市证实主义者，我们最终就要容忍各种胡说八道，如副现象论、僵尸、不可区分的颠倒光谱、有意识的玩具熊、有自我意识的蜘蛛。

我赞成的那种证实主义最突出的压力点出现在第 5 章，那一章中的一个论证表明，由于现在不存在证据，也**不可能**存在证据支持奥威尔式的或斯大林式的意识模式，因此不存在事实真相。对此证实主义主张的标准反驳是，我在预先判断科学进程；我怎么知道神经科学中的新发现就不会**揭示**形成这一区分的新基础？一种近来不常听到的回应是直接的：关于某些观念（并非全部，但有一些），我们可以确信我们了解得足够多，知道无论新科学发现了什么，都不会打开这种可能性。例如，考虑如下两个对立的假说：一个认为世界是正立的，一个认为世界是倒立的。这些假说有根据吗？这里是否有或者可能有一种事实真相？认为无论宇宙学出现什么革命，它们都不可能把**这种**"争论"变成一种得到解决的经验事实，这样的看法是证实主义的罪过吗？

但你真的是某种类型的行为主义者，不是吗？

这个问题以前有人问过，我很乐意推荐维特根斯坦（Wittgenstein, 1953）的答案。

307."你确实不是一个伪装的行为主义者吗？你难道不是在说，除了人类行为之外，任何东西都是虚构吗？"——如果我确实说过虚构，那也是一种**语法**虚构。

308. 关于心智过程和心智状态以及关于行为主义的哲学问题，是如何产生的？——第一步也是完全没人注意的一步。我们说到过程和状态，却不去确定它们的本质。有时也许我们将会知道得更多——我们认为。但是，那只是让我们以一种特殊方式来看问题。因为我们已经有了一个确定的概念，知道学会更好地认识一个过程意味着什么。（魔术的关键一步已经做出，而且这一步还是我们认为相当无辜的一步。）——现在，我们用于理解自己的思想类比瓦解成了碎片。因此，我们不得不否认在尚未得到探索的媒介中存在尚未理解的过程。而且，现在看来，仿佛我们已经否定了心智过程。而很自然地，我们不想否定它们。

有几位哲学家把我做的事情看成在重演维特根斯坦对有意识经验的"对象"的攻击。确实如此。正如段落 308 所清楚表明的，如果要避免这个魔术，**首先**就必须弄清心智过程和心智状态的"本性"。这就是为什么我写了九章的内容之后才开始面对以典型的哲学打扮出现的问题，也就是说，以错误的打扮出现的问题。我从维特根斯坦那里受惠良多，他对我的影响极其深远。在我读研究生的时候，他是我的英雄，因此我去了牛津，他似乎是那里的每个人的英雄。当我看到我的大多数研究生同学（在我看来）没有把握要旨时，我放弃"成为"一个维特根斯坦主义者，而只是尝试将我认为我从《哲学研究》中学到的东西付诸实践。

给科学家

　　哲学家常常遭到人们的正确指责，说他们沉湎于闭门造车的心理学（或神经科学或物理学或……），而且也有大量令人尴尬的传言，讲到一些哲学家曾经自信的先验主张随后却在实验室中被否证。哲学家对这种确然的危险的其中一种理性反应是，小心翼翼地退到概念领域，在这里，你说任何可能被经验性发现证伪（或证实）的话，都很少有危险或者没有危险。另一种理性反应是，坐在摇椅上学习在实验室中发现的最好成果，学习基于经验进行研究的理论家的最好成果，然后开展哲学研究，尽力厘清概念的阻碍，甚至偶尔冒一点儿险，以求在这个或那个方面弄清楚某些具体的理论观念的含义。当遇到概念问题时，科学家跟门外汉一样，未能免于混淆。毕竟，科学家很少花时间坐在摇椅上，尝试了解如何解释每个人的实验结果，而且，他们在那些时候不知不觉地做着与哲学家一样的事。这是冒险的事，但能鼓舞人心。

　　这里有一些不太成熟的实验想法，其设计旨在检验我所勾勒的意识模型的含义，它们选自数量更多也更不成熟的想法，这些想法既没有使我的意识模型通过我的那些耐心的信息提供者的严格考验，也没有被他们表明早就完成了。(后一种情况的平均成功率高到足以鼓励我坚持下去。)由于作为一位哲学家,我已经力图使我的模型尽可能具有普遍性,也尽可能不做出明确表态,因此如果我做好了我的工作,这些实验应该只有助于解决一个问题——我的模型的一个版本得到**多强**的证实;如果这个模型完全被否证,我就会彻彻底底遭到反驳、陷入困境。

关于时间和定时

如果主观序列是解释的产物,而不直接地是实际序列的函数,那么我们应该有可能创造出各种各样的独立于实际定时的强解释效应。

1. **蜘蛛爬行**(spider walks):模仿跳兔实验,光线依照次序触碰皮肤,但其意图在于制造有幻觉的**方向**判断。一个简单的背景情况是,两个触点,分立在空间和时间中,其近似范围与视觉 Φ 现象(似动现象)一样,任务则是判断"爬行"的方向(这个方向在逻辑上等价于**序列**,但从现象学上来看,却是一种更"直接的"判断)。预测是:出现依赖于 ISI(符号间干扰)的标准 Φ 现象效应,同时在高分辨率的表层(如指尖或嘴唇)表现出更高的灵敏度。

现在让被试并排竖起左右食指,左边的食指触碰一个指尖,右边的触碰另一个。这时方向上的决定应该糟糕得多,因为这里的要求是双边比较。然后,加上视觉的"帮助",让被试观察手指的刺激,但提供错误的视觉输入:操纵仪器,使得被暗示的**视觉方向**与接触的实际序列所暗示的方向正好相反。预测是:被试会自信地做出错误的判断,否决或丢弃由皮肤感受器所给出的实际序列信息。如果效应很强,它甚至也会否决单边的甚至相同手指的判断——在没有视觉输入的情况下，这些判断本来是非常精确的。

2. **影片倒转**（film reversals）：被试被要求区分电影或录像带的简短"镜头"，其中有些镜头是颠倒的，或者顺序上存在中断或异常。影片剪辑者搞恶作剧，制作出错误顺序的画面。有时他们故意把镜头和画面打乱顺序后剪接在一起，以制造特殊效果，例如增强恐怖场景中的焦虑和震撼气氛。有些事件是非常有次序的，我们都曾被这样一种影片逗乐过，即运动员的脚先浮出水花四溅的池子，然后单脚跳到跳板上，动作灵敏，身上没有一点儿水。另一些事件则可以不知不觉地就被颠倒，比如挥动着的旗子。还有一些事件介于中间状态，我们必须仔细注意，才能分清影片中的蹦蹦球是在向前跳，还是向后跳。预测是：人们根本不善于区分一些倒转，只要其中不存在诠释的偏见——这时需要探测并记住没有什么道理的序列。例如，维持运动的连续性、大小和形状的差异大致恒定，这时被试就会表现得相当糟糕，他很难区分（重新辨别）没有带偏见的定向诠释的序列，也很难将之与其倒转或其他转换的情况区别开来。（旋律区分的实验与此类似，只不过关系到听觉。）

3. **在你的脚上写字**（writing on your foot）：该实验的设计目的在于干扰判断，这些判断是基于对"核心可获得性"的"到达时间"所做的诠释。假设你要拿起一支铅笔在赤脚上写字母，但你无法看到你在做什么。你脚上的皮肤感受器传来的信息会"证实"你手中的笔正在恰当地执行你意向性的书写行为。现在，增加间接视觉，也就是一台电视监控器，它显示出你在脚上写字，但摄像头的放置有要求：要让落在脚上的笔尖正好被握笔的手挡住。这些视觉信号会进一步证实你在执行意向性的行为。但是现在在电视中插入短暂的磁带延时（一个或两个画面，每个 33 毫秒），使得视觉证实总是有一个较小的却恒定的滞后时间。我预测，被试对此会很容易适应。（我希望如此，因为下一步才是最有趣的。）在他们适应后，如果延时突然消除，那么他们会把这个结果诠释成**笔感觉起来是弯曲的**，因为相对于视觉输入，对笔尖的轨迹的知觉会延时，这就好像笔尖正在尾随所预期的轨迹。

4. **调节在格雷·沃尔特预认知旋转式幻灯机上的延时**（adjusting the delay on Grey Walter's carousel）：随后的实验是要测量延时的总时长，这是为消除"预认知旋转式幻灯机"效应所必需的。我预测，这个时长一定远远小于300~500毫秒，也就是利贝特的斯大林模型的扩展版所预测的值。

关于语词选择的群魔混战模型

我们如何能够表明"语词想让自己被人说出"？意外发现的情况也能进行受控实验吗？莱维尔特的实验迄今已经产生了惊人的否定性结果（见第8章第2节最后一条脚注）。我想看的是这些结果的一种变形形式，它能开启被试"创造性地"使用语词的可能性，同时又谨慎地提供环境中的原材料，以便这些材料可以吸收到他们的生产中。例如，被试能在两种不同的前奏背景下为实验做准备，这时，惹人注目的、生动的、有点儿新奇的或不合适的不同词语，"随意地"乱摆着（在墙头贴的海报上，在给被试的指令中，等等）；然后被试就有机会在一些话题上表达自己的看法，而这些目标表达通常会有很低的使用概率，因此前奏所提供的预先准备（priming）就会表明，目标表达已经"打开"，它们潜藏着寻找获得使用的机会。如果没有发现效应，那就会支持莱维尔特模型；如果发现较大效应（尤其是如果"不自然的"机会也被抓住），那就会支持群魔混战模型。

用眼动仪进行的实验

1. **正常被试的"盲视"**：使用眼动仪对正常被试所做的实验表明，当中央凹周围受到的刺激在扫视过程中被调换时，被试没有注意到（他们没有报告任何关于调换的感觉），却出现提升效应——识别第二刺激的反应时间缩短，或不依赖从原始的中央凹周围的刺激中所搜集的信息。如果被试在这些条件下对刺激是否被调换（或者，原始刺激是大写字母还是小写字母这样的形式）做出强制选择的猜测，他们是否会做得比纯凭运气更好？我预测，在一个有趣的选择范围内，他们会做得更好，但再怎么好，也不会好过盲视。

2. **"墙纸"实验**：运用一台眼动仪，在扫视过程中，改变重复"墙纸"区域的中央凹周围的粗略特征和精细特征，由此设计一种竞争态势，这种竞争是推翻"存在更多的玛丽莲·梦露肖像"这一结论所必需的。（由于拉马钱德兰和格雷戈里的新发现让我惊讶，因此我就硬着头皮大胆预测——并不存在可探测的**渐进效应**，虽然在被试注意到变化的那几层，他们很可能会报告有一些奇怪的幻觉运动。）

3. **着色的西洋跳棋棋盘**：这个实验的设计是为了表明，在"视野的充实空间"中有多么"小"的情况。被试得到的任务是视觉识别或诠释，需要多次扫视一个运动情景：被试观察活动着的黑白图形，图形的背景是随机着色的西洋跳棋棋盘。棋盘的棋格较大——例如，CRT 被分为 12×18 的方格阵列，这些方格由不同颜色随机着色。（颜色是随机选择的，因而这里的模式对于加在背景上的视觉任务就没有重要影响。）方格之间应该会出现亮度差别，因此不存在利伯曼效应，而且，对于每个方格，都应该备有一种**同亮度替换色**：如果当前的方格的填充色被调换，这个同亮度的颜色不会在边缘处造成完全不同的亮度边界（这是为了让亮度边缘的探测器保持安静）。现在假设，在扫视过程中（被眼动仪所探测的），跳棋棋盘的颜色被调换；观察者会注意到一个或更多方格在一秒之内多次改变了颜色。预测是：在某些条件下，被试会完全没有注意"背景"的很大一部分正在突然改变颜色这个事实。为什么？因为中央凹周围视觉系统主要是一种警报系统，它由一些岗哨（sentry）组成，这些岗哨的设计目的是在变化被注意到时要求进行扫视；这样一个系统不会费心去追踪各个固定内容之间的不重要颜色，因此也就不会留下什么东西可以与新颜色相比较。（当然，这取决于在对中央凹周围颜色做出反应的区域中"影片的速度有多快"；也许存在迟缓的、不起反应的阶段，后者将消除我所预测的那种效应。）

参考文献

Akins, K. A. 1989. *On Piranhas, Narcissism and Mental Representation: An Essay on Intentionality and Naturalism*. Ph. D. dissertation, Department of Philosophy, University of Michigan, Ann Arbor.

——. 1990."Science and Our Inner Lives: Birds of Prey, Bats, and the Common (Featherless) Biped" in M. Bekoff and D. Jamieson, eds., *Interpretation and Explanation in the Study of Animal Behavior*. Vol. I. Boulder, CO: Westview, pp. 414-427.

Akins, K. A., and Dennett, D. C. 1986."Who May I Say Is Calling?" *Behavioral and Brain Sciences,* 9, pp. 517-518.

Allman, J., Meizin, F., and McGuinness, E. L. 1985."Direction-and Velocity-Specific Responses from beyond the Classical Receptive Field in the Middle Temporal Visual Area," *Perception,* 14, pp. 105-126.

Allport, A. 1988."What Concept of Consciousness?" in Marcel and Bisiach, eds., 1988, pp. 159-182.

——. 1989."Visual Attention" in M. Posner, ed., *Foundations of Cognitive Psychology,* Cambridge: MIT Press, pp. 631-682.

Anderson, J. 1983. *The Architecture of Cognition*. Cambridge, MA: Harvard University Press.

Anscombe, G. E. M. 1957. *Intention*. Oxford: Blackwell.

——. 1965."The Intentionality of Sensation: A Grammatical Feature" in R. J. Butler, ed., *Analytical Philosophy* (2nd Series). Oxford: Blackwell, p. 160.

Anton, G. 1899."Ueber die Selbstwahrnehmung der Herderkrankungen des Gehirs durch den Kranken bei Rindenblindheit under Rindenta ubheit," *Archiv für Psychiatrie und Nervenkrankheitene,* 32, pp. 86-127.

Arnauld, A. 1641."Fourth Set of Objections" in Cottingham, J., Stoofhoff, R., and Murdoch, D., *The Philosophical Writings of Descartes*. Vol. II, 1984, Cambridge: Cambridge University

Press.

Baars, B. 1988. *A Cognitive Theory of Consciousness.* Cambridge: Cambridge University Press.

Bach-y-Rita, P. 1972. *Brain Mechanisms in Sensory Substitution.* New York and London: Academic Presss.

Ballard, D., and Feldman, J. 1982."Connectionist Models and Their Properties," *Cognitive Science,* 6 pp. 205-254.

Bechtel, W., and Abrahamsen, A. 1991. *Connectionism and the Mind: An Introduction to Parallel Processing in Networks.* Oxford: Blackwell.

Bennett, J. 1965."Substance, Reality and Primary Qualities," *American Philosophical Quarterly,* 2, 1-17.

———. 1976. *Linguistic Behavior.* Cambridge: Cambridge University Press.

Bentham, J. 1789. *Introduction to Principles of Morals and Legislation.* London.

Bick, P. A., and Kinsbourne, M. 1987."Auditory Hallucinations and Subvocal Speech in Schizophrenic Patients," *American Journal of Psychiatry,* 144, pp. 222-225.

Bieri, P. 1990. Commentary at the conference "The Phenomenal Mind — How Is It Possible and Why Is It Necessary?" Zentrum für Interdisziplinäre Forschung, Bielefeld, Germany, May 14-17.

Birnbaum, L., and Collins, G. 1984."Opportunistic Planning and Freudian Slips," *Proceedings Cognitive Science Society, Boulder,* CO, pp. 124-127.

Bisiach, E. 1988."The (Haunted) Brain and Consciousness" in Marcel and Bisiach, 1988.

Bisiach, E., and Luzzatti, C. 1978."Unilateral Neglect of Representational Space," *Cortex,* 14, pp. 129-133.

Bisiach, E., and Vallar, G. 1988."Hemineglect in Humans" in F. Boller and J. Grafman, eds., *Handbook of Neuropsychology.* Vol. 1. New York: Elsevier.

Bisiach, E., Vallar, G., Perani, D., Papagno, C., and Berti, A. 1986."Unawareness of Disease Following Lesions of the Right Hemisphere: Anosognosia for Hemiplegia and Anosognosia for Hemianopia," *Neuropsychologia,* 24, pp. 471-482.

Blakemore, C. 1976. *Mechanics of the Mind.* Cambridge: Cambridge University Press.

Block, Ned. 1978."Troubles with Funtionalism" in W. Savage, ed., *Perception and Cognition: Issues in the Foundations of Psychology,* Minnesota Studies in the Philosophy of Science, vol. IX, pp. 261-326.

———. 1981."Psychologism and Behaviorism," *Philosophical Review,* 90, pp. 5-43.

———. 1990."Inverted Earth" in J. E. Tomberlin, ed., *Philosophical Perspectives, 4: Action Theory and Philosophy of Mind,* 1990. Atascadero, CA: Ridgeview Publishing, pp. 53-79.

Boghossian, P. A., and Velleman, J. D. 1989."Colour as a Secondary Quality," *Mind,* 98, pp. 81-103.

———. 1991."Physicalist Theories of Color," *Philosophical Review,* 100, pp. 67-106.

Booth, W. 1988."Voodoo Science," *Science,* 240, pp. 274-277.

Borges. J. L. 1962. *Labyrinths: Selected Stories and Other Writings,* ed. Donald A. Yates and James E. Irby. New York: New Directions.

Borgia, G. 1986."Sexual Selection in Bowerbirds," *Scientific American,* 254, pp. 92-100.

Braitenberg, V. 1984. *Vehicles: Experiments in Synthetic Psychology.* Cambridge: MIT Press/A Bradford Book.

Breitmeyer, B. G. 1984. *Visual Masking.* Oxford: Oxford University Press.

Broad, C. D. 1925. *Mind and Its Place in Nature.* London: Routledge & Kegan Paul.

Brooks, B. A., Yates, J. T., and Coleman, R. D. 1980."Perception of Images Moving at Saccadic Velocities During Saccades and During Fixation," *Experimental Brain Research,* 40, pp. 71-78.

Byrne, R., and Whiten, A. 1988. *Machiavellian Intelligence: Social Expertise and the Evolution of Intellect in Monkeys, Apes, and Humans.* Oxford: Clarendon.

Calvanio, R., Petrone, P. N., and Levine, D. N. 1987."Left visual spatial neglect is both environment-centered and body-centered," *Neurology,* 37, pp. 1179-1183.

Calvin, W. 1983. *The Throwing Madonna: Essays on the Brain.* New York: McGraw-Hill.

——. 1986. *The River that Flows Uphill: A Journey from the Big Bang to the Big Brain.* San Francisco: Sierra Club Books.

——. 1987."The Brain as a Darwin Machine," *Nature,* 330, pp. 33-34.

——. 1989a. *The Cerebral Symphony: Seashore Reflections on the Structure of Consciousness.* New York: Bantam.

——. 1989b."A Global Brain Theory," *Science,* 240, pp. 1802-1803.

Campion, J., Latto, R., and Smith, Y. M. 1983."Is Blindsight an Effect of Scattered Light, Spared Cortex, and Near-Threshold Vision?" *Behavioral and Brain Sciences,* 6, pp. 423-486.

Camus, A. 1942. *Le Myth de Sisyphe.* Paris: Gallimard; English translation as *The Myth of Sisyphus,* 1955, New York: Knopf.

Carruthers, P. 1989."Brute Experience," *Journal of Philosophy,* 86, pp. 258-269.

Castañeda, C. 1968. *The Teachings of Don Juan: A Yaqui Way of Knowledge.* Berkeley: University of California Press.

Castaneda, H.-N. 1967."Indicators and Quasi-Indicators," *American Philosophy Quarterly,* 4, pp. 85-100.

——. 1968."On the Logic of Attributions of Self-Knowledge to Others," *Journal of Philosophy,* 65, pp. 439-456.

Changeux, J.-P., and Danchin, A. 1976."Selective Stabilization of Developing Synapses as a Mechanism for the Specifications of Neuronal Networks,"*Nature,* 264, pp. 705-712.

Changeux, J.-P., and Dehaene, S. 1989."Neuronal Models of Cognitive Functions," *Cognition,* 33, pp. 63-109.

Cheney, D. L., and Seyfarth, R. M. 1990. *How Monkeys See the World.* Chicago: University of Chicago Press.

Cherniak, C. 1986. *Minimal Rationality.* Cambridge, MA: MIT Press/A Bradford Book.

Churchland, P. M. 1985."Reduction, Qualia and the Direct Inspection of Brain States," *Journal of Philosophy,* 82, pp. 8-28.

——. 1990."Knowing Qualia: A Reply to Jackson," pp. 67-76 in Churchland, P. M., *A*

Neurocomputational Perspective: The Nature of Mind and the Structure of Science. Cambridge, MA: MIT Press/A Bradford Book.

Churchland, P. S. 1981a."On the Alleged Backwards Referral of Experiences and Its Relevance to the Mind-Body Problem," *Philosophy of Science,* 48, pp. 165-181.

——. 1981b."The Timing of Sensations: Reply to Libet,"*Philosophy of Science,* 48, pp. 492-497.

——. 1986. *Neurophilosophy: Toward a Unified Science of the Mind/Brain.* Cambridge, MA: MIT Press/A Bradford Book.

Clark, R. W. 1975. *The Life of Bertrand Russell.* London: Weidenfeld and Nicolson.

Cohen, L. D., Kipnis, D., Kunkle, E. C., and Kubzansky, P. E. 1955."Case Report: Observation of a Person with Congenital Insensitivity to Pain," *Journal of Abnormal and Social Psychology,* 51, pp. 333-338.

Cole, David. 1990."Functionalism and Inverted Spectra," *Synthese,* 82, pp. 207-222.

Crane, H., and Piantanida, T. P. 1983."On Seeing Reddish Green and Yellowish Blue," *Science,* 222, pp. 1078-1080.

Crick, F. 1984."Function of the Thalamic Reticular Complex: The Searchlight Hypothesis," *Proceedings of the National Academy of Sciences,* 81, pp. 4586-4590.

Crick. F., and Koch, C. 1990."Towards a Neurobiological Theory of Consciousness," *Seminars in the Neurosciences,* 2, pp. 263-275.

Damasio, A. R., Damasio, H., and Van Hoesen, G. W. 1982."Prosopagnosia: Anatomic Basis and Behavioral Mechanisms," *Neurology,* 32, pp. 331-341.

Darwin, C. 1871. *The Descent of Man, and Selection in Relation to Sex.* 2 vols. London: Murray.

Davis, W. 1985. *The Serpent and the Rainbow.* New York: Simon & Schuster

——. 1988a. *Passage of Darkness: The Ethnobiology of the Haitian Zombie.* Chapel Hill and London: University of North Carolina Press.

——. 1988b."Zombification," *Science,* 240, pp. 1715-1716.

Dawkins, M. S. 1980. *Animal Suffering: The Science of Animal Welfare.* London: Chapman & Hall.

——. 1987."Minding and Mattering," in C. Blakemore and S. Greenfield, eds., *Mindwaves.* Oxford: Blackwell, pp. 150-160.

——. 1990."From an Animal's Point of View: Motivation, Fitness, and Animal Welfare," *Behavioral and Brain Sciences,* 13, pp. 1-16.

Dawkins, R. 1976. *The Selfish Gene.* Oxford: Oxford University Press.

——. 1982. *The Extended Phenotype.* San Francisco: Freeman.

——. 1986. *The Blind Watchmaker.* New York: Norton.

de Sousa, R. 1976."Rational Homunculi" in Amelie O. Rorty, ed., *The Identity of Persons.* Berkeley: University of California Press, pp. 217-238.

Dennett, D. C. 1969. *Content and Consciousness.* London: Routledge & Kegan Paul.

——. 1971."Intentional Systems," *Journal of Philosophy,* 8, pp. 87-106.

——. 1974."Why the Law of Effect Will Not Go Away," *Journal of the Theory of Social Behaviour,* 5, pp. 169-187 (reprinted in Dennett, 1978a).

——. 1975."Are Dreams Experiences?" *Philosophical Review.*

———. 1978a. *Brainstorms*. Montgomery, VT: Bradford Books.

———. 1978b."Skinner Skinned," ch. 4 in Dennett, 1978a, pp. 53-70.

———. 1978c."Two Approaches to Mental Images," ch. 10 in Dennett, 1978a, pp. 174-189.

———. 1978d."Where Am I?" ch. 17 in Dennett, 1978a, pp. 310-323.

———. 1979a."On the Absence of Phenomenology" in D. Gustafson and B. Tapscott, eds., *Body, Mind and Method: Essays in Honor of Virgil Aldrich*. Dordrecht: Reidel, 1979.

———. 1979b. Review of Popper and Eccles, *The Self and Its Brain: An Argument for Interactionism, in Journal of Philosophy*, 76, pp. 91-97.

———. 1981a."Reflections" on "Software" in Hofstadter and Dennett, 1981.

———. 1981b."Wondering Where the Yellow Went" (commentary on W. Sellars's Carus Lectures), *Monist*, 64, pp. 102-108.

———. 1982a "How to Study Human Consciousness Empirically, or Nothing Comes to Mind," *Synthese*, 59, pp. 159-180.

———. 1982b."Why We Think What We Do about Why We Think What We Do: Discussion on Goodman's 'On Thoughts without Words,'"*Cognition*, 12, pp. 219-227.

———. 1982c."Comments on Rorty." *Synthese*, 59, pp. 349-356.

———. 1982d."Notes on Prosthetic Imagination," *New Boston Review*, June, pp. 3-7.

———. 1983."Intentional Systems in Cognitive Ethology: The 'Panglossian Paradigm' Defended," *Behavioral and Brain Sciences*, 6, pp. 343-390.

———. 1984a. *Elbow Room: The Varieties of Free Will Worth Wanting*. Cambridge, MA: MIT Press/ A Bradford Book.

———. 1984b."Carving the Mind at Its Joints," a review of Fodor, *The Modularity of Mind*, in *Contemporary Psychology*, 29, pp. 285-286.

———. 1985a."Can Machines Think?" in M. Shafto, ed., *How We Know*. New York: Harper & Row, pp. 121-145.

———. 1985b."Music of the Hemispheres," a review of M. Gazzaniga, *The Social Brain, in* New York *Times Book Review*, November 17, 1985, p. 53.

———. 1986."Julian Jaynes'Software Archeology," Canadian *Psychology*, 27, pp. 149-154.

———. 1987a. *The Intentional Stance*. Cambridge, MA: MIT Press/A Bradford Book.

———. 1987b."The Logical Geography of Computational Approaches: A View from the East Pole," in M. Harnish and M. Brand, eds., *Problems in the Representation of Knowledge*. Tucson: University of Arizona Press.

———. 1988a."Quining Qualia," in Marcel and Bisiach, 1988, pp. 42-77.

———. 1988b."When Philosophers Encounter AI," *Daedalus*, 117, pp. 283-296; reprinted in Graubard, 1988.

———. 1988c."Out of the Armchair and Into the Field," *Poetics Today*, 9, special issue on Interpretation in Context in Science and Culture, pp. 205-222.

———. 1988d."The Intentional Stance in Theory and Practice," in Whiten and Byrne, 1988, pp. 180-202.

———. 1988e."Science, Philosophy and Interpretation,"*Behavioral and Brain Sciences*, 11, pp. 535-

546.

——. 1988f."Why Everyone Is a Novelist," *Times Literary Supplement,* September 16-22.

——. 1989a."Why Creative Intelligence Is Hard to Find," commentary on Whiten and Byrne, *Behavioral and Brain Sciences,* 11, p. 253.

——. 1989b."The Origins of Selves," *Cogito,* 2, pp. 163-173.

——. 1989c."Murmurs in the Cathedral," review of R. Penrose, *The Emperor's New Mind, in Times Literary Supplement,* September 29-October 5, pp. 1066-1068.

——. 1989d."Cognitive Ethology: Hunting for Bargains or a Wild Goose Chase?" in A. Montefiore and D. Noble eds., *Goals, Own Goals and No Goals: A Debate on Goal-Directed And Intentional Behaviour.* London: Unwin Hyman.

——. 1990a."Memes and the Exploitation of Imagination," *Journal of Aesthetics and Art Criticism,* 48, pp. 127-135.

——. 1990b."Thinking with a Computer," in H. Barlow, ed., *Image and Understanding.* Cambridge: Cambridge University Press, pp. 297-309.

——. 1990c."Betting Your Life on an Algorithm," commentary on Penrose, *Behavioral and Brain Science,* 13, p. 660.

——. 1990d."The Interpretation of Texts, People, and Other Artifacts," *Philosophy and Phenomenological Research,* 50, pp. 177-194.

——. 1990e."Two Black Boxes: A Fable," Tufts University Center for Cognitive Studies Preprint, November.

——. 1991a."Real Patterns," *Journal of Philosophy,* 89, pp. 27-51.

——. 1991b."Producing Future by Telling Stories" in K. M. Ford and Z. Pylyshyn, eds., *Robot's Dilemma Revisited: The Frame Problem in Artificial Intelligence.* Ablex Series in Theoretical Issues in Cognitive Science. Norwood, NJ: Ablex.

——. 1991c."Mother Nature versus the Walking Encyclopedia" in W. Ramsey, S. Stich, and D. Rumelhart, eds., *Philosophy and Connectionist Theory.* Hillsdale, NJ: Erlbaum.

——. 1991d."Two Contrasts: Folk Craft versus Folk Science and Belief versus Opinion" in J. Greenwood, ed., *The Future of Folk Psychology: Intentionality and Cognitive Science.* Cambridge: Cambridge University Press, 1991.

——. 1991e."Granny's Campaign for Safe Science" in G. Rey and B. Loewer, eds., *Fodor and His Critics.* Oxford: Blackwell.

Dennett, D., and Kinsbourne, M. In press."Time and the Observer: The Where and When of Consciousness in the Brain," *Behavioral and Brain Sciences.* Descartes, R. 1637. *Discourse on Method.* Paris.

——. 1641. *Meditations on First Philosophy.* Paris: Michel Soly.

——. 1664. *Treatise on Man.* Paris.

——. 1970. A. Kenny, ed., *Philosophical Letters.* Oxford: Clarendon Press. Dreyfus, H. 1979. *What Computers Can't Do* (2nd Edition). New York: Harper & Row.

Dreyfus, H. L., and Dreyfus, S. E. 1988."Making a Mind Versus Modeling the Brain: Artificial Intelligence Back at a Branchpoint," in Graubard, 1988.

Eccles, J. C. 1985."Mental Summation: The Timing of Voluntary Intentions by Cortical Activity," *Behavioral and Brain Sciences,* 8, pp. 542-547.

Eco, U. 1990."After Secret Knowledge," *Times Literary Supplement,* June 22-28, p. 666, "Some Paranoid Readings," *Times Literary Supplement,* June 29-July 5, p. 694.

Edelman, G. 1987. *Neural Darwinism.* New York: Basic Books.

———. 1989. *The Remembered Present: A Biological Theory of Consciousness.* New York: Basic Books.

Efron, R. 1967."The Duration of the Present," *Proceedings of the New York Academy of Science,* 8, pp. 542-543.

Eldredge, N., and Gould, S. J. 1972."Punctuated Equilibria: An Alternative to Phyletic Gradualism," in T. J. M. Schopf, ed., *Models in Paleobiology.* San Francisco: Freeman Cooper, pp. 82-115.

Ericsson, K. A., and Simon, H. A. 1984. *Protocol Analysis: Verbal Reports as Data.* Cambridge, MA: MIT Press/A Bradford Book.

Evans, G. 1982. John McDowell, ed., *The Varieties of Reference.* Oxford: Oxford University Press.

Ewert, J.-P. 1987."The Neuroethology of Releasing Mechanisms: Prey-catching in Toads," *Behavioral and Brain Sciences,* 10, pp. 337-405.

Farah, M. J. 1988."Is Visual Imagery Really Visual? Overlooked Evidence from Neuropsychology," *Psychological Review,* 95, pp. 307-317.

Farrell, B. A. 1950."Experience," *Mind,* 59, pp. 170-198.

Fehling, M., Baars, B., and Fisher, C. 1990."A Functional Role of Repression in an Autonomous, Resource-constrained Agent" in *Proceedings of Twelfth Annual Conference of the Cognitive Science Society.* Hillsdale, NJ: Erlbaum.

Fehrer, E., and Raab, D. 1962."Reaction Time to Stimuli Masked by Metacontrast," *Journal of Experimental Psychology,* 63, pp. 143-147.

Feynmann, R. 1985. *Surely You're Joking. Mr. Feynmann!* New York: Norton.

Finke, R. A., Pinker, S., and Farah, M. J. 1989."Reinterpreting Visual Patterns in Mental Imagery," *Cognitive Science,* 13, pp. 51-78.

Flanagan, O. 1991. *The Science of the Mind* (2nd Edition). Cambridge, MA: MIT Press/A Bradford Book.

Flohr, H. 1990."Brain Processes and Phenomenal Consciousness: A New and Specific Hypothesis," presented at the conference "The Phenomenal Mind — How Is It Possible and Why Is It Necessary?" Zentrum für Interdisziplinäre Forschung, Bielefeld, Germany, May 14-17.

Fodor, J. 1975. *The Language of Thought.* Scranton, PA: Growell.

———. 1983. *The Modularity of Mind.* Cambridge, MA: MIT Press/A Bradford Book.

———. 1990. *A Theory of Content, and Other Essays.* Cambridge, MA: MIT Press/A Bradford Book.

Fodor, J., and Pylyshyn, Z. 1988."Connectionism and Cognitive Architecture: A Critical Analysis," *Cognition,* 28, pp. 3-71.

Fox, I. 1989."On the Nature and Cognitive Function of Phenomenal Content — Part One," *Philosophical Topics,* 17, pp. 81-117.

French, R. 1991."Subcognition and the Turing Test," *Mind,* in press.

Freud, S. 1962. *The Ego and the Id.* New York: Norton.

Freyd, J. 1989."Dynamic Mental Representations," *Psychological Review,* 94, pp. 427-438.

Fuster, J. M. 1981."Prefrontal Cortex in Motor Control," in *Handbook of Physiology, Section 1: The Nervous System, Vol. II: Motor Control.* American Physiological Society, pp. 1149-1178.

Gardner, H. 1975. *The Shattered Mind.* New York: Knopf.

Gardner, M. 1981."The Laffer Curve and Other Laughs in Current Economics," *Scientific American,* 245, December, pp. 18-31. Reprinted in Gardner, 1986.

———. 1986. *Knotted Doughnuts and Other Mathematical Diversions.* San Francisco: W. H. Freeman.

Gazzaniga, M. 1978."Is Seeing Believing: Notes on Clinical Recovery," in S. Finger, ed., *Recovery From Brain Damage: Research and Theory.* New York: Plenum Press, pp. 409-414.

———. 1985. *The Social Brain: Discovering the Networks of the Mind.* New York: Basic Books.

Gazzaniga, M., and Ledoux, J. 1978. *The Integrated Mind.* New York: Plenum Press.

Geldard, F. A. 1977."Cutaneous Stimulis, Vitratory and Saltatory,"*Journal of Investigative Dermatology,* 69, pp. 83-87.

Geldard, F. A., and Sherrick, C. E. 1972."The Cutaneous 'Rabbit': A Perceptual Illusion," *Science,* 178, pp. 178-179.

———. 1983."The Cutaneous Saltatory Area and Its Presumed Neural Base," *Perception and Psychophysics,* 33, pp. 299-304.

———. 1986."Space, Time and Touch," *Scientific American,* 254, pp. 90-95.

Gert, B. 1965."Imagination and Verifiability," *Philosophical Studies,* 16, pp. 44-47.

Geshwind, N., and Fusillo, M. 1966."Color-naming Defects in Association with Alexia," *Archives of Neurology,* 15, pp. 137-146.

Gide, A. 1948. *Les Faux Monnayeurs.* Paris: Gallimard.

Goodman, N. 1978. *Ways of Worldmaking.* Hassocks, Sussex: Harvester.

Goody, J. 1977. *The Domestication of the Savage Mind.* Cambridge: Cambridge University Press.

Gould, S. 1980. *The Panda's Thumb.* New York: Norton.

Gouras, P. 1984."Color Vision," in N. Osborn and J. Chader, eds., *Progress in Retinal Research.* Vol. 3. London: Pergamon Press, pp. 227-261.

Graubard, S. R. 1988. *The Artificial Intelligence Debate: False Starts, Real Foundations* (a reprint of *Daedalus,* 117, Winter 1988). Cambridge, MA: MIT Press.

Grey Walter, W. 1963. Presentation to the Osler Society, Oxford University.

Grice, H. P. 1957."Meaning," *Philosophical Review,* 66, pp. 377-388.

———. 1969."Utterer's Meaning and Intentions," *Philosophical Review,* 78, pp. 147-177.

Hacking, Ian. 1990."Signing," review of Sacks, 1989, *London Review of Books,* April 5, 1990, pp. 3-6.

Hampl, P. 1989."The Lax Habits of the Free Imagination," *New York Times Book Review,* March 5, 1989, pp. 1, 37-39, excerpted from Hampl, ed., 1989, *The Houghton Mifflin Anthology of Short Fiction.* Boston: Houghton Mifflin.

Handford, M. 1987. *Where's Waldo?* Little, Brown: Boston.

Hardin, C. L. 1988. *Color for Philosophers: Unweaving the Rainbow.* Indianapolis: Hackett.

——. 1990."Color and Illusion," presented at the conference "The Phenomenal Mind — How Is It Possible and Why Is It Necessary?"Zentrum für Interdisziplinäre Forschung, Bielefeld, Germany, May 14-17.

Harman, G. 1990."The Intrinsic Quality of Experience," in J. E. Tomberlin, ed., *Philosophical Perspectives,* 4*: Action Theory and Philosophy of Mind.* Atascadero, CA: Ridgeview, pp. 31-52.

Harnad, S. 1982."Consciousness: An Afterthought," *Cognition and Brain Theory,* 5, pp. 29-47.

——. 1989."Editorial Commentary," *Behavioral and Brain Sciences,* 12, p. 183.

Haugeland, J. 1981. *Mind Design: Philosophy, Psychology, Artificial Intelligence.* Montgomery, VT: Bradford Books.

——. 1985. *Artificial Intelligence: The Very Idea.* Cambridge, MA: MIT Press/A Bradford Book.

Hawking, S. 1988. *A Brief History of Time.* New York: Bantam.

Hayes, P. 1979."The Naive Physics Manifesto," in D. Michie, ed., *Expert Systems in the Microelectronic Age.* Edinburgh: Edinburgh University Press.

Hayes-Roth, B. 1985."A Blackboard Architecture for Control," *Artificial Intelligence,* 26, pp. 251-321.

Hebb, D. 1949. *The Organization of Behavior: A Neuropsychological Theory.* New York: Wiley.

Hilbert, D. R. 1987. *Color and color Perception: A Study in Anthropocentric Realism.* Stanford University; Center for the Study of Language and Information.

Hintikka, J. 1962. *Knowledge and Belief.* Ithaca: Cornell University Press.

Hinton, G. E., and Nowland, S. J. 1987."How Learning Can Guide Evolution," *Complex Systems, I,* Technical Report CMU-CS-86-128, Carnegie Mellon University, pp. 495-502.

Hobbes, T. 1651. *Leviathan.* Paris.

Hoffman, R. E. 1986."What Can Schizophrenic 'Voices' Tell Us?" *Behavioral and Brain Sciences,* pp. 535-548.

Hoffman, R. E., and Kravitz, R. E. 1987."Feedforward Action Regulation and the Experience of Will," *Behavioral and Brain Sciences,* 10, pp. 782-783.

Hofstadter, D. R. 1981a."The Turing Test: A Coffeehouse Conversation," in "Metamagical Themas," *Scientific American,* May 1981, reprinted in Hofstadter and Dennett, 1981, pp. 69-92.

——. 1981b."Reflections [on Nagel]," in Hofstadter and Dennett, 1981, pp. 403-414.

——. 1983."The Architecture of Jumbo," *Proceedings of the Second Machine Learning Workshop,* Monticello, IL.

——. 1985."On the Seeming Paradox of Mechanizing Creativity," in *Metamagical Themas.* New York: Basic Books, pp. 526-546.

Hofstadter, D. R., and Dennett, D. C. 1981. *The Mind's I: Fantasies and Reflctions on Self and Soul.* New York: Basic Books, pp. 191-201.

Holland, J. H. 1975. *Adaptation in Natural and Artificial Systems.* Ann Arbor: University of Michigan Press.

Holland, J. H., Holyoak, K. J., Nisbett, R. E., and Thagard, P. R. 1986. *Induction: Processes of Inference, Learning and Discovery.* Cambridge, MA: MIT Press/A Bradford Book.

Honderich, T. 1984."The Time of a Conscious Sensory Experience and Mind-Brain Theories," *Journal of Theoretical Biology,* 110, pp. 115-129.

Howell, R. 1979."Fictional Objects: How They Are and How They Aren't ," in D. F. Gustafson and B. L. Tapscott, eds., *Body, Mind and Method.* Dordrecht: D. Reidel, pp. 241-294.

Hughlings Jackson, J. 1915."Hughlings Jackson on Aphasia and Kindred Affections of Speech," *Brain,* 38, pp. 1-190.

Hume, D. 1739. *Treatise on Human Nature.* London: John Noon.

Humphrey, N. 1972."'Interest' and 'Pleasure': Two Determinants of a Monkey's Visual Preferences," *Perception,* 1, pp. 395-416.

——. 1976."The Colour Currency of Nature," in *Colour for Architecture,* T. Porter and B. Mikellides, eds., London: Studio-Vista, pp. 147-161, reprinted in Humphrey, 1983a.

——. 1983a. *Consciousness Regained.* Oxford: Oxford University Press.

——. 1983b."The Adaptiveness of Mentalism?" commentary on Dennett, 1983, *Behavioral and Brain Sciences,* 6, pp. 366.

——. 1986. *The Inner Eye.* London: Faber & Faber.

——. Forthcoming. *A History of the Mind.* New York: Simon & Schuster.

Humphrey, N., and Dennett, D. C. 1989."Speaking for Our Selves: An Assessment of Multiple Personality Disorder," *Raritan,* 9, pp. 68-98.

Humphrey, N., and Keeble, G. 1978."Effects of Red Light and Loud Noise on the Rates at Which Monkeys Sample the Sensory Environment," *Perception,* 7, p. 343.

Hundert, E. 1987."Can Neuroscience Contribute to Philosophy?" in C. Blakemore and S. Greenfield, *Mindwaves.* Oxford: Blackwell, pp. 407-429 (reprinted as chapter 7 of Hundert, *Philosophy, Psychiatry, and Neuroscience: Three Approaches to the Mind,* Oxford: Clarendon, 1989).

Huxley, T. 1874."On the Hypothesis that Animals Are Automata," in *Collected Essays.* London, 1893-1894.

Jackendoff, R. 1987. *Consciousness and the Computational Mind.* Cambridge, MA: MIT Press/A Bradford Book.

Jackson, F. 1982."Epiphenomenal Qualia," *Philosophical Quarterly,* 32, pp. 127-136.

Jacob, F. 1982. *The Possible and the Actual.* Seattle: University of Washington Press.

Janlert, L.-E. 1985. *Studies in Knowledge Representation.* Umea, Sweden: Institute of Information Processing.

Jarrell, R. 1963. *The Bat-Poet.* New York: Macmillan.

Jaynes. J. 1976. *The Origins of Consciousness in the Breakdown of the Bicameral Mind.* Boston: Houghton Mifflin.

Jerison, H. 1973. *Evolution of the Brain and Intelligence.* New York: Academic Press.

Johnson-Laird, P. 1983. *Mental Models: Towards a Cognitive Science of Language, Inference, and Consciousness.* Cambridge: Cambridge University Press.

——. 1988."A Computational Analysis of Consciousness" in A. J. Marcel and E. Bisiach, eds., *Consciousness in Contemporary Science*. Oxford: Clarendon Press; New York: Oxford University Press.

Julesz, B. 1971. *Foundations of Cyclopean Perception*. Chicago: University of Chicago Press.

Keller, H. 1908. *The World I Live In*. New York: Century Co.

Kinsbourne, M. 1974."Lateral Interactions in the Brain," in M. Kinsbourne and W. L. Smith, eds., *Hemisphere Disconnection and Cerebral Function*. Springfield. IL: Charles C. Thomas, pp. 239-259.

——. 1980."Brain-based Limitations on Mind," in R. W. Rieber, ed., *Boby and Mind: Past, Present and Future*. New York: Academic Press, pp. 155-175.

Kinsbourne, M., and Hicks, R. E. 1978."Functional Cerebral Space: A Model for Overflow, Transfer and Interference Effects in Human Performance: A Tutorial Review," in J. Requin, ed., *Attention and Performance*, 7, Hillsdale, NJ: Erlbaum, pp. 345-362.

Kinsbourne, M., and Warrington, E. K. 1963."Jargon Aphasia," *Neuropsychologia*, 1, pp. 27-37.

Kirman, B. H., et al. 1968."Congenital Insensitivity to Pain in an Imbecile Boy," *Developmental Medicine and Child Neurology*, 10, pp. 57-63.

Kitcher, Patricia. 1979."Phenomenal Qualities," *American Philosophical Quarterly*, 16, pp. 123-129.

Koestler, Arthur. 1967. *The Ghost in the Machine*. New York: Macmillan.

Kohler, I. 1961."Experiments with Goggles," *Scientific American*, 206, pp. 62-86.

Kolers, P. A. 1972. *Aspects of Motion Perception*. London: Pergamon Press.

Kolers, P. A., and von Grünau, M. 1976."Shape and Color in Apparent Motion," *Vision Research*, 16, pp. 329-335.

Kosslyn, S. M. 1980. *Image and Mind*. Cambridge, MA: Harvard University Press.

Kosslyn, S. M., Holtzman, J. D., Gazzaniga, M. S., and Farah, M. J. 1985."A Computational Analysis of Mental Imagery Generation: Evidence for Functional Dissociation in Split Brain Patients," *Journal of Experimental Psychology: General*, 114, pp. 311-341.

Lackner, J. R. 1988."Some Proprioceptive Influences on the Perceptual Representation of Body Shape and Orientation," *Brain*, 111, pp. 281-297.

Langton, C. G. 1989. *Artificial Life*. Redwood City, CA: Addison-Wesley.

Larkin, S., and Simon, H. A. 1987."Why a Diagram Is (Sometimes) Worth Ten Thousand Words," *Cognitive Science*, 11, pp. 65-100.

Leiber, J. 1988."'Cartesian' Linguistics?" *Philosophia*, 118, pp. 309-346.

——. 1991. *Invitation to Cognitive Science*. Oxford: Blackwell.

Leibniz, G. W. 1840. *Monadology*, first published posthumously in J. E. Erdmann, ed., Leibniz, *Opera Philosophica*.2 vols. Berlin.

Levelt, W. 1989. *Speaking. Cambridge*, MA: MIT Press/A Bradford Book.

Levy, J., and Trevarthen, C. 1976. "Metacontrol of Hemispheric Function in Human Split-Brain Patients," *Journal of Experimental Psychology: Human Perception and Performance*, 3, pp. 299-311.

Lewis, D. 1978."Truth in Fiction," *American Philosophical Quarterly,* 15, pp. 37-46.

——. 1979."Attitudes *De Dicto* and *De Se,*" *Philosophical Review,* 78, pp. 513-543.

——. 1988."What Experience Teaches," proceedings of the Russellian Society of the University of Sidney, reprinted in W. Lycan, ed., *Mind and Cognition: A Reader.* Oxford: Blackwell, 1990.

Liberman, A., and Studdert-Kennedy, M. 1977."Phonetic Perception," in R. Held, H. Leibowitz, and H.-L. Teuber, eds., *Handbook of Sensory Physiology, Vol. 8, Perception.* Heidelberg: Springer-Verlag.

Libet, B. 1965."Cortical Activation in Conscious and Unconscious Experience," *Perspectives in Biology and Medicine,* 9, pp. 77-86.

——. 1981."The Experimental Evidence for Subjective Referral of a Sensory Experience backwards in Time: Reply to P. S. Churchland," *Philosophy of Science,* 48, pp. 182-197.

——. 1982."Brain Stimulation in the Study of Neuronal Functions for Conscious Sensory Experiences," *Human Neurobiology,* 1, pp. 235-242.

——. 1985a."Unconscious Cerebral Initiative and the Role of Conscious Will in Voluntary Action," *Behavioral and Brain Sciences,* 8, pp. 529-566.

——. 1985b."Subjective Antedating of a Sensory Experience and Mind-Brain Theories," *Journal of Theoretical Biology,* 114, pp. 563-570.

——. 1987."Are the Mental Experiences of Will and Self-control Significant for the Performance of a Voluntary Act?" *Behavioral and Brain Sciences,* 10, pp. 783-786.

——. 1989."The Timing of a Subjective Experience," *Behavioral and Brain Sciences,* 12, pp. 183-185.

Libet, B., Wright, E. W., Feinstein, B., and Pearl, D. K. 1979."Subjective Referral of the Timing for a Conscious Sensory Experience," *Brain,* 102, pp. 193-224.

Liebmann, S. 1927."Ueber das Verhalten fahrbiger Formen bei Heligkeits-gleichtheit von Figur und Grund," *Psychologie Forschung,* 9, pp. 200-253.

Livingstone, M. S., and Hubel, D. H. 1987."Psychophysical Evidence for Separate Channels for the Perception of Form, Color, Movement, and Depth," *Journal of Neuroscience,* 7, pp. 346-368.

Lloyd, M., and Dybas, H. S. 1966."The Periodical Cicada Problem," *Evolution,* 20, pp. 132-149.

Loar, B. 1990."Phenomenal Properties" in J. E. Tomberlin, ed., *Philosophical Perspectives, 4: Action Theory and Philosophy of Mind.* Atascadero, CA: Ridgeview, pp. 81-108.

Locke, J. 1690. *Essay Concerning Human Understanding.* London: Basset.

Lockwood, M. 1989. *Mind, Brain and the Quantum.* Oxford: Blackwell.

Lodge, D. 1988. *Nice Work.* London: Secker and Warburg, 1988.

Lycan, W. 1973."Inverted Spectrum," *Ratio,* 15, pp. 315-319.

——. 1990."What Is the Subjectivity of the Mental?"in J. E. Tomberlin, ed., *Philosophical Perspectives, 4: Action Theory and Philosophy of Mind,* Atascadero, CA: Ridgeview, pp. 109-130.

Marais, E. N. 1937. *The Soul of the White Ant.* London: Methuen.

Marcel, A. J. 1988."Phenomenal Experience and Functionalism," in Marcel and Bisiach, 1988, pp. 121-158.

Marcel, A. In Press."Slippage in the Unity of Consciousness," in R. Bornstein and T. Pittman, eds., *Perception Without Awareness: Cognitive, Clinical and Social Perspectives.* New York: Guilford Press.

Marcel, A., and Bisiach, E., eds. 1988. *Consciousness in Contemporary Science.* New York: Oxford University Press.

Margolis, H. 1987. *Patterns, Thinking, and Cognition.* Chicago: University of Chicago Press.

Margulis, L. 1970. *The Origin of Eukaryotic Cells.* New Haven: Yale University Press.

Marks, C. 1980. *Commissurotomy, Consciousness and Unity of Mind.* Cambridge, MA: MIT Press/ A Bradford Book.

Marler, P., and Sherman, V. 1983."Song Structure Without Auditory Feedback: Emendations of the Auditory Template Hypothesis," *Journal of Neuroscience,* 3, pp. 517-531.

Marr, D. 1982. *Vision.* San Francisco: Freeman.

Maynard Smith, J. 1978. *The Evolution of Sex.* Cambridge: Cambridge University Press.

——. 1989. *Sex, Games, and Evolution.* Brighton, Sussex: Harvester.

McClelland, J., and Rumelhart, D., eds. 1986. *Parallel Distributed Processing: Explorations in the Microstructures of Cognition.* 2 vols. Cambridge, MA: MIT Press/A Bradford Book.

McCulloch, W. S., and Pitts, W. 1943."A Logical Calculus for the Ideas Immanent in Nervous Activity," *Bulletin of Mathematical Biophysics,* 5, pp. 115-133.

McGinn, C. 1989."Can We Solve the Mind-Body Problem?" *Mind,* 98, pp. 349-366.

——. 1990. *The Problem of Consciousness.* Oxford: Blackwell.

McGlynn, S. M., and Schacter, D. L. 1989."Unawareness of Deficits in Neuropsychological Syndromes," *Journal of Clinical and Experimental Neuropsychology,* 11, pp. 143-205.

McGurk, H., and Macdonald, R. 1979."Hearing Lips and Seeing Voices,"*Nature,* 264, pp. 746-748.

McLuhan, M. 1967. *The Medium Is the Message.* New York: Bantam.

Mellor, H. 1981. *Real Time.* Cambridge: Cambridge University Press.

Menzel, E. W., Savage-Rumbaugh, E. S., and Lawson, J. 1985."Chimpanzee (*Pan troglodytes*) Spatial Problem Solving with the Use of Mirrors and Televised Equivalents of Mirrors,"*Journal of Comparative Psychology,* 99, pp. 211-217.

Millikan, R. 1990."Truth Rules, Hoverflies, and the Kripke-Wittgenstein Paradox," *Philosophical Review,* 99, pp. 323-354.

Minsky, M. 1975."A Framework for Representing Knowledge," Memo 3306, AI Lab, MIT, Cambridge, MA (excerpts published in Haugeland, 1981, pp. 95-128).

——. 1985. *The Society of Mind.* New York: Simon & Schuster.

Mishkin, M., Ungerleider, L. G., and Macko, K. A. 1983."Object Vision and Spatial Vision: Two Cortical Pathways," *Trends in Neuroscience,* 64, pp. 370-375.

Monod, J. 1972. *Chance and Necessity.* New York: Knopf.

Morris, R. K., Rayner, K., and Pollatsek, A. 1990."Eye Movement Guidance in Reading: The Role of Parafoveal and Space Information," *Journal of Experimental Psychology: Human Perception and Performance,* 16, pp. 268-281.

Mountcastle, V. B. 1978."An Organizing Principle for Cerebral Function: The Unit Module and the Distributed System," in G. Edelman and V. B. Mountcastle, eds., *The Mindful Brain.* Cambridge, MA: MIT Press, pp. 7-50.

Nabokov, V. 1930. *Zaschita Luzhina, in Sovremennye Zapiski,* Paris, 1930, brought out in book form by Slovo, Berlin, 1930. English edition, *The Defense,* Popular Library, by arrangement with G. P. Putnam, 1964. (The English translation originally appeared in *The New Yorker.)*

Nagel, T. 1971."Brain Bisection and the Unity of Consciousness," *Synthese,* 22, pp. 396-413 (reprinted in his *Mortal Questions* [1979], Cambridge: Cambridge University Press.)

Nagel, T. 1974."What Is It Like to Be a Bat?" *Philosophical Review,* 83, pp. 435-450.

———. 1986. *The View from Nowhere.* Oxford: Oxford University Press.

Neisser, U. 1967. *Cognitive Psychology.* New York: Appleton-Century-Crofts.

———. 1981."John Dean's Memory: A Case Study," *Cognition,* 9, pp. 1-22.

———. 1988."Five Kinds of Self-Knowledge," *Philosophical Psychology,* 1, pp. 35-39.

Nemirow, L. 1990."Physicalism and the Cognitive Role of Acquaintance," in W. Lycan, ed., *Mind and Cognition: A Reader.* Oxford: Blackwell, pp. 490-499.

Neumann, O. 1990."Some Aspects of Phenomenal Consciousness and Their Possible Functional Correlates," presented at the conference "The Phenomenal Mind — How Is It Possible and Why Is It Necessary?" Zentrum für Interdisziplinäre Forschung, Bielefeld, Germany, May 14-17.

Newell, A. 1973."Production Systems: Models of Control Structures," in W. G. Chase, ed., *Visual Information Processing.* New York: Academic Press, pp. 463-526.

———. 1982."The Knowledge Level," *Artificial Intelligence,* 18, pp. 81-132.

———. 1988."The Intentional Stance and the Knowledge Level," *Behavioral and Brain Sciences,* 11, pp. 520-522.

———. 1990. *Unified Theories of Cognition.* Cambridge, MA: Harvard University Press.

Newell, A., Rosenbloom, P. S., and Laird, J. E. 1989."Symbolic Architectures for Cognition," in M. Posner, ed., *Foundations of Cognitive Science. Cambridge,* MA: MIT Press, pp. 93-132.

Nielsen, T. I. 1963."Volition: A New Experimental Approach," *Scandinavian Journal of Psychology,* 4, pp. 225-230.

Nilsson, N. 1984. *Shakey the Computer.* SRI Tech Report, SRI International, Menlo Park, CA.

Norman, D. A., and Shallice, T. 1980. *Attention to Action: Willed and Automatic Control of Behavior.* Center for Human Information Processing (Technical Report No. 99). Reprinted with revisions in R. J. Davidson, G. E. Schwartz, and D. Shapiro, eds., 1986, *Consciousness and Self-Regulation.* New York: Plenum Press.

———. 1985."Attention to Action," in T. Shallice, ed., *Consciousness and Self-Regulation.* New York: Plenum Press.

Nottebohm, F. 1984."Birdsong as a Model in Which to Study Brain Processes Related to Learning," *Condor,* 86, pp. 227-236.

Oakley, D. A., ed. 1985. *Brain and Mind.* London and New York: Methuen. Ornstein, R., and Thompson, R. F. 1984. *The Amazing Brain.* Boston: Houghton Mifflin.

Pagels, H. 1988. *The Dreams of Reason: The Computer and the Rise of the Sciences of Complexity.*

New York: Simon & Schuster.

Papert, S. 1988."One AI or Many?" *Daedalus, Winter,* pp. 1-14.

Parfit, D. 1984. *Reasons and Persons.* Oxford: Clarendon Press.

Pears, D. 1984. *Motivated Irrationality.* Oxford: Clarendon Press.

Penfield, W. 1958. *The Excitable Cortex in Conscious Man.* Liverpool: Liverpool University Press.

Penrose, R. 1989. *The Emperor's New Mind.* Oxford: Oxford University Press.

Perlis, 1991."Intentionality and Defaults" in K. M. Ford and P. J. Hayes, eds., *Reasoning Agents in a Dynamic World.* Greenwich, CT: JAI Press.

Perry, J. 1979."The Problem of the Essential Indexical," *Nous,* 13, pp. 3-21.

Pinker, S., and Bloom, P. 1990."Natural Language and Natural Selection," *Behavioral and Brain Sciences*, 13, pp. 707-784.

Pollatsek, A., Rayner, K., and Collins, W. E. 1984."Integrating Pictorial Information Across Eye Movements," *Journal of Experimental Psychology: General,* 113, pp. 426-442.

Pöppel, E. 1985. *Grenzen des Bewusstseins.* Stuttgart: Deutsche Verlags-Anstal.

———. 1988 (translation of Pöppel, 1985). *Mindworks: Time and Conscious Experience.* New York: Harcourt Brace Jovanovich.

Popper, K. R., and Eccles, J. C. 1977. *The Self and Its Brain.* Berlin: Springer-Verlag.

Powers, L. 1978."Knowledge by Deduction," *Philosophical Review*, 87, pp. 337-371.

Putnam, H. 1965."Brains and Behavior" in R. J. Butler, ed., *Analytical Philosophy.* Second Series. Oxford: Blackwell, pp. 1-19.

———. 1988."Much Ado About Not Very Much," *Daedalus,* 117, Winter, reprinted in Graubard, 1988.

Pylyshyn, Z. 1979."Do Mental Events Have Durations?" *Behavioral and Brain Sciences,* 2, pp. 277-278.

Quine, W. V. O. 1969."Natural Kinds" in *Ontological Relativity and Other Essays.* New York: Columbia University Press, pp. 114-138.

Ramachandran, V. S. 1985. Guest Editorial in *Perception,* 14, pp. 97-103.

———. 1991."2-D or not 2-D: That Is the Question," in R. L. Gregory, J. Harris, P. Heard, D. Rose, and C. Cronly-Dillon, eds., *The Artful Brain.* Oxford: Oxford University Press.

Ramachandran, V. S., and Gregory, R. L. Submitted to *Nature.*"Perceptual Filling in of Artificially Induced Scotomas in Human Vision."

Ramsey, W., Stich, S., and Rumelhart, D., eds. 1991. *Philosophy and Connectionist Theory.* Hillsdale, NJ: Erlbaum.

Raphael, B. 1976. *The Thinking Computer: Mind Inside Matter.* Sam Francisco: Freeman.

Reddy, D. R., Erman, L. D., Fennel, R. D., and Neely, R. B. 1973."The HEARSAYII Speech Understanding System: An Example of the Recognition Process," *Proceedings of the International Joint conference on Artificial Intelligence,* Stanford, pp. 185-194.

Reingold, E. M., and Merikle, P. M. 1990."On the Interrelatedness of Theory and measurement in the Study of Unconscious Processes," *Mind and Language,* 5, pp. 9-28.

Reisberg, D., and Chambers, D. Forthcoming."Neither Pictures nor Propositions: What Can We

Learn from a mental Image?" *Canadian Journal of Psychology.*

Richards, R. J. 1987. *Darwin and the Emergence of Evolutionary Theories of Mind and Behavior.* Chicago: University of Chicago Press.

Ristau, C. 1991. *Cognitive Ethology: The Minds of Other Animals: Essays in Honor of Donald R. Griffin.* Hillsdale, NJ: Erlbaum.

Rizzolati, G., Gentilucci, M., and Matelli, M. 1985."Selective Spatial Attention: One Center, One Circuit, or Many Circuits?" in M. I. Posner and O. S. M. Marin, eds., *Attention and Performance XI.* Hillsdale, NJ: Erlbaum.

Rorty, R. 1970."Incorrigibility as the Mark of the Mental," *Journal of Philosophy,* 67, pp. 399-424.

———. 1982a."Contemporary Philosophy of Mind," *Synthese,* 53, pp. 323-348.

———. 1982b."Comments on Dennett," *Synthese,* 53, pp. 181-187.

Rosenbloom, P. S., Laird, J. E., and Newell. A. 1987."Knowledge-Level Learning in Soar," *Proceedings of AAAI,* Los Altos, CA: Morgan Kaufman.

Rosenthal, D. 1986."Two Concepts of Consciousness," *Philosophical Studies,* 49, pp. 329-359.

———. 1989."Thinking That One Thinks," ZIF Report No. 11, Research Group on Mind and Brain, Perspectives in Theoretical Psychology and the Philosophy of Mind, Zentrum für Interdisziplinäre Forschung, Bielefeld, Germany.

———. 1990a."Why Are Verbally Expressed Thoughts Conscious?" ZIF Report No. 32, Zentrum für Interdisziplinäre Forschung, Bielefeld, Germany.

———. 1990b."A Theory of Consciousness," ZIF Report No. 40, Zentrum für Interdisziplinäre Forschung, Bielefeld, Germany.

Rozin, P. 1976."The Evolution of Intelligence and Access to the Cognitive Unconscious," *Progress in Psychobiology and Physiological Psychology,* 6, pp. 245-280.

———. 1982."Human Food Selection: The Interation of Biology, Culture and Individual Experience" in L. M. Barker, ed., *The Psychobiology of Human Food Selection.* Westport, CT: Avi Publishing Co.

Rozin, P., and Fallon, A. E. 1987."A Perspective on Disgust," *Psychological Review,* 94. pp. 23-47.

Russell, B. 1927. *The Analysis of Matter.* London: Allen and Unwin.

Ryle, G. 1949. *The Concept of Mind.* London: Hutchinson.

———. 1979. *On Thinking,* ed. K. Kolenda. Totowa, NJ: Rowman and Littlefield.

Sacks, O. 1985. *The Man Who Mistook His Wife for His Hat.* New York: Summit Books.

———. 1989. *Seeing Voices.* Berkeley: University of California Press.

Sandeval, E. 1991."Towards a Logic of Dynamic Frames" in K. M. Ford and J. Hayes, eds., *Reasoning Agents in a Dynamic World.* Greenwich, CT: JAI Press.

Sanford, D. 1975."Infinity and Vagueness," *Philosophical Review,* 84, pp. 520-535.

Sartre, J.-P. 1943, *L'Etre et le Néant.* Paris: Gallimard.

Schank, R. 1991. *Tell Me a Story.* New York: Scribners.

Schank, R., and Abelson, R. 1977. *Scripts, Plans, Goals and Understanding: An Inquiry into Human Knowledge Structures.* Hillsdals, NJ: Erlbaum.

Schull, J. 1990."Are Species Intelligent?," *Behavioral and Brain Sciences,* 13, pp. 63-108.

Searle, J. 1980."Minds, Brains, and Programs,"*Behavioral and Brain Sciences,* 3, pp. 417-458.

——. 1982. "The Myth of the Computer: An Exchange," *New York Review of Books,* June 24, pp. 56-57.

——. 1983. *Intentionality: An Essay in the Philosophy of Mind.* Cambridge: Cambridge University Press.

——. 1984."Panel Discussion: Has Artificial Intelligence Research Illuminated Human Thinking?" in H. Pagels, ed., *Computer Culture: The Scientific, Intellectual, and Social Impact of the Computer.* Annals of the New York Academy of Sciences, 426.

——. 1988a."Turing the Chinese Room," in T. Singh, ed., *Synthesis of Science and Religion, Critical Essays and Dialogues.* San Francisco: Bhaktivedenta Institute, 1988.

——. 1988b."The Realistic Stance," *Behavioral and Brain Sciences,* 11, pp. 527-529.

——. 1990a."Consciousness, Explanatory Inversion, and Cognitive Science," *Behavioral and Brain Sciences,* 13, pp. 585-642.

——. 1990b."Is the Brain's Mind a Computer Program?" *Scientific American,* 262, pp. 26-31.

Selfridge, O. 1959."Pandemonium: A Paradigm for Learning," *Symposium on the Mechanization of Thought Processes.* London: HM Stationery Office.

——. Unpublished. *Tracking and Trailing.*

Sellars, W. 1963."Empiricism and the Philosophy of Mind," in *Science, Perception and Reality.* London: Routledge & Kegan Paul.

——. 1981."Foundations for a Metaphysics of Pure Process," (the Carus Lectures) *Monist,* 64, pp. 3-90.

Shallice, T. 1972."Dual Functions of Consciousness," *Psychological Review,* 79, pp. 383-393.

——. 1978."The Dominant Action System: An Information-Processing Approach to Consciousness" in K. S. Pope and J. L. Singer, eds., *The Stream of Consciousness.* New York: Plenum, pp. 148-164.

——. 1988. *From Neuropsychology to Mental Structure.* Cambridge: Cambridge University Press.

Sharpe, T. 1977. *The Great Pursuit.* London: Secker and Warburg.

Shepard, R. N. 1964."Circularity in Judgments of Relative Pitch," *Journal of the Acoustical Society of America,* 36, pp. 2346-2353.

Shepard, R. N., and Cooper, L. A. 1982. *Mental Images and Their Transformations.* Cambridge, MA: MIT Press/A Bradford Book.

Shepard, R. N., and Metzler, J. 1971."Mental Rotation of Three-Dimensional Objects," *Science,* 171, pp. 701-703.

Shoemaker, S. 1969."Time Without change,"*Journal of Philosophy,* 66, pp.363-381.

——. 1975."Functionalism and Qualia," *Synthese,* 27, pp. 291-315.

——. 1981."Absent Qualia are Impossible — A Reply to Block," *Philosophical Review,* 90, pp. 581-599.

——. 1988."Qualia and Consciousness," Tufts University Philosophy Department Colloquium.

Siegel, R. K., and West, L. J., eds. 1975. *Hallucinations: Behavior, Experience and Theory.* New York: Wiley.

Simon, H. A., and Kaplan, C. A. 1989."Foundations of cognitive Science," in Posner, ed., *Foundations of Cognitive Science.* Cambridge, MA: MIT Press.

Smolensky, P. 1988."On the Proper Treatment of Connectionism," *Behavioral and Brain Sciences,* 11, pp. 1-74.

Smullyan, R. M. 1981."An Epistemological Nightmare" in Hofstadter and Dennett, 1981, pp. 415-427, reprinted in Smullyan, 1982, *Philosophical Fantasies,* New York: St. Martin's Press.

Smythies, J. R. 1954."Analysis of Projection," *British Journal of Philosophy of Science,* 5, pp. 120-133.

Snyder, D. M. 1988."On the Time of a Conscious Peripheral Sensation,"*Journal of Theoretical Biology,* 130, pp. 253-254.

Sperber, D., and Wilson, D. 1986. *Relevance: A Theory of Communication. Cambridge,* MA: Harvard University Press.

Sperling, G. 1960."The Information Available in Brief Visual Presentations,"*Psychological Monographs,* 74, No. 11.

Sperry, R. W. 1977."Forebrain Commissurotomy and Conscious Awareness," *The Journal of Medicine and Philosophy,* 2, pp. 101-126.

Spillman, L., and Werner, J. S. 1990. *Visual Perception: The Neurophysiological Foundations.* San Diego: Academic Press.

Spinoza, B. 1677. *Essay on the Improvement of the Understanding* (J. Katz, translator).

Stafford, S. P. 1983."On The Origin of the Intentional Stance," Tufts University Working Paper in Cognitive Science, CCM 83-1.

Stalnaker, R. 1984. *Inquiry.* Cambridge, MA: MIT Press/A Bradford Book.

Stix, G. 1991."Reach Out," *Scientific American,* 264, p. 134.

Stoerig, P., and Cowey, A. 1990."Wavelength Sensitivity in Blindsight," *Nature,* 342, pp. 916-918.

Stoll, C. 1989, *The Cuckoo's Egg: Tracking a Spy Through the Maze of Computer Espionage.* New York: Doubleday.

Straight, H. S. 1976."Comprehension versus Production in Linguistic Theory," *Foundations of Language,* 14, pp. 525-540.

Stratton, G. M. 1896."Some Preliminary Experiments on Vision Without Inversion of the Retinal Image," *Psychology Review,* 3, pp. 611-617.

Strawson, G. 1989."Red and 'Red,'" *Synthese,* 78, pp. 193-232.

Strawson, P. F. 1962. "Freedom and Resentment," *Proceedings of the British Academy,* reprinted in P. F. Strawson, ed., *Studies in the Philosophy of Thought and Action.* Oxford: Oxford University Press, 1968.

Taylor, D. M. 1966 "The Incommunicability of Content," *Mind,* 75, pp. 527-541.

Thompson, D'Arcy W. 1917. *On Growth and Form.* Cambridge: Cambridge University Press.

Thompson, E., Palacios, A., and Varela, F. In press."Ways of Coloring," in *Behavioral and Brain Sciences.*

Tranel, D., and Damasio, A. R. 1988."Non-conscious Face Recognition in Patients with Face Agnosia," *Behavioral Brain Research,* 30, pp. 235-249.

Tranel, D., Damasio, A. R., and Damasio, H. 1988."Intact Recognition of Facial Expression, Gender, and Age in Patients with Impaired Recognition of Face Identity," *Neurology,* 38, pp. 690-696.

Treisman, A. 1988."Features and Objects: The Fourteenth Bartlett Memorial Lecture," *Quarterly Journal of Experimental Psychology,* 40A, pp. 201-237.

Treisman, A., and Gelade, G. 1980."A Feature-integration Theory of Attention," *Cognitive Psychology,* 12, pp. 97-136.

Treisman, A., and Sato, S. 1990."Conjunction Search Revisited," *Journal of Experimental Psychology: Human Perception and Performance,* 16, pp. 459-478.

Treisman, A., and Souther, J. 1985."Search Asymmetry: A Diagnostic for Preattentive Processing of Separable Features," *Journal of Experimental Psychology: General,* 114, pp. 285-310.

Turing, A. 1950."Computing Machinery and Intelligence," *Mind,* 59, pp. 433-460.

Tye, M. 1986."The Subjective Qualities of Experience," *Mind,* 95, pp. 1-17.

Uttal, W. R. 1979."Do Central Nonlinearities Exist?" *Behavioral and Brain Sciences,* 2, p. 286.

Van der Waals, H. G., and Roelofs, C. O. 1930."Optische Scheinbewegung," *Zeitschrift für Psychologie und Physiologie des Sinnesorgane,* 114, pp. 241-288, 115 (1931), pp. 91-190.

Van Essen, D. C. 1979."Visual Areas of the Mammalian Cerebral Cortex," *Annual Review of Neuroscience,* 2, pp. 227-263.

van Gulick, R. 1988."Consciousness, Intrinsic Intentionality, and Self-under-standing Machines," in Marcel and Bisiach, 1988, pp. 78-100.

——. 1989."What Difference Does Consciousness Make?" *Philosophical Topics,* 17, pp. 211-230.

——. 1990."Understanding the Phenomenal Mind: Are We All Just Armadillos?" Presented at the conference "The Phenomenal Mind — How Is It Possible and Why Is It Necessary?" Zentrum für Interdisziplinäre Forschung, Bielefeld, Germany, May 14-17.

van Tuijl, H. F. J. M. 1975."A New Visual Illusion: Neonlike Color Spreading and Complementary Color Induction between Subjective Contours," *Acta Psychologica,* 39, pp. 411-445.

Vendler, Z. 1972, *Res Cogitans.* Ithaca: Cornell University Press.

——. 1984. *The Matter of Minds.* Oxford: Clarendon Press.

von der Malsburg, C. 1985."Nervous Structures with Dynamical Links," *Berichte der Bunsen-Gesellschaft für Physikalische Chemie,* 89, pp. 703-710.

von Uexküll, J. 1909, *Umwell und Innenwelt der Tiere.* Berlin: Jena.

Vosberg, R., Fraser, N., and Guehl, J. 1960."Imagery Sequence in Sensory Deprivation," *Archives of General Psychiatry,* 2, pp. 356-357.

Walton, K. 1973."Pictures and Make Believe," *Philosophical Review,* 82, pp. 283-319.

——. 1978."Fearing Fiction," *Journal of Philosophy,* 75, pp. 6-27.

Warren, R. M. 1970."Perceptual Restoration of Missing Speech Sounds," *Science,* 167, pp. 392-393.

Wasserman, G. S. 1985."Neural/Mental Chronometry and Chronotheology,"*Behavioral and Brain Sciences,* 8, pp. 556-557.

Weiskrantz, L. 1986. *Blindsight: A Case Study and Implications.* Oxford: Oxford University Press.

Weiskrantz, L. 1988."Some Contributions of Neuropsychology of Vision and Memory to the Problem of Consciousness," in Marcel and Bisiach, 1988, pp. 183-199.

——. 1989. Panel discussion on consciousness, European Brain and Behavior Society, Turin, September 1989.

——. 1990."Outlooks for Blindsight: Explicit Methodologies for Implicit Processes"(The Ferrier Lecture), *Proceedings of the Royal Society London,* B 239, pp. 247-278.

Welch, R. B. 1978. *Perceptual Modification: Adapting to Altered Sensory Environments.* New York: Academic Press.

Wertheimer, M. 1912."Experimentelle Studien über das Sehen von Bewegung," *Zeitschrift für Psychologie,* 61, pp. 161-265.

White, S. L. 1986."The Curse of the Qualia," *Synthese,* 68, pp. 333-368.

Whiten, A., and Byrne, R. 1988."Toward the Next Generation in Data Quality: A New Survey of Primate Tactical Deception," *Behavioral and Brain Sciences,* 11, pp. 267-273.

Wiener, N. 1948. *Cybernetics: or Control and Communication in the Animal and the Machine.* Cambridge: Technology Press.

Wilkes, K. V. 1988. *Real People.* Oxford: Oxford University Press.

Wilsson, L. 1974."Observations and Experiments on the Ethology of the European Beaver," *Viltrevy, Swedish Wildlife,* 8, pp. 115-266.

Winograd, T. 1972. *Understanding Natural Language.* New York: Academic Press.

Wittgenstein, L. 1953. *Philosophical Investigations.* Oxford: Blackwell.

Wolfe, J. M. 1990."Three Aspects of the Parallel Guidance of Visual Attention," *Proceedings of the Cognitive Science Society,* Hillsdale, NJ: Erlbaum, pp. 1048-1049.

Yonas, A. 1981."Infants'Responses to Optical Information for Collision" in R. N. Aslin, J. R. Alberts, and M. R. Peterson, eds., *Development of Perception: Psychobiological Perspectives, Vol. 2: The Visual System.* New York: Academic Press.

Young, J. Z. 1965a."The Organization of a Memory System," *Proceedings Royal Society London [Biology],* 163, pp. 285-320.

——. 1965b. *A Model of the Brain.* Oxford: Clarendon.

——. 1979."Learning as a Process of Selection," *Journal of the Royal Society of Medicine,* 72, pp. 801-804.

Zajonc, R., and Markus, H. 1984. "Affect and Cognition: The Hard Interface" in C. Izard, J. Kagan, and R. Zajonc, eds., *Emotion, Cognition and Behavior.* Cambridge: Cambridge University Press, pp. 73-102.

Zeki, S. M., and Shipp, S. 1988."The Functional Logic of Cortical Connections," *Nature,* 335, pp. 311-317.

Zihl, J. 1980."'Blindsight': Improvement of Visually Guided Eye Movements by Systematic Practice in Patients with Cerebral Blindness," *Neuropsychologica,* 18, pp. 71-77.

——. 1981."Recovery of Visual Functions in Patients with Cerebral Blindness," *Experimental Brain Research,* 44, pp. 159-169.

译后记

　　《意识的解释》是丹尼特最重要、影响最大的著作之一，也是心智哲学甚至当代哲学中最重要的著作之一，为此，陈虎平与丹尼特联系，希望能够翻译出版中译本，很快得到了对方热情的回应。在与北京理工大学出版社达成一致后，我们开始了本书的翻译工作。

　　翻译的最初分工如下：苏德超翻译第 1~8 章，李涤非翻译第 9~14 章和附录 A、B，陈虎平仔细校对和修改全部译文。翻译的实际过程是这样的：先是苏德超与李涤非分头翻译，之后交换校对，并分别就自己的部分定稿，交付陈虎平校对。陈虎平每校完一章，同时寄给苏、李二人，两人独立地再校一遍，提出修改意见。陈虎平根据苏、李两人的修改意见做权衡。最后，陈虎平的定稿再次由苏、李二人通读。在译稿交到出版社后，本书的审稿人和责任编辑指出了一些表述问题，并做了少量内容改动。最后，苏德超和陈虎平再次对稿件做了小幅修改和调整。

　　即便如此，鉴于我们的学术能力和语文理解与表达水平，译文肯定存在不尽确切甚至错误之处，我们竭诚欢迎读者批评和指正。

　　从这项翻译产品的生产过程出发，我们约定以下的贡献比例：苏德超 40%，李涤非 39%，陈虎平 21%。陈虎平译出一些难度大的句子，并引导了整个翻译过程，同时，他的修改也使全文在行文和措辞上保持了一致。

本书的翻译和出版受惠于许多人的支持：丹尼特先生在解决版权方面提供了热心的帮助；清华大学赵南元教授大力推荐丹尼特的著作，帮助我们迅速确立了这项选题；范春萍编辑的宽容和督促让这项译事成为可能；潘磊学友为我们的翻译工作提供临时居住地和便利的生活条件；王小红高超的打字技术加快了我们的工作速度；等等。在此我们一并表示深切谢意。

再版译后记

　　距离第一版译稿出版已经过去近 14 年了。在这近 14 年里，人工智能有了惊人的发展。与此同时，丹尼特哲学也表现出越来越强的生命力。他关于心灵的多重草稿模型，很可能是对笛卡儿身心二元论最有力的颠覆。丹尼特为我们提供了足够准确的细节、足够丰富的想象、足够生动的阐述和足够睿智的洞察。现在，我们应该表现出足够的耐心。是时候了。

　　跟上次译稿相比，这次出版重新做了校译，有少量改动。校译分工如下：苏德超负责序言到第 8 章，李涤非负责其余部分。在校译过程中，陈虎平和丁三东参与处理了一些疑难问题。武汉大学外国哲学博士生邢凯伦通读了全部译稿。在此一并表示感谢。